Ildony H. Bellei

EDIFÍCIOS **INDUSTRIAIS** EM **AÇO**

projeto e cálculo

7ª edição

oficina de textos

Grafia atualizada conforme o Acordo Ortográfico da Língua
Portuguesa de 1990, em vigor no Brasil desde 2009.

Capa e projeto gráfico Malu Vallim
Diagramação Luciana Di Iorio
Preparação de figuras Victor Azevedo
Preparação de textos Hélio Hideki Iraha
Revisão de textos Anna Beatriz Fernandes
Impressão e acabamento Mundial gráfica

Dados Internacionais de Catalogação na Publicação (CIP)
(Câmara Brasileira do Livro, SP, Brasil)

Bellei, Ildony H.
Edifícios industriais em aço / Ildony H. Bellei.
-- 7. ed. -- São Paulo : Oficina de Textos, 2023.

Bibliografia.
ISBN 978-85-7975-362-6

1. Edifícios - Projeto e construção 2. Estruturas
de aço I. Título.

23-183582 CDD-624.1821

Índices para catálogo sistemático:

1. Aço : Estruturas : Engenharia 624.1821
Eliane de Freitas Leite - Bibliotecária - CRB 8/8415

Rua Cubatão, 798
CEP 04013-003 São Paulo SP
tel. (11) 3085 7933
www.ofitexto.com.br
atendimento@ofitexto.com.br

In memoriam

A família agradece a Deus pela oportunidade de ter convivido com uma pessoa tão especial durante seu período de vida.

Ele sempre foi muito dedicado à família, aos amigos e à sua profissão.

Como Professor, sua maior preocupação sempre foi a de transmitir seu conhecimento de modo simples e claro.

Deixa muitas saudades e, acima de tudo, um legado inestimável dentro da Engenharia nacional.

Ademais, os filhos, todos engenheiros, comprometem-se a dar continuidade à sua magnífica obra.

Por fim, um dia iremos voltar a nos encontrar.

Obrigada por tanto.

Família Bellei

AGRADECIMENTOS

Aos meus pais, Hetheri Bellei e Maria V. Bellei, por terem me dado a oportunidade de nascer e pela seriedade de sua educação, aos meus irmãos, Irene, Hildebrando e Ivan, pela ajuda e apoio ao longo de toda a fase de estudos, ao meu cunhado José Nunes, pelas bolsas de estudos conseguidas, e ao meu primo Célio Bellei, pelo apoio no momento oportuno.

À compreensão, ao estímulo, à paciência e ao apoio de minha esposa, Mariza Tereza, de meus filhos, Ilmara, Humberto e Leandro, e de meu genro, Carlos.

Aos meus ex-colegas de trabalho, pelas sugestões e críticas, e em especial a Eunice K. Miranda, Fernando O. Pinho, José de Vasconcelos M. Matos, Renato da S. Gonçalves, Jacy Alves da Costa, Carlos P. Ave e Máximo R. Preu, pela colaboração mais direta.

Àqueles que me deram os primeiros incentivos e me ensinaram os primeiros passos na arte de projetar com aço, entre os quais Ismar de O. Penna e, *in memoriam*, os seguintes: Heitor Lopes Correia, José Guilherme L. de Souza, Cleto V. da Rosa, Enos da S. Oliveira, João Batista S. C. Pereira, José Edson de B. L. Cuconato, Ruy R. Martins e Eloy Rocha.

Àqueles que, direta e indiretamente, tornaram possível a minha jornada até aqui.

APRESENTAÇÃO

Conheço o autor, ilustre engenheiro Ildony H. Bellei, há mais de duas décadas. No início de nosso conhecimento, ele já era o responsável pelos projetos da Fábrica de Estruturas Metálicas, tendo passado do desenho à chefia, em mais de 30 anos ligados à estrutura metálica. Técnico altamente competente, alia ainda qualidades humanas que o fazem estimado por todos.

Dentro desse quadro, recebi com honra e satisfação a incumbência de falar sobre seu livro *Edifícios industriais em aço*, pois mesmo antes de folheá-Io sabia que seria obra respeitável. Ao analisá-Ia, não nos enganamos. É um trabalho em que o autor transmite toda a experiência de uma vida ligada às construções metálicas. A obra é tecnicamente rigorosa, sendo ao mesmo tempo prática. Seus 21 capítulos são ilustrados com mais de 600 referências e tratam de assuntos normalmente não abordados por outros autores, como ventilação natural, escadas, sistemas de águas pluviais, projeto de execução em oficinas e noções sobre fabricação.

O livro é de muita valia não só para o profissional experiente como também para o recém-formado, sendo inclusive excelente texto para as escolas de Engenharia.

Dentro de sua grandeza humana, o engenheiro Ildony sempre diz que recebeu muito da sociedade. Hoje, com sua obra, ele retribui à sociedade o que dela recebeu.

Engenheiro Aluízio Fontana Margarido

PREFÁCIO À 1ª EDIÇÃO

As razões que nos levaram a escrever este livro se fundamentam, essencialmente, em transmitir aos profissionais que militam no setor, e àqueles que nele pretendem se iniciar, nossa experiência de três décadas em projetos de estruturas de aço, especialmente no setor de edifícios industriais de porte médio e pesado.

Nosso objetivo foi fazer um livro prático, bem ilustrado, com mais de 600 figuras, partindo do pressuposto de que os profissionais tenham conhecimento básico das normas de cálculo em aço.

Nosso livro preenche uma lacuna, pois não nos detivemos simplesmente no cálculo de peças isoladas. Vamos muito além, apresentando todas as condições para que o profissional ou estudante possa desenvolver um bom projeto de um edifício industrial com e sem ponte rolante.

O livro está pautado em 21 capítulos. Vai da parte geral (Caps. 1 a 5), passa pelas partes que compõem um edifício industrial (Caps. 7 a 15) e termina com o detalhamento, a fabricação, a proteção e a montagem (Caps. 17 a 21), que são as outras fases necessárias à execução das estruturas, sobre as quais damos apenas noções gerais, pois, devido a sua complexidade, merecem um livro à parte.

Na parte de orientação e de cálculo, baseamo-nos na especificação do American Institute of Steel Construction (AISC), no método das resistências admissíveis, por se tratar de processo de cálculo bem sedimentado, no qual tivemos a maior parte de nossa experiência.

Ao longo do livro, fazemos várias referências à nova norma brasileira de aço NBR 8800, cujo método de cálculo é dos estados-limites, e àquilo que ela normaliza ou especifica, independentemente do método de cálculo.

Além da parte básica, composta por 21 capítulos, introduzimos quatro apêndices, sendo:

A – Resumo e adaptação da especificação do AISC/89;
B – Tabelas de comprimento efetivo de flambagem para colunas com inércia variável;
C – Tabelas em geral de perfis, chapas de piso, trilhos etc.;
D – Projeto completo com memória de cálculo de todas as peças que compõem um edifício industrial com vão de 20 m, altura de 9 m, comprimento de 48 m e ponte rolante de 10 tf, em pórtico de alma cheia.

O autor

PREFÁCIO À 7ª EDIÇÃO

Nesta edição, fizemos, além de algumas revisões normais, uma mais ampla para atender as novas especificações do AISC, sempre dentro do método das resistências admissíveis (ASD) e de alguns itens das NBRs 6120 e 8800. Para ficar compatível com as normas atuais, passamos a adotar para forças o kN e, para as tensões, o kN/cm^2.

Um modelo de memorial de cálculo para um galpão de acordo com a NBR 8800/2024 está disponível para download na página do livro na internet (https://www.ofitexto.com.br/edificios-industriais-aco/p).

Esperando que esta edição, tanto quanto as anteriores, seja também útil aos profissionais, professores e alunos, estarei aberto a receber críticas e sugestões no sentido de melhorar sempre o conteúdo deste livro, para que possa continuar a ser uma fonte permanente de consulta.

O autor

SUMÁRIO

1 INTRODUÇÃO AOS EDIFÍCIOS INDUSTRIAIS EM AÇO 15

1.1 Histórico 15
1.2 Vantagens das estruturas de aço 16
1.3 Campo de aplicação 16
1.4 Fatores que influenciam o custo de uma estrutura 16
1.5 Principais fases na construção de uma obra 17
1.6 Método de dimensionamento 18

2 AÇOS ESTRUTURAIS E SEUS PRODUTOS 20

2.1 Classificação 20
2.2 Propriedades dos aços estruturais 21
2.3 Principais tipos de aço estrutural 23
2.4 Produtos de aço para uso estrutural 25
2.5 Comparação dos custos dos aços por produtos e sua resistência 29

3 LIGAÇÕES SOLDADAS 31

3.1 Processos de soldagem 31
3.2 Vantagens e desvantagens 33
3.3 Classificação e tipos de solda 33
3.4 Resistência mínima do metal de solda 37
3.5 Simbologia de soldagem 38
3.6 Simbologia de exames não destrutivos 43
3.7 Inspeção e controle de qualidade 43

4 LIGAÇÕES PARAFUSADAS 49

4.1 Tipos de parafuso 49
4.2 Tipos de conexão 52
4.3 Resistência dos parafusos 53
4.4 Uso de arruelas 57
4.5 Normas aplicáveis e generalidades 57
4.6 Tipos de furo 57

4.7 Pega longa e ligações de grande comprimento 58
4.8 Distância mínima de um furo às bordas 58
4.9 Espaçamento mínimo e máximo entre furos 59
4.10 Resistência mínima das conexões 59
4.11 Uso de calços 59
4.12 Tipos de junta parafusada 59

5 CARGAS E COMBINAÇÕES DE CARGA 65
5.1 Carga permanente 65
5.2 Cargas acidentais verticais (sobrecargas) em coberturas 65
5.3 Cargas devidas a pontes rolantes 66
5.4 Cargas devidas ao vento 70
5.5 Cargas devidas à temperatura 83
5.6 Combinações de cargas para cálculo da estrutura-suporte 84

6 EDIFÍCIOS INDUSTRIAIS 86
6.1 Definição 86
6.2 Tipos de edifícios industriais 86
6.3 A construção como um todo 91
6.4 Requisitos estruturais 92
6.5 Peças que compõem um galpão 92
6.6 Classificação dos galpões 92
6.7 Deslocamentos horizontais 93
6.8 Juntas de dilatação 94

7 CHAPAS DE COBERTURA E TAPAMENTO 99
7.1 Chapas de aço 99
7.2 Chapas de alumínio 100
7.3 Chapas de fibrocimento 100
7.4 Chapas translúcidas 100
7.5 Chapas tipo sanduíche 100
7.6 Detalhes construtivos 101

8 TERÇAS, VIGAS DE TAPAMENTO, CUMEEIRAS E ESCORA DO BEIRAL 102
8.1 Terças 102
8.2 Vigas de tapamento 102
8.3 Cumeeira 105
8.4 Tirantes das terças e das vigas de tapamento (correntes) 105
8.5 Escora do beiral 106

9 CONTRAVENTAMENTOS 108
9.1 Definição 108
9.2 Contraventamentos horizontais 108
9.3 Contraventamentos verticais 109

10 VIGAS DE ROLAMENTO 113
10.1 Definição 113
10.2 Tipos de seção 114

10.3 Flechas admissíveis ... 114
10.4 Relações para pré-dimensionamento ... 114
10.5 Contraflecha ... 114
10.6 Interligação entre vigas de rolamento ... 114
10.7 Resistência à fadiga ... 115
10.8 Enrijecedores (nervuras) ... 115
10.9 Soldas ... 117
10.10 Tensões locais em vigas de rolamento ... 118
10.11 Informações adicionais ... 119
10.12 Interligação de vigas de alturas diferentes ... 120
10.13 Ligação da viga com a coluna ... 120
10.14 Detalhes construtivos não recomendados ... 121
10.15 Para-choque ... 121
10.16 Trilhos ... 122

11 VIGAS DE COBERTURA ... 130
11.1 Vigas de cobertura em alma cheia ... 130
11.2 Vigas de cobertura em armações (tesouras ou treliças) ... 132
11.3 Espessura das chapas de ligação e espaçadores ... 136
11.4 Conclusão ... 137
11.5 Detalhes construtivos ... 139

12 COLUNAS ... 140
12.1 Definição ... 140
12.2 Colunas de alma cheia e altura constante ... 140
12.3 Colunas treliçadas de altura constante ... 142
12.4 Colunas-suporte de vigas de rolamento ... 142
12.5 Esbeltez-limite ... 145
12.6 Emendas de colunas ... 145
12.7 Consoles em colunas ... 145
12.8 Comprimento efetivo de flambagem ... 145
12.9 Bases de colunas ... 148
12.10 Recomendações ... 156

13 ESCADAS, CORRIMÃOS E PASSADIÇOS ... 158
13.1 Escadas ... 158
13.2 Corrimãos ... 160
13.3 Passadiço ... 161

14 VENTILAÇÃO NATURAL ... 162
14.1 Considerações gerais ... 162
14.2 Entradas de ar ... 163
14.3 Saídas de ar ... 163
14.4 Detalhes construtivos ... 163

15 CALHAS E TUBOS DE DESCIDA ... 165
15.1 Calhas ... 165
15.2 Tubos de descida ... 165
15.3 Dimensionamento ... 166

16 FADIGA ... 169
16.1 Cálculo da tensão máxima e da máxima faixa de variação de tensões ... 170
16.2 Faixa admissível de variação de tensões ... 171
16.3 Requisitos especiais de fabricação e montagem ... 172

17 DETALHAMENTO DE ESTRUTURAS DE AÇO ... 183
17.1 Sistemas e etapas de detalhamento ... 183

18 NOÇÕES SOBRE FABRICAÇÃO ... 193
18.1 Considerações gerais ... 193
18.2 Principais etapas na fabricação ... 193
18.3 Tolerâncias de fabricação ... 198

19 LIMPEZA E PROTEÇÃO DAS ESTRUTURAS ... 204
19.1 Limpeza ... 204
19.2 Proteção ... 205
19.3 Especificação de pintura ... 207
19.4 Informações adicionais ... 207

20 TRANSPORTE ... 210
20.1 Meios de transporte ... 210
20.2 Arrumação para transporte ... 210
20.3 Gabaritos ... 210

21 MONTAGEM ... 213
21.1 Considerações gerais ... 213
21.2 Principais etapas na montagem ... 213
21.3 Ligações de campo ... 215
21.4 Tensões de montagem ... 218
21.5 Estocagem no canteiro de obras ... 218
21.6 Equipamentos ... 218
21.7 Tolerâncias de montagem ... 219
21.8 Recomendações gerais ... 221

Referências bibliográficas ... 223

Apêndices
Disponível na página do livro
https://www.ofitexto.com.br/edificios-industriais-aco/p

INTRODUÇÃO AOS EDIFÍCIOS INDUSTRIAIS EM AÇO

1

1.1 Histórico

As primeiras obras em aço datam de 1750. Seu emprego estrutural foi feito na França por volta de 1780, na escadaria do Louvre e no teatro do Palais Royal, e na Inglaterra em 1757, onde se fez uma ponte de ferro fundido. Porém, sua grande utilização nos edifícios deu-se em torno de 1880 nos Estados Unidos, principalmente em Chicago.

O início da fabricação em ferro no Brasil ocorreu por volta de 1812. Acredita-se que a primeira obra a usar ferro pudlado, fundido no estaleiro Mauá, em Niterói (RJ), tenha sido a ponte de Paraíba do Sul, no Estado do Rio de Janeiro, com cinco vãos de 30 m, construída em 1857 e em uso até hoje. Por sua vez, a primeira obra em que se utilizou aço importado em edifícios no País foi o teatro de Santa Isabel, em Recife (PE). Como o Brasil é um país em crescimento, o setor industrial é o grande consumidor de estruturas metálicas, absorvendo a maior parte da produção.

Em 1921 foi implantada a Companhia Siderúrgica Belgo-Mineira (CSBM) para produzir fio-máquina, arame farpado, perfis leves etc. Em 1940 foi instituída no Brasil a comissão executiva do Plano Siderúrgico Nacional, e em plena guerra (1941) foi fundada a Companhia Siderúrgica Nacional (CSN), que entrou em operação em 12 de outubro de 1946 com a finalidade de produzir chapas, trilhos e perfis nas bitolas americanas.

Para consolidar o mercado, iniciaram as atividades na década de 1960 a Usinas Siderúrgicas de Minas Gerais S.A. (Usiminas) e a Companhia Siderúrgica Paulista (Cosipa) para a produção de chapas. A partir daí, grandes expansões foram realizadas no setor siderúrgico, entre as quais é possível citar a entrada em operação da Aço Minas Gerais S.A. (Açominas) para a produção de perfis laminados série americana. O Brasil, que até a década de 1970 ainda era um importador de aço, passou hoje a exportador, produzindo anualmente perto de 33 milhões de toneladas de aço por ano.

Para ajudar a difundir o uso do aço nas construções, a CSN criou, em 1953, como um de seus departamentos, a Fábrica de Estruturas Metálicas (FEM, desativada em 1998), que iniciou a formação de mão de obra qualificada e a realização do ciclo completo do aço, com a fabricação de várias obras importantes, tais como o edifício Avenida Central, no Rio de Janeiro (RJ), o edifício Santa Cruz, em Porto Alegre (RS), e o edifício Garagem América, em São Paulo (SP). Desde então foi surgindo um grande número de fabricantes, projetistas, desenhistas e profissionais do ramo.

1.2 Características das estruturas de aço

Conforme descrito na NBR 8800, o projeto de uma estrutura deve ser capaz de assegurar que ela seja adequada à sua função e possua estabilidade, resistência e durabilidade, além de ter um valor de construção aceitável e também ser esteticamente agradável.

Uma característica notável das estruturas de aço é a alta resistência do material nos diversos estados de tensão (tração, compressão, flexão etc.), o que permite aos elementos estruturais suportarem grandes esforços apesar da área relativamente pequena de suas seções. Além disso, a despeito de sua grande densidade (7.850 kg/m³), tais estruturas são mais leves do que os elementos constituídos em concreto armado.

Os elementos de aço oferecem também grande margem de segurança no trabalho, o que se deve ao fato de o material ser único e homogêneo, com limite de escoamento, ruptura e módulo de elasticidade bem definidos.

Outro benefício é que sua fabricação em oficinas, de preferência seriados, e sua montagem bem mecanizada permitem diminuir o prazo final da construção. Ao mesmo tempo, a possibilidade de desmontá-los e substituí-los com facilidade viabiliza o reforço ou a troca de diversos elementos da estrutura de maneira simples, bem como o reaproveitamento de qualquer material que não seja mais necessário à construção.

Um ponto de observação e cuidado é a suscetibilidade da estrutura à oxidação, o que requer cuidados e definição clara do tipo de ambiente em que será utilizada. É importante também atentar para os detalhes construtivos visando a um melhor desempenho da estrutura. A NBR 8800, em seu anexo K, apresenta recomendações bem diretas com relação aos critérios básicos de projeto para a proteção perante a corrosão.

Em paralelo às medidas de projeto, as usinas disponibilizam ao mercado uma série de aços revestidos e também aços chamados de patináveis, que são aços de alta resistência à corrosão atmosférica, ou seja, com melhor desempenho quando comparados a aços comuns. No Brasil, os aços patináveis recebem denominações como USI-SAC 300 e COR 420 das empresas que os produzem e podem apresentar resistência à corrosão da ordem de duas a quatro vezes a do aço-carbono, dispensando qualquer proteção. Em todos os casos, deve-se fazer uma consulta ao fabricante do material, pois em regiões marinhas e industriais muito agressivas é preciso tomar muito cuidado com o material e o tipo de revestimento a serem utilizados.

1.3 Campo de aplicação

Atualmente, as estruturas de aço são aplicadas em praticamente todos os setores construtivos. Este livro se detém na utilização dessas estruturas em galpões industriais, com o desenvolvimento de um projeto completo de galpão com ponte rolante em duas alternativas.

1.4 Fatores que influenciam o custo de uma estrutura

Tradicionalmente o aço é vendido em tonelada. Assim, em sua composição de custos, o peso é sempre uma referência, o que leva a comparativos no mercado do custo por tonelada.

É importante que o fabricante não realize uma precificação de maneira simples, como a utilização de *markup*, para estabelecer seu preço de venda. A forma de precificação mais correta deve considerar um grande número de fatores que têm influência significativa no custo final, por tonelada, de uma peça de aço fabricada. No projeto, no detalhe, na fabricação e na montagem de uma estrutura de aço, os seguintes aspectos influenciam seu custo:

- seleção do sistema estrutural;
- projeto dos elementos estruturais individuais;
- projeto e detalhe das conexões;
- processo a ser usado na fabricação;
- especificação para fabricação e montagem;
- sistema de proteção à corrosão;
- sistema a ser usado na montagem;
- sistema de proteção contra fogo etc.

A seleção do mais eficiente sistema estrutural, compatível com o processo de fabricação, é fundamental para otimizar os custos. Economia na fabricação e na montagem só é possível como resultado de conexões bem elaboradas durante a fase de detalhamento, de acordo com as premissas de projeto e também as características dos equipamentos dos fabricantes. A especificação é o aspecto que maior influência tem nos custos de fabricação e montagem, onde se determinam a qualidade do material e as tolerâncias requeridas. Outro item importante é a proteção contra a corrosão, que, em muitos casos, pode chegar a até 30% do valor da estrutura.

Se o projeto e o detalhamento não são executados pelo fabricante, e este é desconhecido, é importante deixar opções no projeto para o uso de conexões soldadas ou parafusadas, ou, mesmo, o detalhamento propor soluções alternativas de acordo com sua fabricação.

Em geral, o custo de uma estrutura metálica pode ser apresentado da seguinte maneira em termos percentuais:

- projeto estrutural: 1% a 3%;
- detalhamento: 2% a 6%;
- material e insumos: 20% a 50%;
- fabricação: 20% a 40%;

- limpeza e pintura: 10% a 30%;
- transporte: 1% a 3%;
- montagem: 20% a 35%.

Outro fator que serve como referência é a medida do custo de fabricação e montagem através do peso contido em um desenho de fabricação. Assim, pode-se dizer que, se o peso das peças contidas em um desenho é menor do que 2 t, a estrutura é leve e de custos unitários mais elevados do que outra que contenha 8 t por desenho.

1.5 Principais fases na construção de uma obra

As principais fases que precedem a construção de qualquer tipo de edifício, ou mesmo qualquer tipo de obra, são apresentadas a seguir.

1.5.1 Arquitetura

É a etapa em que se desenvolve todo o estudo da obra, com a escolha de materiais de acabamento, dimensões, características de ventilação, iluminação, formato etc. Uma arquitetura desenvolvida para o aço torna esse material mais competitivo, tirando partido de sua melhor resistência e menores dimensões das seções, entre outras características.

1.5.2 Projeto estrutural

É onde se dá corpo ao projeto arquitetônico, calculando-se elementos de sustentação, ligações principais, tipos de aço e cargas nas fundações e especificando-se se a estrutura será soldada ou parafusada etc. Representa uma das etapas mais importantes, pois um projeto estrutural mal elaborado pode causar prejuízo econômico ao fabricante e ao construtor. É essencial que o projeto seja *otimizado* em seu todo.

Vale aqui a citação de Johnston e Lin (1974, tradução e grifos nossos):

> Um bom projetista estrutural pensa de fato em sua estrutura tanto quanto ou mais do que pensa no modelo matemático que usa para verificar os esforços internos, com base nos quais ele deverá determinar o material necessário, o tipo, a dimensão e a localização dos membros que conduzem as cargas. A *mentalidade da engenharia estrutural* é aquela capaz de visualizar a estrutura real, as cargas sobre ela, enfim, *"sentir"* como essas cargas são transmitidas através dos vários elementos até as fundações. Os grandes projetistas são dotados daquilo que às vezes se tem chamado *intuição estrutural*. Para desenvolver a *intuição* e *"sentir"*, o engenheiro torna-se um observador arguto de outras estruturas. Pode até mesmo deter-se para contemplar o comportamento de uma árvore, projetada pela natureza para suportar as tempestades violentas; sua flexibilidade é frágil nas folhas e nos galhos diminuídos, mas crescente em resistência, e nunca abandonando a continuidade, à medida que os galhos se confundem com o tronco, que por sua vez se espalha sob sua base no sistema de raízes, que prevê sua fundação e conexão com o solo.

1.5.3 Sondagens do solo

São de fundamental importância para o delineamento das estruturas, pois se o solo é de má qualidade o calculista da estrutura deve evitar engastar nele as fundações, o que as tornaria muito onerosas. Porém, se o solo é de boa qualidade, é perfeitamente possível engastá-las. Portanto, o tipo de solo pode definir o esquema estrutural.

1.5.4 Detalhamento

Nessa fase, o projeto estrutural é detalhado peça por peça visando atender ao cronograma de fabricação e montagem, dentro das recomendações do projeto, procurando agrupar ao máximo as peças. Devido às particularidades de cada fábrica no que diz respeito aos tipos de equipamento e porte, cada fabricante adota o detalhamento que lhe é mais adequado (Cap. 17).

1.5.5 Fabricação

É onde as diversas partes (peças) que vão compor uma estrutura são fabricadas, usando-se as recomendações do projeto quanto a solda, parafusos, tolerâncias, controle de qualidade etc. Cada fabricante tem sua própria maneira de dar sequência à fabricação das peças (Cap. 18).

1.5.6 Limpeza e proteção

Após a fabricação, as peças que vão compor a estrutura são preparadas para receber proteção contra a corrosão. Essa proteção é aplicada na estrutura, previamente limpa, mediante pintura ou galvanização (Cap. 19), podendo ela também ser deixada no estado natural, se for em ASTM A588 ou similar e se sua localização assim o permitir.

1.5.7 Transporte

Já na fase inicial de projeto e detalhamento, é preciso indicar o tamanho das peças procurando, dentro do possível, evitar transporte especial (Cap. 20).

1.5.8 Montagem

É onde as peças vão se juntar, uma a uma, para compor a estrutura, necessitando-se de um planejamento a fim de especificar os equipamentos, o ferramental e a sequência de montagem a serem usados. É o coroamento de toda a obra, quando se descobre se houve ou não um bom projeto (Cap. 21).

A segurança da estrutura pode ser garantida fazendo-se a combinação de bom projeto, bom detalhamento, boa qualidade na fabricação e bons métodos de montagem. A maneira de montar influi na economia final, uma vez que é durante a construção que na maioria das vezes as estruturas sofrem falhas e, por falta de estabilidade tridimensional, desabam. Raramente falhas ocorrem depois que a estrutura está pronta.

1.5.9 Controle de qualidade

Atua em todas as fases, estabelecendo os procedimentos de solda, inspecionando peças, verificando se estão dentro das tolerâncias de normas etc.

1.5.10 Manutenção

Após a conclusão da obra, é necessário fazer um plano de inspeção, o que depende do local e do uso da estrutura. Outro requisito de serviço importante é a informação da média de vida da estrutura e dos problemas de corrosão devidos a condições atmosféricas, umidade e outros. Em seus projetos, o engenheiro deve evitar soluções que acumulem água e sujeira, para evitar corrosão, e também deixar acesso fácil aos locais que necessitem de manutenção de pintura e inspeção por toda a vida da estrutura. Idealmente, toda estrutura deveria ser visitada e inspecionada pelo projetista ou seu preposto após um, três, cinco, dez, quinze, vinte e mais anos.

1.6 Segurança e filosofia de projeto

O método utilizado nesta edição do livro será o método das resistências admissíveis (ASD), que ainda está vigente no AISC e que o autor considera como adequado para galpões industriais.

Outras metodologias podem ser adotadas, como a da NBR 8800, e para isso o calculista deve fazer as devidas adequações.

1.6.1 Método das resistências admissíveis (ASD)

Quando o dimensionamento se efetua com base nesse método, considera-se que a estrutura, submetida às cargas previstas em normas, funcione nas condições normais de projeto. Uma estrutura tem a resistência necessária se as forças causadas em seus elementos pelas cargas estabelecidas (por normas) não ultrapassam as forças admissíveis estabelecidas, que são iguais a uma determinada parte da tensão-limite do material; esta é considerada igual ao limite de escoamento, no caso do aço. A relação entre tensão de escoamento e tensão admissível chama-se fator de segurança.

Na Fig. 1.1 apresenta-se a margem de segurança de uma estrutura, obtida da curva carga × deflexão.

O fator de segurança previsto tem por finalidade absorver:

- aproximação e incertezas no método de análise;
- variações na qualidade de fabricação;
- presença de tensões residuais e concentração de tensões;
- alteração para menos nas propriedades físicas do material;
- alteração para menos na seção transversal dos membros;
- variações na locação e na intenção de uso da estrutura;
- incerteza dos carregamentos.

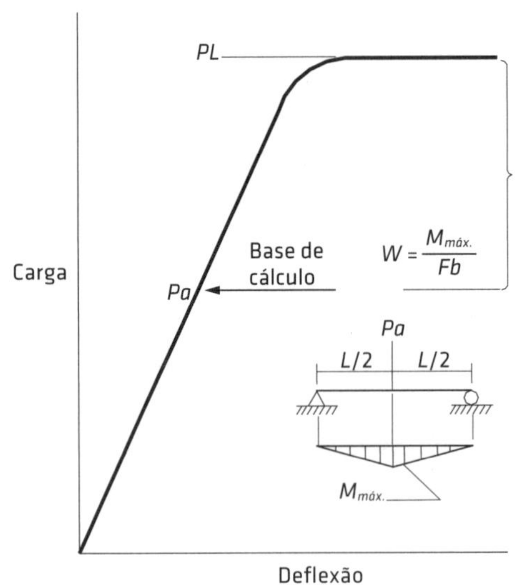

Fig. 1.1 Curva carga × deflexão indicando margem de segurança

Está claro, então, que o fator de segurança não implica maior segurança para cargas maiores, uma vez que há muitos fatores envolvidos. Em geral, ele é dado por:

$$FS = \frac{PL}{Pa} \quad (1.1)$$

em que:

PL = carga-limite;

Pa = carga admissível de trabalho.

O Quadro 1.1 mostra, de acordo com a Eq. 1.1, os fatores de segurança dados pela especificação do American Institute of Steel Construction (AISC). O fator de segurança é de 1,67 para barras tracionadas, 1,67 para colunas curtas,

Quadro 1.1 Fatores de segurança para elementos estruturais

Elemento estrutural	Critério de dimensionamento	Carga-limite (PL)	Carga admissível (Pa)	Fator de segurança
Membros tracionados	Regime elástico	f_yA	$0{,}6f_yA$	$\frac{f_y}{0{,}6f_y} = 1{,}67$
	Resistência à ruptura[1] (resistência à tração)	f_uA	$0{,}6f_yA$	Para A-36 $\frac{f_u}{0{,}6f_y} = \frac{4{,}0}{1{,}54} = 2{,}6$
Vigas	Regime elástico (perfis não compactos)	$M_y = f_yW$	$M_a = 0{,}6f_yW$	$\frac{f_y}{0{,}6f_y} = 1{,}67$
	Regime elástico (perfis compactos)	$M_p = f_yZ$	$M_a = 0{,}66f_yW$	$\frac{f_yZ}{0{,}66f_yW} = \frac{1{,}12}{0{,}66} = 1{,}70$
Colunas	Carga máxima (instabilidade)	CRC fórmula para colunas	Depende	$\frac{L}{r} = 0 \rightarrow FS = 1{,}67$
			$\lambda = \frac{L}{r}$	$\frac{L}{r} = 130 \rightarrow FS = 1{,}92$
Parafusos de alta resistência A-325	Resistência à ruptura por cisalhamento de um parafuso (juntas a esmagamento)	Depende do comprimento da junta	$1{,}54A_pn$	Máximo = 3,3
				Mínimo = 2,1

[1]As deformações para a carga de ruptura de um membro tracionado são tais que o fator de segurança indicado nesses casos pode não ser significativo. Há também consideráveis variações dependendo do tipo de aço.

Fonte: adaptado de AISC.

1,92 para colunas longas e 2,1 a 3,3 para parafusos e soldas. Dentro do mesmo contexto, têm-se 1,67 para vigas esbeltas e 1,70 para vigas de seções compactas.

AÇOS ESTRUTURAIS E SEUS PRODUTOS

2

2.1 Classificação

O aço é um composto que consiste quase totalmente de ferro (98%), com pequenas quantidades de carbono, silício, enxofre, fósforo, manganês etc. O carbono é o material que exerce o maior efeito nas propriedades do aço, as quais são bem definidas. Entre elas, é possível citar a alta resistência mecânica (se comparada com a de qualquer material disponível) e a ductilidade (capacidade de se deformar antes da ruptura). Os aços utilizados em estruturas são divididos em dois grupos: aços-carbono e aços de baixa liga.

2.1.1 Aços-carbono

Os aços-carbono são o tipo mais usual, nos quais o aumento de resistência em relação ao ferro puro é produzido pelo carbono e, em menor escala, pela adição de manganês. Em estruturas usuais de aço, empregam-se aços com teor de carbono equivalente máximo de 0,45%, para permitir boa soldabilidade. O incremento do teor de carbono eleva a resistência e a dureza (redução da ductilidade); porém, o aço resulta mais quebradiço e sua soldabilidade diminui consideravelmente. Entre os aços-carbono mais usados em estruturas, mencionam-se os ASTM A36 e A570, os ABNT NBR 6648, 6649, 6650 e 7007 e o DIN St 37.

2.1.2 Aços de baixa liga

Os aços de baixa liga são os aços-carbono acrescidos de elementos de liga em pequena quantidade, tais como nióbio, cobre, manganês e silício. Os elementos de liga provocam aumento de resistência através da modificação da microestrutura para grãos finos. Graças a esse fato, pode-se obter resistência elevada com teor de carbono da ordem de 0,20%, permitindo boa soldabilidade. Entre os aços de baixa liga mais usuais, citam-se os ASTM A572 e A441, os ABNT NBR 5000, 5004 e 7007 e o DIN St 52.

Com uma pequena variação na composição química pela adição de alguns componentes, tais como vanádio, cromo, cobre, níquel, alumínio e nióbio, esses aços podem ter sua resistência à corrosão atmosférica aumentada de duas a quatro vezes. Nesse caso, são chamados de aços de baixa liga, alta resistência mecânica e melhor resistência à corrosão atmosférica, sendo conhecidos também como aços patináveis. São exemplos desse tipo de aço o ASTM A588 e os ABNT NBR 5008, 5920 e 5921. As usinas nacionais os produzem com os nomes comerciais COR 420 e USI-SAC, entre outras denominações.

2.1.3 Aços com tratamento térmico

Tanto os aços-carbono como os de baixa liga podem ter sua resistência aumentada pelo tratamento térmico. Os parafusos de alta resistência utilizados na fixação de estruturas são fabricados com aço-carbono sujeito a tratamento térmico (ASTM A325), bem como aço de baixa liga (ASTM A490).

2.2 Aço e suas propriedades

Para compreender o comportamento das estruturas de aço, é essencial que o calculista esteja familiarizado com as propriedades do aço e que utilize somente material com qualificação estrutural.

A NBR 8800, no item 4.6, traz as informações referentes aos materiais a serem utilizados nas estruturas e alguns pontos específicos que cabe destacar.

a) Os aços com qualificação estrutural assegurada por normas técnicas, desde que possuam resistência nominal ao escoamento máxima de 450 MPa e relação entre resistências nominais à ruptura e ao escoamento não inferior a 1,15. Além disso, devem atender também aos seguintes requisitos, considerando-se valores efetivamente medidos pelas usinas siderúrgicas:
   - a relação entre as resistências à ruptura e ao escoamento não pode ser inferior a 1,10;
   - a relação entre as deformações específicas correspondentes às resistências à ruptura (ε_u) e ao escoamento (ε_y) não pode ser inferior a 15;
   - a deformação máxima na ruptura (ε_r) não pode ser inferior a 15%, considerando-se a base de medida de 200 mm.

O conhecimento das características de elasticidade, inelasticidade, fratura e fadiga de um metal é importante para avaliar sua aplicação na construção de um membro estrutural e em determinado uso particular. Em caso de dúvida, deve sempre ser consultado o fabricante do material.

2.2.1 Propriedades mecânicas

Na faixa normal de temperatura atmosférica, para qualquer aço estrutural, as seguintes propriedades são praticamente constantes:

- massa específica: ρ_a = 7.850 kg/m³;
- módulo de elasticidade: E = 200.000 MPa = 20.000 kN/cm²;
- coeficiente de Poisson no regime elástico: ν_a = 0,3;
- módulo transversal de elasticidade: $G = E/2(1 + \nu_a)$ = 7.700 kN/cm²;
- coeficiente de Poisson no regime plástico: ν_p = 0,5;
- coeficiente de dilatação térmica: $\beta_a = 1{,}2 \times 10^{-5}$/°C.

A Fig. 2.1 mostra um exemplo de diagrama tensão-deformação do aço.

2.2.2 Influência da composição química nas propriedades dos aços

A composição química determina muitas das características dos aços importantes para aplicações estruturais. Alguns dos elementos químicos presentes nos aços comerciais são consequência dos métodos de obtenção. Outros são adicionados deliberadamente, para atingir objetivos específicos. A composição química de cada tipo de aço é fornecida pelas normas correspondentes, em duas situações: composição do aço na panela e composição do produto acabado (Iingotado); geralmente, a composição varia pouco de uma situação para a outra.

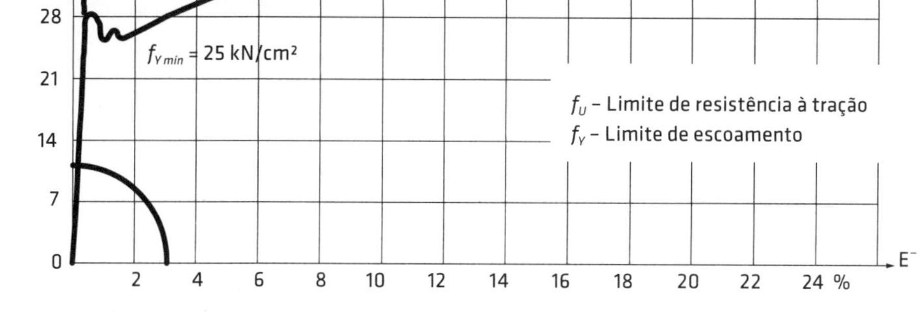

Fig. 2.1 Curvas típicas tensão--deformação obtidas a partir de um teste de tração para aço estrutural, em que f_u = limite de resistência à tração e f_y = limite de escoamento

A influência de cada um dos elementos químicos mais comumente encontrados nos aços é descrita de modo resumido a seguir. Deve-se levar em conta, entretanto, que os efeitos de dois ou mais elementos usados simultaneamente podem diferir dos efeitos correspondentes a cada elemento isolado.

Alumínio (Al)

Quando adicionado a um aço acalmado com silício, diminui a temperatura de transição e aumenta a tenacidade. A redução de temperatura de transição pode ser obtida mesmo sem o silício, com a adição suficiente de alumínio (não superior a 0,2%). Adições excessivas de alumínio dificultam a obtenção do grau de acabamento superficial desejado nos produtos laminados. O alumínio também restringe o crescimento dos grãos durante um tratamento térmico.

Carbono (C)

É o principal elemento adotado para incrementar a resistência (e a dureza). Em geral, cada 0,01% de aumento no teor de carbono eleva o limite de escoamento em aproximadamente 0,035 kN/cm². Contudo, isso é acompanhado por redução de ductilidade, de tenacidade e de soldabilidade, elevação de temperatura de transição e aumento de suscetibilidade ao envelhecimento. Consequentemente, o teor de carbono dos aços estruturais é limitado a 0,3% ou menos, dependendo dos outros elementos presentes e da soldabilidade e da tenacidade desejadas.

Cobre (Cu)

Eleva de forma muito eficaz a resistência à corrosão atmosférica, para a adição de cobre de até 0,35%, bem como o limite de resistência à fadiga. Reduz pouco a ductilidade, a tenacidade e a soldabilidade.

Cromo (Cr)

Aumenta a resistência mecânica à abrasão e à corrosão atmosférica, porém reduz a soldabilidade. Também eleva a resistência à deformação lenta e melhora o comportamento do aço a temperaturas elevadas (até 500 °C, aproximadamente), isto é, com o incremento de temperatura a redução de resistência é menos pronunciada do que nos aços-carbono.

Enxofre (S)

Entra no processo de obtenção e pode causar retração a quente como resultado de inclusões de sulfito de ferro, as quais se enfraquecem e podem romper quando aquecidas. É possível também que essas inclusões conduzam à ruptura frágil, pois funcionam como pontos de concentração de tensões a partir dos quais a ruptura pode começar. Teores elevados de enxofre podem causar porosidade e fissuração a quente durante a soldagem. Normalmente, é desejável manter o teor desse elemento abaixo de 0,05%.

Fósforo (P)

Aumenta o limite de resistência, a resistência à fadiga e a temperatura de transição, porém reduz a ductilidade e a soldabilidade. Adições de alumínio incrementam a tenacidade dos aços que contêm fósforo.

Hidrogênio (H)

Pode ser absorvido durante as operações de refino e fragiliza o aço, devendo ser eliminado por difusão, através de resfriamento lento após a laminação, e estocado a temperaturas normais de interiores.

Manganês (Mn)

Eleva o limite de resistência, a resistência à fadiga, a tenacidade e a resistência à corrosão e retarda o envelhecimento, contudo reduz a soldabilidade. Opõe-se à retração a quente causada pelo enxofre, devendo, por isso, ser usado em teores que variam de três a oito vezes o teor de enxofre, a depender do tipo de aço.

Molibdênio (Mo)

Aumenta o limite de escoamento, a resistência à abrasão e a resistência à corrosão atmosférica e melhora a soldabilidade, tendo efeito adverso na tenacidade e na temperatura de transição. Assim como o cromo, melhora o comportamento a temperaturas elevadas e leva ao crescimento da resistência à deformação lenta.

Nióbio (Nb)

Em pequenas quantidades, resulta em crescimento relativamente alto no limite de escoamento, mas menor no limite de resistência. Diminui consideravelmente a tenacidade de elementos espessos.

Níquel (Ni)

Incrementa a resistência mecânica, a tenacidade e a resistência à corrosão e reduz a soldabilidade.

Nitrogênio (N)

Aumenta a resistência e a temperatura de transição, porém pode causar envelhecimento.

Oxigênio (O)

Reduz a ductilidade e a tenacidade e, assim como o nitrogênio, pode provocar envelhecimento.

Silício (Si)

Eleva a resistência e a tenacidade, no entanto diminui a soldabilidade. É usado frequentemente como desoxidante.

Titânio (Ti)

Incrementa o limite de resistência, a resistência à abrasão e a resistência à deformação lenta, sendo muito importante quando se deseja evitar o envelhecimento. Algumas vezes é utilizado como desoxidante e inibidor de crescimento do grão.

Tungstênio (W)

Aumenta o limite de resistência, a resistência à abrasão e a resistência à deformação lenta. É usado em aço para trabalho a temperaturas elevadas.

Vanádio (V)

Em teores de até 0,12%, resulta no crescimento do limite de resistência, da resistência à abrasão e da resistência à deformação lenta, sem prejudicar a soldabilidade e a tenacidade. Algumas vezes é empregado como desoxidante e inibidor de crescimento do grão.

Observações

Para relacionar a composição química à soldabilidade, a influência relativa de cada elemento é expressa em termos de carbono equivalente (Ceq). Uma das expressões propostas para determinar o carbono equivalente, com o teor de cada elemento em porcentagem, é a seguinte:

$$\%\text{Ceq} = \%\left(C + \frac{Mn}{6} + \frac{Cr + Mo + V}{5} + \frac{Ni + Cu}{15}\right)$$

Quanto maior for o carbono equivalente, menor será a soldabilidade do aço. Em consequência, o resfriamento após a soldagem tem de ser feito mais lentamente, as temperaturas de pré-aquecimento e interpasses precisam ser maiores e torna-se mais necessário o uso de baixo hidrogênio. O ideal para estruturas soldadas é que o carbono equivalente fique abaixo de 0,45%.

2.3 Aços estruturais especificados por normas

A NBR 8800, em seu anexo A, traz a relação de materiais usados que será utilizada como referência (Tabs. 2.1 a 2.8).

Tab. 2.1 Chapas grossas de aço de baixa liga e alta resistência mecânica segundo a NBR 5000

Denominação	f_y (MPa)	f_u (MPa)
G-30	300	415
G-35	345	450
G-42	415	520
G-45	450	550

Tab. 2.2 Chapas finas de aço de baixa liga e alta resistência mecânica segundo a NBR 5004

Denominação	f_y (MPa)	f_u (MPa)
F-32/Q-32	310	410
F-35/Q-35	340	450
Q-40	380	480
Q-42	410	520
Q-45	450	550

Tab. 2.3 Chapas grossas e bobinas grossas de aço de baixa liga, resistentes à corrosão atmosférica, para uso estrutural segundo a NBR 5008

Denominação	f_y (MPa)	f_u (MPa)
CGR 400	250	380
CGR 500 e CGR 500A	370	490

Tab. 2.4 Chapas finas e bobinas finas (a frio/a quente) de aço de baixa liga, resistentes à corrosão atmosférica, para uso estrutural segundo as NBRs 5920 e 5921

Denominação	f_y (MPa)	f_u (MPa)
CFR 400	---/250	---/380
CFR 500	310/370	450/490

Tab. 2.5 Chapas grossas de aço-carbono para uso estrutural segundo a NBR 6648

Denominação	f_y (MPa)	f_u (MPa)
CG-26	255	410
CG-28	275	440

Tab. 2.6 Chapas finas (a frio/a quente) de aço-carbono para uso estrutural segundo as NBRs 6649 e 6650

Denominação	f_y (MPa)	f_u (MPa)
CF-26	260/260	400/410
CF-28	280/280	440/440
CF-30	---/300	---/490

Tab. 2.7 Aços-carbono e microligados para uso estrutural e geral segundo a NBR 7007

Denominação	f_y (MPa)	f_u (MPa)
MR 250	250	400-560
AR 350	350	450
AR 350 COR	350	485
AR 415	415	520

Tab. 2.8 Perfil tubular de aço-carbono, formado a frio, com e sem costura, de seção circular ou retangular, para usos estruturais segundo a NBR 8261

Denominação	Seção circular		Seções quadrada e retangular	
	f_y (MPa)	f_u (MPa)	f_y (MPa)	f_u (MPa)
B	290	400	317	400
C	317	427	345	427

A Tab. 2.9 mostra os aços de emprego frequente especificados pela ASTM para uso estrutural.

2.3.1 Aços fundidos e forjados

Quando for necessário o emprego de elementos estruturais fabricados em aços fundidos ou forjados, deverão ser observadas a NBR 7242 (tipo AF-5534) e a ASTM A668.

Havia também a NBR 6313, que discorria sobre os tipos AF-4220 e AF-4524, mas que foi cancelada sem substituição em 2015.

2.3.2 Parafusos e barras redondas

As especificações indicadas na Tab. 2.10 são aplicáveis a parafusos e barras redondas rosqueadas utilizados como tirantes ou chumbadores. Elementos fabricados em aço temperado não devem ser soldados nem aquecidos, de maneira a não prejudicar a montagem.

2.3.3 Equivalência de aços por produtos

Na Tab. 2.11 é apresentada uma equivalência de aços por normas.

Tab. 2.9 Aços estruturais ASTM

Classificação	Denominação	Produto	Grupo de perfil[1,2] ou faixa de espessura disponível	Grau	f_y (MPa)	f_u (MPa)
Aços-carbono	A36	Perfis	1, 2 e 3	-	250	400 a 550
		Chapas e barras[3]	t ≤ 200 mm			
	A500	Perfis	4	A	230	310
				B	290	400
Aços de baixa liga e alta resistência mecânica	A572	Perfis	1, 2 e 3	42	290	415
				50	345	450
				55	380	485
			1 e 2	60	415	520
				65	450	550
		Chapas e barras[3]	t ≤ 150 mm	42	290	415
			t ≤ 100 mm	50	345	450
			t ≤ 50 mm	55	380	485
			t ≤ 31,5 mm	60	415	520
				65	450	550
	A992[4]	Perfis	1, 2 e 3	-	345 a 450	450
Aços de baixa liga e alta resistência mecânica resistentes à corrosão atmosférica	A242	Perfis	1	-	345	485
			2	-	315	460
			3	-	290	435
		Chapas e barras[3]	t ≤ 19 mm	-	345	480
			19 mm < t ≤ 37,5 mm	-	315	460
			37,5 mm < t ≤ 100 mm	-	290	435

Tab. 2.9 (continuação)

Classificação	Denominação	Produto	Grupo de perfil[1,2] ou faixa de espessura disponível	Grau	f_y (MPa)	f_u (MPa)
Aços de baixa liga e alta resistência mecânica resistentes à corrosão atmosférica	A588	Perfis	1 e 2	-	345	485
		Chapas e barras[3]	t ≤ 100 mm	-	345	480
			100 mm < t ≤ 125 mm	-	315	460
			125 mm < t ≤ 200 mm	-	290	435
Aços de baixa liga temperados e autorrevenidos	A913	Perfis	1 e 2	50	345	450
				60	415	520
				65	450	550

(1) Grupos de perfis laminados para efeito de propriedades mecânicas:

- grupo 1: perfis com espessura de mesa inferior ou igual a 37,5 mm;
- grupo 2: perfis com espessura de mesa superior a 37,5 mm e inferior ou igual a 50 mm;
- grupo 3: perfis com espessura de mesa superior a 50 mm;
- grupo 4: perfis tubulares.

(2) t corresponde à menor dimensão ou ao diâmetro da seção transversal da barra.

(3) Barras redondas, quadradas e chatas.

(4) A relação f_u/f_y não pode ser inferior a 1,15.

Tab. 2.10 Materiais usados em parafusos e barras redondas rosqueadas

Especificação		Limite de escoamento f_y (kN/cm²)	Resistência à tração f_u (kN/cm²)	Diâmetro máximo (mm)	Tipo de material[2]
Parafusos	ASTM A307	–	41,5	100	C
	ISO 898 Classe 4,6	24,0	39,8	36	C
	ASTM A325[1]	65,0 57,0	82,5 72,5	$12,7 \leq d \leq 25,4$ $25,4 < d \leq 38,1$	CT
Barras rosqueadas	ASTM A490	89,5	103,5	$12,7 \leq d \leq 38,1$	T
	ASTM A36	25,0	40,0	100	C
	ASTM A588	34,5	48,5	100	ARBL RC
	SAE 1010	24,0	37,8	152	C

(1) Disponíveis também com resistência à corrosão atmosférica comparável à dos aços AR-COR-345 graus A e B ou à dos aços ASTM A588.

(2) C = carbono, T = temperado, ARBL RC = alta resistência e baixa liga resistente à corrosão.

2.4 Produtos de aço para uso estrutural

Os principais materiais usados como elementos ou componentes estruturais são: chapas finas a frio, chapas finas a quente, chapas zincadas, chapas grossas, perfis laminados estruturais, barras redondas, chatas e quadradas, tubos estruturais com e sem costura, perfis soldados e perfis de chapas dobradas.

2.4.1 Chapas finas a frio

São produtos com espessura-padrão de 0,30 mm a 2,65 mm, fornecidos nas larguras-padrão de 1.000 mm, 1.200 mm e 1.500 mm e nos comprimentos-padrão de 2.000 mm e 3.000 mm, assim como na forma de bobinas (Tab. 2.12). Nas construções, essas chapas são usadas como complementos, sejam esquadrias, dobradiças, portas, batentes, calhas ou rufos.

2.4.2 Chapas finas a quente

Possuem espessura-padrão de 1,2 mm a 5,0 mm, sendo fornecidas nas larguras-padrão de 2.000 mm, 3.000 mm e 6.000 mm e em bobinas (Tab. 2.13). São empregadas em perfis de chapas dobradas, para a construção em estruturas metálicas leves e, principalmente, como terças e vigas de tapamento.

Tab. 2.11 Equivalência de aços por normas

Produto	NBR	Classe	Grau	f_y (kN/cm²)	f_u (kN/cm²)	Classe ASTM equivalente	DIN
Perfis	7007	MR-250	–	25,0	40,0	A36	St-42
	7007	AR-290	–	29,0	41,5	A572 Gr 42	St-46
	7007	AR-345	–	34,5	45,0	A572 Gr 50	St-52
	7007	AR-COR-345	A	34,5	48,5	A242 Gr 1	–
	7007	AR-COR-345	B	34,5	48,5	A242 Gr 2 e A588	–
Chapas	6648	CG-26	–	25,5	41,0	A36	St-42
	6649/6650	CF-26	–	26,0	41,0	A36	St-42
	5000	G-30	–	30,0	41,5	A572 Gr 42	–
	5000	G-35	–	34,5	45,0	A572 Gr 50	St-52
	5004	F-35/Q-35	–	34,0	45,0	A572 Gr 50	St-52
	5008	1,2 e 2A	t ≤ 19 mm	34,5	48,0	A588	–
	5920/5921	CF-BLAR	–	34,0	48,0	A588	–
Tubos	8261	Circular	B	29,0	40,0	A500 Gr B	–
	8261	Quadrado ou retangular	B	31,7	40,0	A500 Gr B	–
	8261	Circular	C	31,7	42,7	A500 Gr B	–
	8261	Quadrado ou retangular	C	34,5	42,7	–	–

Nota: as siderúrgicas nacionais produzem aços de alta resistência mecânica e à corrosão atmosférica, que recebem os nomes comerciais COS AR COR 350, USI-SAC 350, CST COR 500, Gerdau COR 500 e V&M 350 COR, equivalentes ao A588.

Tab. 2.12 Chapas finas a frio

Espessura-padrão (mm)	Peso (kg/m²)
0,30	2,36
0,38	2,98
0,45	3,53
0,60	4,71
0,75	5,89
0,85	6,67
0,90	7,06
1,06	8,32
1,20	9,42
1,50	11,78
1,70	13,35
1,90	14,92
2,25	17,66
2,65	20,80

Tab. 2.13 Chapas finas a quente

Espessura-padrão (mm)	Peso (kg/m²)
1,20	9,4
1,50	11,8
2,00	15,7
2,25	17,7
2,65	20,8
3,00	23,6
3,35	26,3
3,75	29,4
4,25	33,4
4,50	35,3
4,75	37,3
5,00	39,2

2.4.3 Chapas zincadas

São produtos com espessura-padrão de 0,25 mm a 1,95 mm, fornecidos nas larguras-padrão de 1.000 mm e nos comprimentos-padrão de 2.000 mm e 3.000 mm, e também em bobinas (Tab. 2.14). Essas chapas, devidamente trabalhadas, são utilizadas como elementos complementares nas construções, sejam telhas para coberturas e tapamentos laterais, calhas, rufos, caixilhos, dutos de ar condicionado ou divisórias.

As normas técnicas associadas são a NBR 7008 e a CSN-ZAR.

2.4.4 Chapas grossas

Têm espessura-padrão de 6,3 mm a 102 mm e são fornecidas nas larguras-padrão de 1.000 mm a 3.800 mm e nos comprimentos-padrão de 6.000 mm e 12.000 mm (Tab. 2.15). São usadas na construção de estruturas metálicas, principalmente para a formação de perfis soldados para trabalhar como vigas, colunas e estacas.

Tab. 2.14 Chapas zincadas

Espessura-padrão (mm)	Peso (kg/m²)
0,25	1,96
0,30	2,36
0,35	2,75
0,43	3,38
0,50	3,93
0,65	5,10
0,80	6,28
0,95	7,46
1,11	8,71
1,25	9,81
1,55	12,17
1,95	15,31

Tab. 2.15 Chapas grossas

Espessura-padrão (mm)	Peso (kg/m²)
6,3	49,46
8,0	62,80
9,5	74,58
12,5	98,13
16,0	125,60
19,0	149,15
22,4	175,84
25,0	196,25
37,5	294,38
45,0	353,25
50,0	392,50
57,0	447,44
63,0	494,55
75,0	588,75
102,0	800,70

2.4.5 Perfis laminados estruturais

Os perfis laminados a quente mais comuns para uso estrutural e encontrados no mercado são os indicados na Tab. 2.16. São empregados na fabricação de estruturas metálicas e, secundariamente, como caixilhos e grades. Perfis leves são os com alturas menores que 80 mm, médios os com alturas de 80 mm a 200 mm, e pesados os com alturas maiores que 200 mm.

Tab. 2.16 Perfis laminados

	Tipo de material	Dimensões (mm)	Designação (exemplo)
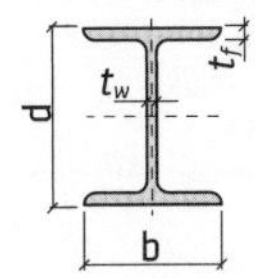	Perfil H	d = W150 a 310	H de 150 × 37,1 Perfil H com d = 162 mm e 37,10 kg/m
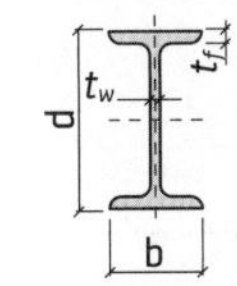	Perfil I	d = 76 a 152 d = W150 a 610	W de 150 × 18,0 Perfil I com d = 153 mm e 18,0 kg/m
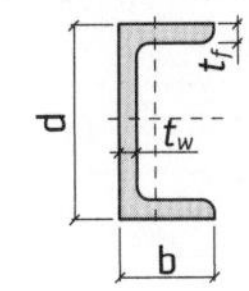	Perfil U	d = 76 a 381	U de 203 × 17,1 Perfil U com d = 203 mm e 17,10 kg/m
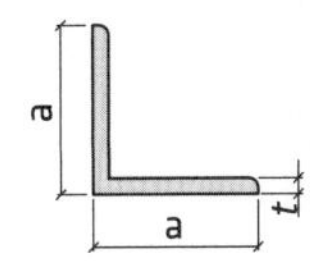	Cantoneira de abas iguais	a = 25 a 203 t = 3 a 25	L de 51 × 6,4 Cantoneira de abas iguais com a = 51 mm e t = 6,4 mm
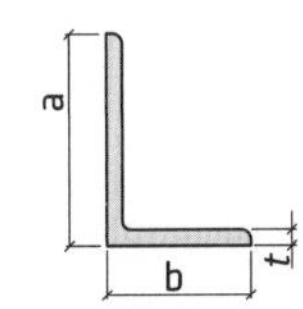	Cantoneira de abas desiguais	$a \times b$ = 89 × 64 a 203 × 102 t = 6 a 25	L de 102 × 76 × 7,9 Cantoneira de abas desiguais com a = 102 mm, B = 76 mm e t = 7,9 mm

2.4.6 Barras redondas

Com amplo número de bitolas, as barras redondas são usadas quase que praticamente na confecção de chumbadores, parafusos e tirantes (Tab. 2.17).

2.4.7 Barras chatas

São encontradas nas dimensões 38 mm × 4,8 mm (1 1/12" × 3/16") a 304,8 mm × 50,8 mm (12" × 2") e nos aços SAE 1010 a 1020 e A36. Destinam-se a uso em geral, principalmente em guarda-corpo.

2.4.8 Barras quadradas

São encontradas nas dimensões básicas (de 50,8 mm a 152 mm) nos aços SAE 1010/1020 e A36. Sua utilização principal é como trilhos de pontes rolantes pequenas.

2.4.9 Tubos estruturais de aço

Existe grande variedade nas dimensões dos tubos encontrados no mercado, sendo fornecidos nos comprimentos-padrão de 6.000 mm. São usados como elementos estru-

Tab. 2.17 Barras redondas

Diâmetro Ø (mm)	Peso (kg/m)
12,5	0,99
16,0	1,55
19,0	2,24
22,0	3,05
25,0	3,98
28,0	5,03
32,0	6,22
35,0	7,52
38,0	8,95
44,0	12,18
50,0	15,40
57,0	20,10
64,0	24,90
70,0	30,00
76,0	35,80
89,1	48,70
102,0	63,60

turais, principalmente na formação de treliças espaciais, corrimão etc.

A Tab. 2.18 mostra os tipos, dimensões e designações usadas para os tubos sem costura e com costura.

2.4.10 Produtos estruturais derivados dos aços planos

São de dois tipos: perfis soldados e perfis em chapas dobradas. Normalmente são fornecidos em comprimentos menores que 12.000 mm, devido à limitação de transporte.

2.4.11 Perfis soldados (NBR 5884)

Dada a grande versatilidade de combinações de espessura com alturas e larguras, os perfis soldados, compostos a partir de três chapas, são largamente empregados nas estruturas metálicas (Tab. 2.19). Com esses produtos, o projetista passa a ter opções muito variadas e grande liberdade. A fim de facilitar o trabalho para projetistas e calculistas, a ABNT (NBR 5884) padronizou cinco séries, a saber:

- CS, para colunas, com $(d/b_f) = 1$;
- VSA, para vigas de rolamento (mesas diferentes);
- VS, para vigas, com $(d/b_f) \leq 4$;
- VSM, para vigas mistas (mesas diferentes);
- CVS, para colunas e vigas, com $(d/b_f) \leq 1{,}5$.

Tab. 2.19 Perfis soldados (NBR 5884)

Tipo	Altura (mm)	Designação (exemplo)
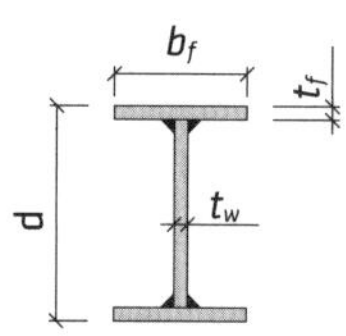	CS de 150 a 650 CVS de 150 a 700 VS de 150 a 2.000 VSA de 500 a 1.200 PS não padrão	VS 900 × 124 VS com d = 900 mm e 124 kg/m (PS 400 × 200)(1)

(1)A ser fornecido pelo projetista.

Tab. 2.18 Tubos estruturais

Tubos	Sem costura		Com costura	
Tipo	Dimensões (mm)	Designação (exemplo)	Dimensões (mm)	Designação (exemplo)
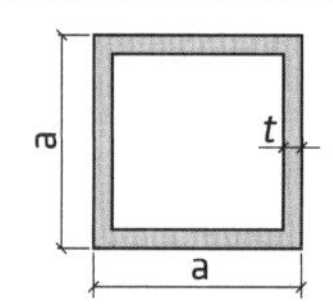	$a \times a$ de 40 × 40 a 300 × 300 t = 2,9 a 16	$a \times a \times t$ 40 × 40 × 2,9	$a \times a$ de 16 × 16 a 140 × 140 t = 1,00 a 7,11	$a \times a \times t$ 140 × 140 × 7,11
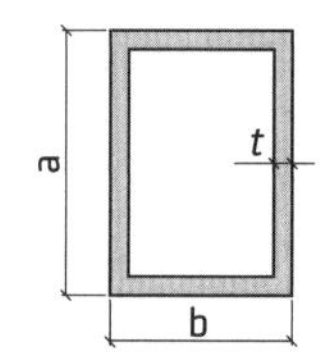	$a \times b$ de 50 × 30 a 300 × 200 t = 2,9 a 16	$a \times b \times t$ 50 × 30 × 2,9	$a \times b$ de 25 × 19 a 200 × 80 t = 1,00 a 7,11	$a \times b \times t$ 25 × 19 × 3,0
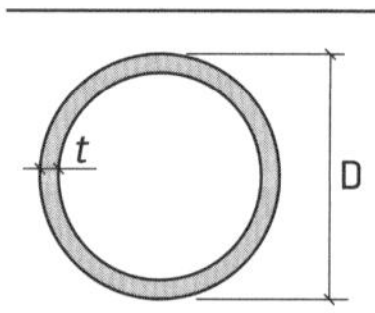	D = de 33,4 a 355,6 t = 3,4 a 15,9	$D \times t$ 60,3 × 3,4	D = 9 a 254 t = 1,00 a 7,11	$D \times t$ 150 × 5,00

Como se trata de composição, o calculista tem total liberdade nos projetos dos perfis, respeitando as relações largura/espessura previstas nas normas.

2.4.12 Perfis de chapas dobradas (NBR 6355)

Esses produtos, conformados a frio, estão sendo aplicados de forma crescente na execução de estruturas leves e, também, para terças e vigas de tapamento de qualquer tipo de estrutura. A Tab. 2.20 mostra os principais tipos existentes, dentre os muitos possíveis.

Devido às peculiaridades dos perfis de chapas dobradas, como fissuras, além de dificuldade de acesso a pintura nas partes enrijecidas, aconselha-se a espessura mínima de 2,65 mm. Quando forem galvanizados, pode-se usar a espessura mínima de 2,25 mm.

Tabelas completas com todos os tipos de perfis são apresentadas no Apêndice C.

Tab. 2.20 Perfis de chapas dobradas (NBR 6355)

Tipo	Dimensões (mm)	Designação (exemplo)
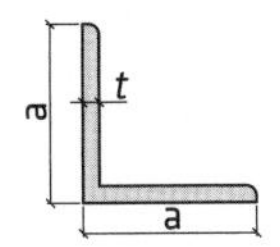	a = 50 a 100 t = 1,5 a 5,0	$a \times t$ L de 50 × 2,25
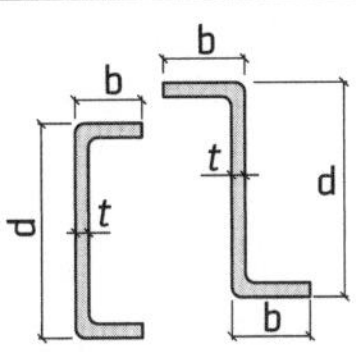	d = 50 a 200 t = 1,5 a 5,0	$d \times b \times t$ U de 100 × 50 × 3,0
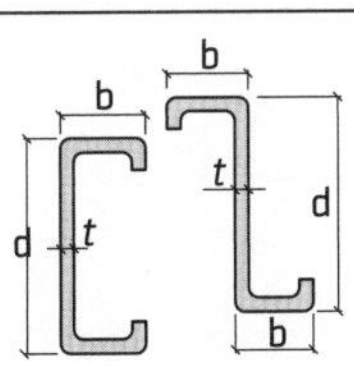	d = 50 a 300 t = 1,5 a 5,0	$d \times b \times c \times t$ Z de 100 × 50 × 20 × 2,0

2.5 Comparação dos custos dos aços por produtos e sua resistência

Deve-se sempre efetuar uma pesquisa de preço de mercado para determinar, no momento do mercado, a diferença de preço entre os diversos tipos de aço, de modo a realizar o dimensionamento mais econômico.

Um exemplo de análise é apresentado na Tab. 2.21, que traz uma ideia da variação de custos por aço e por produto em relação a sua resistência tendo como base o A36, tomando-se como custos dos aços os valores médios cobrados pelas usinas. Assim, um perfil em A572, que possui uma resistência 38% maior que o A36, tem seu custo elevado em apenas 23%.

Tab. 2.21 Comparação de custos/resistência

Produto	Tipo de aço	f_y (kN/cm²)	Relação de custos		Relação de resistências
			Chapas	Perfis	
Perfis, chapas grossas e barras	ASTM A36	25,0	1,00	1,00	1,00
	ASTM A572-G50	34,5	1,23	1,00	1,38
	ASTM A588	34,5	1,23	1,34	1,38
	COS AR COR 300	30,0	1,16	–	1,20
	USI-SAC 300	30,0	1,16	–	1,20
Chapas finas	ASTM A570-G33	23,0	1,00	–	0,92
	ASTM A570-G40	28,0	1,00	–	1,12
Tubos	ASTM A500-GA	23,2	–	1,90	–
	ASTM A106-GB	29,0	–	2,40	–
Perfis de chapa dobrada	SAE 1010	21,0	–	1,70	0,96
	SAE 1020	24,0	–		
	ASTM A36	25,0	–		
Perfis soldados (leves e pesados)	ASTM A36	25,0	–	1,34 a 1,56	1,00
	COR 350, SAC 350	34,5	–	1,15 a 1,26	1,38

LIGAÇÕES SOLDADAS

3

A soldagem é a técnica de unir duas ou mais partes constitutivas de um todo, assegurando entre elas a continuidade do material e, em consequência, suas características mecânicas e químicas. Sua utilização remonta a cerca de 3.000 a.C., quando, em Ur (Rússia), empregava-se a técnica hoje conhecida como soldabrasagem para unir peças de ouro, obtendo-se trabalhos de ótima qualidade.

A soldagem moderna existe desde a década de 1920, quando começou a ser mais usada na Engenharia Estrutural, compreendendo edifícios e pontes. Como marcos, pode-se citar:

- em 1927, em Toronto (Canadá), é construída uma ponte com 150 m de comprimento inteiramente soldada;
- também em 1927, em Sharon (EUA), é construído o primeiro edifício de grande porte todo soldado;
- no mesmo ano, em Turtle Creek (EUA), é construída a primeira ponte ferroviária inteiramente soldada;
- em 1930, nos Estados Unidos, são feitas as primeiras normas de especificações de eletrodos revestidos;
- em 1935, são desenvolvidos os processos de soldagem a arco submerso e o processo TIG.

3.1 Processos de soldagem

Existem hoje inúmeros processos de soldagem, desenvolvidos e aprimorados após a Segunda Guerra Mundial. Alguns dos mais usados em estruturas metálicas são descritos a seguir.

3.1.1 Processo com eletrodo revestido (SMAW)

É o processo de soldagem retificador, transformador ou gerador que tem como característica o uso de uma máquina de solda que produz a corrente necessária à obtenção do arco elétrico entre o eletrodo revestido e as partes a serem soldadas (Fig. 3.1A). É chamado de manual porque depende essencialmente da habilidade do soldador durante todo o período da fusão.

3.1.2 Processo a arco submerso (SAW)

É o processo no qual o arco elétrico está submerso pelo fluxo, o que dispensa o revestimento dos eletrodos, e que utiliza equipamentos automáticos ou semiautomáticos para alimentar o eletrodo (arame nu) continuamente (Fig. 3.1B). Apresenta grande produtividade.

3.1.3 Processos MIG, MAG e TIG ou soldagem em atmosfera gasosa (GMAW)

Constituem um processo a arco elétrico em que o arco é protegido por uma atmosfera gasosa, os sistemas de con-

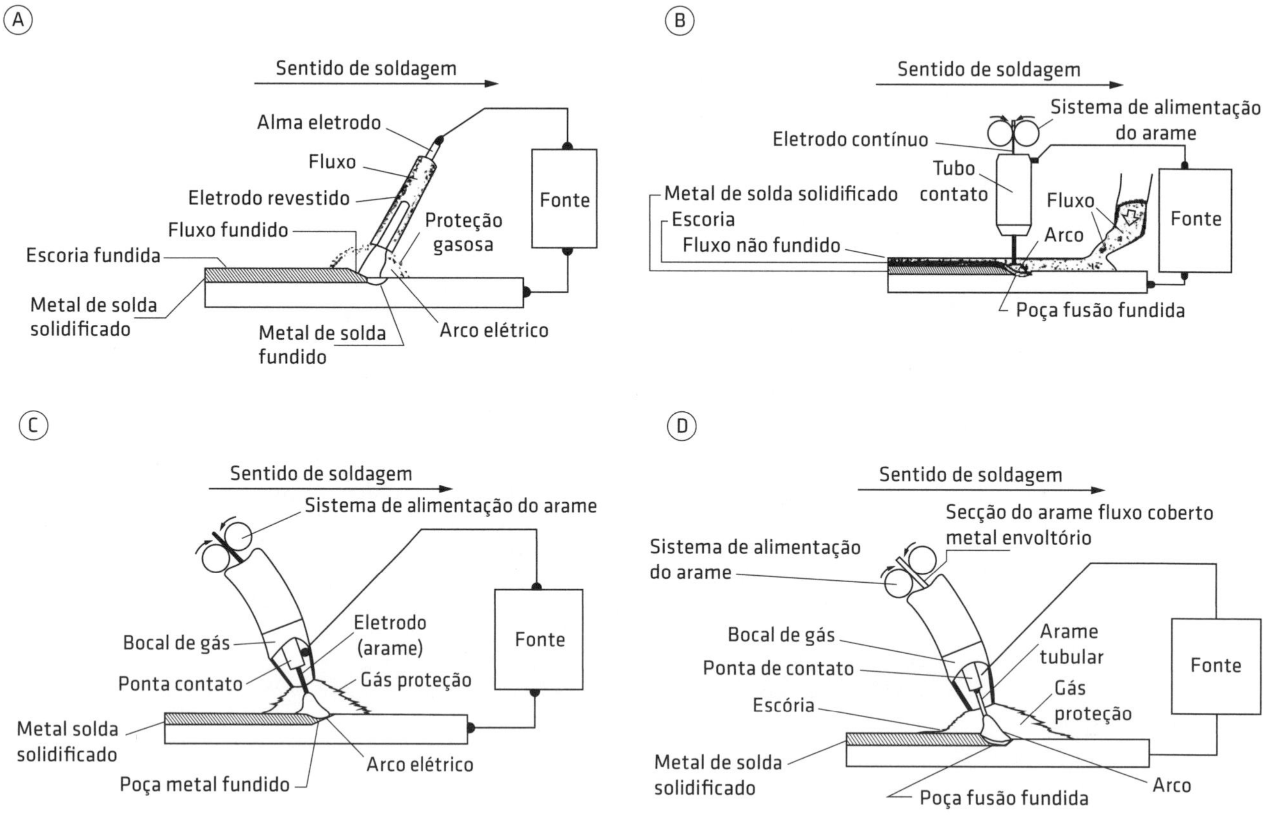

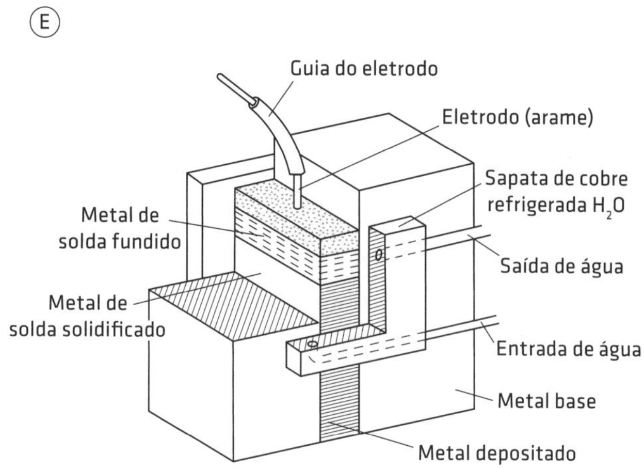

Fig. 3.1 Diagramas esquemáticos de processos de soldagem: (A) soldagem com eletrodo revestido; (B) soldagem a arco submerso; (C) soldagem com atmosfera gasosa; (D) soldagem com arame tubular; (E) soldagem por eletroescória

trole são automáticos e a alimentação do eletrodo (arame nu) é contínua (Fig. 3.1C). Classificam-se nos tipos TIG, com o uso de gás inerte (argônio, hélio) e varetas manuseadas pelo operador; MIG, com o uso de gás inerte e arame alimentado automaticamente; e MAG, com o emprego de gás ativo (CO_2) e arame alimentado automaticamente.

3.1.4 Processo com arame tubular (FCAW)

Com características similares às dos processos MIG e MAG, o processo a arco elétrico em questão diferencia-se justamente pela adoção do arame tubular (Fig. 3.1D). A proteção do arco é feita por um fluxo granulado interno ao arame, podendo ainda ser utilizada a proteção gasosa.

3.1.5 Processo por eletroescória

Esse processo, originário da Rússia, não é do tipo ao arco e consiste na alimentação de um ou mais arames (eletrodos) dentro da abertura (*gap*) entre duas chapas a serem unidas (Fig. 3.1E). As bordas das chapas são retas, pois o processo não requer preparação, ao contrário de outras técnicas, e é usado para soldagem na posição vertical.

O arame (eletrodo) é alimentado automaticamente por um motor alimentador colocado na base da junta a ser soldada, junto com o fluxo granulado que cobre a extremidade do arame. O processo é iniciado por um arco que funde parte do fluxo. Apesar de o fluxo não ser eletricamente condutor no estado sólido, ele adquire tal característica quando fundido. Após as condições de equilíbrio terem sido conseguidas, o arco é apagado e o arame fica imerso completamente na poça fundida. O arame é então consumido puramente pelo calor da resistência produzida pela passagem da corrente elétrica através dele, da condutividade da escória e do terra feito com a peça.

A poça de fusão fica entre duas sapatas de cobre refrigeradas a água, e, à medida que elas vão subindo na junta, a solda vai se solidificando. Em função da espessura da chapa, múltiplos arames podem ser alimentados na mesma poça de fusão. Para espessuras até 60 mm, deve-se usar arame simples, e, acima desse valor, até 200 mm, três arames.

3.2 Características

Atualmente é possível fazer uso de todas as vantagens que a solda oferece, com eliminação praticamente total dos antigos temores com relação a fissura e fadiga. Uma das principais características do emprego da solda é que as estruturas soldadas permitem eliminar uma grande porcentagem de chapas de ligação em relação às estruturas parafusadas, bem como de peças, resultando em menor tempo de detalhe e fabricação. Em algumas estruturas de pontes ou treliças, é possível economizar 15% ou mais de peso do aço.

Outra característica é que as estruturas soldadas são mais rígidas, porque os membros normalmente estão soldados diretamente um ao outro, ao contrário das ligações parafusadas, invariavelmente feitas através de chapas de ligação ou cantoneiras. Por outro lado, a maior rigidez pode ser um aspecto negativo onde há a necessidade de conexões simples com pouca resistência a momento. Cabe ao calculista especificar com cuidado o tipo de junta mais adequado.

Finalmente, pode-se citar a facilidade de realizar modificações nos desenhos das peças e corrigir erros durante a montagem a um custo menor do que nas parafusadas, os cuidados relacionados a fadiga e os efeitos acumulativos de retração.

3.3 Classificação e tipos de solda

Com referência à posição, as soldas se classificam em planas, horizontais, verticais e sobrecabeça (Fig. 3.2).

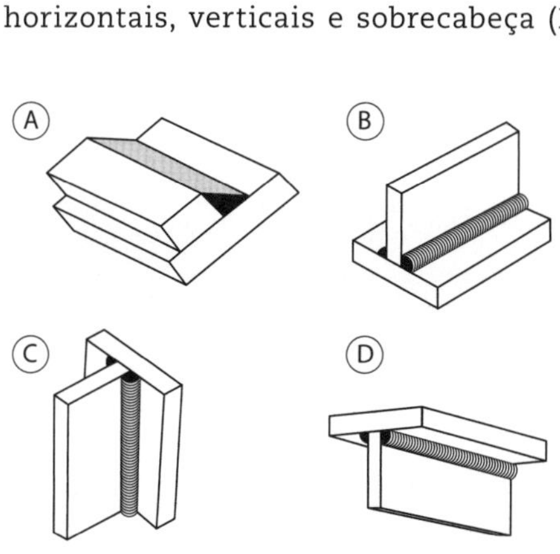

Fig. 3.2 Classificação das soldas em relação à posição: (A) plana, F; (B) horizontal, H; (C) vertical, V; (D) sobrecabeça, OH

Quanto ao tipo, podem ser de filete, entalhe ou chanfro, e ranhura ou tampão. A solda de filete é a mais usada e, para cargas de pouca intensidade, a mais econômica, em virtude da pouca preparação do material. Para cargas de maior intensidade, a solda de entalhe, de penetração parcial ou total, é a mais aconselhável por possuir resistência bastante elevada com menor volume de solda, sendo, no caso de penetração total, superior à do metal-base, desde que o metal de solda seja compatível. O uso de solda de ranhura ou tampão está limitado a casos especiais, onde a solda de filete ou entalhe não é prática.

3.3.1 Áreas efetivas

As disposições a seguir estão baseadas no Structural Welding Code (AWS D1.1) e na NBR 8800.

Soldas de entalhe

A área efetiva de uma solda de entalhe é calculada como o produto do comprimento efetivo da solda pela espessura da garganta efetiva. O comprimento efetivo da solda corresponde a seu comprimento real, que é igual à largura da parte ligada. Por sua vez, a garganta efetiva de uma solda de entalhe de penetração total equivale à menor das espessuras das partes soldadas.

A Fig. 3.3 traz alguns detalhes dos chanfros e dos entalhes.

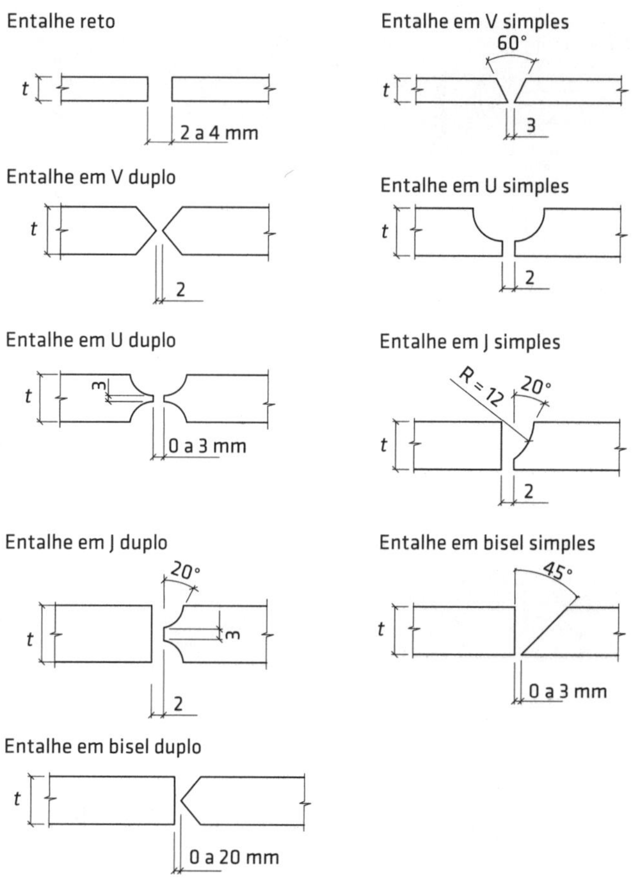

Fig. 3.3 Tipos de solda de entalhe ou chanfro

Soldas de filete

A área efetiva de uma solda de filete também é calculada como o produto do comprimento efetivo da solda pela espessura da garganta efetiva. O comprimento efetivo da solda de filete, exceto filetes em furos ou rasgos, é igual ao comprimento total da solda de dimensão uniforme, incluindo os retornos nas extremidades. Já a garganta efetiva da solda de filete equivale à menor distância medida da raiz à face plana teórica da solda (Fig. 3.4). No caso de soldas de filete executadas pelo processo a arco submerso, essa garganta pode ser acrescida de 2,8 mm, para soldas com perna maior que 9,5 mm, e ser tomada igual à perna, para soldas com perna igual ou inferior a 9,5 mm. Perna do filete é o menor dos dois lados, situados nas faces de fusão, do maior triângulo que pode ser inscrito na seção da solda. Raiz da solda é a interseção das faces de fusão.

O comprimento efetivo de uma solda de filete em furos ou rasgos é medido ao longo da linha que passa pelos pontos médios das gargantas efetivas uniformes.

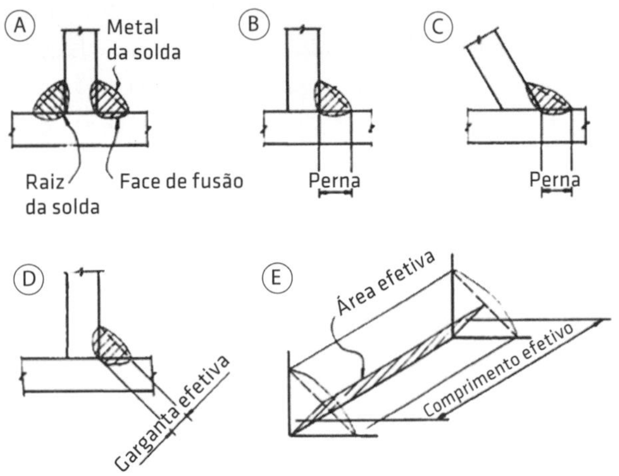

Fig. 3.4 Soldas de filete – nomenclatura

Soldas de tampão em furos ou rasgos

A área efetiva de cisalhamento de uma solda de tampão em furo ou rasgo é igual à área nominal da seção transversal do furo ou do rasgo no plano das superfícies em contato (Fig. 3.5).

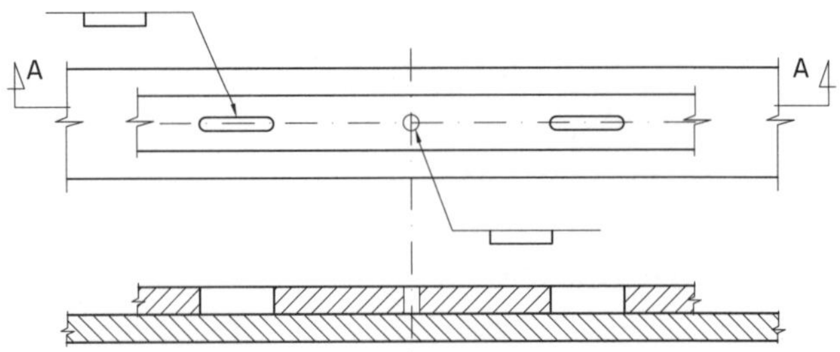

Fig. 3.5 Solda de tampão – corte A-A

3.3.2 Combinação de diferentes tipos de solda

Se numa mesma ligação forem usados dois ou mais tipos de solda (de entalhe, filete e tampão), a resistência efetiva de cada um desses tipos deverá ser definida separadamente e referida ao eixo do grupo a fim de determinar a resistência admissível da combinação. Todavia, esse método de compor resistências individuais de soldas não é aplicável a soldas de filete superpostas a soldas de entalhe, caso em que se utiliza nos cálculos apenas a resistência das últimas.

3.3.3 Compatibilidade entre o metal de solda e o metal-base

No Quadro 3.1 são apresentados os metais de solda compatíveis com alguns aços estruturais.

Quadro 3.1 Compatibilidade do metal-base com o metal de solda[1],[2]

Metal-base			Metal de solda compatível			
	ABNT	ASTM	Arco elétrico com eletrodo revestido (SMAW)	Arco submerso (SAW)	Arco elétrico com proteção gasosa (GMAW)	Arco elétrico com fluxo no núcleo (FCAW)
Grupo I	NBR 6648 (CG-26 – t ≤ 20 mm) NBR 6649 (CF-26) NBR 6650 (CF-26) NBR 7007 (MR 250 – t ≤ 19 mm)	A36 (t ≤ 19 mm) A500 grau A A500 grau B	AWS A5.1 – E60XX, E70XX AWS A5.5[5] – E70XX-X	AWS A5.17 – F6XX-EXXX, F6XX--ECXXX, F7XX-EXXX, F7XX-ECXXX AWS A5.23[5] – F7XX--EXXX-XX, F7XX--ECXXX-XX	AWS A5.18 – ER70S-X, E70C-XC, E70C-XM (exceto -GS) AWS A5.28[5] – ER70S--XXX, E70C--XXX	AWS A5.20 – E6XT-X, E6XT-XM, E7XT-X, E7XT-XM (exceto -2, -2M, -3, -10 , -13, -14 e -GS e exceto -11 com espessura superior a 12 mm) AWS A5.29[5] – E6XTX-X, E6XT-XM, E7XTX-X, E7XTX-XM

Quadro 3.1 (continuação)

Grupo II	NBR 5000 (G-30) NBR 5000 (G-35) NBR 5004 (F-32/Q-32) NBR 5004 (F-35/Q-35) NBR 5004 (Q-40) NBR 5008 (CGR 400)[3] NBR 5008 (CGR 500)[3] NBR 5008 (CGR 500A)[3] NBR 5920 (CFR 500)[3] NBR 5921 (CFR 400)[3] NBR 5921 (CFR 500)[3] NBR 6648 (CG-26 – t > 19 mm) NBR 6648 (CG-28) NBR 6649 (CF-28) NBR 6650 (CF-28) NBR 6650 (CF-30) NBR 7007 (MR 250 – t > 19 mm) NBR 7007 (AR-350) NBR 7007 (AR-350 COR) NBR 8261 (graus B e C)	A36 (t > 19 mm) A242[3] A572 grau 42 A572 grau 50 A572 grau 55 A992 A588[3]	AWS A5.1 – E7015, E7016, E7018, E7028 AWS A5.5[5] – E7015-X, E7016-X, E7018-X	AWS A5.17 – F7XX-EXXX, F7XX-ECXXX AWS A5.23[5] – F7XX--EXXX-XX, F7XX--ECXXX-XX	AWS A5.18 – ER70S-X, E70C-XC, E70C-XM (exceto -GS) AWS A5.28[5] – ER70S--XXX, E70C--XXX	AWS A5.20 – E7XT-X, E7XT-XM (exceto -2, -2M, -3, -10, -13, -14 e -GS e exceto -11 com espessura superior a 12 mm) AWS A5.29[5] – E7XTX-X, E7XTX-XM
Grupo III	NBR 5000 (G-42) NBR 5000 (G-45) NBR 5004 (Q-42) NBR 5004 (Q-45) NBR 7007 (AR-415)	A572 grau 60 A572 grau 65 A913[4]	AWS A5.5[5] – E8015-X, E8016-X, E8018-X	AWS A5.23[5] – F8XX--EXXX-XX, F8XX--ECXXX-XX	AWS A5.28[5] – ER80S--XXX, E80C--XXX	AWS A5.29[5] – E8XTX-X, E8XTX-XM

[1] Em juntas constituídas de metais-base de grupos diferentes, podem ser usados metais de solda compatíveis com o metal-base de maior resistência ou de menor resistência, devendo-se usar eletrodos de baixo hidrogênio para a segunda opção. O preaquecimento deve ser baseado no grupo de maior resistência.

[2] Quando for feito alívio de tensões nas soldas, o metal de solda não pode conter mais de 0,05% de vanádio.

[3] Podem ser necessários processos e materiais de soldagem especiais (por exemplo: eletrodos de baixa liga E80XX-X) para atender às características de resistência à corrosão atmosférica e de resistência ao choque do metal-base – ver AWS D1.1.

[4] As limitações da AWS D1.1 relativas à entrada de calor não se aplicam ao ASTM A913, graus 60 e 65.

[5] Metais de solda dos grupos B3, B3L, B4, B4L, B5, B5L, B6, B6L, B7, B7L, B8, B8L, B9, ou qualquer grau BXH, na AWS A5.5, A5.23, A5.28 e A5.29, não são pré-qualificados.

Fonte: ABNT (2008).

3.3.4 Limitações

Soldas de entalhe

A espessura mínima de garganta efetiva de soldas de entalhe de penetração parcial é indicada na Tab. 3.1 (ver Tabela 10 da NBR 8800). A dimensão da solda deve ser estabelecida em função da parte mais espessa soldada, exceto quando tal dimensão não necessita ultrapassar a espessura da parte menos espessa, desde que seja obtida a resistência de cálculo necessária. Para essa exceção e para que se obtenha uma solda de boa qualidade, devem ser tomados cuidados especiais usando-se preaquecimento. Soldas de penetração parcial não podem ser utilizadas em emendas de peças fletidas.

Soldas de filete

No que segue, a expressão "dimensão nominal" significa *dimensão da perna*.

Tab. 3.1 Espessura mínima de garganta efetiva de uma solda de entalhe de penetração parcial

Maior espessura do metal-base na junta (mm)	Espessura mínima de garganta efetiva (mm)[1]
Até 6,35	3
Acima de 6,35 até 12,5	5
Acima de 12,5 até 19	6
Acima de 19 até 37,5	8
Acima de 37,5 até 57	10
Acima de 57 até 152	13
Acima de 152	16

[1] Ver seção 3.3.1 para a definição de garganta efetiva.

i) Dimensão nominal mínima

A dimensão nominal mínima de uma solda de filete é dada na Tab. 3.2. A dimensão da solda deve ser estabelecida em função da parte mais espessa soldada, exceto quando tal dimensão não necessita ultrapassar a espessura da parte

Tab. 3.2 Tamanho mínimo de perna de uma solda de filete

Maior espessura do metal-base na junta (mm)	Dimensão nominal mínima da solda de filete (mm)
Até 6,35	3
Acima de 6,35 até 12,5	5
Acima de 12,5 até 19	6
Acima de 19	8
	Executadas somente com um passe

menos espessa, desde que seja obtida a resistência de cálculo necessária. Para essa exceção e para que se obtenha uma solda de boa qualidade, devem ser tomados cuidados especiais usando-se preaquecimento.

ii) Dimensão nominal máxima

A dimensão nominal máxima de uma solda de filete que pode ser usada ao longo de bordas de partes soldadas é a seguinte:

- ao longo de bordas de material com espessura inferior a 6,35 mm, não mais do que a espessura do material;
- ao longo de bordas de material com espessura igual ou superior a 6,35 mm, não mais do que a espessura do material subtraída de 1,5 mm, a não ser que nos desenhos essa solda seja indicada como reforço durante a execução, de modo a obter a espessura total desejada.

iii) Comprimento

O comprimento efetivo mínimo de uma solda de filete, dimensionado na base da resistência, não pode ser inferior a quatro vezes sua dimensão nominal, ou, em outras palavras, essa dimensão nominal não pode ser considerada maior que 25% do comprimento efetivo da solda. Adicionalmente, o comprimento efetivo de uma solda de filete a qualquer solicitação não pode ser inferior a 40 mm.

Quando forem usadas somente soldas de filete longitudinais nas ligações extremas de barras chatas tracionadas, o comprimento de cada filete não pode ser menor que a distância transversal entre eles. O espaçamento transversal de soldas de filete longitudinais utilizadas em ligações de extremidade não pode ultrapassar 200 mm, a menos que no projeto sejam tomadas medidas para evitar flexão transversal excessiva na ligação (Fig. 3.6A).

iv) Soldas intermitentes

Podem ser usadas soldas intermitentes de filete, dimensionadas para transmitir esforços, quando a resistência exigida é inferior à de uma solda contínua da menor dimensão nominal permitida, e também para ligar elementos de barras compostas. O comprimento efetivo de qualquer segmento de solda intermitente de filete não pode ser menor que quatro vezes a dimensão nominal, nem inferior a 40 mm. O emprego de soldas intermitentes requer cuidados especiais com flambagens locais e com corrosão (Fig. 3.6B).

v) Ligações por superposição

Em ligações por superposição, o cobrimento mínimo deve ser igual a cinco vezes a parte ligada menos espessa e não inferior a 25 mm. Chapas ou barras ligadas por superposição e sujeitas a solicitações axiais devem ter soldas de filete ao longo das extremidades de ambas as partes, exceto quando a deformação das partes sobrepostas é suficientemente contida, de modo a evitar a abertura da ligação pelo efeito dos esforços máximos (Fig. 3.6C).

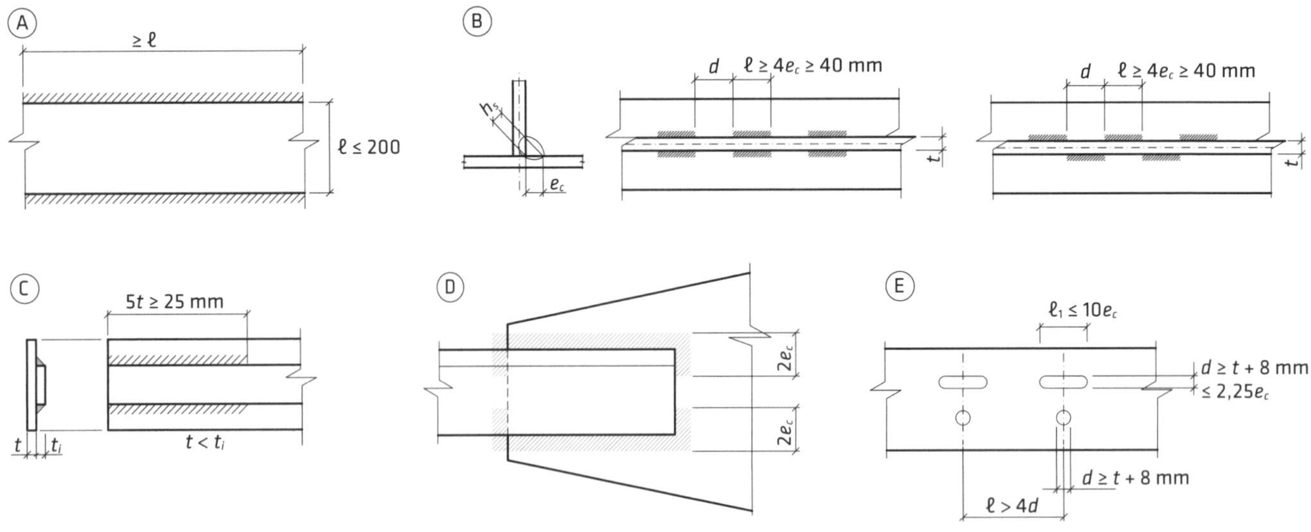

Fig. 3.6 Características de diferentes soldas de filete e tampão, em que e_c é a espessura do cordão de solda de garganta

vi) Retornos

As soldas de filete laterais ou de extremidade, terminando na extremidade ou nas laterais, respectivamente, de chapas ou barras, sempre que possível devem contornar continuamente os cantos numa extensão não inferior a duas vezes a dimensão nominal da solda. Essa recomendação é aplicável a soldas de filete laterais e superiores de consolos, assento de apoio de vigas e ligações semelhantes, no plano em relação ao qual se calculam momentos fletores. Esses retornos devem ser indicados nos desenhos de projeto de execução (Fig. 3.6D).

vii) Soldas em furos ou rasgos

Podem ser usadas soldas de filete em furos ou rasgos para transmitir forças paralelas às superfícies de contato em ligações por superposição, para evitar flambagem (ou separação) das partes sobrepostas e para ligar componentes de barras de seção composta. Para tais soldas, devem ser atendidas as disposições do item "Soldas de filete" da seção 3.3.1.

viii) Soldas com faces de fusão não ortogonais

É possível empregar soldas de filete com ângulo entre as faces de fusão compreendido entre 60° e 20°, desde que haja contato entre as partes soldadas através de uma superfície plana, e não apenas de uma aresta. Para outros ângulos, a solda não pode ser considerada estrutural, sendo, consequentemente, inadequada para a transmissão de esforço.

Soldas de tampão em furos ou rasgos

Podem ser utilizadas soldas de tampão em furos ou rasgos para transmitir forças paralelas às superfícies de contato em ligações por superposição, para evitar flambagem (ou separação) das partes sobrepostas e para ligar componentes de barras de seção composta.

O diâmetro dos furos não pode ser inferior à espessura da parte que os contém acrescida de 8 mm, nem maior que 2,25 vezes a espessura da solda. A distância de centro a centro dessas soldas em furos deve ser igual ou superior a quatro vezes o diâmetro do furo (Fig. 3.6E).

O comprimento dos rasgos não pode ser maior que dez vezes a espessura da solda, ao passo que a largura deles não pode ser inferior à espessura da parte que os contém acrescida de 8 mm, nem maior que 2,25 vezes a espessura da solda. As extremidades desses rasgos devem ser de forma semicircular ou ter cantos arredondados de raio não inferior à espessura da parte que os contém, exceto aquelas extremidades que se estendem até a borda do elemento soldado. O espaçamento entre as linhas de centro de rasgos, medido na direção transversal ao comprimento deles, deve ser igual ou superior a quatro vezes a largura do rasgo.

Soldas de tampão em furos ou rasgos situados em material de espessura igual ou inferior a 16 mm devem ter a mesma espessura desse material. Quando tal material apresentar espessura maior que 16 mm, a solda deve ter espessura no mínimo igual à metade daquela do material, porém não inferior a 16 mm.

3.4 Resistência mínima do metal de solda

3.4.1 Resistência mínima à tração do metal de solda

As resistências mínimas do cordão de solda a tração para os principais tipos de eletrodos são dadas na Tab. 3.3.

Tab. 3.3 Resistência mínima do metal de solda

Metal de solda	f_w (tf/cm²)	f_w (ksi)	f_w (kN/cm²)
E60XX; F6X-EXXX; E6XT-X	4,22	60	41,5
E70XX; F7X-EXXX; E7X-X; ER7OS-X	4,92	70	48,5
E80XX; F8X-EXXX	5,62	80	55,0

E 70 X X
- X → tipo de corrente e de revestimento
- X → posição do eletrodo
- 70 → f_u em ksi
- E → Eletrodo

3.4.2 Resistência admissível de um filete de solda (em kN/cm)

$$R_{fil} = hs \cdot F_V \cdot \ell$$
$$F_V = 0{,}3 f_w$$

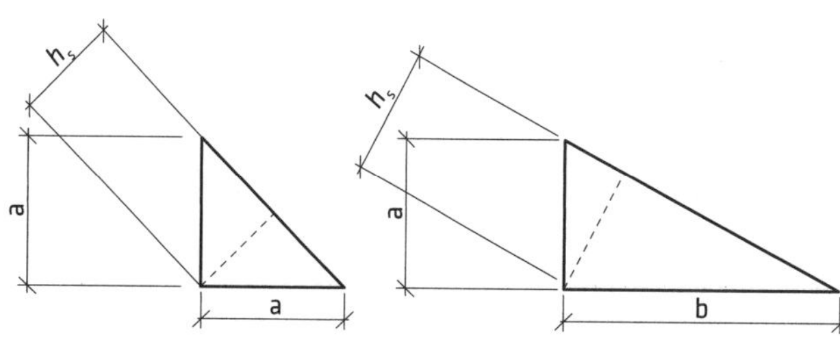

$$hs = 0{,}707a \qquad hs = \frac{a \cdot b}{\sqrt{a^2 + b^2}}$$

fazendo $a = 1$ cm e $\ell = 1$ cm.

$$FV = 0{,}3 \times 41{,}5 = 12{,}45 \text{ kN/cm}^2 \text{ (E60)}$$
$$FV = 0{,}3 \times 48{,}5 = 14{,}55 \text{ kN/cm}^2 \text{ (E70)}$$
$$FV = 0{,}3 \times 55{,}0 = 16{,}50 \text{ kN/cm}^2 \text{ (E80)}$$

A Tab. 3.4 indica a resistência de cada filete em função dos eletrodos E60 e E70.

Tab. 3.4 Cisalhamento admissível no filete de solda R_s

a (mm)	Solda manual			Solda a arco submerso[(3)]		
	Garganta efetiva hs (cm)[(1)]	Eletrodo E60 R_s (kN/cm)	Eletrodo E70 R_s (kN/cm)	Garganta efetiva hs (cm)[(2)]	Eletrodo E60 R_s (kN/cm)	Eletrodo E70 R_s (kN/cm)
3	0,212	2,70	3,1	0,3	3,8	4,4
5	0,354	4,40	5,2	0,5	6,3	7,3
6	0,425	5,30	6,2	0,6	7,6	8,8
8	0,566	7,00	8,2	0,8	10,0	11,6
10	0,707	8,80	10,4	1,0	12,3	14,4
13	0,919	11,4	13,4	1,20	15,0	17,5
16	1,131	14,1	16,5	1,41	17,6	20,5
19	1,343	16,7	19,5	1,62	20,2	23,6

(1)Para solda manual, $hs = 0{,}707a$.
(2)Para solda a arco submerso, $hs = a$ para $a \leq 9{,}3$ mm e $hs = 0{,}707a + 2{,}8$ mm para $a > 9{,}3$ mm.
(3)A resistência da solda é maior quando se usa solda a arco submerso, mas aconselha-se, por medida de segurança, não utilizar esse valor a não ser que se tenha certeza do emprego do arco submerso.

3.4.3 Resistência da solda

A resistência dos diversos tipos de solda está indicada no Quadro 3.2. Nele, f_y é a tensão de escoamento do metal--base de menor f_y na junta e f_w é a resistência mínima à tração do metal de solda, obtida na Tab. 3.3.

3.5 Simbologia de soldagem

Os símbolos de soldagem constituem um importante meio técnico em engenharia para transmitir todas as informações necessárias à soldagem, tais como geometria e dimensões do chanfro, comprimento da solda, se a solda

Quadro 3.2 Tensão admissível nas soldas de acordo com a AWS D1.1 e o AISC

Tipo de solda	Tipo de solicitação e orientação		Tensão admissível	Requisitos para resistência da solda
Solda de entalhe de penetração total	Tração ou compressão paralelas ao eixo da solda[(3)] Cisalhamento (soma vetorial) na seção efetiva da solda[(1)]		Mesma do metal-base	Metal de solda com resistência igual ou inferior à indicada pode ser usado[(2)]
	Tração normal na seção efetiva da solda		Mesma do metal-base	Metal de solda de acordo com a Tab. 3.3
	Compressão normal ao eixo da solda		Mesma do metal-base	Metal de solda com resistência igual ou inferior à indicada pode ser usado
Solda de entalhe de penetração parcial	Tração ou compressão paralelas ao eixo da solda[(3)]		Mesma do metal-base	Metal de solda com resistência igual ou inferior à indicada pode ser usado
	Compressão normal na seção efetiva da solda	Junta projetada para não encostar	$0{,}60f_y$ $0{,}48f_w$	
		Junta projetada para encostar	$0{,}90f_w$, mas não superior a $0{,}60f_y$ do metal-base	
	Cisalhamento paralelo ao eixo da solda		$0{,}30f_w$, excetuando a tensão de cisalhamento no metal-base, que não deverá exceder $0{,}60f_y$	
	Tração normal ao eixo da solda		$0{,}40f_y$ $0{,}30f_w$	

Quadro 3.2 (continuação)

Solda de filete	Tração ou compressão paralelas ao eixo da solda[3]	Mesma do metal-base	Metal de solda com resistência igual ou inferior à indicada pode ser usado
	Cisalhamento (soma vetorial) na seção efetiva da solda	$0{,}30f_w$, excetuando a tensão de cisalhamento no metal-base, que não deverá exceder $0{,}40f_y$	
Solda de tampão em furos ou rasgos	Cisalhamento (soma vetorial) na seção efetiva paralela às superfícies de contato	$0{,}30f_w$	

[1] Soldas de filete e soldas de entalhe de penetração parcial ligando os elementos componentes de perfis soldados (mesas e almas) podem ser calculadas sem considerar as tensões de tração ou de compressão nesses elementos, paralelas ao eixo da solda; deverão ser consideradas, entretanto, tensões de cisalhamento causadas pelas forças cortantes e pelos efeitos locais.

[2] Para a definição de área efetiva de soldas, ver seção 3.3.1.

[3] O metal de solda a ser usado para cada metal-base é dado no Quadro 3.1.

deve ser executada no campo etc. Esta seção se baseia nas normas AWS A2.1, AWS A2.4 e ABNT TB-2, que tratam especificamente desse assunto.

A Fig. 3.7 mostra os locais padronizados dos vários elementos de um símbolo de soldagem. As expressões "lado da seta" e "lado oposto" se referem à posição da seta em relação à junta a ser soldada. O símbolo de soldagem para uma solda a executar do lado da seta é desenhado no lado inferior da linha de referência (linha horizontal) do símbolo de soldagem. Assim, um símbolo de soldagem desenhado na parte superior da linha de referência significa que a solda deve ser executada no outro lado da junta. Soldas envolvendo operações em ambos os lados da junta possuem símbolos nos dois lados da linha de referência.

Referências como especificações, processo de soldagem, número do procedimento, direções e outros dados, quando usadas com um símbolo de soldagem, devem ser indicadas na cauda do símbolo. Se tais referências não são utilizadas, a cauda pode ser dispensada.

Símbolos de soldas em ângulo, de soldas em chanfro em meio V, em K, em J, em duplo J e com uma face convexa, e de soldas de fechamento ou de aresta entre uma peça curva ou flangeada e uma peça plana são sempre indicados com uma perna perpendicular à esquerda do símbolo (ver Quadro 3.3). As Figs. 3.8 a 3.15 exibem a aplicação dos símbolos de soldagem, e o Quadro 3.4 apresenta símbolos suplementares.

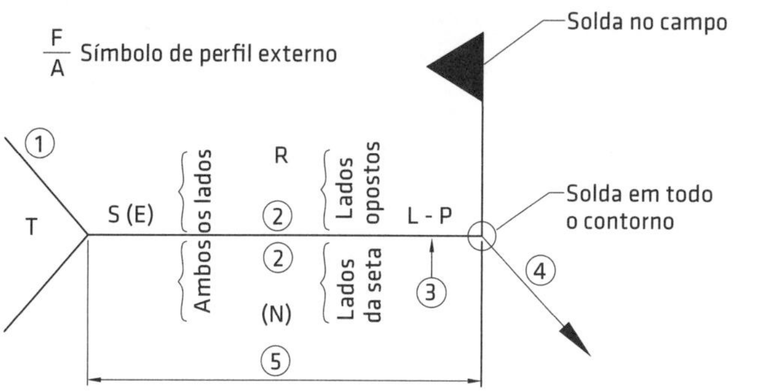

A - ângulo do chanfro, incluindo o ângulo de escariação para a solda de tampão.
(E) - garganta efetiva.
F - símbolo de acabamento.
L - comprimento da solda.
(N) - número de soldas por pontos ou de soldas por projeção.
P - espaçamento entre centros de soldas intermitentes.
R - abertura da raiz ou altura do enchimento para soldas de tampão e de fenda.
S - profundidade de preparação: dimensão ou resistência para certas soldas.
T - especificação, processo ou outra referência.
(1) - cauda do símbolo. Pode ser omitida quando não se usar nenhuma referência.
(2) - símbolo básico de solda ou referência de entalhe de solda a ser consultada.
(3) - linha de referência.
(4) - seta ligando a linha de referência ao lado indicado da junta.
(5) - os elementos constantes dessa área permanecem inalterados, mesmo nos casos em que a cauda e a seta do símbolo são invertidas.

Fig. 3.7 Localização dos elementos no símbolo de soldagem

Quadro 3.3 Símbolos básicos de soldagem

Símbolos básicos de soldagem e sua localização							
Solda / Localização	Em chanfro						
	Reto ou sem chanfro	V ou X	Meio V ou K	U ou duplo U	J ou duplo J	Com face convexa	Com uma face convexa
Lado da seta							
Lado oposto							

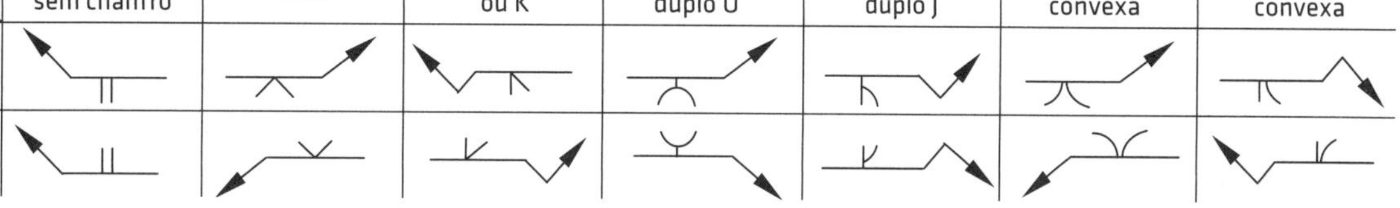

Quadro 3.3 (continuação)

Ambos os lados							
Sem indicação de lado		Não usado	Não usado	Não usado	Não usado	Não usado	Não usado

Símbolos básicos de soldagem e sua localização

Solda / Localização	Em ângulo	Tampão ou fenda	Por ponto ou projeção	Costura	Suporte	Revestimento	Encaixe para junta brazada	Fechamento ou aresta	
Lado da seta									
Lado oposto						Não usado			
Ambos os lados		Não usado	Não usado	Não usado	Não usado	Não usado		Não usado	Não usado
Sem indicação de lado	Não usado	Não usado			Não usado	Não usado	Não usado	Não usado	Não usado

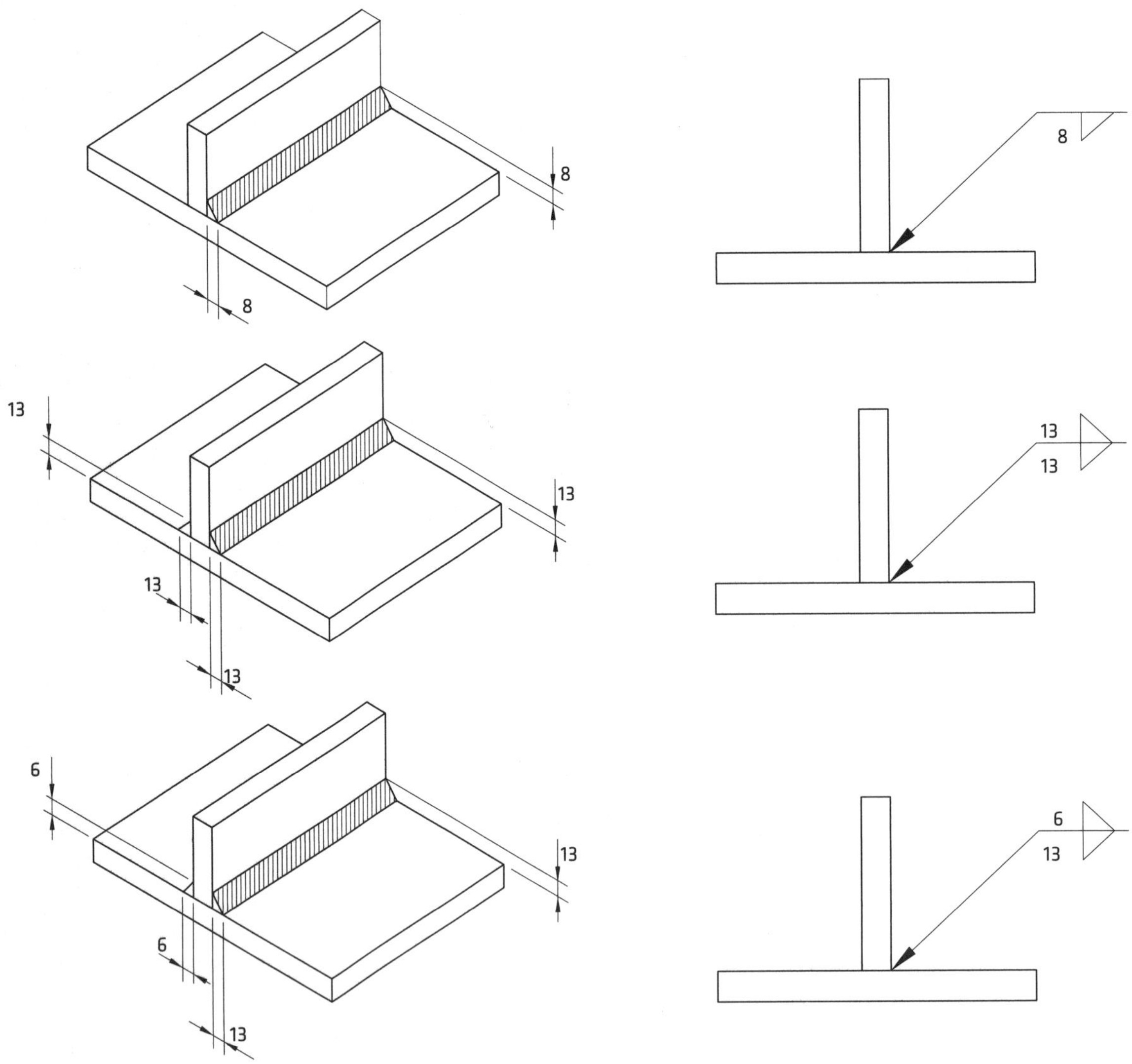

Fig. 3.8 Exemplos de símbolos de soldagem contínua

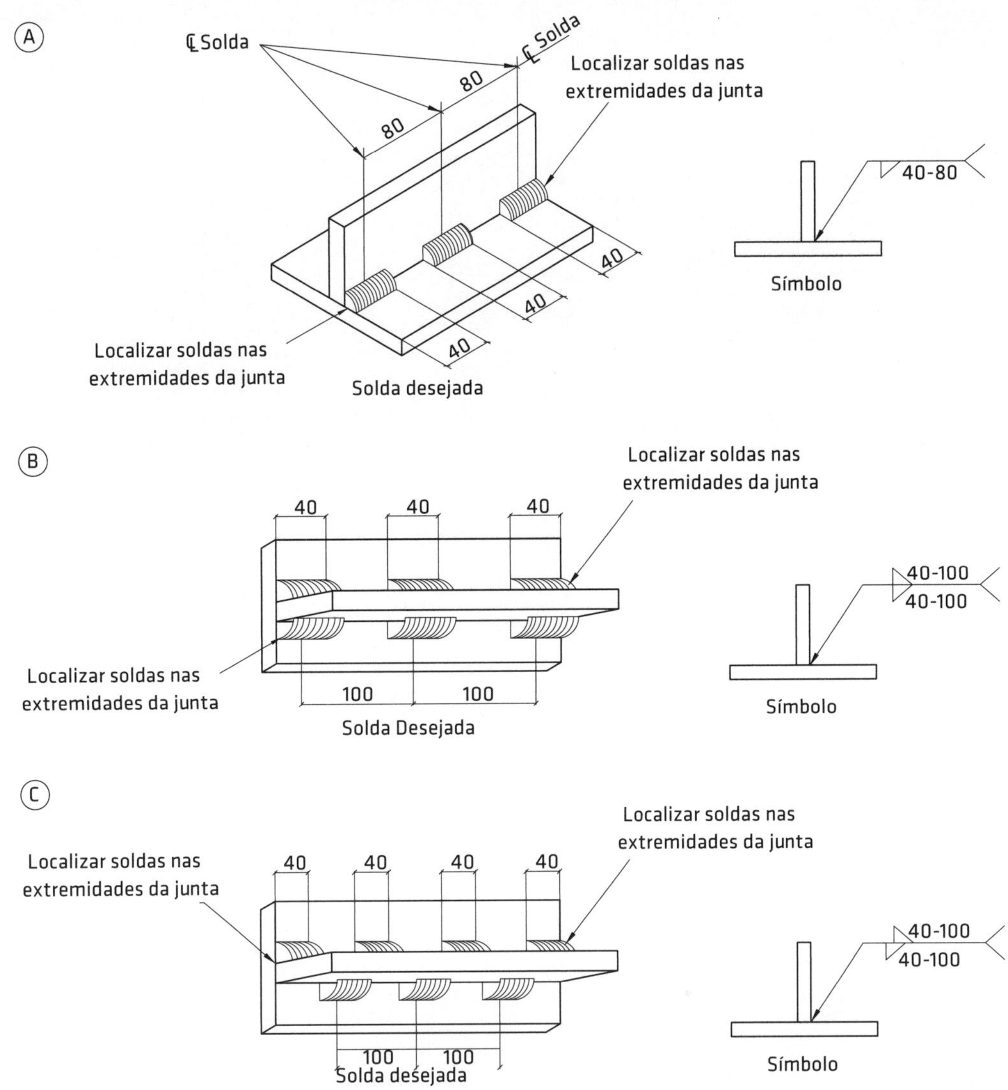

Fig. 3.9 Exemplos de símbolos de soldagem descontínua: (A) comprimento e espaçamento dos incrementos de soldagem descontínua; (B) comprimento e espaçamento dos incrementos de soldagem descontínua em ambos os lados; (C) comprimento e espaçamento dos incrementos de soldagem descontínua intercalada em ambos os lados

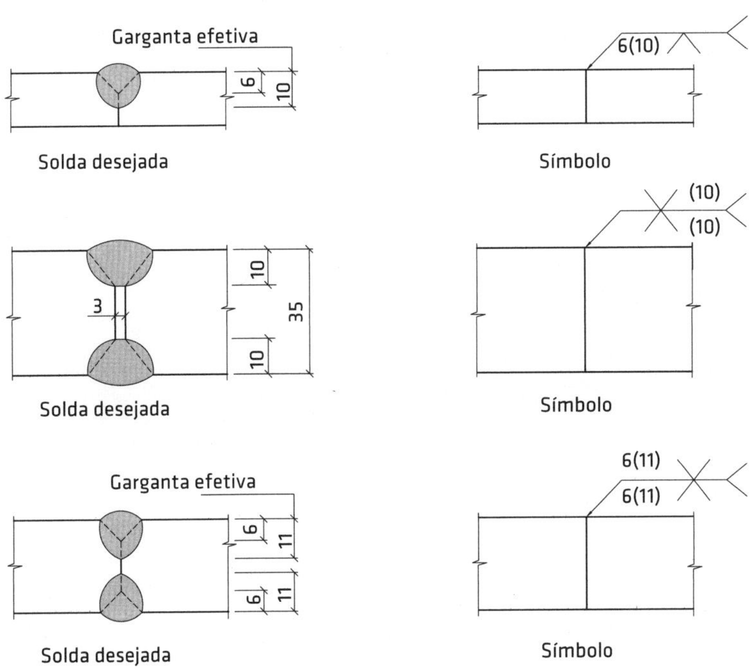

Fig. 3.10 Exemplos de símbolos de soldagem de penetração parcial

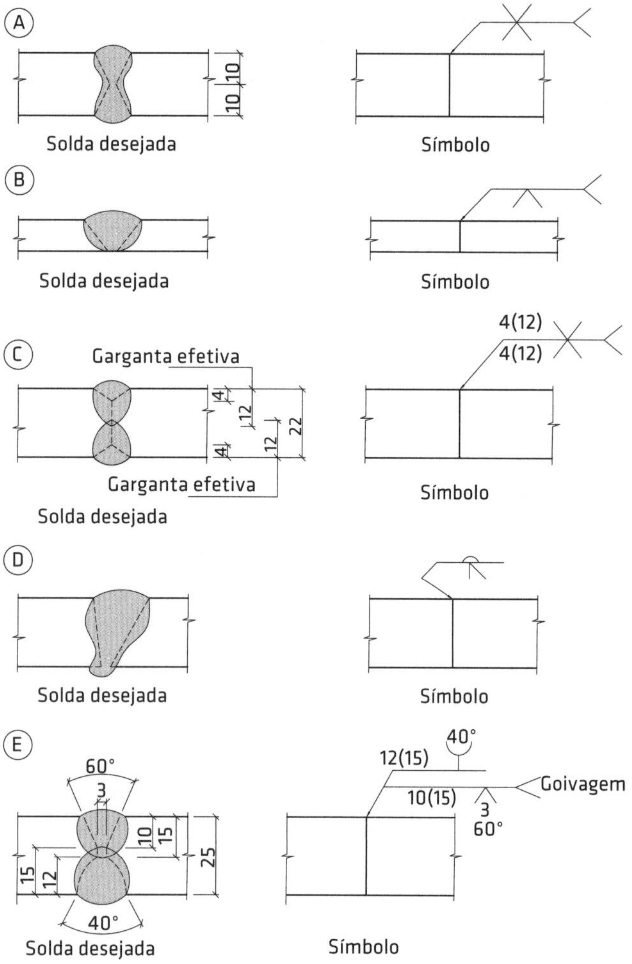

Fig. 3.11 Exemplos de símbolos de soldagem de penetração total. A garganta efetiva é indicada entre parênteses e, nos exemplos (C) e (E), situa-se entre as dimensões da profundidade do chanfro e o símbolo de solda

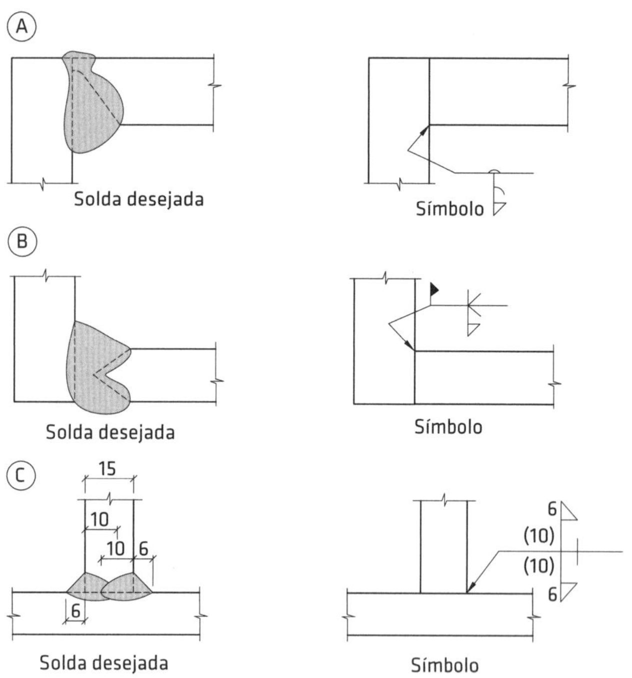

Fig. 3.12 (A) Junta de ângulo em L com soldas executadas dos dois lados – por coincidência, os símbolos combinados possuem disposição idêntica à da solda; (B) junta de ângulo em L com solda em chanfro em K combinada com solda em ângulo, a ser executada no campo; (C) junta de ângulo em T com penetração

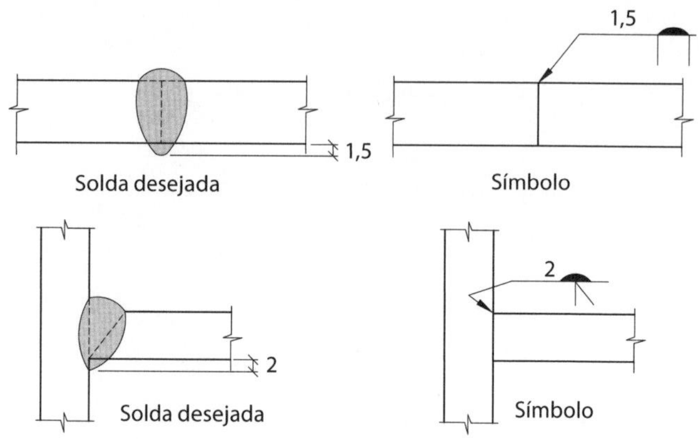

Fig. 3.13 Dimensões do reforço da raiz

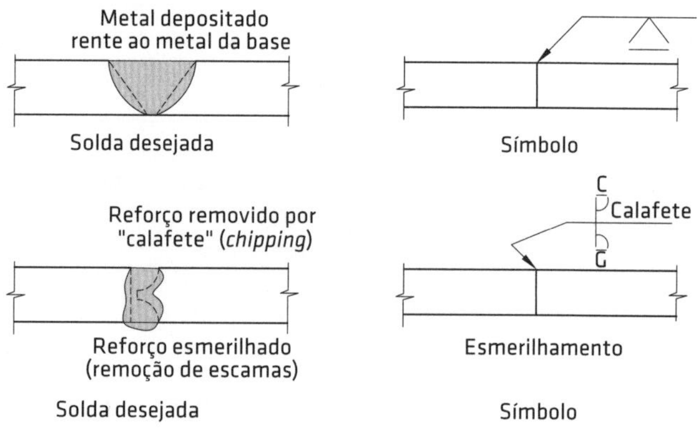

Fig. 3.14 Exemplos de símbolos de acabamento de soldas

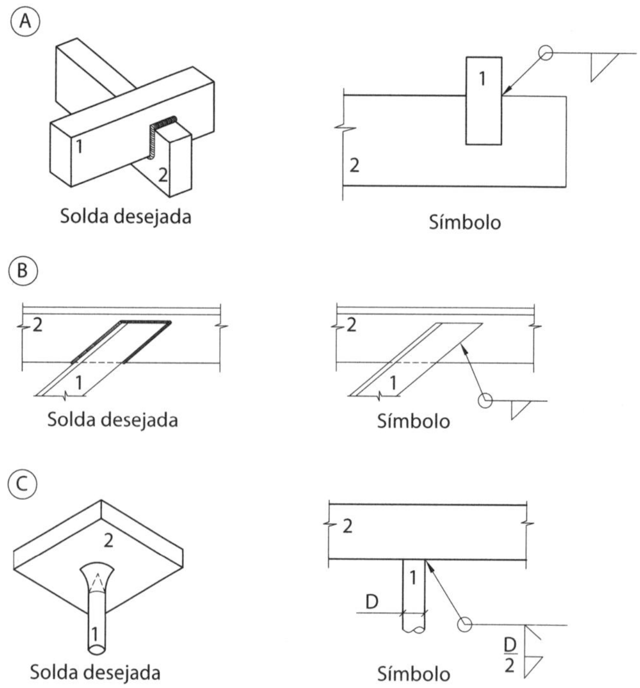

Fig. 3.15 Solda contínua em toda a volta: (A) solda em vários planos, executada em toda a periferia do contato dos membros 1 e 2; (B) solda em todo o contorno do membro 1; (C) solda em todo o contorno do membro 1, cuja extremidade foi usinada em forma de cone – notar a indicação D/2 e os símbolos combinados, o primeiro relativo a solda em chanfro complementada com solda em ângulo

Quadro 3.4 Símbolos suplementares de soldagem

Solda em todo o contorno	Solda no campo	Solda de um lado com projeção no lado oposto	Cobre-junta espaçador	Perfil Nivelado	Perfil Convexo	Perfil Côncavo

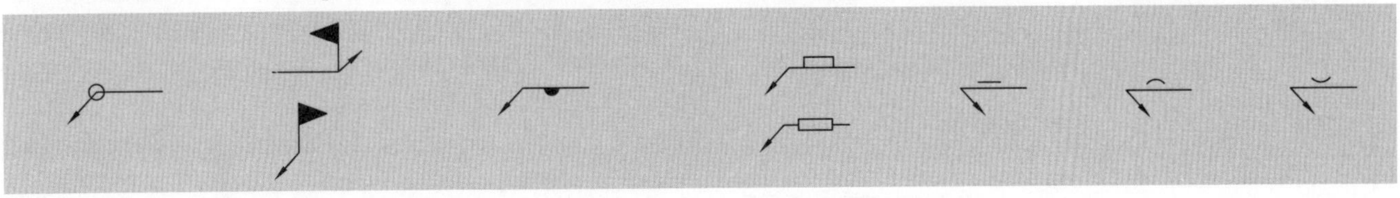

3.6 Simbologia de exames não destrutivos

Os símbolos de exame não destrutivo são apresentados na Fig. 3.16.

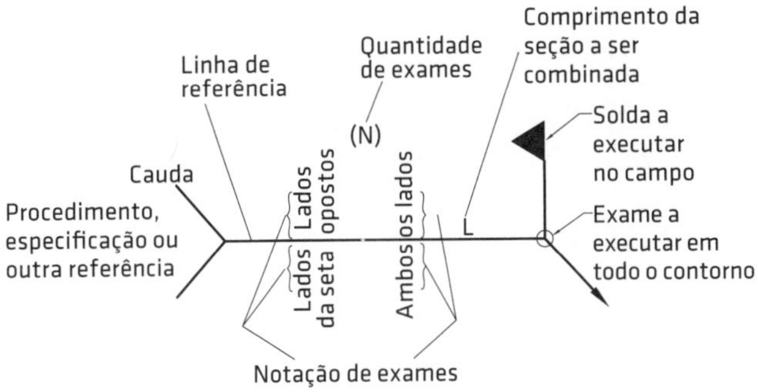

Fig. 3.16 Localização dos elementos no símbolo de exame não destrutivo

As notações em uso para os exames não destrutivos são listadas no Quadro 3.5.

Quadro 3.5 Notações para os exames não destrutivos

	Petrobras	AWS A2.4
Radiografia	RAD	RT
Ultrassom	US	UT
Partículas magnéticas	PM	MT
Líquido penetrante	LP	PT
Teste por pontos	TP	–
Teste por estanqueidade	ES	LT
Visual	EV	VT

Os exemplos da Fig. 3.17 ilustram o emprego dos símbolos de exame não destrutivo com os diversos elementos que os compõem. Nota-se que, quando não é obrigatório executar o exame por um lado específico, o posicionamento dos símbolos é sobre a linha de referência.

Os símbolos de exame não destrutivo são adotados em combinação com os símbolos de soldagem, conforme mostrado na Fig. 3.18.

3.7 Inspeção e controle de qualidade

Em qualquer tipo de obra, para ter uma boa solda, é necessário seguir quatro passos:

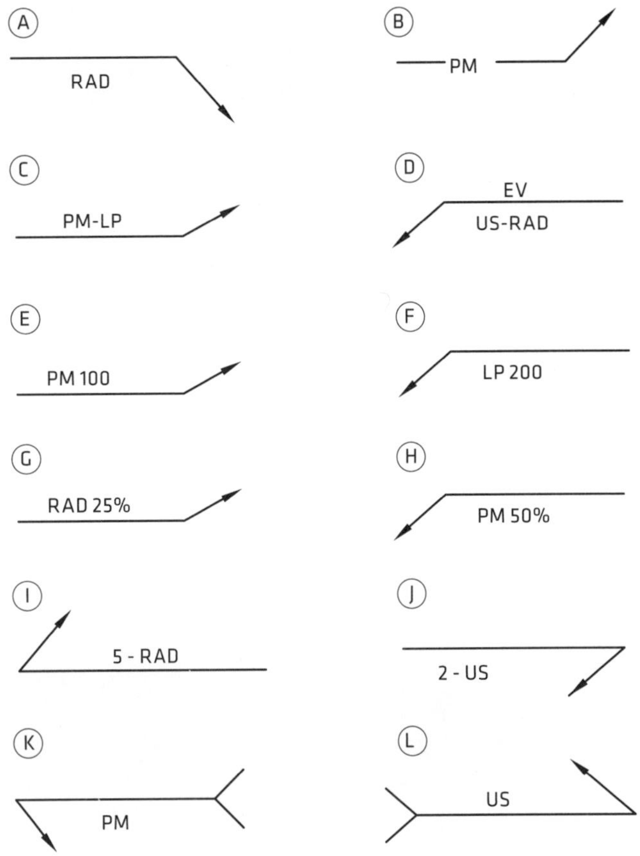

Fig. 3.17 Exemplos de indicação de exames não destrutivos: (A) radiografia, lado da seta; (B) partículas magnéticas, sem lado específico; (C) exames combinados de partículas magnéticas e líquido penetrante, lado oposto; (D) exames combinados de ultrassom e radiografia do lado da seta e exame visual do lado oposto; (E) exame de partículas magnéticas a ser executado numa extensão de 100 mm; (F) exame de líquido penetrante a ser executado numa extensão de 200 mm; (G) exame parcial de radiografia em 25% de toda a extensão soldada, em locais selecionados; (H) exame parcial de partículas magnéticas em 50% de toda a extensão soldada, em locais selecionados; (I) quantidade = 5 de radiografias a serem executadas; (J) quantidade = 2 de exames de ultrassom a serem executados; (K) exame de partículas magnéticas a ser executado em todo o contorno da peça; (L) exame de ultrassom a ser executado em todo o contorno da junta soldada

a) Realizar um bom projeto de junta, pois sua má elaboração pode levar a soluções de fabricação onerosas, com resultados imprevisíveis, como trincas, fissurações, porosidade e escórias, que são problemas metalúrgicos, e distorções e empenamentos, que

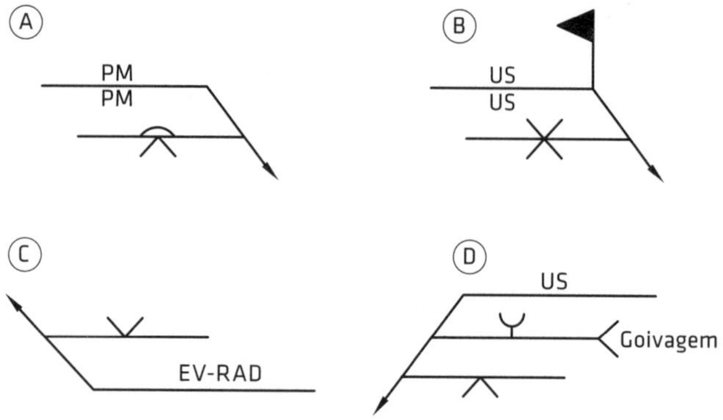

Fig. 3.18 Exemplos de combinação de símbolos de exame não destrutivo com símbolos de soldagem: (A) após operações de soldagem, soldagem de chanfro em V e soldagem da raiz, executar exame de partículas magnéticas em ambas as superfícies da solda; (B) após soldagem, executar no campo exame com ultrassom em ambas as superfícies da solda; (C) após soldagem, examinar a solda por exame visual e radiografia; (D) soldar pelo lado do chanfro em V, goivar pelo outro lado, soldar pelo chanfro em U e examinar este ultimo lado ou a superfície com ultrassom

são problemas mecânicos. Um caso típico de erro de projeto é o fissuramento lamelar, que ocorre no metal-base durante a soldagem de ligações rígidas e onde há excessivo volume de solda.

b) Estabelecer bons procedimentos de soldagem.
c) Usar soldadores devidamente qualificados pelas normas.
d) Empregar inspetores competentes e bem treinados.

Se os itens anteriores forem seguidos, certamente se terá uma boa solda. Todas as ligações deverão ser inspecionadas durante a fabricação, de acordo com as recomendações técnicas constantes na AWS D.1.1 e na NBR 8800, assim como antes de iniciar a soldagem, visando a limpeza da junta, posicionamento, pré-aquecimento do metal-base, sequência de soldagem, tratamento da raiz etc.

Apesar de todos os cuidados, em muitos casos é necessária uma confirmação da qualidade das soldas. Cabe ao engenheiro projetista indicar as regiões críticas, em termos de solicitações estáticas ou dinâmicas, que deverão ser analisadas, e o método de inspeção. Os métodos de inspeção não destrutivos mais usuais em estruturas metálicas são a inspeção visual e aqueles por meio de líquido penetrante, partículas magnéticas, exame radiográfico e ultrassom.

3.7.1 Inspeção visual

Para ter algum valor, a inspeção visual deve ser executada por profissional qualificado, que detectará num exame cuidadoso trincas superficiais grosseiras, excesso e falta de solda etc., como indicado na Fig. 3.19. Normalmente, usa-se esse método como preliminar de um dos outros a seguir ou para soldas de menor responsabilidade.

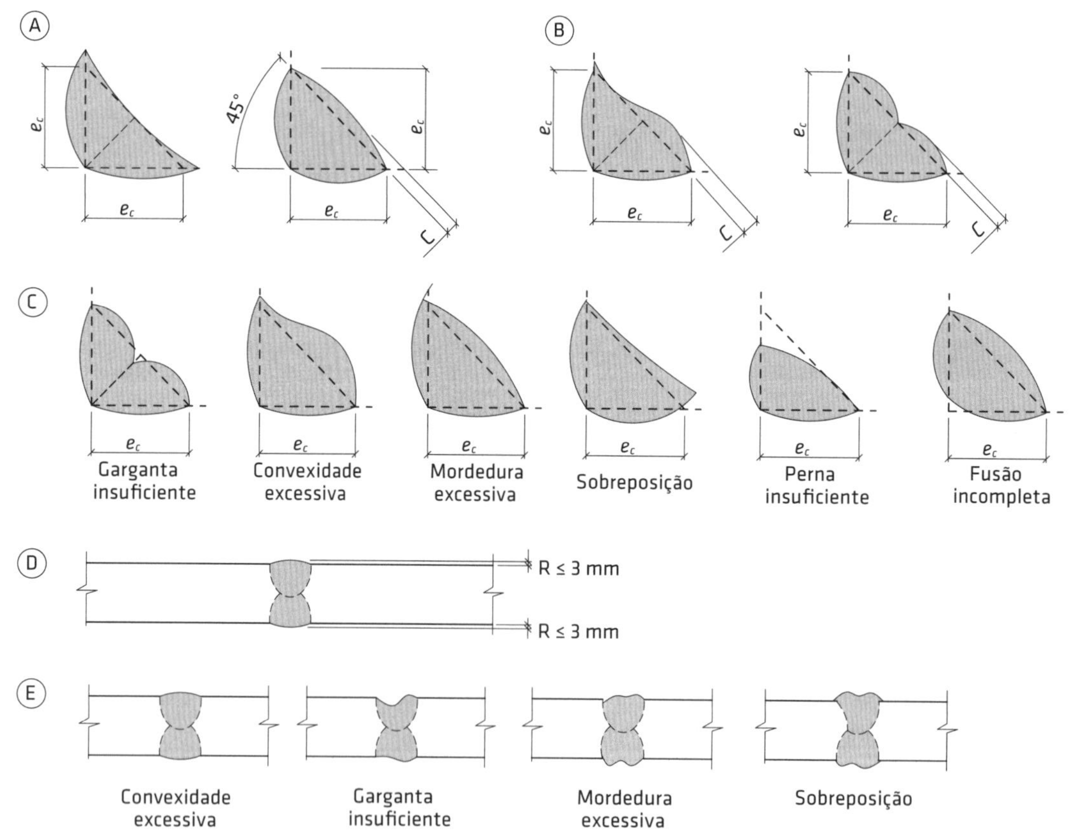

Fig. 3.19 Defeitos aceitáveis e inaceitáveis: (A) filetes de solda desejáveis; (B) filetes de solda aceitáveis em perfis; (C) filetes de solda inaceitáveis em perfis; (D) solda de penetração aceitável; (E) soldas de penetração inaceitáveis em perfis

A convexidade de uma solda individual não deve exceder os valores dados na Tab. 3.5.

Tab. 3.5 Convexidade de solda individual

Solda individual (e_c)	Convexidade (c)
$e_c \leq 8$ mm	$c \leq 2$ mm
8 mm $< e_c \leq 25$ mm	$c \leq 3$ mm
$e_c > 25$ mm	$c \leq 5$ mm

3.7.2 Inspeção por meio de líquido penetrante

Destina-se à revelação de defeitos superficiais em materiais ferrosos e não ferrosos, metais magnéticos e não magnéticos, soldas etc., como trincas, fissuras, porosidades, mordeduras e sobreposição. O método fundamenta-se no princípio da penetração de um líquido, por efeito da capilaridade, na descontinuidade não visível na superfície inspecionada. Quando o tempo de penetração se completa, efetua-se a limpeza do líquido na superfície e, em seguida, aplica-se um produto contrastante e absorvente denominado revelador, à base de talco ou gesso, evidenciando a descontinuidade. Para ter um bom índice de aproveitamento, antes de se iniciarem os serviços é necessário que a superfície seja limpa com removedores de gordura, óleos, graxas e outros resíduos.

Como vantagens, destaca-se a possibilidade de sua utilização quando a geometria da peça é complexa, caso que dificulta a operação do equipamento de partículas magnéticas, além de seu uso instantâneo em qualquer local, não exigindo que o material seja ferromagnético. Salienta-se também sua capacidade de detectar microtrincas da ordem de 0,001 mm de largura.

Como desvantagens, citam-se a detecção de descontinuidades somente superficiais, falsas indicações de ranhuras e o custo mais elevado que o da inspeção por meio de partículas magnéticas.

3.7.3 Inspeção por meio de partículas magnéticas

Tem como objetivo a revelação de defeitos superficiais, como trincas, fissuras, porosidades, mordeduras e sobreposição, e também subsuperficiais. O método aplica-se somente a materiais magnéticos e fundamenta-se na interrupção do fluxo de um campo magnético induzido pelo aparelho na superfície inspecionada, em que a descontinuidade é constatada onde há a aglomeração de partículas magnéticas.

O processo é tanto mais sensível quanto mais próxima à superfície se encontrar a descontinuidade. Além de 10 mm de profundidade, raramente se consegue detectar algum defeito.

Tem como vantagem a capacidade de detectar descontinuidades lineares da ordem de 0,5 mm, mascaradas por esmerilhamento e óxidos, entre outros, e escondidas sob pinturas. É também um exame mais rápido e mais econômico que o de líquido penetrante.

Por outro lado, só pode ser utilizado em materiais ferromagnéticos, como já mencionado, e necessita que o campo magnético seja gerado perpendicularmente à descontinuidade. Além disso, depende da força do campo magnético, necessita da desmagnetização da peça em certos casos e exige limpeza posterior.

3.7.4 Inspeção por meio de exame radiográfico

Destina-se a encontrar defeitos internos dos materiais, sendo muito usada em juntas soldadas, exceto em soldas de filete, cujo resultado é duvidoso. O método é indicado para espessuras de 4 mm a 70 mm e se baseia na propriedade das ondas eletromagnéticas de pequeno comprimento de atravessar os corpos opacos à luz comum e gravá-los em emulsões fotográficas. Empregam-se raios X por isótopos radioativos (irídio-192, césio-137, cobalto-60). Após o processamento fotográfico, verifica-se em que regiões da massa inspecionada houve maior ou menor intensidade de absorção de energia. Nos locais mais escuros e mais claros do filme haverá, por comparação, descontinuidade de acordo com a técnica de avaliação.

Como vantagens, cabe destacar a possibilidade de seu uso em qualquer tipo de superfície, a distinção mais fácil do tipo de descontinuidade detectado e o fato de a gamagrafia ser um documento comprovado.

Já como desvantagens, citam-se a necessidade de acesso pelos dois lados da superfície inspecionada, a periculosidade e o controle da radiação, com a exigência de evacuação de todo o pessoal próximo à área de realização da radiografia e a impossibilidade de aplicação em qualquer lugar devido justamente à radiação, e o custo mais elevado que o do ultrassom.

3.7.5 Inspeção por meio de ultrassom

Visa à detecção de defeitos internos nos materiais e é muito utilizada na análise de qualquer tipo de junta soldada. O ultrassom moderno emprega a técnica de reflexão, obtida com o desenvolvimento de uma aparelhagem em que as ondas ultrassônicas são emitidas em forma de pulsos. Com esse método, as pequenas descontinuidades no interior do aço e da solda são detectadas através da reflexão do som.

As ondas emitidas no interior do meio inspecionado podem ser longitudinais ou de compressão, transversais ou de cisalhamento. Devem ser usados equipamentos de ultrassom que gerem frequência no mínimo dentro da faixa de 2 MHz a 4 MHz.

Entre as vantagens, destacam-se a inspeção rápida, a precisão na localização da descontinuidade e na estimativa do tamanho, a necessidade de acesso por somente uma superfície do elemento ensaiado, a alta sensibilidade, com a detecção de pequenos defeitos, e o grande poder de penetração, permitindo o exame de grandes espessuras.

No entanto, é de difícil aplicação em peças de geometria complexa e não possui registro, sendo dependente do testemunho do operador.

Exemplo 3.1

Determinar o tamanho e o comprimento do filete de solda necessário para fixar as chapas dadas na figura a seguir. O aço utilizado é o A36 e o processo de solda é manual.

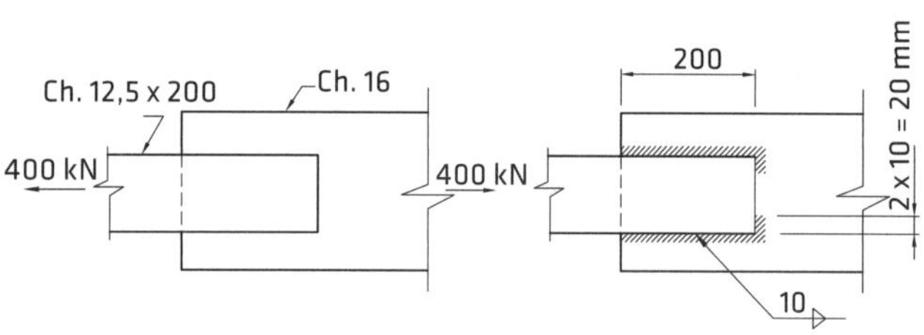

$$\text{Filete máximo} = 12{,}5 - 1{,}5 = 11\ \text{mm}$$
$$\text{Filete mínimo} = 6\ \text{mm (Tab. 3.2)}$$

Usando filete de 10 mm, têm-se, para eletrodo E70:

$$R_s = 10{,}4\ \text{kN/cm (Tab. 3.4)}$$
$$L_s = 400/10{,}4 = 38{,}5\ \text{cm}$$

Adote 20 cm em cada lado, pois por norma o comprimento mínimo não deve ser inferior à largura.

Exemplo 3.2

Seja o mesmo exemplo anterior com o uso de filete de 6 mm.

$$R_s = 6{,}30\ \text{kN/cm (Tab. 3.4)}$$
$$L_s = 400/6{,}30 = 63{,}50\ \text{cm} = 640\ \text{mm}$$

Existem duas soluções, apresentadas na figura a seguir, sendo que a segunda é mais econômica sob o ponto de vista do material.

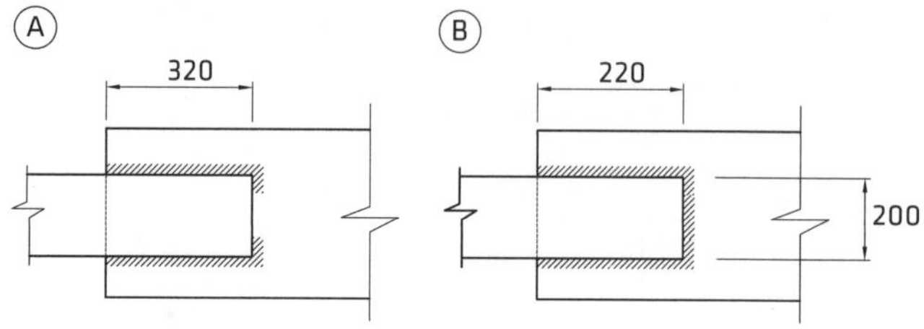

Exemplo 3.3

Determinar o filete de solda necessário para desenvolver a resistência da cantoneira para a carga dada no exemplo, minimizando o efeito da excentricidade. A chapa de ligação não governa a ligação.

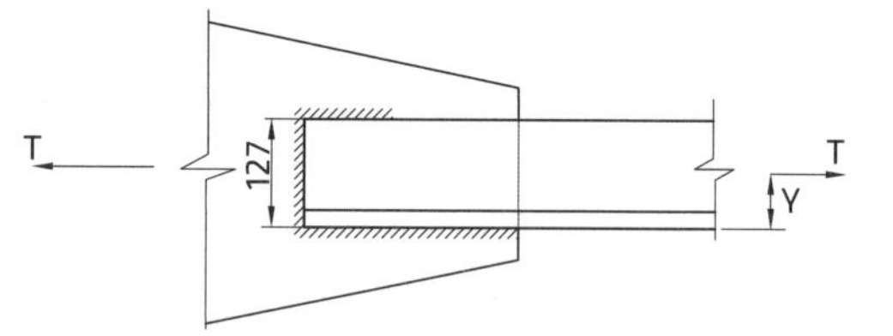

$$f_y = 25\ \text{kN/cm}^2$$
$$L = 127 \times 89 \times 9{,}5$$
$$A = 19{,}7\ \text{cm}^2$$
$$Y = 4{,}09\ \text{cm}$$
$$T_a = 0{,}6 \times 25 \times 19{,}7 = 295{,}5\ \text{kN}$$
$$\text{Filete mínimo} = 5{,}0\ \text{mm (Tab. 3.2)}$$
$$\text{Filete máximo} = 8{,}0\ \text{mm}$$

Usando filete de 5,0 mm, tem-se, para eletrodo E70:

$$R_s = 5{,}2\ \text{kN/cm (Tab. 3.4)}$$

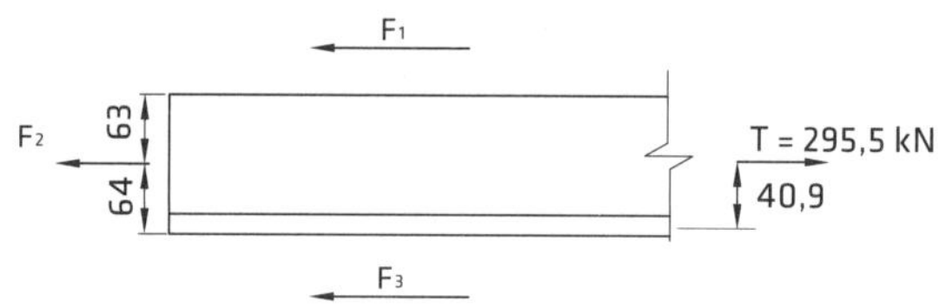

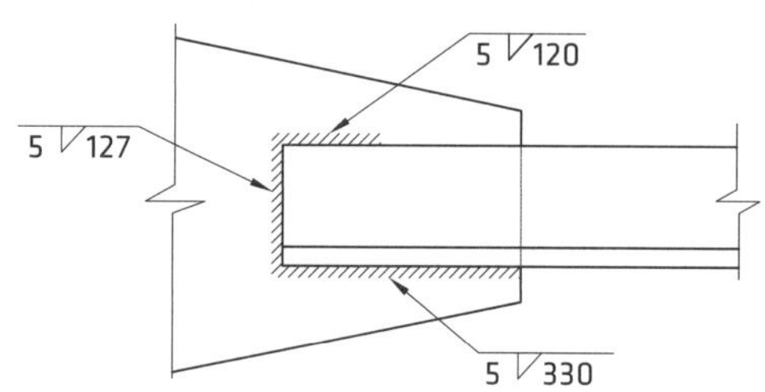

$$F_2 = 5{,}2 \times 12{,}7 = 66\ \text{kN}$$

$$F_1 = \frac{T \cdot y}{d} - \frac{F_2}{2} = \frac{295{,}5 \times 4{,}09}{12{,}7} - \frac{66}{2} = 62{,}2\ \text{kN}$$

$$F_3 = T - F_1 - F_2 = 295{,}5 - 66 - 62{,}2 = 167{,}3\ \text{kN}$$
$$L_{s1} = 62{,}2/5{,}2 = 11{,}96\ \text{cm} \rightarrow 120\ \text{mm}$$
$$L_{s3} = 167{,}3/5{,}2 = 32{,}17\ \text{cm} \rightarrow 330\ \text{mm}$$

Exemplo 3.4

Determinar o valor da carga T admissível na conexão indicada na figura. O material empregado é o aço A572 (f_y = 34,5 kN/cm²).

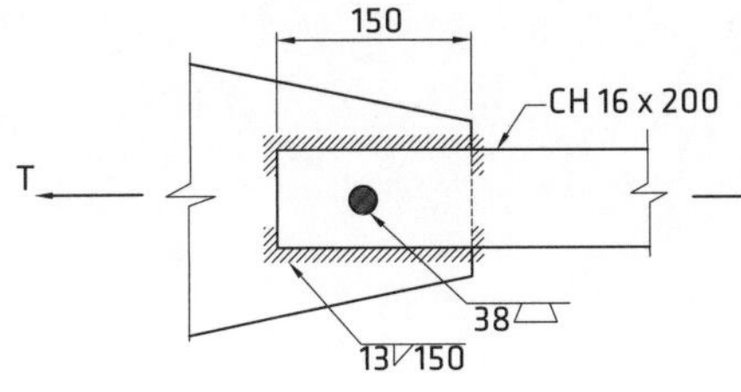

Usando filete de 13 mm, têm-se, para eletrodo E70:

$$R_{s13} = 13{,}6 \text{ kN/cm (Tab. 3.4)}$$

$$R_{s(total)} = 2 \times 15 \times 13{,}6 = 408 \text{ kN}$$

$$\text{Resistência do tampão} = \pi(3{,}8^2/4) \times 14{,}55 = 165{,}0 \text{ kN (Tab. 3.3)}$$

$$T_a = 408 + 165{,}0 = 573{,}0 \text{ kN}$$

Capacidade da chapa:

$$T_a = 1{,}6 \times 20 \times 0{,}6 \times 34{,}5 = 662 \text{ kN} > 573{,}0 \text{ kN OK}$$

$$T_{máx} = 573{,}0 \text{ kN}$$

Exemplo 3.5

Calcular o tamanho do filete necessário para resistir à carga indicada na figura, com a utilização de eletrodo E70.

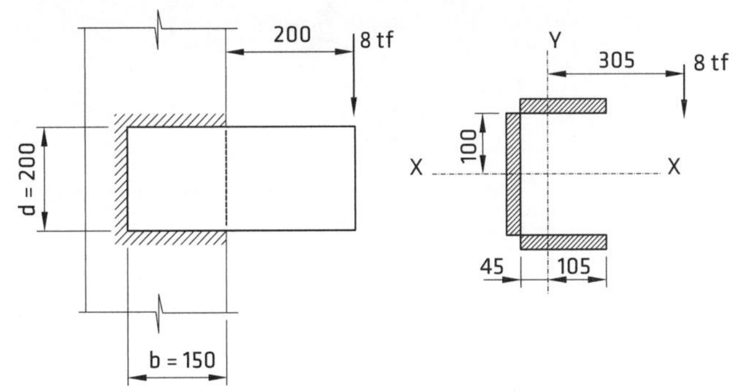

Pelo método de centroide (Quadro 3.6):

Quadro 3.6 Propriedade das linhas de solda

Seção b = largura, d = altura		Seção modular $I_x / \bar{y}$ (cm²)	Momento de inércia polar em relação ao centro de gravidade
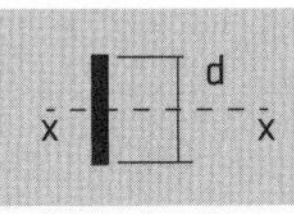		$W = \frac{d^2}{6}$	$I_p = \frac{d^3}{12}$
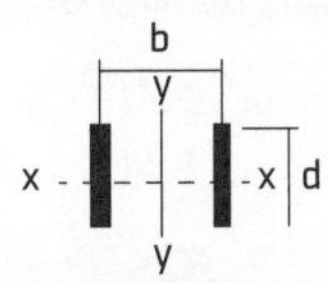		$W = \frac{d^2}{3}$	$I_p = \frac{d(3b^2 + d^2)}{6}$
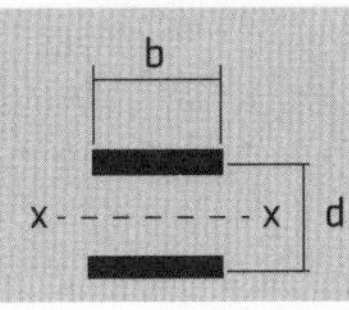		$W = b \cdot d$	$I_p = \frac{b(3d^2 + b^2)}{6}$
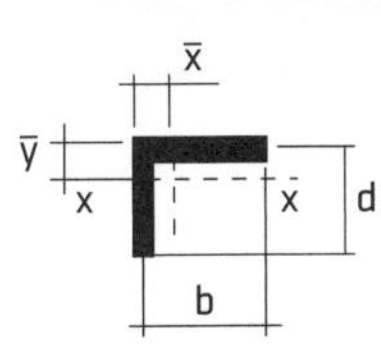	$\bar{x} = \frac{b^2}{2(b+d)}$ $\bar{y} = \frac{d^2}{2(b+d)}$	$W = \frac{4b \cdot d + d^2}{6}$	$I_p = \frac{(b+d)^4 - 6b^2 \cdot d^2}{12(b+d)}$
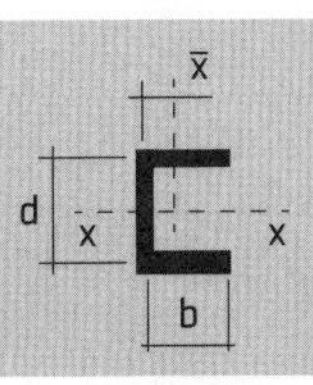	$\bar{x} = \frac{b^2}{2b+d}$	$W = b \cdot d + \frac{d^2}{6}$	$I_p = \frac{(2b+d)^3}{12} - \frac{b^2(b+d)^2}{2b+d}$
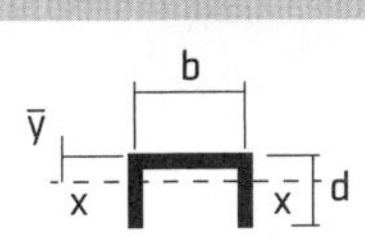	$\bar{y} = \frac{d^2}{b+2d}$	$W = \frac{2b \cdot d + d^2}{3}$	$I_p = \frac{(b+2d)^3}{12} - \frac{d^2(b+d)^2}{2d+b}$
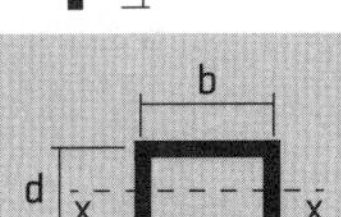		$W = bd + \frac{d^2}{3}$	$I_p = \frac{(b+d)^3}{6}$

Quadro 3.6 (continuação)

Seção		W	I_p
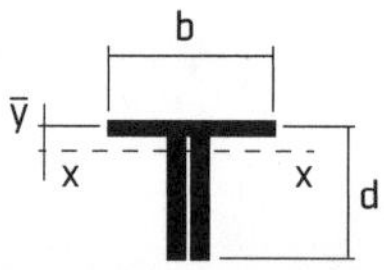	$\bar{y}=\dfrac{d^2}{b+2d}$	$W=\dfrac{2b\cdot d+d^2}{3}$	$I_p=\dfrac{(b+2d)^3}{12}-\dfrac{d^2(b+d)^2}{(b+2d)}$
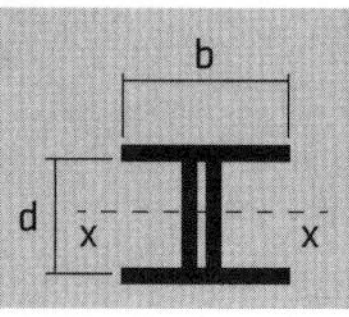		$W=b\cdot d+\dfrac{d^2}{3}$	$I_p=\dfrac{b^3+3b\cdot d^2+d^3}{6}$
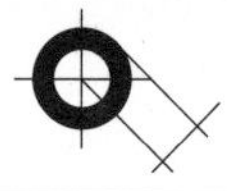 r (médio)		$W=\pi\cdot r$	$I_p=2\pi\cdot r^3$

$$X=\frac{b^2}{2b+d}=\frac{15^2}{2\times15+25}=4{,}1\text{ cm}$$

$$I_p=\frac{(2b+d)^3}{12}-\frac{b^2(b+d)^2}{2b+d}$$

$$=\frac{(30+25)^3}{12}-\frac{15^2(15+25)^2}{55}=7.320a$$

$$A=a(2\times15+25)=55a\,/\,\text{cm}$$

$$f_y'=P_y\,/\,A=80\,/\,55a=1{,}46\,/\,a\ \text{kN}/\text{cm}^2$$

$$f_x'=\frac{M\cdot c\cdot x}{I_p}=\frac{80\times30{,}4\times12{,}5}{7.320a}=4{,}15\,/\,a$$

$$f_y'=\frac{M\cdot c\cdot y}{I_p}=\frac{80\times30{,}4\times10{,}9}{7.320a}=3{,}62\,/\,a$$

$$f_r=\sqrt{\frac{4{,}15^2+(1{,}46+3{,}62)^2}{a^2}}=6{,}56\,/\,a$$

R_s (E70) = 10,4 kN/cm para 1 cm (Tab. 3.4)

a = 6,56/10,4 = 0,63 cm → solda de 7 mm (Tab. 3.4)

Exemplo 3.6

Calcular a espessura da chapa A572 Gr 50 e indicar o eletrodo necessário para solda manual, para juntar as duas partes.

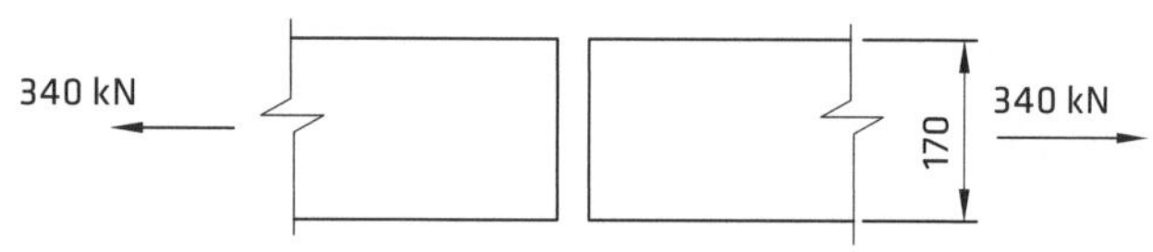

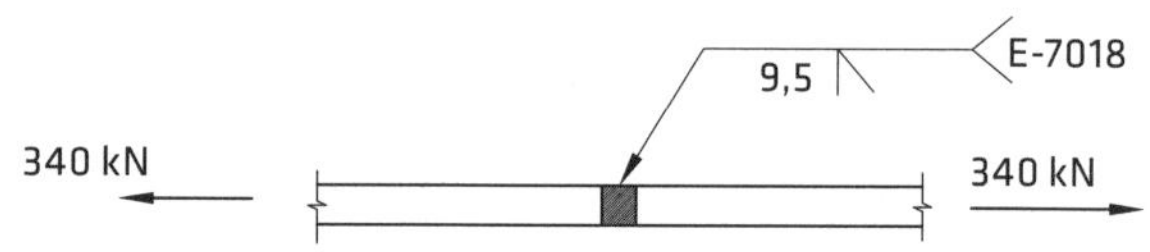

$$\text{A 572 Gr 50} \rightarrow f_y = 3{,}45\ \text{kN/cm}^2$$

$$T_a = 0{,}6f_y\cdot A = 0{,}6\times34{,}5\times17t = 351{,}9\ \text{kN}$$

Fazendo $T = T_a$:

$$t=\frac{T}{b\cdot F_t}=\frac{340}{351{,}9}=0{,}95\rightarrow\text{solda de 9,5 mm}$$

Pelo Quadro 3.1, têm-se E7015, E7016, E7018 e 7020.

LIGAÇÕES PARAFUSADAS

4

As ligações parafusadas, tanto quanto as soldadas, são empregadas em grande escala para conectar as partes das estruturas nas montagens finais de campo e nas de fábrica. Os parafusos vieram substituir, com vantagens, as ligações rebitadas usadas durante muito tempo, até 1969, no Brasil.

As principais características desse tipo de ligação são a rapidez nas ligações de campo, a melhor resposta às tensões de fadiga, a economia em relação ao consumo de energia, podendo ser empregado em locais onde há pouca energia disponível, e o uso de poucas pessoas (duas), não muito qualificadas, como é o caso dos soldadores.

Destacam-se também a necessidade de verificação de áreas líquidas e esmagamentos das peças, o que muitas vezes exige o reforço dessas partes, e a necessidade de previsão antecipada, para evitar a falta de parafusos na obra, e, em alguns casos, de pré-montagem de fábrica para o casamento perfeito dos furos.

4.1 Tipos de parafuso

Os principais tipos de parafuso empregados nas ligações são os comuns tipo ASTM A307 e os de alta resistência constantes na ASTM F3125/F3125M. Os parafusos constantes na ASTM F3125/F3125M são classificados como de grau A325/A325M, com cabeça sextavada; de grau F1852, com controle de tração; de grau A490/A490M, com cabeça sextavada; e de grau F2280, com controle de tração.

Os parafusos da ASTM F3125/F3125M são produzidos com dois tipos de aço: o tipo 1, de aço-carbono ou aço microligado, e o tipo 3, de aço resistente à corrosão atmosférica. Podem ser fornecidos sem acabamento ou com diversos tipos de acabamento, metálico e não metálico (ver a ASTM F3125/F3125M-22, Anexo A.1, para mais informações).

Permite-se também o uso de parafusos comuns ISO 898-1 classe 4.6 e parafusos de alta resistência ISO 4016 classe 8.8 e ISO 4016 classe 10.9, desde que sejam atendidos todos os requisitos apresentados para os parafusos ASTM similares, com as devidas adaptações. São também previstas barras redondas rosqueadas, devendo as roscas atender aos requisitos da ASME B18.2.6 com tolerância classe 2A; as porcas das barras redondas rosqueadas devem ser do mesmo material da barra e ter dimensões conforme especificado na ASME B18.2.6 para porcas hexagonais.

4.1.1 Parafusos torneados

Muito pouco usados por causa de seu alto custo, os parafusos torneados são empregados onde se requer alto grau de ajustagem. A diferença entre o diâmetro do parafuso e o do furo não passa de 0,4 mm. São adotados aços tipo SAE 1010/1020.

4.1.2 Parafusos comuns ASTM A307

São os parafusos feitos de aço-carbono e designados como ASTM A307 (Fig. 4.1). Apesar de representarem o tipo de mais baixo custo, podem produzir conexões que não são as mais econômicas, devido a sua baixa resistência. São empregados em estruturas leves, membros secundários, plataformas, passadiços, terças, vigas de tapamento, pequenas treliças etc., em que as cargas são de pequena intensidade e de natureza estática. Podem também ser usados como temporários durante a fase de montagem, nos casos em que os parafusos de alta resistência e as soldas são adotados como permanentes.

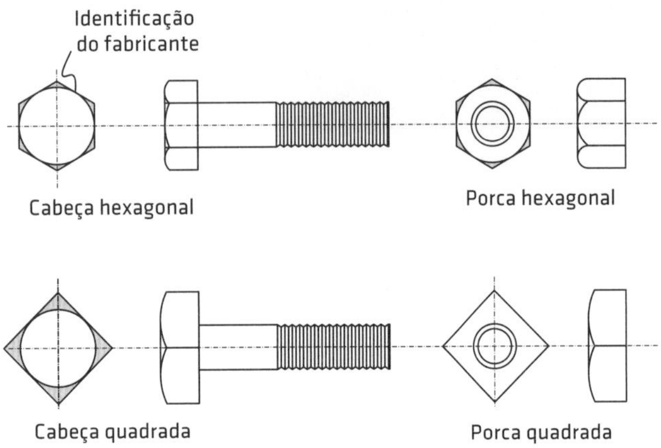

Fig. 4.1 Parafusos ASTM A307

4.1.3 Parafusos de alta resistência

Os parafusos de alta resistência substituem os rebites e têm resistência superior tanto à tração quanto ao cisalhamento, com a vantagem de apenas dois homens serem utilizados para instalá-los. A título de comparação, quando se usam rebites, são necessários quatro operários. São empregados quando existem grandes cargas nas peças a ligar e nas ligações principais das estruturas sujeitas a cargas dinâmicas. Os parafusos devem estar em conformidade com as atuais especificações ASTM F3125/F3125M, ISO 4016 classe 8.8 e ISO 4016 classe 10.9.

O AISC e a NBR 8800 estabelecem como premissas básicas para o uso de parafusos de alta resistência ou solda os seguintes casos:

a) emendas de pilares, nas estruturas com mais de 40 m de altura;
b) ligações de vigas com pilares e com quaisquer outras vigas das quais depende o sistema de contraventamento, nas estruturas com mais de 40 m de altura;
c) ligações e emendas de treliças de cobertura, ligações de treliças com pilares, emendas de pilares, ligações de contraventamentos de pilares, ligações de mãos-francesas ou mísulas usadas para reforço de pórticos, e ligações de peças-suportes de pontes rolantes, nas estruturas com pontes rolantes de capacidade superior a 50 kN;
d) ligações de peças sujeitas a ações que produzam impactos ou tensões reversas;
e) qualquer outra ligação que for especificada nos desenhos da estrutura.

Para os demais casos, não citados, as ligações podem ser feitas com parafusos comuns ASTM A307 ou ISO 4.6.

Para efeito das alíneas a) e c), a altura de uma estrutura deve ser considerada como a distância entre o nível médio do terreno que circunda a estrutura e o topo das vigas da cobertura, no caso de coberturas planas. No caso de coberturas inclinadas, a distância vertical é medida entre aquele nível médio e o topo das vigas de cobertura, a meia altura da parte inclinada. As mansardas ou as casas de máquinas de elevadores podem ser excluídas na determinação da altura da estrutura.

Limitações de uso de ligações com parafuso de alta resistência

Devem ser usados parafusos de alta resistência com protensão inicial em ligações por contato ou por atrito nos seguintes casos:

- ligações de peças sujeitas a ações que produzam impactos ou tensões reversas;
- ligações sujeitas a ações que possam causar o afrouxamento dos parafusos;
- ligações sujeitas à fadiga sem tensões reversas.

Devem ser empregados parafusos de alta resistência por atrito nos seguintes casos:

- ligações sujeitas à fadiga com tensões reversas;
- ligações em que o deslizamento é considerado um estado último;
- extremidades de barras compostas;
- ligações em que o deslizamento possa ser prejudicial ao comportamento da estrutura.

Considerações sobre o aperto dos parafusos

Considera-se que o aperto normal pode ser obtido por alguns impactos de uma chave de impacto ou pelo esforço máximo de um operário usando uma chave normal, assegurando sempre firme contato entre as partes ligadas.

Os desenhos de fabricação e montagem devem indicar claramente quais parafusos têm de ser montados com protensão inicial.

Quando o aperto normal não é permitido, os parafusos devem ser montados de forma a desenvolver uma força de protensão mínima (Tab. 4.1).

Tab. 4.1 Força de protensão mínima em parafusos ASTM F3125/F3125M

Diâmetro d_b		FTb (kN)	
pol.	mm	Graus A325 e F1852	Graus A490 e F2280
1/2	-	55	69
5/8	-	86	108
-	16	88	110
3/4	-	124	156
-	20	137	172
-	22	166	208
7/8	-	169	212
-	24	197	247
1	-	221	277
-	27	249	313
1 1/8	-	279	350
-	30	308	386
1 1/4	-	317	453
1 3/8	35	417	523
-	36	444	556
1 1/2	-	497	622

Características dos parafusos de alta resistência

Os dois tipos básicos de parafuso de alta resistência usados prioritariamente são o ASTM A325 e o ASTM A490, ambos com cabeça hexagonal e utilizados com porcas e arruelas. Os parafusos A325 são fabricados com aço de médio ou baixo carbono e tratados termicamente, com limite de ruptura da ordem de 82,5 kN/cm² a 72,5 kN/cm², dependendo do diâmetro. Os A490 são feitos com aço de baixa liga tratados termicamente, com limite de ruptura de 103,5 kN/cm².

A Fig. 4.2 apresenta as curvas tensão-deformação dos parafusos de alta resistência comparativamente com os rebites.

Os parafusos de alta resistência existem nos diâmetros de 1/2" (12,7 mm) a 1 1/2" (38 mm). Os diâmetros mais usados são 3/4 (19 mm), 7/8 (22,4 mm) e 1" (25,4 mm).

São previstos três tipos para parafusos A325, nos diâmetros 1/2" a 1 1/2":

- tipo 1: fabricação com aço de médio carbono;
- tipo 2: *idem* ao tipo 1, fabricados com aços martensíticos de baixo carbono;
- tipo 3: *idem* ao tipo 1, fabricados com aço com resistência à corrosão atmosférica e características compatíveis às dos aços A588 e A242.

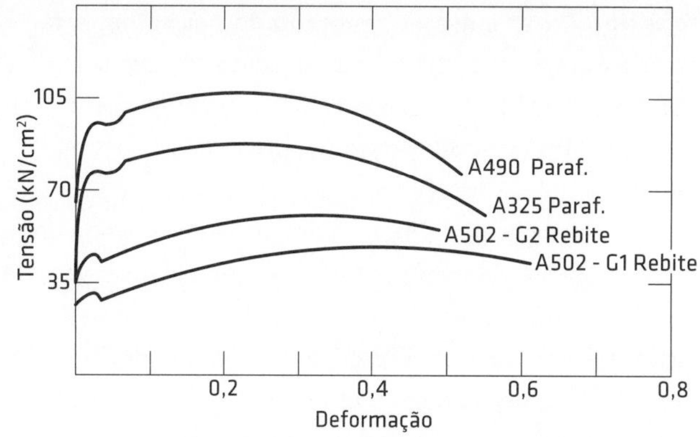

Fig. 4.2 Relação tensão-deformação para parafusos de alta resistência e rebites

Para o A490 também são previstos três tipos, sendo que a única diferença é no tipo 1, com o emprego de aço-liga. A identificação do parafuso se faz como mostrado na Fig. 4.3.

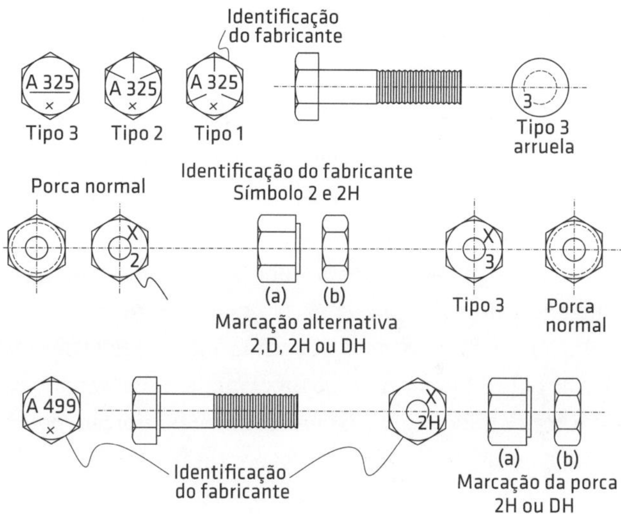

Fig. 4.3 Identificação de parafuso de alta resistência

Os parafusos de alta resistência são apertados de tal maneira que desenvolvem uma alta tensão de tração, tendo como resultado uma apreciável força de atrito na junta. Juntas contendo essa espécie de parafuso são projetadas como tipo *atrito* (fricção), onde o deslizamento da junta é baseado em sua resistência última; ou como tipo *contato* (esmagamento), onde o corpo do parafuso poderá encostar na borda do furo, sendo o deslizamento da junta baseado também em sua resistência última.

Ambos os tipos de junta são instalados pelo mesmo processo, com a mesma protensão. As performances das juntas parafusadas para cargas permanentes são idênticas. A transmissão é por fricção. A diferença entre as conexões tipo fricção e tipo esmagamento está no fator de segurança previsto para o deslizamento, devido à carga acidental.

O tipo atrito é assim denominado por seu alto fator de segurança ao deslizamento e, também, por ser mais adequado onde há tensões reversas ou carregamentos cíclicos. O alto fator de segurança prevê boa resistência à fadiga.

A junta tipo esmagamento somente é empregada onde não é considerada como crítica a ocorrência ocasional de um deslizamento provocado pela sobrecarga, que leva o parafuso a entrar em contato com a parede do furo. Em um subsequente carregamento, a tensão é transferida por fricção em combinação com o esmagamento.

A instalação desses parafusos pode ser feita com chave de torque calibrada ou, mais comumente, pelo método do giro da porca.

Os parafusos A325 e A490 se dividem em:

- A325-F e A490-F: tipo fricção;
- A325-N e A490-N: tipo esmagamento com rosca no plano de cisalhamento;
- A325-X e A490-X: tipo esmagamento com rosca fora do plano de cisalhamento.

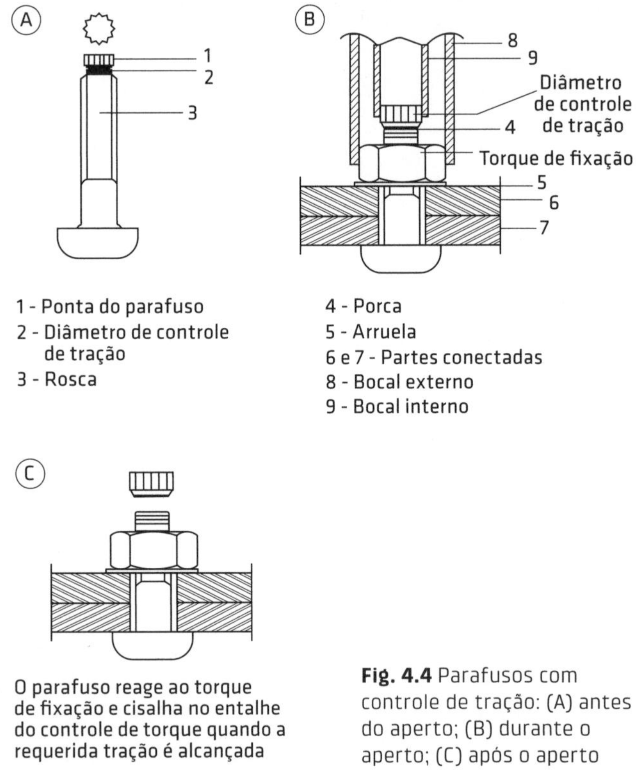

Fig. 4.4 Parafusos com controle de tração: (A) antes do aperto; (B) durante o aperto; (C) após o aperto

4.2 Tipos de conexão

Como já mencionado, o AISC e a NBR 8800 preveem dois tipos de junta parafusada com parafusos de alta resistência: tipo *atrito* e tipo *contato*.

As ligações destinadas a transferir forças paralelas à superfície de contato das partes ligadas podem ser por atrito ou por contato. As ligações nas quais o deslizamento seja altamente prejudicial ao funcionamento adequado da estrutura e aquelas que estiverem sujeitas a forças repetitivas, com reversão de sinal, devem ser por atrito.

4.2.1 Conexão tipo atrito (fricção)

Nas conexões em que são empregados os parafusos de alta resistência, o aperto controlado da porca permite conhecer o atrito disponível para esse fim, fazendo com que seja considerado no cálculo o atrito das superfícies metálicas em contato resultante do aperto da porca.

Nesse tipo de conexão, a carga que tende a cortar o parafuso é sustentada pela fricção entre as superfícies em contato. A Fig. 4.4 apresenta as forças atuantes nesse tipo de ligação. A protensão (*proof load*) atua na cabeça e na porca do parafuso, produzindo uma força T que atua nas duas partes em contato. A força de compressão na junta, provocada pelo aperto do parafuso, produz uma resistência de cisalhamento T, que é o produto da força de compressão pelo coeficiente do atrito μ.

Na Fig. 4.5 são ilustrados parafusos com arruelas com protuberâncias indicando pré-tração.

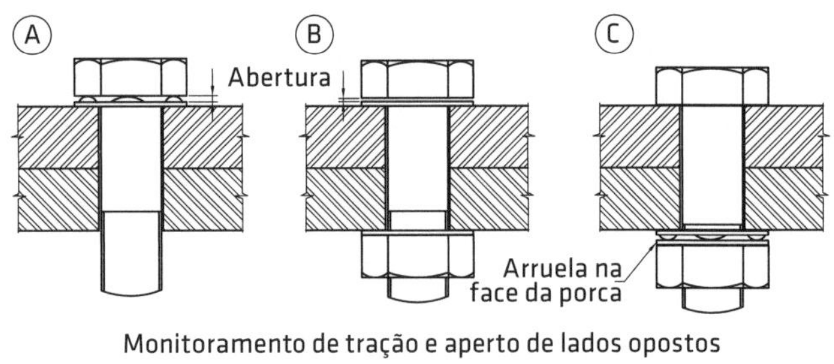

Fig. 4.5 Parafusos com arruelas com protuberâncias indicando pré-tração: (A) antes do aperto; (B) após o aperto; (C) monitoramento de tração e aperto do mesmo lado

A força de atrito depende de muitos fatores, como as condições das chapas, incluindo a presença de óleo, tinta, escamas de laminação etc. (Fig. 4.6).

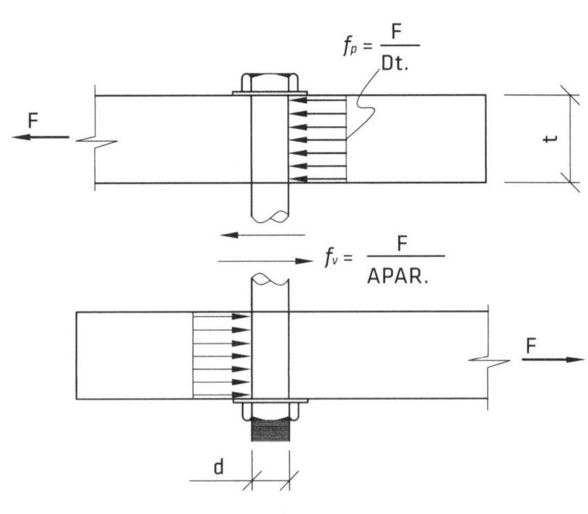

Fig. 4.6 Forças atuantes em conexões por atrito

4.2.2 Conexões tipo contato (esmagamento)

Em conexões tipo esmagamento, a carga de cisalhamento é sustentada pela haste do parafuso de alta resistência que encosta (apoia-se) nos lados dos furos do material das conexões.

Devido a seu menor fator de segurança, esse tipo de ligação é empregado somente nas ligações sujeitas a cargas estáticas e não reversíveis. Pode-se usar parafusos com rosca dentro ou fora do plano de cisalhamento. Nesse tipo de ligação, a resistência final da junta depende dos materiais que compõem as conexões (Fig. 4.7).

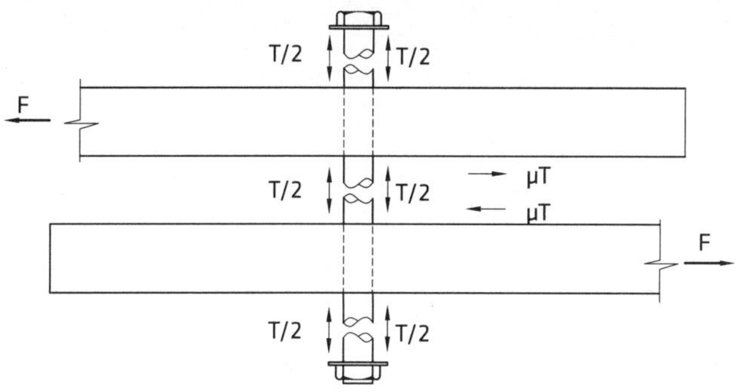

Fig. 4.7 Forças atuantes em conexões por contato

4.3 Resistência dos parafusos

4.3.1 Dos parafusos a tração e cisalhamento

As tabelas a seguir apresentam os valores de resistência dos parafusos para as várias condições de solicitação. A resistência dos parafusos a tração e cisalhamento ao contato é dada na Tab. 4.2, enquanto a resistência das barras rosqueadas a tração e cisalhamento é indicada na Tab. 4.3.

Os valores de resistência ao atrito de acordo com o tipo de superfície de contato são exibidos na Tab. 4.4. É importante observar as limitações de emprego para o cálculo.

4.3.2 Tração com cisalhamento

Parafusos sujeitos a esforços combinados de tração e cisalhamento devem ser projetados de tal modo que a tensão de tração F_t (em kN/cm²) na área nominal A_b, produzida pelas forças aplicadas às partes conectadas, não exceda os valores calculados pelas fórmulas do Quadro 4.1, em que f_v é a tensão de cisalhamento produzida pelas mesmas forças e não deve exceder o valor de cisalhamento dado na Tab. 4.2. Como alternativa, pode-se usar a fórmula:

$$\left(\frac{f_v}{F_v}\right)^2 + \left(\frac{f_t}{F_t}\right)^2 \leq 1{,}0$$

Para os parafusos A325 e A490 utilizados em conexões tipo atrito, a tensão máxima de cisalhamento permitida pela Tab. 4.2 deve ser multiplicada pelo fator de redução $(1 - f_t \cdot A_b/T_b)$, em que f_t é o esforço médio de tração devido à carga direta aplicada a todos os parafusos em uma conexão e T_b é a carga de protensão específica (ver Tab. 21.1) do parafuso.

4.3.3 Das partes conectadas por contato

Quando são usados parafusos em conexões por contato, é necessário que se faça, além da verificação da resistência do parafuso, a verificação da resistência ao esmagamento das chapas que compõem a ligação. Se a resistência da chapa é inadequada, o furo pode alargar-se ou o parafuso pode rasgar as partes conectadas (Fig. 4.8).

A distância extrema necessária para prevenir a ruptura pode ser estabelecida pela equação de resistência ao cisalhamento do material para transmitir a carga imposta pelo parafuso extremo. Analisando a Fig. 4.9, constata-se que pode ocorrer rasgadura nas linhas 1-1 e 2-2.

$$f_p = P / d_p \cdot t \text{ (tensão de contato)} \quad \textbf{(4.1)}$$

em que:

P = força transmitida por um parafuso na parte crítica da conexão (kN);

d_p = diâmetro nominal do parafuso (cm);

t = espessura da chapa (cm).

Ao fazer $\alpha = 0$, chega-se a:

$$P = 2t(Le - d_p/2)f_v \therefore F_v = 0{,}7f_u$$

$$P = 2t(Le - d_p/2)0{,}7f_u \quad \textbf{(4.2)}$$

em que:

f_u = tensão de resistência do material (kN/cm²).

Igualando as Eqs. 4.1 e 4.2, tem-se:

$$f_p \cdot d_p \cdot t = 2t(Le - d_p/2)0{,}7f_u \quad \textbf{(4.3)}$$

Para prevenir o rasgamento, Le/d_p tem que ser maior que o valor obtido pela Eq. 4.3.

$$Le/d_p > (0{,}5 + 0{,}714f_p/f_u) \quad \textbf{(4.4)}$$

Com a aproximação para uma expressão mais simples:

$$Le/d_p > f_p/f_u \quad \textbf{(4.5)}$$

Ao adotar um fator de segurança mínimo igual a 2, usado normalmente em conexão, têm-se:

$$Le/d_p > (0{,}5 + 1{,}43f_p/f_u) \quad \textbf{(4.6)}$$

$$Le/d_p > 2f_p/f_u \quad \textbf{(4.7)}$$

Substituindo $f_p = P/d_p \cdot t$ na Eq. 4.7:

$$Le > 2P/f_u \cdot t \quad \textbf{(4.8)}$$

Tab. 4.2 Cargas admissíveis nos parafusos (em kN)

Diâmetro d_P		Área nominal	Designação													
			A325 (f_U = 82,5 kN/cm²)						A490 (f_U = 103,5 kN/cm²)						A307 (f_U = 41,5 kN/cm²)	
			Tração $F_t^{(1)}$	Cisalhamento simples[(3), (4)]					Tração $F_t^{(1)}$	Cisalhamento simples[(3), (4)]					Tração $F_T^{(1)}$	Cisalhamento simples $F_V^{(2)}$
				Atrito (fricção) F_Y				Contato $F_V^{(2)}$		Atrito (fricção) F_V				Contato $F_V^{(2)}$		
UNC	ISO	Ap		P	A, AC	AL	ALP			P	A, AC	AL	ALP			
pol.	mm	cm²	31,4	11,6	9,9	8,3	6,7	16,5	39,3	14,5	12,4	10,4	8,4	20,7	15,8	8,3
½”		1,27	40	15	13	11	9	21	50	18	16	13	11	26	20	11
5/8”		1,98	62	23	20	17	13	33	78	29	25	21	17	41	31	16
	16	2,01	62	24	20	17	13	33	78	29	25	21	17	41	31	16
¾”		2,85	89	33	28	24	20	47	112	41	35	30	24	59	45	24
	20	3,14	98	36	31	26	21	52	123	46	39	33	26	65	50	26
	22	3,80	119	44	38	32	25	63	149	55	47	40	32	79	60	31
7/8”		3,88	122	45	39	32	26	64	152	56	48	41	33	80	61	32
	24	4,52	142	52	45	38	30	75	177	66	56	47	38	94	71	38
1”		5,07	159	59	50	42	34	84	199	74	63	53	43	105	80	42
	27	5,73	180	66	58	48	38	95	225	83	71	60	48	119	90	48
1 1/8”		6,41	201	74	64	53	43	106	252	93	79	67	54	133	101	53
	30	7,07	222	82	70	59	47	117	278	103	88	74	59	146	112	59
1 1/4”		7,92	249	92	79	66	53	131	311	115	98	82	66	164	125	66
	36	10,18	320	118	101	85	68	168	400	148	126	106	86	211	161	84
1 1/2”		11,40	358	132	113	95	76	188	448	165	141	119	96	236	180	95

(1) $R_t = Ap \cdot F_t$ (rosca no plano de cisalhamento).
(2) $R_v = Ap \cdot F_v$ (rosca no plano de cisalhamento).
$F_t = 0{,}38f_U$ $F_V(P) = 0{,}14f_U$ $F_v(A, AC) = 0{,}14 \times 0{,}85 = 0{,}12f_U$
$F_V = 0{,}20f_U$ $F_v(AL) = 0{,}14 \times 0{,}70 = 0{,}10f_U$ $F_v(ALP) = 0{,}14 \times 0{,}7 \times 0{,}83 = 0{,}081f_U$
(3) Tipos de furo: P = padrão; A = alargado; AC = pouco alongado; AL = muito alongado – transversal à força aplicada; ALP = muito alongado – paralelo à força aplicada.
(4) Cisalhamento simples com rosca no plano de cisalhamento para ligação a esmagamento. Para cisalhamento simples com rosca fora do plano, multiplicar os valores acima por 1,25.

Fonte: AISC-ASD.

Tab. 4.3 Cargas admissíveis nas barras rosqueadas – série ASTM (em kN)

Área núcleo[1] (cm²)	Diâmetro d_p (pol.)	Área nominal A_p (cm²)	SAE 1020			ASTM A36			ASTM A572 Gr 50			ASTM A588		
			$f_U = 37{,}8$			$f_U = 40{,}0$			$f_U = 45{,}0$			$f_U = 48{,}5$		
			Tração	Cisalhamento simples[2]		Tração	Cisalhamento simples[2]		Tração	Cisalhamento simples[2]		Tração	Cisalhamento simples[2]	
			$F_t = 14{,}4$	$N = 7{,}6$	$X = 9{,}5$	$F_t = 15{,}2$	N = 8,0	X = 10	$F_t = 17{,}1$	$N = 9{,}0$	$X = 11{,}3$	$F_t = 18{,}4$	$N = 9{,}7$	$X = 12{,}1$
1,46	5/8"	1,98	29	15	19	30	16	20	34	18	22	36	19	24
2,16	3/4"	2,85	41	22	27	43	23	29	49	27	32	52	28	34
2,98	7/8"	3,88	56	29	37	59	31	39	66	35	44	71	38	47
3,91	1"	5,07	73	38	48	77	41	51	87	46	57	93	49	61
4,92	1 1/8"	6,41	92	49	61	97	51	64	110	58	72	118	62	78
6,25	1 1/4"	7,92	114	60	75	120	63	79	135	71	89	146	77	96
9,06	1 1/2"	11,40	164	87	108	173	91	114	195	103	129	210	111	138

[1]Para referência.

[2]Rosca no plano de cisalhamento (furo padrão) → $N = 0{,}20 f_U \cdot Ap$.

Notas:

[a]$F_t = 0{,}38 f_U \cdot Ap$.

[b]f_U em kN/cm².

[c]Rosca fora do plano de cisalhamento $X = 0{,}25 f_U \cdot Ap$.

Fonte: AISC-ASD.

Tab. 4.4 Tensão admissível ao cisalhamento, baseada nas condições críticas de deslizamento entre as partes parafusadas com parafusos de alta resistência tipo atrito (fricção) (em kN/cm²)[1]

Condições das superfícies de contato das partes parafusadas	Tipo de furo e direção de aplicação da carga							
	Qualquer direção				Transversal		Paralela	
	Normal		Alargados e com pequeno alongamento		Com grande alongamento		Com grande alongamento	
	A325	A490	A325	A490	A325	A490	A325	A490
Classe A (coeficiente de deslizamento 0,35). Sem escamas de laminação e superfícies jateadas com classe A de pintura	1,0 (11,6)	1,0 (14,5)	0,85 (9,9)	0,85 (12,4)	0,70 (8,3)	0,70 (10,4)	0,60 (6,7)	0,60 (8,4)
Classe B (coeficiente de deslizamento 0,50). Superfícies jateadas e superfícies jateadas com classe B de pintura	1,0 (16,6)	1,0 (20,7)	0,85 (14,2)	0,85 (17,7)	0,70 (11,9)	0,70 (14,9)	0,60 (9,6)	0,60 (12,0)
Classe C (coeficiente de deslizamento 0,20). Superfícies galvanizadas a quente e lisas	1,0 (6,6)	1,0 (8,3)	0,85 (5,6)	0,85 (7,1)	0,70 (4,7)	0,70 (5,9)	0,60 (3,8)	0,60 (4,8)

[*]Pinturas classificadas como classe A ou classe B são as que preveem um coeficiente de deslizamento não menor que 0,35 ou 0,50, respectivamente, como determinado pelo *Testing Method to Determine the Slip Coefficient for Coatings Used in Bolted Joints* (AISC 13ª edição – apêndice A).

[1]Embora alguns valores da tabela sejam superiores aos da Tab. 4.2, não se deve empregar valores acima dos admissíveis das conexões tipo contato. Assim, para os parafusos A325 ao atrito, o valor máximo de F_p é 11,6 kN/cm² (Tab. 4.2).

Quadro 4.1 Tensão admissível de tração F_t para fixadores em conexão a esmagamento (em kN/cm²) sujeita a cisalhamento

Tipo de fixador	Rosca no plano de cisalhamento	Rosca fora do plano de cisalhamento
Partes rosqueadas ($F_u = 38{,}7$)	$0{,}63f_U - 3{,}0fv$	$0{,}63f_U - 2{,}4f_v$
Parafusos A307 ($F_u = 41{,}5$)	$40 - 3{,}80f_v \leq 31$	$40 - 3{,}80f_v \leq 31$
Parafusos A325 ($F_u = 82{,}5$)	$81 - 3{,}80f_v \leq 62$	$81 - 3{,}00f_v \leq 62$
Parafusos A490 ($F_u = 103{,}5$)	$101 - 3{,}80f_v \leq 78$	$101 - 3{,}00f_v \leq 78$

Para rosca no plano, a fórmula usada foi $1{,}3 \times 0{,}75f_U - 2 \times 0{,}75f_v/f_v \leq F_t$ $(= 0{,}75f_U)$. Para rosca fora do plano, $1{,}3 \times 0{,}75f_U - 2 \times 0{,}5f_v/F_v \leq F_t$ $(= 0{,}75f_U)$.

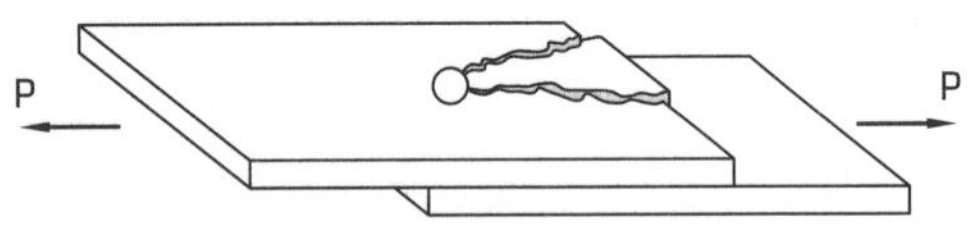

Fig. 4.8 Ligação das chapas à tração

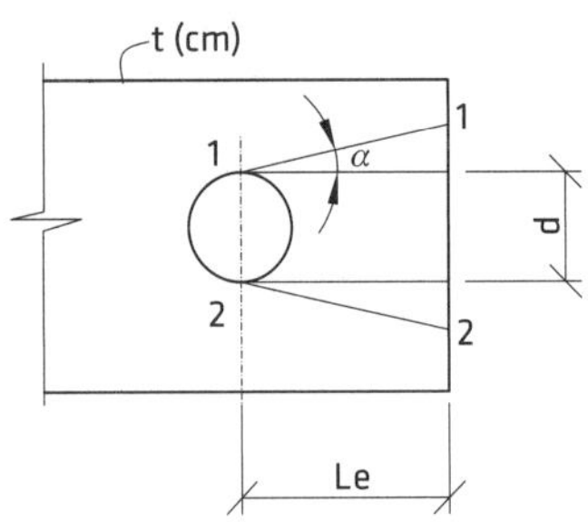

Fig. 4.9 Zona de rasgadura

Para prevenir a excessiva deformação do material, o AISC limita a tensão de contato a $f_p = 1{,}5f_u$. Com a substituição de f_p nas Eqs. 4.6 e 4.7, chega-se a:

$$Le > 2{,}70d_P$$
$$Le > 3{,}0d_P$$

sendo o limite mínimo $Le > 1{,}5d_P$, o que é prática tradicional. Para distância mínima de extremidade, ver a Tab. 4.6.

A distância do centro de um parafuso situado na linha de força à extremidade do furo adjacente pode ser satisfeita, também, pela Eq. 4.8. Mas, ocasionalmente, o mínimo de $2{,}7d_P$ pode não ser suficiente.

O AISC recomenda, quando a força é transmitida ao longo de uma linha, que a distância entre centros de furos não seja menor que:

$$Le > (2P/f_u \cdot t) + d_P/2 \quad \textbf{(4.9)}$$

Portanto, de acordo com as especificações do AISC, é preciso fazer as seguintes verificações, adotando-se o menor valor:

- $P = f_v \cdot A_b \rightarrow$ parafusos;
- $P = 1{,}5f_u \cdot d_P \cdot t \rightarrow$ força de contato da parte conectada junto ao parafuso;
- $P = f_u \cdot t \cdot Le/2 \rightarrow$ *idem* junto à extremidade furo-borda;
- $P = 0{,}75f_u(Le - d_P)t \rightarrow$ *idem* de centro a centro de furos.

A Tab. 4.5 fornece a carga admissível para esmagamento de chapas em função da distância entre furos.

Tab. 4.5 Cargas admissíveis para contato de chapas em função da distância entre furos, para parafusos e barras rosqueadas (em kN)

Espessura das chapas de ligação $f_U = 40$ kN/cm² ASTM A36	Diâmetro (mm)														
	16				19				22				25		
	Espaçamento dos fixadores *Le* (mm)														
	75	55(1)	50(2)	42(3)	75	66(1)	57(2)	50(3)	75(1)	78	66(2)	60(3)	90(1)	75(2)	70(3)
3,0	**29**	**29**	**29**	**24**	**34**	**34**	**34**	**28**	**40**	**40**	**40**	**34**	**45**	**45**	**41**
5,0	48	48	48	39	57	57	57	**46**	66	66	**66**	**57**	75	75	68
6,3	61	61	51	49	72	72	72	59	83	83	83	**72**	95	95	85
8,0	77	77	77	62	91	91	91	*74*	*106*	*106*	*106*	91	*120*	*120*	108
9,5				74	108	108	108	88	125	125	125	*108*	*142*	*142*	128
11,0							125	102	145	145	145	126	165	165	148
12,5								116			164	164	187	187	169
14,0								130			184	161		209	189
16,0												184		239	216

(1) $Le \cong 3{,}5d_P$.
(2) $Le \cong 3d_P$.
(3) $Le \cong 2{,}7d_P$.

$\left.\begin{array}{l} Rn = 0{,}75f_u(Le - d_P) \cdot t \\ Rn = 1{,}5f_U \cdot d_P \cdot t \end{array}\right\} \rightarrow$ o menor dos dois.

Em negrito: limite ao contato do A325 a cisalhamento simples.
Em itálico e sublinhado: limite ao contato do A325 a cisalhamento duplo.

4.4 Uso de arruelas

O AISC e a NBR 8800 especificam o uso de arruelas conforme indicado a seguir.

4.4.1 Partes parafusadas

Devem ser adotadas arruelas biseladas endurecidas, para compensar a falta de paralelismo, quando uma das faces externas das partes parafusadas tiver mais de 1:20 de inclinação em relação ao plano normal do eixo do parafuso. As partes parafusadas da estrutura não podem ser separadas por nenhum material que não seja aço estrutural, devendo ficar totalmente em contato quando montadas. Os furos podem ser puncionados, subpuncionados e alargados (ou broqueados).

4.4.2 Arruelas endurecidas

Adicionalmente às exigências da seção anterior e do Quadro 4.2, devem ser utilizadas arruelas endurecidas nas seguintes situações:

- sob o elemento que gira (porca ou cabeça do parafuso) durante o aperto, no caso de parafusos A490 apertados pelo método da rotação da porca e no caso de parafusos A325 ou A490 apertados com chave calibrada (isto é, por controle de torque);
- sob o elemento que não gira durante o aperto, no caso de parafusos A490, quando esse elemento assenta sobre um aço estrutural com limite de escoamento inferior a 28 kN/cm².

4.5 Normas aplicáveis e generalidades

A NBR 8800 traz observações importantes para a execução correta das ligações, algumas das quais são descritas a seguir.

O comprimento do parafuso deve ser tal que, após a instalação, sua extremidade coincida com a face externa da porca ou a ultrapasse; para isso, é necessário dar uma folga no cálculo do comprimento, de modo a compensar as tolerâncias de execução do parafuso e da estrutura.

As dimensões das porcas devem estar em conformidade com as especificações da ASME B18.2.6/18.2.6M para porcas hexagonais pesadas.

Podem ser usados outros tipos de parafuso, desde que atendam aos requisitos relativos a material, processo de fabricação, composição química e propriedades mecânicas da ASTM F3125/F3125M, atendam às comprovações por ensaios em escala natural e tenham diâmetro do fuste e áreas de contato sob a cabeça e a porca, ou suas equivalentes, não inferiores aos valores correspondentes aos requisitos das seções 6.8.2.2 e 6.8.2.3 da NBR 8800 para parafuso e porca de mesmas dimensões nominais. Os métodos de instalação e inspeção podem diferir dos indicados, respectivamente, nas seções 6.8.4.3 a 6.8.4.5 e 6.8.5 da NBR 8800. Nesse caso, esses métodos devem ser documentados por especificação detalhada, sujeita à aprovação do responsável técnico pelo projeto.

As arruelas planas circulares e as arruelas biseladas quadradas devem estar em conformidade com as especificações da ASTM F436. As dimensões das arruelas são especificadas na ASME B18.2.6.

Os parafusos com controle de tração, F1852 e F2280, devem ser fornecidos em conjunto com porca e arruela pelo mesmo fabricante, conforme foram testados para comprovação da força mínima de tração requerida, e instalados dessa forma, isto é, como um conjunto único. Para mais informações, ver a ASTM F3125/3125M.

Os parafusos de alta resistência, quando fornecidos com acabamento galvanizado a fogo, conforme a ASTM F2329 (somente o grau A325/A325M pode receber esse tipo de acabamento), ou com revestimento de liga de zinco e alumínio, conforme a ASTM F1136/F1136M (somente os graus A325/A325M e A490/A490M podem receber esse tipo de acabamento), devem ser fornecidos em conjunto com porca (lubrificada) e arruela pelo mesmo fabricante, conforme foram testados para comprovação de capacidade de rotação (ver ASTM F3125/F3125M), e instalados dessa forma, isto é, como um conjunto único.

4.6 Tipos de furo

Há quatro tipos básicos de furo para parafusos ou barras rosqueadas. No Quadro 4.2 são dadas suas denominações e dimensões máximas em função do diâmetro d do furo ou da barra.

Quadro 4.2 Tipos de furo (em mm)

Diâmetro nominal do parafuso ou da barra rosqueada	Furo padrão 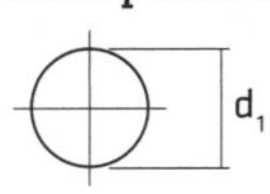	Furo alargado 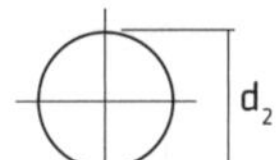	Furo pouco alongado 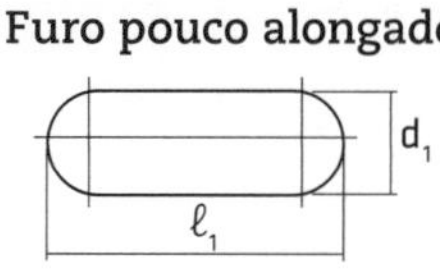		Furo muito alongado 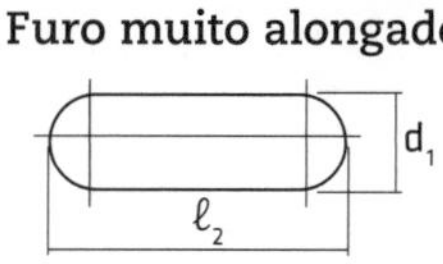	
d_P	d_1	d_2	d_1	ℓ_1	d_1	ℓ_2
$12 < d_P \leq 24$ $24 < d_P \leq 29$	$d_P + 1{,}6$	$d_P + 5{,}0$ $d_P + 6{,}0$	$d_P + 1{,}6$	$d_P + 6{,}0$ $d_P + 8{,}0$	$d_P + 1{,}6$	$2{,}5dP$
$d_P > 29$	$d_P + 1{,}6$	$d_P + 8{,}0$	$d_P + 1{,}6$	$d_P + 10{,}0$	$d_P + 1{,}6$	$2{,}5dP$

Nas ligações com furos alargados ou alongados, devem ser observados os tipos de ligação permitidos e as limitações indicadas no Quadro 4.3.

4.7 Pega longa e ligações de grande comprimento

Exceto nos casos dos parafusos de alta resistência ASTM A325 e ASTM A490, que são montados com protensão inicial, quando o comprimento de pega excede $5d_P$ (d_P = diâmetro do parafuso ou da barra rosqueada) o número necessário de parafusos ou barras rosqueadas deve ser aumentado 1% para cada 1,5 mm adicional de pega . Quando ligações por contato, usadas em emendas de barras tracionadas, tiverem comprimento superior a 630 mm na direção da força externa, a força cortante de cálculo V_d nos parafusos e a solicitação de cálculo adotada para verificar a pressão de contato em furos deverão ser multiplicadas por 1,25 para levar em conta a distribuição não uniforme da força externa pelos parafusos.

4.8 Distância mínima de um furo às bordas

4.8.1 Furos padrão

A distância do centro de um furo padrão a qualquer borda de uma parte ligada não pode ser inferior ao valor indicado na Tab. 4.6 (d_P = diâmetro do parafuso ou da barra rosqueada).

Tab. 4.6 Distância mínima do centro de um furo padrão à borda

Diâmetro d_P			Borda cortada com serra ou tesoura (mm)	Borda laminada ou cortada a maçarico (mm)[1]
(mm)	ASTM (pol.)	ISO (mm)		
		M12	21	18
13	1/2"		22	19
16	5/8"	M16	29	22
19	3/4"		32	26
		M20	35[2]	27
22	7/8"	M22	38[2]	29
		M24	42	31
25	1"		44	32
28	1 1/8"	M27	50	38
		M30	53	39
32	1 1/4"		57	42
		M33	64	46
> 36	> 1 1/4"	> M36	$1{,}75d_P$	$1{,}25d_P$

[1]As bordas cortadas a maçarico devem ser lisas e isentas de entalhes.
[2]Nas extremidades de cantoneiras de ligação de vigas, essa distância pode ser igual a 32 mm.

4.8.2 Furos alargados ou alongados

A distância do centro de um furo alargado ou alongado a qualquer borda de uma parte ligada não pode ser inferior ao valor para furos padrão indicado na Tab. 4.6 acrescido

Quadro 4.3 Limitações relativas ao emprego de furos alargados ou alongados

Tipo de furo	Tipo de ligação permitida	Limitações – Posição do furo	Limitações – Arruelas[1]
Alargado	Por atrito	Em qualquer uma ou em todas as chapas da ligação	Endurecidas, sobre furos alargados em chapas externas da ligação
Pouco alongado	Por atrito	Em qualquer uma ou em todas as chapas da ligação. Qualquer posição, independentemente da direção da solicitação	Sobre furos pouco alongados em chapas externas da ligação, devem ser usadas arruelas, obrigatoriamente endurecidas quando os parafusos são de alta resistência – ASTM A325 e ASTM A490
	Por contato	Em qualquer uma ou em todas as chapas da ligação. Qualquer posição, independentemente da direção da solicitação	
Muito alongado	Por atrito	Em somente uma das partes da ligação, para a mesma superfície de contato. Qualquer posição, independentemente da direção da solicitação	Arruelas de chapa ou barras chatas contínuas de aço estrutural, com espessura mínima de 8 mm e com furos padrão, devem ser usadas sobre furos muito alongados em chapas externas. Tais arruelas ou barras devem ter dimensões suficientes para cobrir totalmente os furos alongados após a instalação dos parafusos. Quando necessário, utilizar arruelas endurecidas (nota 1). Estas serão colocadas sobre aquelas arruelas de chapa ou barras contínuas
	Por contato	Em somente uma das partes da ligação, para a mesma superfície de contato. Maior dimensão normal à direção da solicitação	

[1]Quando forem usados parafusos ASTM A490 de diâmetro superior a 25,4 mm, em furos alongados ou alargados, nas chapas externas da ligação deverão ser adotadas arruelas endurecidas de acordo com a ASTM F436, porém com espessura mínima de 8 mm, em lugar das arruelas padrão.

de $\beta \cdot d_p$, sendo d_p o diâmetro do parafuso e β definido conforme segue:

- $\beta = 0$ para furos alongados na direção paralela à borda considerada;
- $\beta = 0{,}12$ para furos alargados;
- $\beta = 0{,}20$ para furos pouco alongados na direção perpendicular à borda considerada;
- $\beta = 0{,}75$ para furos pouco alongados na direção perpendicular à borda considerada.

4.9 Espaçamento mínimo e máximo entre furos

4.9.1 Espaçamento mínimo

A distância entre centros de furos padrão, alargados ou alongados, não pode ser inferior a $2{,}7d_p$, sendo de preferência igual a $3d_p$, sendo d_p o diâmetro nominal do parafuso ou da barra rosqueada. Além desse requisito, a distância livre entre as bordas de dois furos consecutivos não pode ser inferior a d_p.

4.9.2 Espaçamento máximo entre furos e furo-extremidade

O espaçamento máximo tem sido também um assunto polêmico, variando de norma para norma e sequer sendo abordado em várias outras.

O AISC e a NBR 8800 estabelecem que, para qualquer borda de uma parte ligada, a distância mais próxima do centro do parafuso (ou barra redonda rosqueada) a essa borda não pode exceder 12 vezes a espessura da parte mais fina considerada, nem 150 mm.

Segundo as mesmas publicações, o espaçamento máximo entre parafusos que ligam uma chapa a um perfil ou a outra chapa, em contato contínuo, deve ser determinado como a seguir:

- em elementos não sujeitos à corrosão, pintados ou não, o espaçamento não pode exceder 24 vezes a espessura da parte mais fina ligada, nem 300 mm;
- em elementos de aço resistente à corrosão atmosférica, não pintados, o espaçamento não pode exceder 14 vezes a espessura da parte mais fina ligada, nem 180 mm.

Um resumo das principais especificações é dado na Tab. 4.7. A representação do espaçamento discutido é feita na Fig. 4.10.

Tab. 4.7 Espaçamento máximo

Normas ou especificações	Peças tracionadas		Peças comprimidas	
	Externas e	Centrais S_1 ou S_2	Externas e	Centrais S_1 ou S_2
AISC	12t ≤ 150	12t ≤ 150	12t ≤ 150	12t ≤ 150
NBR 8800/AISC	12t ≤ 180	14t ≤ 180	12t ≤ 150	12t ≤ 180
AISC – *Engineering Journal* para A588 – s/ pintura	8t ≤ 127	14t ≤ 178	8t ≤ 127	14t ≤ 178
DIN 1050	$3d \leq 6t$	$10d \leq 20t$	$3d \leq 6t$	$6d \leq 12t$
Mukhanov (1980)	$8d \leq 12t$	$16d \leq 24t$	$8d \leq 12t$	$12d \leq 18t$

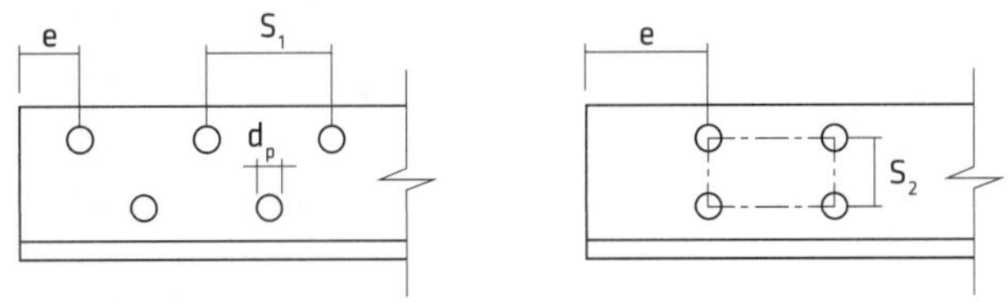

t = espessura mais fina d_p = diâmetro do parafuso

Fig. 4.10 Espaçamento entre furos e entre furo e extremidade

4.10 Resistência mínima das conexões

No caso de ligações por meio de parafusos, as conexões que transmitem esforços calculados, exceto em travejamento de perfis compostos, tirantes constituídos de barras redondas, terças e vigas de tapamento (travessas de fechamento), devem ser dimensionadas para uma resistência igual ou superior a 45 kN. Como regra prática, deve-se adotar um mínimo de dois parafusos de 16 mm (5/8").

As conexões de barras tracionadas ou comprimidas devem resistir às cargas de projeto, mas não menos do que 50% da resistência efetiva da peça, baseada no tipo de esforço que comandou seu dimensionamento.

4.11 Uso de calços

Quando forem usadas chapas de enchimento de espessura maior que 6 mm em ligações parafusadas, elas deverão se estender além do material de ligação, exceto em ligações por atrito. Essa extensão deve possuir parafusos em número suficiente para distribuir a força total que atua no elemento-suporte, de maneira uniforme, sobre a seção combinada desse elemento-suporte e do enchimento. Em vez da extensão, pode ser acrescentado, na ligação, um número equivalente de parafusos (ver Fig. 4.11).

4.12 Tipos de junta parafusada

As ligações de modo geral podem estar sujeitas a um ou mais esforços, atuando isolados ou em combinação. As juntas da Fig. 4.12 ilustram os vários tipos de ligação. Na

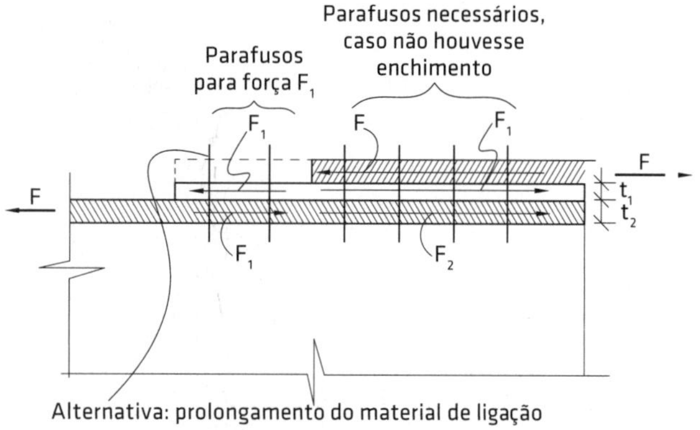

t_1 = espessura da chapa de enchimento
t_2 = espessura do elemento suporte
$F_1 + F_2 = F$; $F_1/t_1 = F_2/t_2$

Nota: As forças indicadas nos grupos de parafusos correspondem às resultantes das forças de contato que os parafusos aplicam nas chapas.

Fig. 4.11 Chapa de enchimento em ligações.

Fig. 4.12A são mostradas ligações sujeitas apenas a esforços de cisalhamento simples e duplo, respectivamente. A Fig. 4.12B apresenta uma ligação sujeita a cisalhamento excêntrico, em que se exige um pouco mais na elaboração dos cálculos. Na Fig. 4.12C exibe-se uma ligação em que os parafusos estão sujeitos apenas a esforços de tração. O mesmo não ocorre com as ligações mostradas na Fig. 4.12D, onde os parafusos estão sujeitos a esforços combinados de tração com cisalhamento.

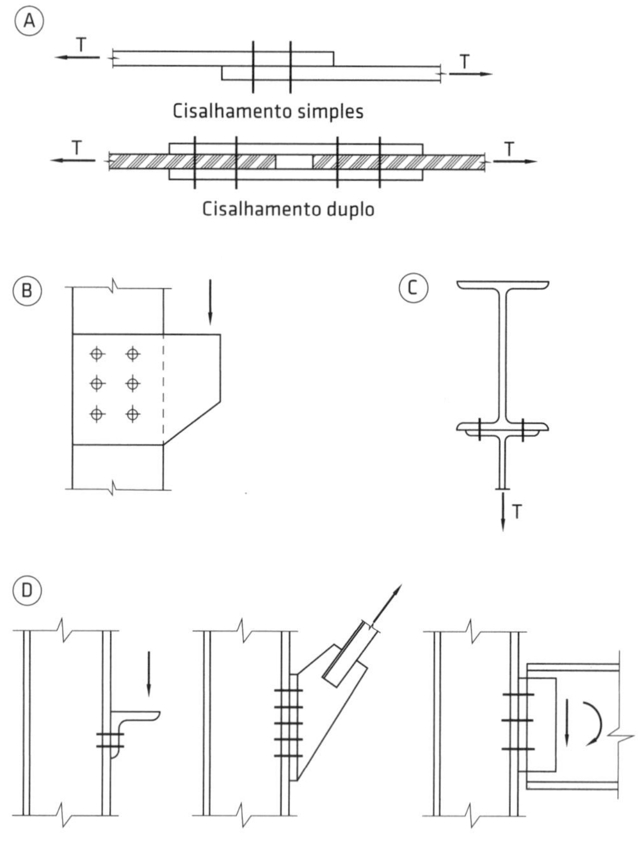

Fig. 4.12 Conexões típicas parafusadas: (A) conexões a cisalhamento; (B) conexões a cisalhamento excêntrico; (C) conexões a tração; (D) conexões combinadas a cisalhamento e tração

De posse dos esforços que atuam nas extremidades das ligações e de como o projetista as imaginou, escolhe-se a ligação mais apropriada. A Fig. 4.13 ilustra o grau de engastamento para quatro tipos de ligação, e a Fig. 4.14, os vários tipos de ligação a momento.

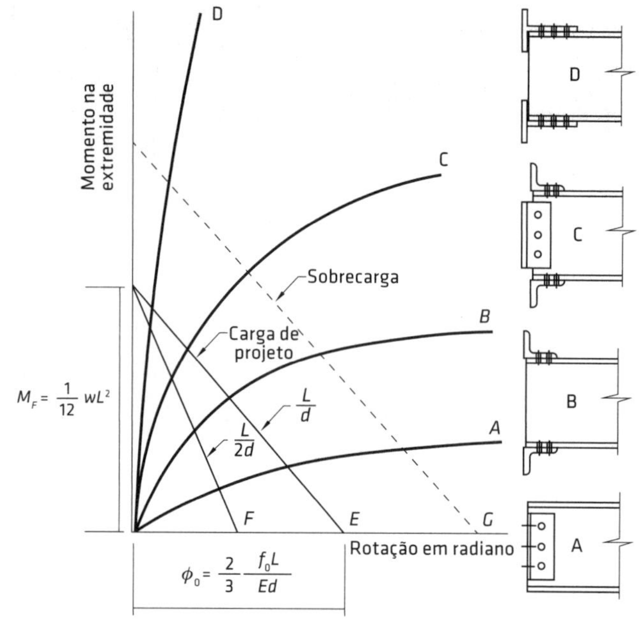

Fig. 4.13 Curvas de rotação das vigas de acordo com a conexão de extremidade

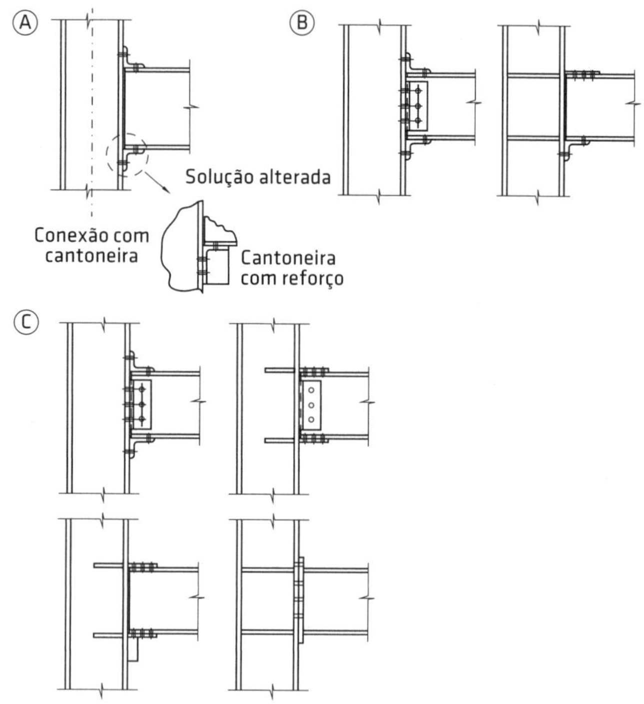

Fig. 4.14 Tipos de conexão vigas-coluna: (A) conexões flexíveis; (B) conexões semirrígidas; (C) conexões rígidas

Atenção especial deve ser dada às ligações tracionadas, sobretudo aos elementos que as compõem, pois, se o elemento que está sendo ligado não tiver rigidez suficiente, pode surgir o efeito alavanca e aumentar a força no parafuso (Fig. 4.15).

A Fig. 4.16 mostra testes realizados em laboratório, com a força atuando nos parafusos sem e com o efeito alavanca.

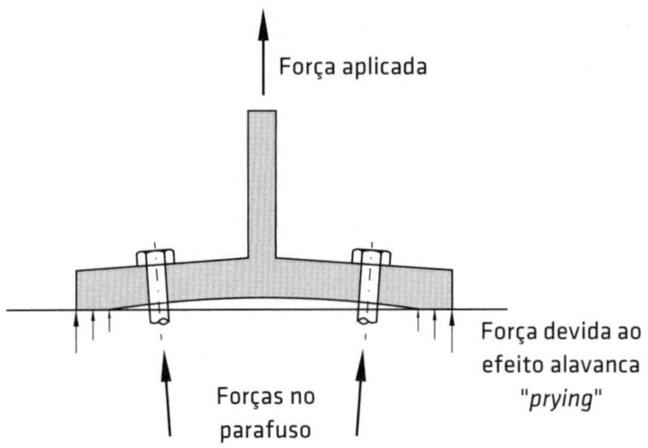

Fig. 4.15 Desenho esquemático da deformação da junta

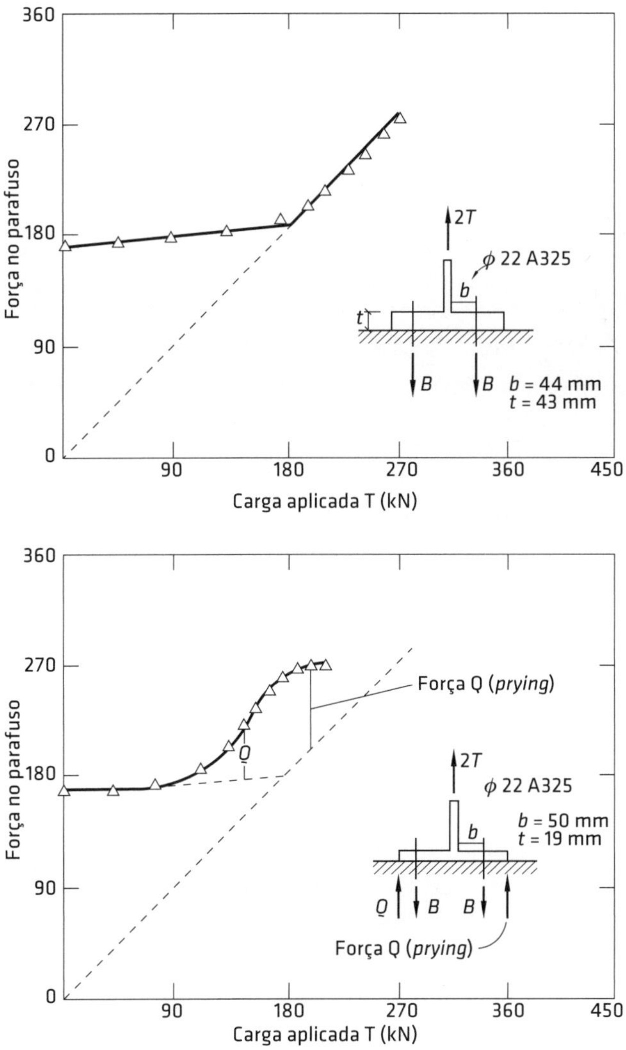

Fig. 4.16 Influência da espessura da chapa em relação à carga aplicada
Fonte: adaptado de Fisher e Struik (1974).

Exemplo 4.1

Determinar a capacidade máxima da conexão dada na figura a seguir, usando-se aço A572 Gr 50 com f_Y = 34,5 kN/cm² e parafusos A325 ϕ 22 mm (7/8").

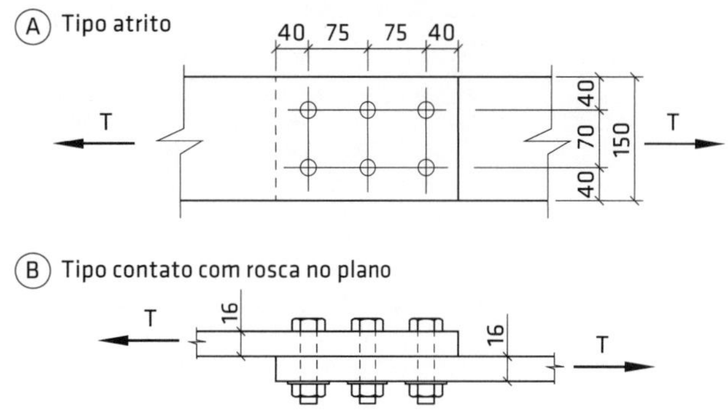

Chapa:

$$F_t = 0{,}6 f_Y = 0{,}6 \times 34{,}5 = 20{,}7 \text{ kN/cm}^2$$

$$T = (15 - 2(2{,}2 + 0{,}3))1{,}6 \times 20{,}7 = 331 \text{ kN}$$

$$T = 85\% \times 15 \times 1{,}6 \times 20{,}7 = 422{,}3 \text{ kN}$$

No caso dos parafusos ao atrito, tem-se:

$$Rpcis = 6 \times 45 \, (\text{Tab. } 4.2) = 270 \text{ kN}$$

Já para os parafusos ao contato, obtém-se:

$$Rpcis = 6 \times 64 \, (\text{Tab. } 4.2) = 384 \text{ kN}$$

Portanto, a capacidade máxima da ligação é de 331 kN < 384 kN quando se usam parafusos ao contato e de 270 kN < 331 kN quando se adotam parafusos ao atrito.

Exemplo 4.2

Verificar se é atendido o número de parafusos A325 tipo atrito necessários para desenvolver a capacidade máxima das chapas na ligação mostrada na figura, em A36. Con-

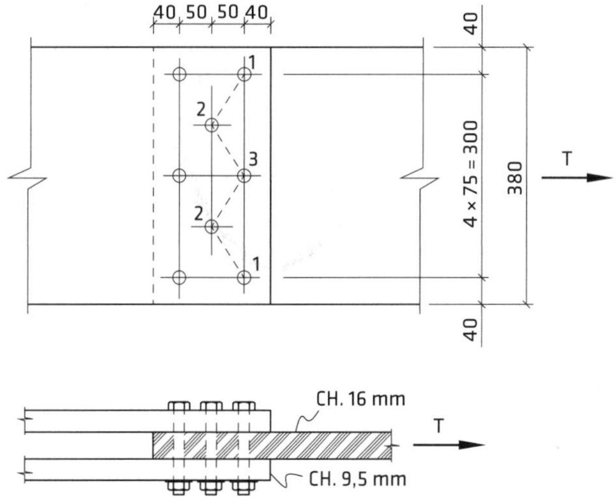

siderar parafusos ϕ 22 mm, furos para cálculo ϕ 22 mm, s = 5,0 cm, g = 7,5 cm e A = 38 × 1,6 = 60,8 cm².

$$\text{Área líquida máxima} = 0{,}85A = 0{,}85 \times 60{,}8 = 51{,}68 \text{ cm}^2$$

$$\text{Área líquida (1-3-1)} = 1{,}6(38 - 3 \times 2{,}5) = 48{,}80 \text{ cm}^2$$

$$\text{Área líquida (1-2-3-2-1)} = 1{,}6\left((38 - 5 \times 2{,}5) + 4s^2 / 4g\right)$$
$$= 1{,}6\left((38 - 5 \times 2{,}5) + 4 \times 5^2 / (4 \times 7{,}5)\right) = 46{,}13 \text{ cm}^2$$

$$\text{Área líquida (1-2-2-1)} = 1{,}6\left((38 - 4 \times 2{,}5) + 2 \times 5^2 / (4 \times 7{,}5)\right)$$
$$= 47{,}47 \text{ cm}^2$$

$$\text{Força máxima } T = 46{,}13 \times 0{,}6 \times 25 = 692 \text{ kN}$$

A verificação dos parafusos, tendo em vista cisalhamento duplo, é feita conforme segue:

$$R_p = 692 / 8 = 86{,}5 \text{ kN} < 45 (\text{Tab. 4.2}) \times 2 = 90 \text{ OK}$$

Exemplo 4.3

Determinar o diâmetro do parafuso para a conexão excêntrica dada na figura, considerando parafusos A325 tipo fricção ou tipo esmagamento com rosca no plano. Levar em conta que x = 5,0 cm, y = 7,5 cm, e = 7,0 + 5,0 = 12,0 cm, N_{PV} = 6 e N_{PH} = 4.

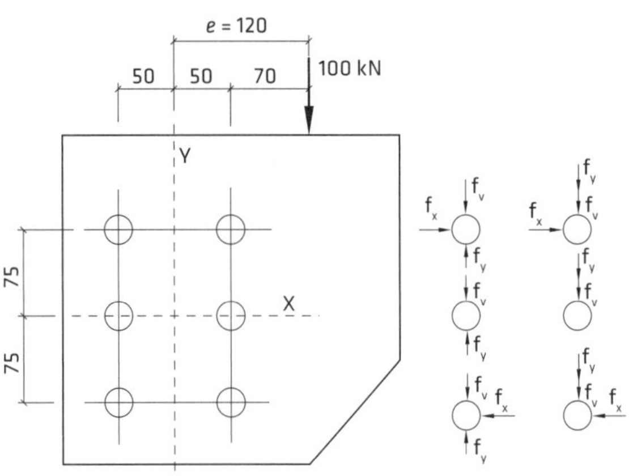

$$M = 100 \times 12 = 1.200 \text{ kN}$$

$$N_{PV} \cdot X^2 + N_{PH} \cdot Y^2 = 6 \times 5^2 + 4 \times 7{,}5^2 = 375 \text{ cm}^2$$

$$f_X = M \cdot Y / \left(N_{PV} \cdot X^2 + N_{PH} \cdot Y^2\right) = 1.200 \times 7{,}5 / 375$$
$$= 24{,}0 \text{ kN}$$

$$f_Y = M \cdot X / \left(N_{PV} \cdot X^2 + N_{PH} \cdot Y^2\right) = 1.200 \times 5{,}0 / 375$$
$$= 16{,}0 \text{ kN}$$

$$f_V = P / N_P = 100 / 6 = 16{,}7 \text{ kN}$$

$$f_R = \sqrt{(f_v + f_y)^2 + f_x} = \sqrt{(16{,}7 + 16{,}0)^2 + 24^2} = 40{,}6 \text{ kN}$$

Para o parafuso ϕ 22 mm (7/8") a fricção (Tab. 4.2):

$$R_p = 45{,}0 > 40{,}6 \text{ kN OK}$$

Para o parafuso ϕ 19 mm (3/4") a esmagamento (Tab. 4.2):

$$R_p = 47{,}0 > 40{,}6 \text{ kN OK}$$

Exemplo 4.4

Determinar a tensão máxima de cisalhamento no parafuso mais solicitado (inferior da direita) (ver figura a seguir). Usar parafusos ASTM A325F ϕ 25 mm (1") e levar em conta que P_x = 80 × 4/5 = 64 kN, P_y = 80 × 3/5 = 48 kN e ϕ 25 → Ap = 5,07 cm². Resolver:

a) considerando P = 80 kN;

b) considerando P_x e P_y.

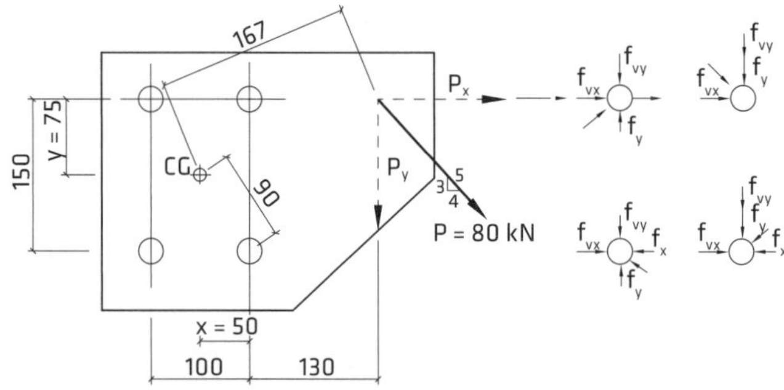

Considerando P = 80 kN:

$$e = 16{,}7 \text{ cm}$$

$$M = 80 \times 16{,}7 = 1.336 \text{ kN} \cdot \text{cm}$$

$$n \cdot Ap \cdot d^2 = 4 \times 5{,}07 \times 9^2 = 1.642 \text{ cm}^4$$

$$f_x = M / Ap \cdot d^2 = 1.336 \times 7{,}5 / 1.642 = 6{,}10 \text{ kN/cm}^2$$

$$f_y = M / Ap \cdot d^2 = 1.336 \times 5{,}0 / 1.642 = 4{,}07 \text{ kN/cm}^2$$

$$f_{vx} = P_x / n \cdot Ap = 64 / (4 \times 5{,}07) = 3{,}16 \text{ kN/cm}^2$$

$$f_{vy} = P_y / n \cdot Ap = 48 / (4 \times 5{,}07) = 2{,}37 \text{ kN/cm}^2$$

$$f_r = \sqrt{(4{,}07 + 2{,}37)^2 + (6{,}10 + 3{,}16)^2}$$
$$= 11{,}30 < 11{,}60 \text{ kN/cm}^2 \text{ OK}$$

Considerando P_x e P_y:

$$e_x = 13 + 5 = 18 \text{ cm}$$

$$e_y = 7{,}5 \text{ cm}$$

$$M = M_x + M_y = P_x(e_y) + P_y(e_x) = 64 \times 7{,}5 + 48 \times 18$$
$$= 1.344 \text{ kN} \cdot \text{cm}$$

$$S_1 = S_x^2 + S_y^2 = 4 \times 5^2 + 4 \times 7{,}5^2 = 325 \text{ cm}^2$$

$$f_x = \frac{M \cdot y}{Ap \cdot S_1} = \frac{1.344 \times 7{,}5}{5{,}07 \times 325} = 6{,}12 \text{ kN/cm}^2$$

$$f_y = \frac{M \cdot x}{Ap \cdot S_1} = \frac{1.344 \times 5}{5{,}07 \times 325} = 4{,}08 \text{ kN/cm}^2$$

$$f_{vx} = 3{,}16 \text{ kN/cm}^2$$

$$f_{vy} = 2{,}37\ \text{kN/cm}^2$$

$$f_r = 11{,}30 < 11{,}60\ \text{kN/cm}^2\ \text{OK}$$

Exemplo 4.5

Determinar na figura o número de parafusos ϕ 19 mm (3/4") em A325 sujeito a uma carga de tração de 600 kN. Supor que a conexão seja adequada.

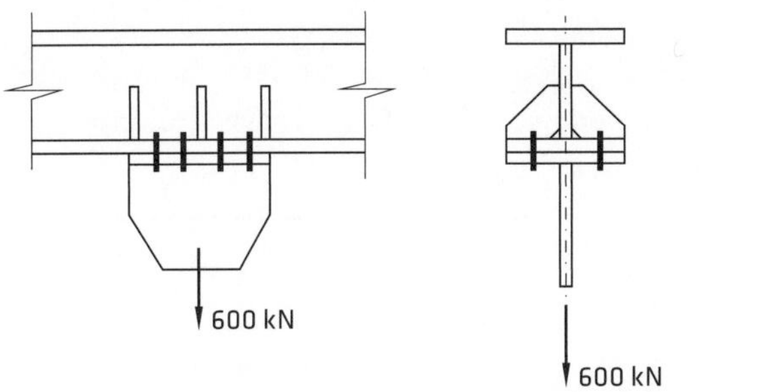

$$n = \frac{T}{Ap \cdot F_t} = \frac{600}{2{,}85 \times 31{,}4} = 6{,}70 \rightarrow 8\ \phi\ 19\ \text{mm}\,(3/4")$$

Exemplo 4.6

Determinar a adequação do grupo de parafusos ϕ 22 mm (7/8") em A325 (ver figura a seguir), considerando parafusos trabalhando a contato e a atrito. Supor que a conexão resista.

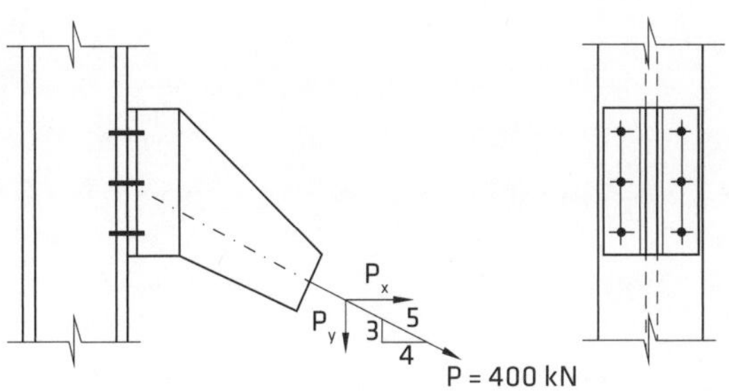

Verificação dos parafusos:

$$P_x = 400 \times 4/5 = 320\ \text{kN}$$

$$P_y = 400 \times 3/5 = 240\ \text{kN}$$

$$f_v = P_y / N_{Pv} \cdot Ap = 240/6 \times 3{,}88 = 10{,}31\ \text{kN/cm}^2$$

$$f_t = P_x / N_{Pv} \cdot Ap = 320/6 \times 3{,}88 = 13{,}75\ \text{kN/cm}^2$$

Ao contato:

$$f_v = 10{,}31 < 16{,}45\ \text{kN/cm}^2\ (\text{Tab. } 4.2)\ \text{OK}$$

$$F'_{nt} = 1{,}3F_{nt} - \frac{2{,}0F_{nt}}{F_{nv}} f_v = 1{,}3 \times 62 - \frac{2{,}0 \times 62}{41{,}4} 10{,}31$$

$$= 49{,}72 > 13{,}75\ \text{OK}$$

Ao atrito:

$$R_n = \mu \cdot D_u \cdot h_{sc} \cdot T_m \cdot N_s = 0{,}35 \times 1{,}13 \times 1{,}0 \times 18{,}2 \times 6$$

$$= 43{,}3\ \text{kN/cm}^2$$

$$k_s = 1 - \frac{1{,}5T_a}{D_u \cdot T_m \cdot N_b} = \frac{1{,}5 \times 13{,}7}{1{,}13 \times 18{,}2 \times 6} = 0{,}833$$

$$R_v = 0{,}833 \times 43{,}3 = 36{,}10 > 13{,}75\ \text{OK}$$

Exemplo 4.7

Determinar a capacidade máxima da carga P indicada na figura, em que a carga é suportada por um par de L 127 × 89 × 9,5 e está conectada com parafusos ϕ 22 mm (7/8") em A307. Desprezar a tensão inicial dos parafusos. Fazer a verificação considerando seção bruta do parafuso (Ap) = 3,88 cm², espaçamento entre furos (c) = 7,5 cm e largura do par de L (b) = 2 × 8,9 = 17,8 cm.

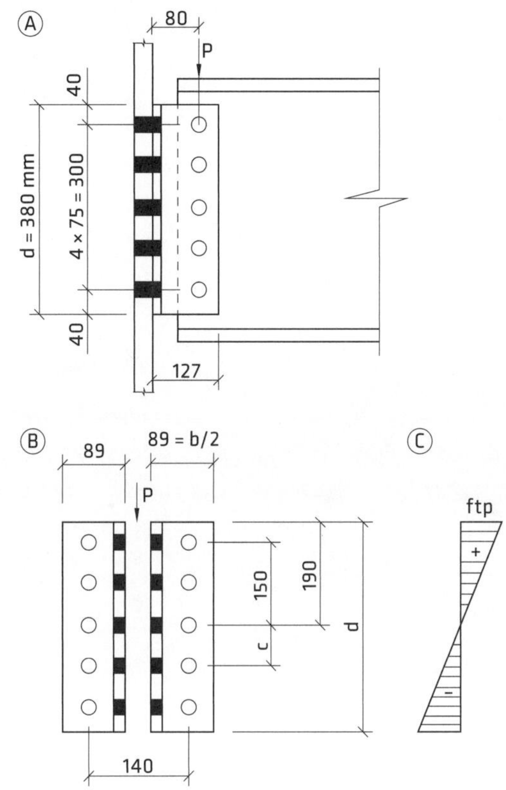

Para parafusos trabalhando a cisalhamento:

$$Rparaf = 10 \times 32\,(\text{Tab. } 4.2) = 320\ \text{kN}$$

Para parafusos a cisalhamento com tração, são realizados os cálculos a seguir.

Considerando o eixo neutro no meio do grupo de parafusos, tem-se:

$$f_{tp} = \frac{6M}{b \cdot d^2} = \frac{6P \cdot 8}{17{,}8 \times 38^2} = 0{,}00187P$$

Para os parafusos da primeira linha extrema superior, chega-se a:

$$f_{tp} = 0,00187P\frac{15}{19} = 0,00147P$$

A força de tração T nos parafusos extremos é calculada por:

$$T = f_{tp} \cdot b \cdot c = 0,00147P \cdot 17,8 \times 7,5 = 0,196P$$

$$f_{tp} = \frac{T}{Ap} = \frac{0,196P}{2 \times 3,88} = 0,0253P$$

O cálculo de f_v é realizado mediante:

$$f_v = \frac{P}{N \cdot Ap} = \frac{P}{10 \times 3,88} = 0,0258P$$

$$F'_{nt} = 1,3F_{nt} - \frac{2,0F_{nt}}{F_{nv}} f_v = 1,3 \times 31 - \frac{2 \times 31}{16,5} 0,0258P$$
$$= 40,3 - 0,0970P$$

Fazendo $f_{tp} = F'_{nt}$, tem-se:

$$0,0253P = 40,3 - 0,0970P \therefore P = \frac{40,3}{0,122} = 329 \text{ kN}$$

Como se pode observar, a diferença para esses casos é muito pequena, não sendo necessária uma verificação mais rigorosa.

CARGAS E COMBINAÇÕES DE CARGA

5

Os galpões industriais estão sujeitos a um conjunto de cargas que atuam ora isoladamente, ora em combinações umas com as outras. Essas cargas devem ser levadas em conta na elaboração do memorial de cálculo de acordo com o princípio da estática das construções. Devem ser consideradas as seguintes influências de carga, além de outras que possam surgir em casos especiais: carga permanente (NBR 6120), cargas acidentais verticais (sobrecargas) (NBR 6120), cargas devidas a pontes rolantes (NBR 6120), cargas devidas ao vento (NBR 6123) e cargas devidas à temperatura.

5.1 Carga permanente

A carga permanente é uma carga vertical composta do peso próprio da estrutura e do peso dos materiais de acabamento, como chapas de piso, cobertura, tapamento, instalações elétricas etc. Sua correta avaliação depende acima de tudo da experiência profissional do responsável ou da facilidade de comparação com obras similares. Deve ser avaliada por partes, à medida que se dimensionam as peças. A variação nessa avaliação deve ficar abaixo de 10%, de acordo com o prescrito nas normas, como margem de segurança, caso contrário é preciso acrescentar ou retirar o excedente e fazer nova verificação no dimensionamento.

5.2 Cargas acidentais verticais (sobrecargas) em coberturas

A NBR 8800 (ABNT, 2008, item B.5.1, p. 112) preconiza que, na

> ausência de especificação mais rigorosa, deve ser prevista uma sobrecarga característica mínima de 0,25 kN/m², em projeção horizontal. Admite-se que essa sobrecarga englobe as cargas decorrentes de instalações elétricas e hidráulicas, de isolamentos térmico e acústico e de pequenas peças eventualmente fixadas na cobertura, até um limite de 0,05 kN/m².

No caso de uma especificação mais bem definida, este autor tem adotado uma sobrecarga mínima para galpões em zonas siderúrgicas de 0,50 kN/m².

A NBR 6120 indica que, para elementos isolados de cobertura, como terças e banzos superiores de treliça, seja feita uma verificação adicional para uma carga concentrada de 1,00 kN = 100 kgf aplicada na posição mais desfavorável, além da verificação da carga permanente. Portanto, nesses casos devem ser feitas ambas as verificações.

Outras cargas eventuais podem atuar na estrutura, sendo objeto da análise do projetista.

5.3 Cargas devidas a pontes rolantes

As estruturas que suportam pontes rolantes devem ser verificadas não só para o efeito das cargas verticais, mas também para os efeitos de forças horizontais atuantes ao nível do topo do trilho, dirigidas longitudinalmente (frenação ou aceleração da ponte, choque da ponte com o para-choque) ou transversalmente a ele (frenação ou aceleração do trole, içamento de cargas com cabo inclinado).

5.3.1 Forças horizontais de ponte rolante

Força longitudinal (H_L)

A força longitudinal a ser aplicada no topo de cada trilho, integralmente de cada lado, quando não é determinada de forma mais exata, deve ser igual a 20% da soma das cargas máximas das rodas motrizes e/ou providas de freio. Normalmente, o número de rodas motrizes é a metade do número total.

Força no para-choque (F)

A força longitudinal de choque de uma ponte em cada para-choque (batente) e a altura de sua aplicação devem ser obtidas do fabricante da ponte. A AISE nº 13 usa uma fórmula aproximada para o cálculo dessa força em cada para-choque, com absorção de energia por meio de molas ou cilindros hidráulicos.

$$F = W \cdot V^2 / g \cdot T$$

em que:

W = peso total da ponte, excluída a carga a ser içada (kN);

V = velocidade da ponte, considerada igual a 50% da velocidade máxima (m/s);

g = aceleração da gravidade = 9,81 m/s²;

T = comprimento de encurtamento do batente da ponte = 0,05 m.

Força transversal (H_T)

A força transversal em cada lado deve ser igual ao maior dos seguintes valores:

- 10% do peso combinado da carga a ser içada com o peso do trole e dos dispositivos de içamento;
- 5% da soma da carga içada com o peso total da ponte, incluindo trole e dispositivos de içamento;
- 15% da carga içada, exceto para galpões siderúrgicos, cujos valores são dados na Tab. 5.1, adotando-se o mínimo de 20%, de acordo com a AISE nº 13.

Tab. 5.1 Força transversal para galpões siderúrgicos

Tipo de ponte	Força transversal % de carga içada (para cada lado)
Ponte de aciaria e laminação	20
Ponte com caçamba e eletroímã Ponte de pátio de placa e tarugos	50
Ponte de forno poço	100
Ponte de estripador	100% do peso do lingote e da lingoteira

Nos casos em que a rigidez horizontal transversal da estrutura de um lado do caminho de rolamento se diferencie da do outro lado (oposto), a distribuição das forças transversais deve ser proporcional à rigidez de cada lado, usando-se o dobro dos percentuais anteriores como carga transversal total a ser distribuída.

O percentual de 15% da carga içada para o cálculo do pórtico foi estipulado com base na experiência do autor, sendo agora adotado pela NBR 6120, pois dificilmente, em termos nacionais, dispõe-se do peso do trole a tempo de calcular a estrutura, uma vez que o fornecedor da ponte só o informa em um estágio adiantado de projeto. Esse percentual, simples de calcular, cobre praticamente todos os casos, exceto os especiais de galpões siderúrgicos. As Tabs. 5.2 a 5.5, elaboradas com vários percentuais de acordo com as normas AISE nº 13, AISC-ASD, NBR 6120, DIN e russa, demonstram o que acabou de ser dito.

A norma DIN estabelece como critério que a força transversal por roda seja igual a 10% da carga vertical que está atuando nela, dando valores diferentes para cada lado. Por sua vez, a norma russa prescreve para a força transversal

Tab. 5.2 Comparação de cargas de acordo com algumas normas – caso 1

Norma	Critério para cálculo de H_T	Carga içada (kN)	Peso do trole (kN)	Peso total da ponte (kN)	$C_{máx}$ roda (kN)	$C_{mín}$ roda (kN)	Nº de rodas (kN)	H_T total do pórtico (kN)	H_T da roda (kN)
	Ponte com cabine	**100**	**28**	**170**	**98**	**40**	**20**		
AISE nº 13, AISC	10% (C.I + P.TR)	10% (100 + 28) = 12,8			para cada lado			25,6	6,4
	5% (C.I + P.Tot.)	5% (100 + 170) = 13,5			" " "			27,0	6,8
AISE nº 13	20% C.I	20% (100) = 20			" " "			40	10
NBR 6120	15% C.I	15% (100) = 15			" " "			30	7,5

Tab. 5.2 (continuação)

Norma	Critério para cálculo de H_T	Carga içada (kN)	Peso do trole (kN)	Peso total da ponte (kN)	$C_{máx}$ roda (kN)	$C_{mín}$ roda (kN)	Nº de rodas (kN)	H_T total do pórtico (kN)	H_T da roda (kN)
Russa	(C.I + P.TR)/20	5% (100 + 28) = 6,4				" " "		12,8	3,2
DIN	10% $C_{máx}$ roda	10% (98) + 10% (40) = (9,8 + 4)				" " "		27,6	9,8
	Ponte com cabine	**250**	**45**	**230**	**190**	**76**	**20**		
AISE nº 13, AISC	10% (C.I + P.TR) 5% (C.I + P.Tot.)	10% (250 + 45) = 29,5 5% (250 + 230) = 24,0				para cada lado " " "		59 48	14,8 12,0
AISE nº 13	20% C.I	20% (250) = 50				" " "		100	25
NBR 6120	15% C.I	15% (250) = 37,5				" " "		75	18,8
Russa	(C.I + P.TR)/20	5% (250 + 45) = 14,75				" " "		29,5	7,4
DIN	10% $C_{máx}$ roda	10% (190) + 10% (76) = (19 + 7,6)				" " "		53	19

em que C.I = carga içada, P.TR = peso total do trole, P.Tot. = peso total da ponte, $C_{máx}$ = carga máxima por roda e $C_{mín}$ = carga mínima por roda.

Tab. 5.3 Comparação de cargas de acordo com algumas normas – caso 2

Norma	Critério para cálculo de H_T	Carga içada (kN)	Peso do trole (kN)	Peso total da ponte (kN)	$C_{máx}$ roda (kN)	$C_{mín}$ roda (kN)	Nº de rodas (kN)	H_T total do pórtico (kN)	H_T da roda (kN)
	Ponte com cabine	**400/100**	**150**	**370**	**300**	**120**	**200**		
AISE nº 13, AISC	10% (C.I + P.TR) 5% (C.I + P.Tot.)	10% (400 + 150) = 55 5% (400 + 370) = 37,5				para cada lado " " "		110 75	27,5 18,0
AISE nº 13	20% C.I	20% (400) = 80				" " "		160	40
NBR 6120	15% C.I	15% (400) = 60				" " "		120	30
Russa	5% (C.I + P.TR)/20	5% (400 + 150) = 27,5				" " "		55	14
DIN	10% $C_{máx}$ roda	10% (300) + 10% (120) = (30 + 12)				" " "		84	30
	Ponte com cabine	**600/100**	**250**	**510**	**240**	**100**	**400**		
AISE nº 13, AISC	10% (C.I + P.TR) 5% (C.I + P.Tot.)	10% (600 + 250) = 85 5% (600 + 510) = 56				para cada lado " " "		59 48	21,3 14
AISE nº 13	20% C.I	20% (600) = 120				" " "		100	30
NBR 6120	15% C.I	15% (600) = 90				" " "		75	22,5
Russa	5% (C.I + P.TR)/20	5% (600 + 250) = 42,5				" " "		29,5	10,6
DIN	10% $C_{máx}$ roda	10% (240) + 10% (100) = (24 + 10)				" " "		53	24,0

Tab. 5.4 Comparação de cargas de acordo com algumas normas – caso 3

Norma	Critério para cálculo de H_T	Carga içada (kN)	Peso do trole (kN)	Peso total da ponte (kN)	$C_{máx}$ roda (kN)	$C_{mín}$ roda (kN)	Nº de rodas (kN)	H_T total do pórtico (kN)	H_T da roda (kN)
	Pátio de bobina	**200**	**150**	**450**	**240**	**100**	**20**		
AISE nº 13, AISC	10% (C.I + P.TR) 5% (C.I + P.Tot.)	10% (200 + 150) = 35 5% (200 + 450) = 32,5				para cada lado " " "		70 65	17,5 16,5
AISE nº 13	20% C.I	20% (200) = 40				" " "		80	20
NBR 6120	15% C.I	15% (200) = 30				" " "		60	15
Russa	5% (C.I + P.TR)/20	5% (200 + 150) = 17,5				" " "		35	8
DIN	10% $C_{máx}$ roda	10% (240) + 10% (100) = (24 + 10) = 34				" " "		68	24
	Oficina *sider*	**500**	**190**	**800**	**510**	**150**	**20**		
AISE nº 13, AISC	10% (C.I + P.TR) 5% (C.I + P.Tot.)	10% (500 + 190) = 69 5% (500 + 800) = 65				para cada lado " " "		138 130	34,5 32,5
AISE nº 13	20% C.I	20% (500) = 100				" " "		200	50
NBR 6120	15% C.I	15% (500) = 75				" " "		150	37,5
Russa	5% (C.I + P.TR)/20	5% (510 + 190) = 34,5				" " "		69	17,5
DIN	10% $C_{máx}$ roda	10% (510) + 10% (150) = (51 + 15) = 66				" " "		132	51

Tab. 5.5 Comparação de cargas de acordo com algumas normas – caso 4

Norma	Critério para cálculo de H_T	Carga içada (kN)	Peso do trole (kN)	Peso total da ponte (kN)	$C_{máx}$ roda (kN)	$C_{mín}$ roda (kN)	Nº de rodas (kN)	H_T total do pórtico (kN)	H_T da roda (kN)
	Ponte sem cabine	100	17	110	79	30	20		
AISE nº 13, AISC	10% (C.I + P.TR)	10% (100 + 17) = 11,7			para cada lado			23,4	5,8
	5% (C.I + P.Tot.)	5% (100 + 110) = 10,5			" " "			21,0	5,2
AISE nº 13	20% C.I	20% (100) = 20			" " "			40	10
NBR 6120	15% C.I	15% (100) = 15			" " "			30	7,5
Russa	5% (C.I + P.TR)/20	5% (100 + 17) = 5,8			" " "			11,6	2,9
DIN	10% $C_{máx}$ roda	10% (79) + 10% (30) = (7,9 + 3) = 10,9			" " "			21,8	7,9
	Ponte sem cabine	200	24	183	150	40	20		
AISE nº 13, AISC	10% (C.I + P.TR)	10% (200 + 24) = 22,4			para cada lado			44,8	11,2
	5% (C.I + P.Tot.)	5% (200 + 183) = 19,2			" " "			38,4	9,6
AISE nº 13	20% C.I	20% (200) = 40			" " "			80	20
NBR 6120	15% C.I	15% (200) = 30			" " "			60	15
Russa	5% (C.I + P.TR)/20	5% (200 + 17) = 10,8			" " "			21,7	5,4
DIN	10% $C_{máx}$ roda	10% (150) + 10% (40) = (15 + 4) = 19			" " "			38	15

uma carga igual a 5% da carga içada mais o peso do trole, com valores iguais para cada lado.

A título de exemplo, admitindo-se que a força horizontal transversal H_T seja de 15% para cada lado, têm-se:

- rigidez igual dos dois lados: 15% + 15% = 30% (Fig. 5.1A);
- rigidez do lado A igual ao dobro da do lado B. O lado A absorve dois terços, e o lado B, um terço da força transversal total (Fig. 5.1B).

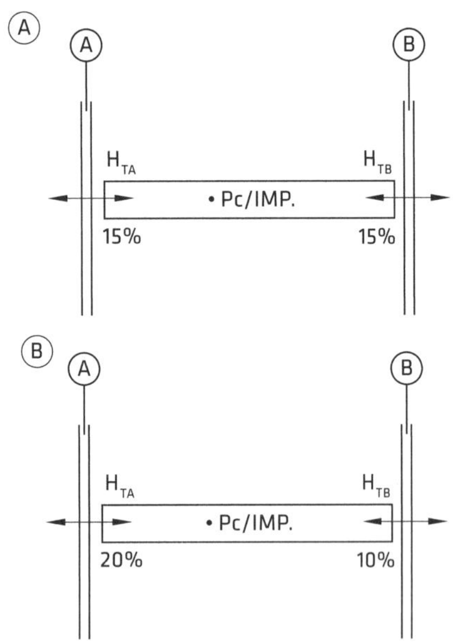

Fig. 5.1 Distribuição de H_T de acordo com a rigidez: (A) rigidez igual e (B) rigidez diferente

5.3.2 Impacto vertical de ponte rolante

De acordo com o anexo C da NBR 6120, para as vigas de rolamento e suas ligações, os coeficientes de impacto vertical que devem ser considerados na majoração das cargas móveis das pontes rolantes são:

- para as pontes rolantes operadas da cabine ou por controle remoto: 25%;
- para as pontes rolantes operadas por controle pendente: 10%.

5.3.3 Combinações de pontes rolantes para cálculo de vigas de rolamento e de estruturas-suporte

As recomendações a seguir são fruto da experiência profissional do autor, além de serem apoiadas na AISE nº 13, na NBR 6120, no *Steel Designers' Handbook* (Gorenc; Tinyou; Syam, 2013) e nas recomendações inglesas, e, se bem analisadas pelo projetista, podem dar origem a um projeto mais econômico e sem perda de segurança.

Edifícios de uma nave

Para somente uma ponte rolante, deve-se considerar a carga vertical com impacto e as forças transversal e longitudinal máximas, na posição mais desfavorável. Independentemente das verificações a seguir, essa consideração deve ser sempre feita.

Para o caso de duas ou mais pontes que correm sobre o mesmo caminho de rolamento e eventualmente vão trabalhar juntas para içar uma carga maior do que a capacidade de uma delas ou porque as condições assim o exigem, deve-se considerar a carga vertical sem impacto e 50% das forças transversal e longitudinal máximas, na posição que provoque os maiores esforços (Fig. 5.2). Essa proposição é plenamente justificada, pois o trabalho conjunto de duas pontes é realizado muito lentamente.

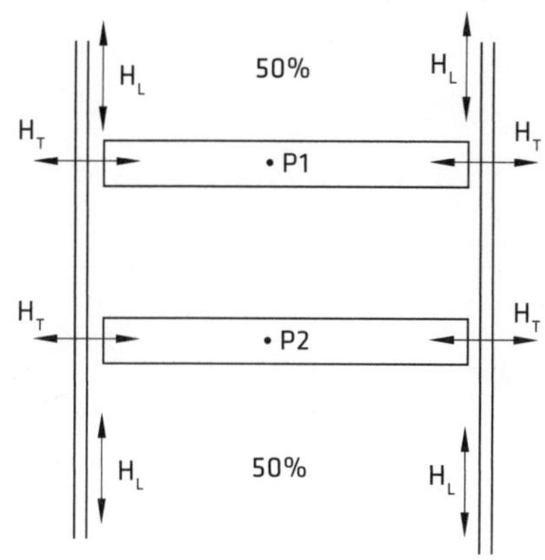

Fig. 5.2 Consideração de cargas para duas pontes juntas

Se as pontes com capacidades iguais ou diferentes podem atuar muito próximas, deve-se considerar a ponte mais carregada com forças transversal e longitudinal máximas e as demais pontes carregadas sem forças horizontais, na posição mais desfavorável do conjunto. Não se deve levar em conta impacto vertical (Fig. 5.3A). Essa premissa também é plenamente entendida, pois a probabilidade dessa ocorrência é muito remota, exceto em alguns casos em que as condições de operação justifiquem um tratamento mais rigoroso, como em pátio de placas em usinas siderúrgicas, em que se deve considerar a ponte mais carregada com impacto vertical (Fig. 5.3B).

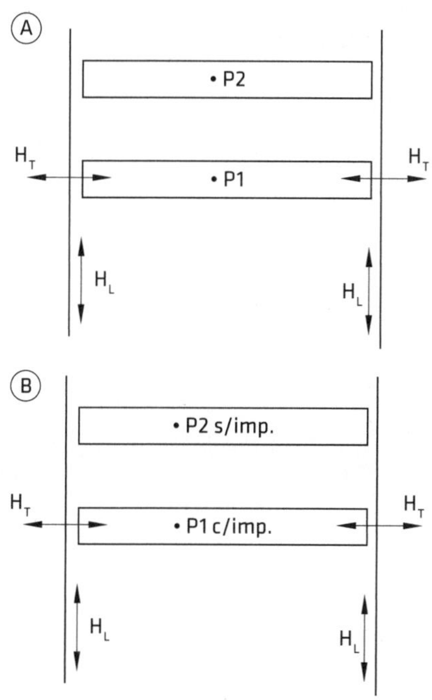

Fig. 5.3 Consideração de cargas para duas pontes próximas

Para a verificação à fadiga, deve-se considerar somente uma ponte rolante com impacto e 50% da força horizontal transversal.

Edifícios de duas ou mais naves

Para galpões com mais de duas naves, é preciso fazer uma análise conjunta em apenas duas delas, procurando-se as piores solicitações. Um exemplo é fornecido na Fig. 5.4A.

No caso de uma ponte em uma nave e uma ponte na nave adjacente, estando as vigas conectadas de forma a resistir às forças horizontais, deve-se considerar o impacto vertical e as forças transversais da ponte que causem as maiores solicitações e a outra ponte carregada sem impacto e sem força transversal. A força longitudinal deve ser calculada para ambas (Fig. 5.4B).

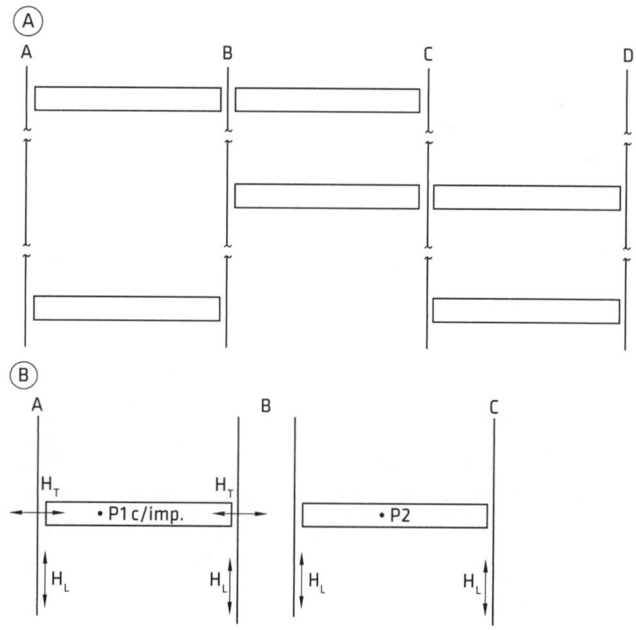

Fig. 5.4 Consideração de cargas para duas ou mais naves, com uma ponte em cada nave

Para uma ou duas pontes em uma nave e uma ou duas pontes na nave adjacente, deve-se considerar a carga vertical máxima por roda com impacto vertical e as forças horizontais transversal e longitudinal da ponte que provoquem as maiores solicitações. Nenhuma força horizontal deve ser atribuída às demais pontes carregadas (Fig. 5.5). Em todos os casos, não se deve deixar de verificar os efeitos de uma ponte isolada em cada nave.

Para a fadiga, deve-se considerar somente uma ponte rolante com impacto e 50% da força horizontal transversal.

Edifícios com pontes em vários níveis

Para galpões com vários níveis de pontes rolantes, é preciso pesquisar a combinação mais desfavorável, podendo-

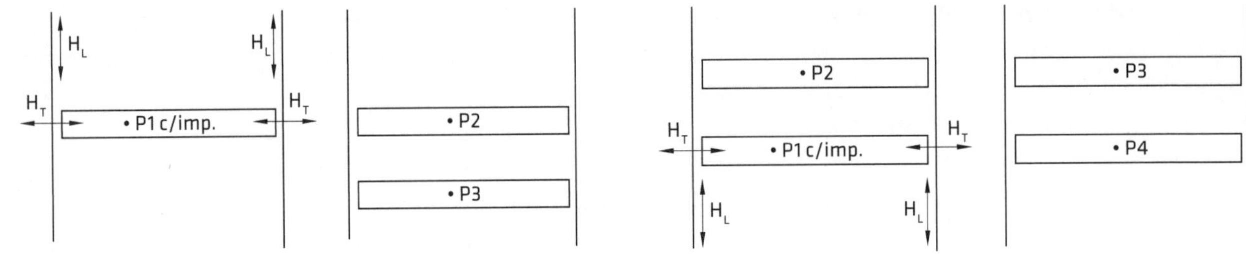

Fig. 5.5 Consideração de cargas para duas ou mais naves, com várias pontes

-se levar em consideração a simultaneidade de cargas ou não. No exemplo da Fig. 5.6A, não se vê possibilidade de cargas horizontais simultâneas, mas o mesmo não ocorre no exemplo da Fig. 5.6B.

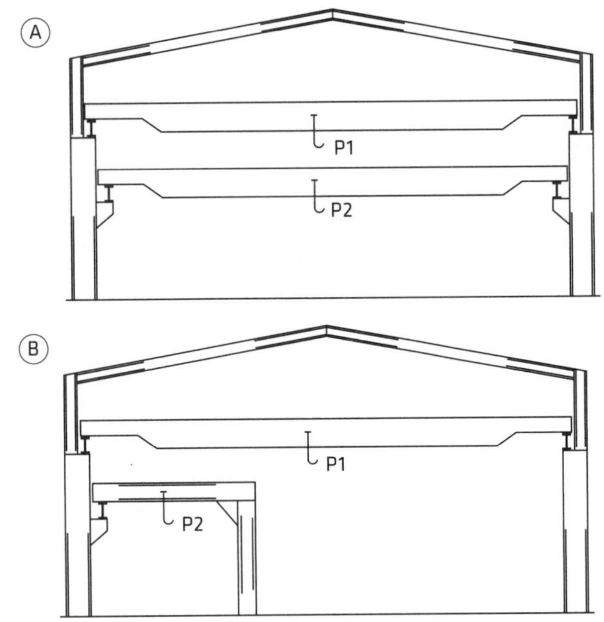

Fig. 5.6 Distribuição de cargas em vários níveis

5.4 Cargas devidas ao vento

A ação do vento nas estruturas metálicas é uma das mais importantes a considerar, principalmente se não houver ações de ponte rolante, não podendo ser negligenciada, sob o risco de colocar a estrutura em colapso. As considerações para a avaliação das forças devidas ao vento, para efeito de cálculo em edifícios, são dadas pela NBR 6123, descrita resumidamente a seguir.

O item 4 dessa norma diz que as forças devidas ao vento sobre uma edificação devem ser calculadas separadamente para:

- elementos de vedação e suas fixações (telhas, vidros, esquadrias, painéis de vedação etc.), utilizando os coeficientes de pressão;
- partes da estrutura (paredes, telhados etc.), utilizando os coeficientes de forma;
- a estrutura como um todo.

Convém lembrar que, para o estudo dessas forças, é necessário fundamentalmente o conhecimento de três parâmetros, que são a pressão dinâmica, o coeficiente de pressão e o coeficiente de forma.

5.4.1 Pressão dinâmica

A pressão dinâmica depende essencialmente da velocidade V_0 do vento e dos fatores que a influenciam.

A velocidade básica do vento V_0 adequada ao local onde a estrutura será construída é determinada de acordo com o disposto na seção 5.4.4.

Para obter a velocidade característica do vento V_k para a parte da edificação em consideração, deve-se multiplicar a velocidade V_0 pelos fatores S_1, S_2 e S_3, também descritos na seção 5.4.4.

$$V_k = V_0 \,.\, S_1 \,.\, S_2 \,.\, S_3$$

A velocidade V_k permite determinar a pressão dinâmica q pela expressão:

$$q = 0{,}613 V_k^2$$

sendo q em N/m² e V_k em m/s.

5.4.2 Coeficiente de pressão

Como a força do vento depende da diferença de pressão nas faces opostas da parte da edificação em estudo, os coeficientes de pressão são dados para superfícies externas e internas.

Para os fins da NBR 6123, entende-se por pressão efetiva ΔP em um ponto da superfície de uma edificação o valor definido por:

$$\Delta P = \Delta P_e - \Delta P_i$$

em que:

ΔP_e = pressão efetiva externa;

ΔP_i = pressão efetiva interna.

Portanto:

$$\Delta P = \left(c_{pe} - c_{pi}\right) q$$

em que:
c_{pe} = coeficiente de pressão externo, sendo $c_{pe} = \Delta P_e$;
c_{pi} = coeficiente de pressão interno, sendo $c_{pi} = \Delta P_i/q$.

Valores positivos dos coeficientes de pressão externo ou interno correspondem a sobrepressões, e valores negativos, a sucções.

Um valor positivo para ΔP indica uma pressão efetiva com o sentido de uma sobrepressão externa, enquanto um valor negativo expressa uma pressão efetiva com o sentido de uma sucção externa.

5.4.3 Coeficiente de forma

A força do vento F sobre um elemento plano de edificação de área A atua em direção perpendicular a ele, sendo dada por:

$$F = F_e - F_i$$

em que:
F_e = força externa à edificação agindo na superfície plana de área A;
F_i = força interna à edificação agindo na superfície plana de área A.

Portanto:

$$F = (C_e - C_i)q \cdot A$$

em que:
C_e = coeficiente de forma externo, sendo $C_e = F_e/q \cdot A$;
C_i = coeficiente de forma interno, sendo $C_i = F_i/q \cdot A$.

Valores positivos dos coeficientes de forma externo ou interno correspondem a sobrepressões, e valores negativos, a sucções.

Um valor positivo para F sinaliza que essa força atua para o interior, ao passo que um valor negativo indica que ela atua para o exterior da edificação.

Para os casos previstos na NBR 6123, $C_i = c_{pi}$, o que significa que a pressão interna é considerada uniformemente distribuída no interior da edificação.

5.4.4 Velocidade característica do vento

Velocidade básica do vento V_0

A velocidade básica do vento V_0 é a velocidade de uma rajada de 3 s de duração a 10 m de altura, em campo aberto e plano, ultrapassada em média uma vez em 50 anos.

No Brasil, as velocidades básicas V_0 foram determinadas pela NBR 6123 por processo estatístico com base nos valores de velocidades máximas anuais medidas em 49 cidades, compreendendo o período de 1954 a 1974, e a partir de diversas outras considerações de caráter estatístico. Nesse estudo, foi usado um período de recorrência de 50 anos, que representa a vida útil média de uma edificação, e foram desprezadas as velocidades V_0 inferiores a 30 m/s. Considerou-se que o vento básico pode atuar em qualquer direção com igual probabilidade e sempre no sentido horizontal. A Fig. 5.7 apresenta o gráfico das isopletas da velocidade básica no Brasil, com intervalos de 5 m/s.

Fator topográfico S_1

O fator topográfico S_1 leva em consideração grandes variações na superfície do terreno, ou seja, acelerações encontradas perto de colinas, proteções conferidas por vales profundos e efeitos de afunilamento em vales, sendo determinado conforme mostrado na Tab. 5.6.

No ponto A (morros) e nos pontos A e C (taludes):

$$S_1 = 1{,}0$$

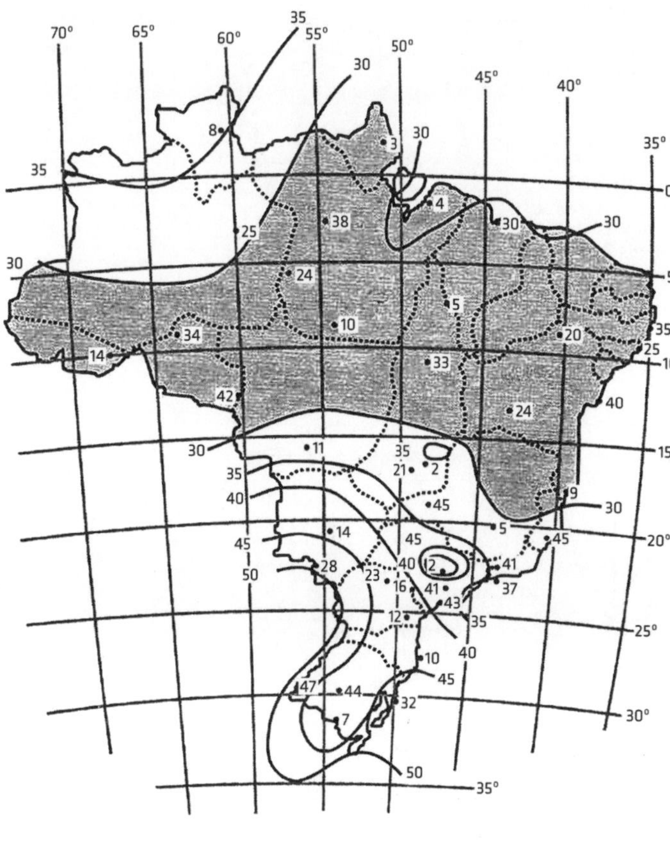

Fig. 5.7 Mapa das isopletas da velocidade básica V_0 (em m/s)

Tab. 5.6 Fator S_1

Topografia	S_1
Terreno plano ou fracamente acidentado	1,0
Taludes e morros: taludes e morros alongados, nos quais pode ser admitido um fluxo de ar bidimensional soprando no sentido indicado na Fig. 5.8, no ponto A (morros) e nos pontos A e C (taludes)	1,0
Vales profundos, protegidos de ventos de qualquer direção	0,9

No ponto B (S_1 é uma função S_1 (z); interpolar linearmente para $3° < \theta_t < 6°$ e $17° < \theta_t < 45°$):

$$\theta_t \leq 3°:\ S_1(z) = 1{,}0$$

$$6° \leq \theta_t \leq 17°:\ S_1(z) = 1{,}0 + \left(2{,}5 - \frac{z}{d_t}\right)\mathrm{tg}(\theta_t - 3°) \geq 1$$

$$\theta_t \geq 45°:\ S_1(z) = 1{,}0 + \left(2{,}5 - \frac{z}{d_t}\right)0{,}31 \geq 1$$

em que:

z = altura medida a partir da superfície do terreno no ponto considerado;

d_t = diferença de nível entre a base e o topo do talude ou do morro;

θ_t = inclinação média do talude ou da encosta do morro.

Entre A e B e entre B e C, o fator S_1 é obtido por interpolação linear.

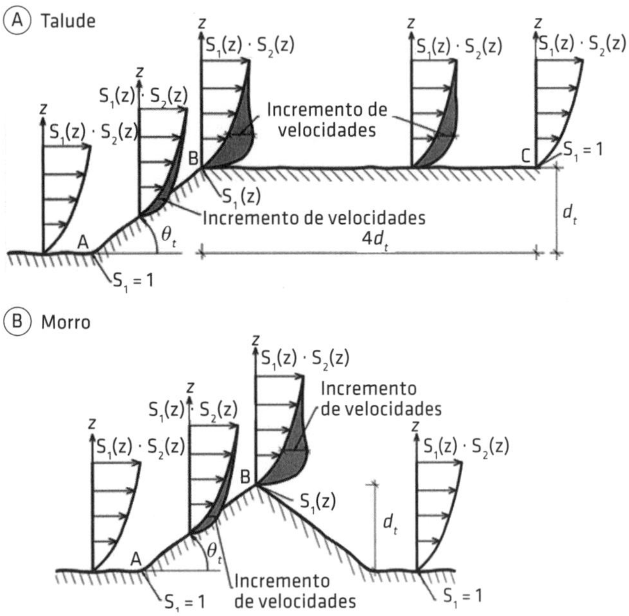

Fig. 5.8 Fator topográfico S_1

Fator de rugosidade S_2

O fator S_2 depende das condições de vizinhança da construção (rugosidade), da altura acima do terreno e das dimensões da edificação ou do elemento em questão (Tab. 5.7). Em ventos fortes, sua velocidade aumenta com a altura Z acima do terreno, e esse aumento depende da rugosidade do terreno (número e dimensão dos obstáculos naturais ou artificiais) e do intervalo de tempo considerado na determinação da velocidade. O intervalo de tempo está relacionado com as dimensões da edificação, sendo que as edificações pequenas e os elementos componentes de edificações são mais afetados por rajadas de curta duração (mais velozes) do que grandes edificações.

Quanto à rugosidade, a NBR 6123 considera cinco categorias:

- *Categoria I*: superfícies lisas de grandes dimensões, com mais de 5 km de extensão, medidas na direção e no sentido do vento incidente. Exemplos: mar calmo; lagos e rios; pântanos sem vegetação.
- *Categoria II*: terrenos abertos em nível ou aproximadamente em nível, com poucos obstáculos isolados, como árvores e edificações baixas. A cota média do topo dos obstáculos é considerada inferior ou igual a 1,0 m. Exemplos: zonas costeiras planas; pântanos com vegetação rala; campos de aviação; pradarias e charnecas; fazendas sem sebes ou muros.
- *Categoria III*: terrenos planos ou ondulados com obstáculos como sebes e muros, poucos quebra-ventos de árvores e edificações baixas e esparsas. A cota média do topo dos obstáculos é considerada igual a 3,0 m. Exemplos: granjas e casas de campo, com exceção das partes com matos; fazendas com sebes e/ou muros; subúrbios a considerável distância do centro, com casas baixas e esparsas.
- *Categoria IV*: terrenos cobertos por obstáculos numerosos e pouco espaçados, em zona florestal, industrial ou urbanizada, e zonas com obstáculos maiores que ainda não podem ser classificados como da categoria V. A cota média do topo dos obstáculos é considerada igual a 10 m. Exemplos: zonas de parques e bosques com muitas árvores; cidades pequenas e seus arredores; subúrbios densamente construídos de grandes cidades; áreas industriais plena ou parcialmente desenvolvidas.
- *Categoria V*: terrenos cobertos por obstáculos numerosos, grandes, altos e pouco espaçados. A cota média do topo dos obstáculos é considerada igual ou superior a 25 m. Exemplos: florestas com árvores altas de copas isoladas; centros de grandes cidades; complexos industriais bem desenvolvidos.

Dimensões da edificação

A velocidade do vento varia continuamente, e seu valor médio pode ser calculado sobre qualquer intervalo de

Tab. 5.7 Fator S_2 – rugosidade do terreno, dimensões da edificação e altura acima do terreno

Z (m)	Categoria														
	I			II			III			IV			V		
	Classe			Classe			Classe			Classe			Classe		
	A	B	C	A	B	C	A	B	C	A	B	C	A	B	C
≤ 5	1,06	1,04	1,01	0,94	0,92	0,89	0,83	0,86	0,82	0,79	0,76	0,73	0,74	0,72	0,67
10	1,10	1,09	1,06	1,00	0,98	0,95	0,94	0,92	0,88	0,86	0,83	0,80	0,74	0,72	0,67
15	1,13	1,12	1,09	1,04	1,02	0,99	0,98	0,96	0,93	0,90	0,88	0,84	0,79	0,76	0,72
20	1,15	1,14	1,12	1,06	1,04	1,02	1,01	0,99	0,96	0,93	0,91	0,88	0,82	0,80	0,76
30	1,17	1,17	1,15	1,10	1,08	1,06	1,05	1,03	1,00	0,98	0,96	0,93	0,87	0,85	0,82
40	1,20	1,19	1,17	1,13	1,11	1,09	1,08	1,06	1,04	1,01	0,99	0,96	0,91	0,89	0,86
50	1,21	1,21	1,19	1,15	1,13	1,12	1,10	1,09	1,06	1,04	1,02	0,99	0,94	0,93	0,89
60	1,22	1,22	1,21	1,16	1,15	1,14	1,12	1,11	1,09	1,07	1,04	1,02	0,97	0,95	0,92
80	1,25	1,24	1,23	1,19	1,18	1,17	1,16	1,14	1,12	1,10	1,08	1,06	1,01	1,00	0,97
100	1,26	1,26	1,25	1,22	1,21	1,20	1,18	1,17	1,15	1,13	1,11	1,09	1,05	1,03	1,01

tempo. Foi verificado que o intervalo mais curto das medidas usuais (3 s) corresponde a rajadas cujas dimensões envolvem convenientemente obstáculos de até 20 m na direção do vento médio. Quanto maior é o intervalo de tempo usado no cálculo da velocidade média, maior é a distância abrangida pela rajada.

Para a definição das partes da edificação a considerar na determinação das ações do vento, é necessário levar em conta características construtivas ou estruturais que originam pouca ou nenhuma continuidade estrutural ao longo da edificação, como no caso de edificações com juntas que separam a estrutura em duas ou mais partes estruturalmente independentes e edificações com pouca rigidez perpendicularmente à direção do vento e, por isso, com pouca capacidade de redistribuição de cargas.

Foram estabelecidas as seguintes classes de edificações, partes de edificações e seus elementos, com intervalos de tempo para o cálculo da velocidade média de, respectivamente, 3 s, 5 s e 10 s:

- *Classe A*: todas as unidades de vedação, seus elementos de fixação e peças individuais da estrutura em vedação. Toda edificação cuja maior dimensão horizontal ou vertical não excede 20 m.
- *Classe B*: toda edificação ou parte de edificação cuja maior dimensão horizontal ou vertical está entre 20 m e 50 m.
- *Classe C*: toda edificação ou parte de edificação cuja maior dimensão horizontal ou vertical excede 50 m.

Para toda edificação ou parte de edificação cuja maior dimensão horizontal ou vertical da superfície frontal excede 80 m, o intervalo de tempo correspondente pode ser determinado de acordo com as indicações do anexo A da NBR 6123.

Fator estatístico S_3

O fator estatístico S_3, fixado na Tab. 5.8, considera o grau de segurança requerido e a vida útil da edificação, tendo por base o período de recorrência de 50 anos para a determinação da velocidade de V_0 e a probabilidade de 63% de que essa velocidade seja igualada ou excedida nesse período.

5.4.5 Coeficientes aerodinâmicos para edificações correntes

Ao incidir sobre uma edificação, o vento, devido a sua natureza, provoca pressões ou sucções. Essas sobrepressões ou sucções são apresentadas em tabelas na NBR 6123, assim como em normas estrangeiras, e dependem exclusivamente da forma e da proporção da construção e da localização das aberturas.

O exemplo mais simples seria aquele do vento atingindo perpendicularmente uma placa plana, conforme ilustrado na Fig. 5.9, cujo coeficiente de pressão na zona central chega a +1,0 na face a barlavento, decrescendo para as bordas, e é constante e igual a 0,5 na face a sotavento. Assim sendo, essa placa estaria sujeita a uma pressão total, na zona central, de $cp = 1{,}5 = 1{,}0 - (-0{,}5)$.

Desse modo, as normas nada mais fazem do que apresentar tabelas e gráficos dessas pressões ou sucções, mediante os coeficientes de pressão externos (c_{pe}) e internos (c_{pi}) e os coeficientes de forma externos (C_e) e internos (C_i).

Tab. 5.8 Fator S_3

Grupo	Descrição	S_3	T_p (anos)
1	Estruturas cuja ruína total ou parcial pode afetar a segurança ou possibilidade de socorro a pessoas após uma tempestade destrutiva (hospitais, quartéis de bombeiros e de forças de segurança, edifícios de centrais de controle etc.). Pontes rodoviárias e ferroviárias. Estruturas que abrigam substâncias inflamáveis, tóxicas e/ou explosivas. Vedações das edificações do grupo 1 (telhas, vidros, painéis de vedação).	1,11	100
2	Estruturas cuja ruína represente substancial risco à vida humana, particularmente a pessoas em aglomerações, crianças e jovens, incluindo, mas não limitado a: • edificações com capacidade de aglomeração de mais de 300 pessoas em um mesmo ambiente, como centros de convenções, ginásios, estádios etc.; • creches com capacidade maior do que 150 pessoas; • escolas com capacidade maior do que 250 pessoas. Vedações das edificações do grupo 2 (telhas, vidros, painéis de vedação).	1,06	75
3	Edificações para residências, hotéis. comércio, indústrias. Estruturas ou elementos estruturais desmontáveis com vistas à reutilização. Vedações das edificações do grupo 3 (telhas, vidros, painéis de vedação).	1,00	50
4	Edificações não destinadas à ocupação humana (depósitos, silos) e sem circulação de pessoas no entorno. Vedações das edificações do grupo 4 (telhas, vidros, painéis de vedação).	0,95	37
5	Edificações temporárias não reutilizáveis. Estruturas dos grupos 1 a 4 durante a construção (fator aplicável em um prazo máximo de 2 anos). Vedações das edificações do grupo 5 (telhas, vidros, painéis de vedação).	0,83	15

Nota: exclusivamente para o projeto das vedações, permite-se que a velocidade característica seja calculada com o fator $(0{,}92 \cdot S_3)$, em vez de S_3.

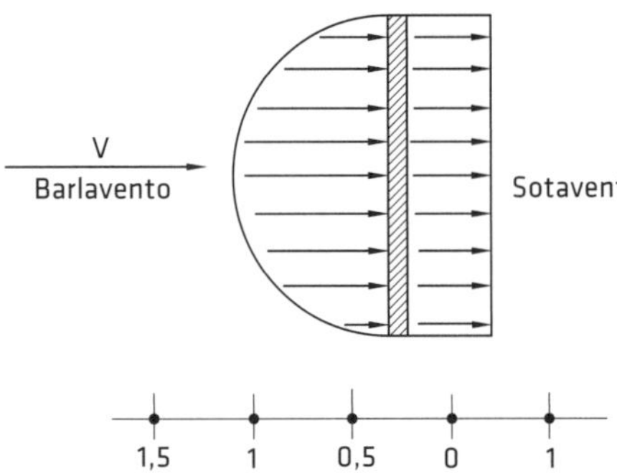

Fig. 5.9 Vento perpendicular a uma superfície plana vertical

Coeficientes de pressão e de forma externos

Os valores dos coeficientes de pressão e de forma externos para diversos tipos de edificação e para áreas críticas do vento são dados nas Tabs. 5.9 a 5.14. Superfícies em que ocorrem variações consideráveis de pressão foram subdivididas, e os coeficientes são dados para cada uma das partes.

Zonas com altas sucções aparecem junto às arestas de paredes e de telhados e têm sua localização dependente do ângulo de incidência do vento. Portanto, essas sucções elevadas não aparecem simultaneamente em todas essas zonas, para as quais as tabelas apresentam valores médios de coeficiente de pressão externo (c_{pe} médio). Esses coeficientes devem ser usados somente para o cálculo das forças do vento nas respectivas zonas, aplicando-se ao dimensionamento, à verificação e à ancoragem de elementos de vedação e da estrutura secundária.

Para o cálculo dos elementos de vedação e de suas fixações a peças estruturais, deve ser utilizado o fator S_2 correspondente à classe A, com o valor de C_e ou c_{pe} médio aplicável à zona em que se situa o respectivo elemento.

Para o cálculo das peças estruturais principais, deve ser adotado o fator S_2 correspondente à classe A, B ou C, com o valor de C_e aplicável à zona em que se situa a respectiva peça estrutural.

Coeficiente de pressão interno

O coeficiente de pressão interno depende da permeabilidade das paredes, relacionada com a maior ou a menor área de aberturas que uma edificação possui, como juntas, painéis de vedação e entre telhas, frestas em portas e janelas, ventilação em telhas e telhados, vãos abertos de portas e janelas, chaminés, lanternins etc. Esse índice é definido pela relação entre a área das aberturas existentes em cada parte da edificação e a área total da parte correspondente.

A NBR 6123 considera impermeáveis lajes e cortinas de concreto armado ou protendido, bem como paredes de alvenaria, de pedra, de tijolos, de blocos de concreto e afins,

Tab. 5.9 Coeficientes de pressão e de forma externos para paredes de edificações de planta retangular $a \times b$, sendo b a menor dimensão

Altura relativa		Valores de C_e para								c_{pe} médio
		$\alpha = 0°$				$\alpha = 90°$				
		A_1 e B_1	A_2 e B_2	C	D	A	B	C_1 e D_1	C_2 e D_2	
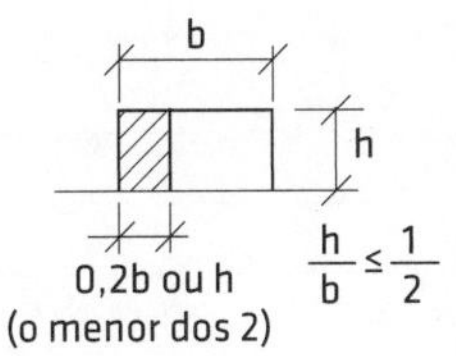 $\frac{h}{b} \leq \frac{1}{2}$	$1 \leq \frac{a}{b} \leq \frac{3}{2}$	−0,8	−0,5	+0,7	−0,4	+0,7	−0,4	−0,8	−0,4	−0,9
	$2 \leq \frac{a}{b} \leq 4$	−0,8	−0,4	+0,7	−0,3	+0,7	−0,5	−0,9	−0,5	−1,0
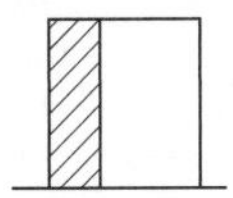 $\frac{1}{2} < \frac{h}{b} \leq \frac{3}{2}$	$1 \leq \frac{a}{b} \leq \frac{3}{2}$	−0,9	−0,5	+0,7	−0,5	+0,7	−0,5	−0,9	−0,5	−1,1
	$2 \leq \frac{a}{b} \leq 4$	−0,9	−0,4	+0,7	−0,3	+0,7	−0,6	−0,9	−0,5	−1,1
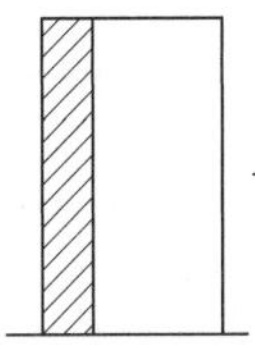 $\frac{3}{2} < \frac{h}{b} \leq 6$	$1 \leq \frac{a}{b} \leq \frac{3}{2}$	−1,0	−0,6	+0,8	−0,6	+0,8	−0,6	−1,0	−0,6	−1,2
	$2 \leq \frac{a}{b} \leq 4$	−1,0	−0,5	+0,8	−0,3	+0,8	−0,6	−1,0	−0,6	−1,2

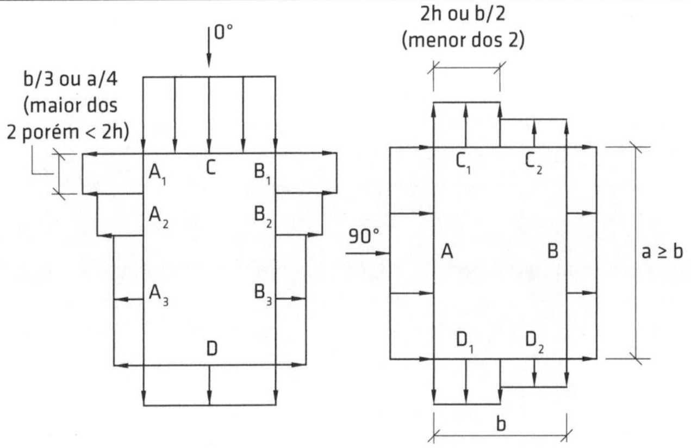

Notas:

a) Para a/b entre 2/3 e 2, interpolar linearmente.

b) Para vento a 0°, nas partes A_3 e B_3 o coeficiente de forma C_e tem os seguintes valores:

- para $a/b = 1$: mesmo valor das partes A_2 e B_2;
- para $a/b \geq 2$: $C_e = -0{,}2$;
- para $1 < a/b < 2$: interpolar linearmente.

c) Para cada uma das duas incidências do vento (0° e 90°), o coeficiente de pressão externo médio, c_{pe} médio, é aplicado à parte de barlavento das paredes paralelas ao vento, em uma distância igual a 0,2b ou h, considerando-se o menor desses dois valores.

Tab. 5.10 Coeficientes de pressão e de forma externos para telhados com duas águas simétricos em edificações de planta retangular $a \times b$, sendo b a menor dimensão

Altura relativa	θ	Valores de C_e para				c_{pe} médio			
		$\alpha = 90°$		$\alpha = 0°$		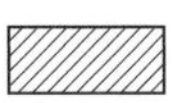		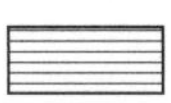	
		EFI	GHJ	EG	FH				
$\frac{h}{b} \leq \frac{1}{2}$ Det. 1 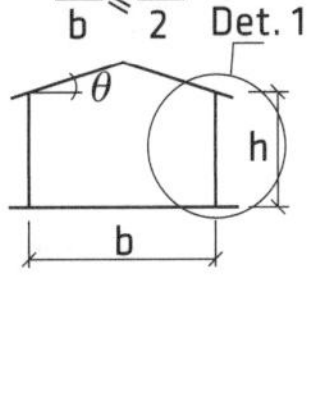	0	−0,8	−0,4	−0,8	−0,4	−2,0	−2,0	−2,0	–
	5	−0,9	−0,4	−0,8	−0,4	−1,4	−1,2	−1,2	−1,0
	10	−1,2	−0,4	−0,8	−0,6	−1,4	−1,4	–	−1,2
	15	−1,0	−0,4	−0,8	−0,6	−1,4	−1,2	–	−1,2
	20	−0,4	−0,4	−0,7	−0,6	−1,0	–	–	−1,2
	30	0	−0,4	−0,7	−0,6	−0,8	–	–	−1,1
	45	+0,3	−0,5	−0,7	−0,6	–	–	–	−1,1
	60	+0,7	−0,6	−0,7	−0,6	–	–	–	−1,1

Tab. 5.10 (continuação)

$\frac{1}{2} < \frac{h}{b} \leqslant \frac{3}{2}$ 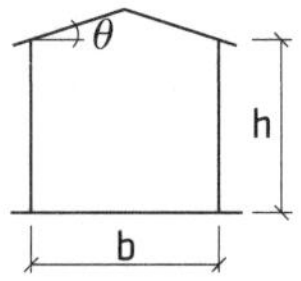	0	−0,8	−0,6	−1,0	−0,6	−2,0	−2,0	−2,0	–
	5	−0,9	−0,6	−0,9	−0,6	−2,0	−2,0	−1,5	−1,0
	10	−1,1	−0,6	−0,8	−0,6	−2,0	−2,0	−1,5	−1,2
	15	−1,0	−0,6	−0,8	−0,6	−1,8	−1,5	−1,5	−1,2
	20	−0,7	−0,5	−0,8	−0,6	−1,5	−1,5	−1,5	−1,0
	30	−0,2	−0,5	−0,8	−0,8	−1,0	–	–	−1,0
	45	+0,2	−0,5	−0,8	−0,8	–	–	–	–
	60	+0,6	−0,5	−0,8	−0,8	–	–	–	–
$\frac{3}{2} < \frac{h}{b} \leqslant 6$ 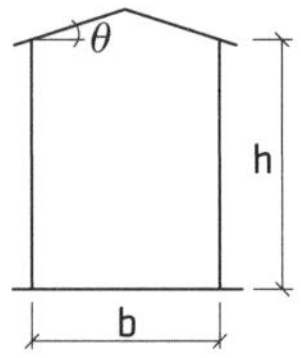	0	−0,8	−0,6	−0,9	−0,7	−2,0	−2,0	−2,0	–
	5	−0,8	−0,6	−0,8	−0,8	−2,0	−2,0	−1,5	−1,0
	10	−0,8	−0,6	−0,8	−0,8	−2,0	−2,0	−1,5	−1,2
	15	−0,8	−0,6	−0,8	−0,8	−1,8	−1,8	−1,5	−1,2
	20	−0,8	−0,6	−0,8	−0,8	−1,5	−1,5	−1,5	−1,2
	30	−1,0	−0,5	−0,8	−0,7	−1,5	–	–	–
	40	−0,2	−0,5	−0,8	−0,7	−1,0	–	–	–
	50	+0,2	−0,5	−0,8	−0,7	–	–	–	–
	60	+0,5	−0,5	−0,8	−0,7	–	–	–	–

Notas:

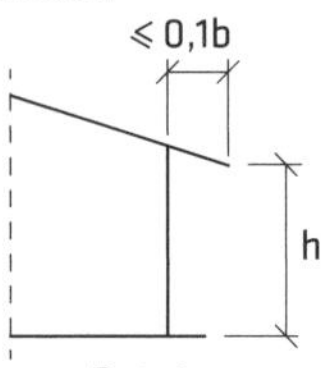

Det. 1

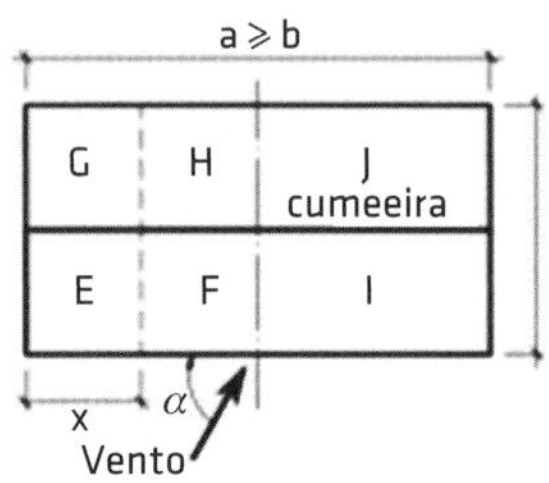

x = b/3 ou a/4 (tomar o maior dos dois, porém ≤ 2h)

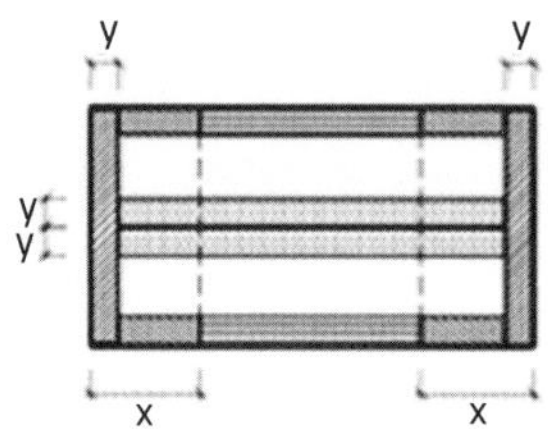

y = h ou 0,15b (tomar o menor dos dois)

a) O coeficiente de forma C_e na face inferior do beiral é igual ao da parede correspondente.

b) Nas zonas em torno de partes da edificação salientes ao telhado (chaminés, reservatórios, torres etc.), deve ser considerado um coeficiente de forma C_e = −1,2, até uma distância igual à metade da dimensão da diagonal da saliência vista em planta.

c) Na cobertura de lanternins, c_{pe} médio = −2,0.

d) Para vento a 0°, nas partes *I* e *J* o coeficiente de forma C_e tem os seguintes valores:

- *a*/*b* = 1: mesmo valor das partes F e H;
- *a*/*b* ≥ 2: C_e = −0,2;
- interpolar linearmente para valores intermediários de *a*/*b*.

Tab. 5.11 Coeficientes de pressão e de forma externos para telhados com uma água em edificações de planta retangular *a* × *b*, sendo *b* a menor dimensão, com *h*/*b* < 2

θ	**Valores de C_e para ângulo de incidência do vento α de:** 90°		45°		0°		−45°		−90°		**c_{pe} médio**					
	H* e *I	***L* e *J***	***H***	***L***	***H* e *L*(1)**	***H* e *L*(2)**	***H***	***L***	***H* e *I***	***L* e *J***	H_1	H_2	L_1	L_2	H_e	L_e
5°	−1,0	−0,5	−1,0	−0,9	−1,0	−0,5	−0,9	−1,0	−0,5	−1,0	−2,0	−1,5	−2,0	−1,5	−2,0	−2,0
10°	−1,0	−0,5	−1,0	−0,8	−1,0	−0,5	−0,8	−1,0	−0,4	−1,0	−2,0	−1,5	−2,0	−1,5	−2,0	−2,0
15°	−0,9	−0,5	−1,0	−0,7	−1,0	−0,5	−0,6	−1,0	−0,3	−1,0	−1,8	−0,9	−1,8	−1,4	−2,0	−2,0
20°	−0,8	−0,5	−1,0	−0,6	−0,9	−0,5	−0,5	−1,0	−0,2	−1,0	−1,8	−0,8	−1,8	−1,4	−2,0	−2,0
25°	−0,7	−0,5	−1,0	−0,6	−0,8	−0,5	−0,3	−0,9	−0,1	−0,9	−1,8	−0,7	−0,9	−0,9	−2,0	−2,0
30°	−0,5	−0,5	−1,0	−0,6	−0,8	−0,5	−0,1	−0,6	0	−0,6	−1,8	−0,5	−0,5	−0,5	−2,0	−2,0

(1)Até uma profundidade igual a *b*/2. (2)De *b*/2 a *a*/2.

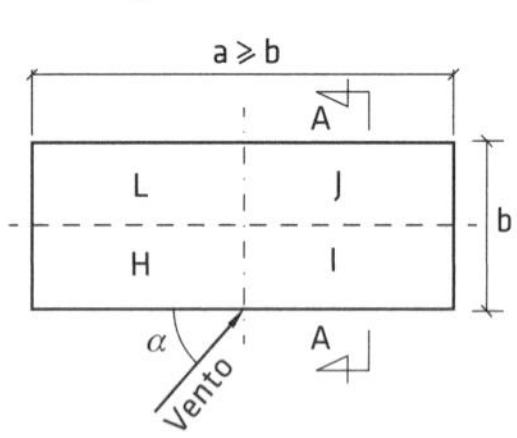

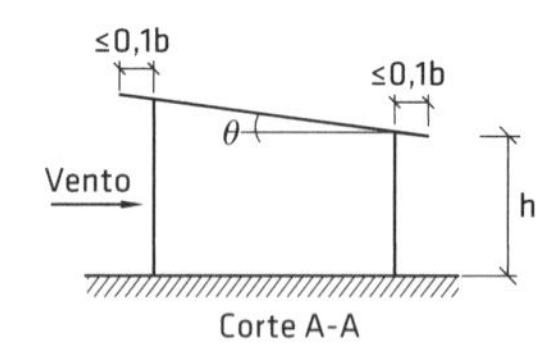

Corte A-A

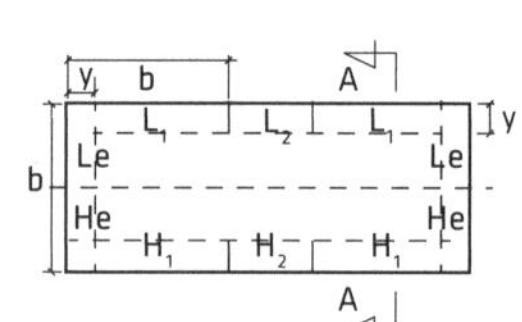

y = h ou 0,15b (tomar o menor dos dois valores)

Nota: para vento a 0°, nas partes *I* e *J* (que se referem aos respectivos quadrantes) o coeficiente de forma C_e tem os seguintes valores:

- *a*/*b* = 1: mesmo valor das partes H e L;
- *a*/*b* = 2: C_e = −0,2;
- interpolar linearmente para valores intermediários de *a*/*b*.

Tab. 5.12 Coeficientes de pressão e de forma externos para telhados múltiplos, simétricos, de tramos iguais e com $h \leq a'$

θ	α	C_e								c_{pe} médio (área hachurada)	c_{pe} médio (área pontilhada)
		a^*	b^*	c^*	d^*	m^*	n^*	x^*	z^*		
5°	0°	−0,9	−0,6	−0,4	−0,3	−0,3	−0,3	−0,3	−0,3	−2,0	−1,5
10°	0°	−1,1	−0,6	−0,4	−0,3	−0,3	−0,3	−0,3	−0,4		
20°	0°	−0,7	−0,6	−0,4	−0,3	−0,3	−0,3	−0,3	−0,5		
30°	0°	−0,2	−0,6	−0,4	−0,3	−0,2	−0,3	−0,2	−0,5		
45°	0°	+0,3	−0,6	−0,6	−0,4	−0,2	−0,4	−0,2	−0,5		

θ	α	C_e		
		b_1	b_2	b_3
≤ 45°	90°	−0,8	−0,6	−0,2

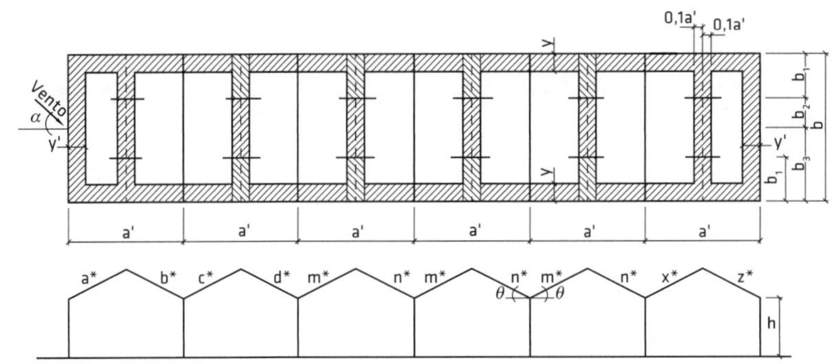

y = h ou 0,1b (tomar o menor dos dois valores)

y' = h ou 0,1b ou 0,25a' (tomar o menor dos três valores)

$b_1 = b_2 = h$

Nota – no que se refere à força de atrito:

- para α = 0°, as forças horizontais de atrito já estão consideradas nos valores da tabela;
- para α = 90°, as forças horizontais de atrito devem ser determinadas de acordo com a NBR 6123.

Tab. 5.13 Coeficientes de pressão e de forma externos para telhados múltiplos, assimétricos, de tramos iguais, com água menor inclinada de 60° e com $h \leq a'$

α	C_e								c_{pe} médio (área hachurada)	c_{pe} médio (área pontilhada)
	a^*	b^*	c^*	d^*	m^*	n^*	x^*	z^*		
0°	+0,6	−0,7	−0,7	−0,4	−0,3	−0,2	−0,1	−0,3	−2,0	−1,5
180°	−0,5	−0,3	−0,3	−0,3	−0,4	−0,6	−0,6	−0,1		

α	C_e		
	b_1	b_2	b_3
90°	−0,8	−0,6	−0,2

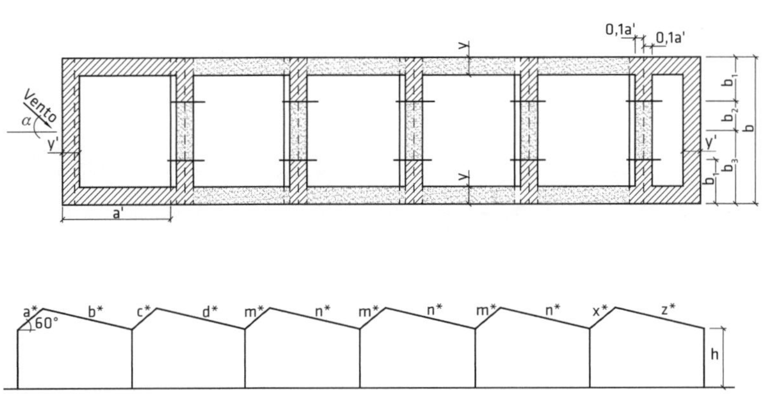

y = h ou 0,1b (tomar o menor dos dois valores)

y' = h ou 0,1b ou 0,25a' (tomar o menor dos três valores)

$b_1 = b_2 = h$

Nota – no que se refere à força de atrito:

- para α = 0°, as forças horizontais de atrito já estão consideradas nos valores da tabela;
- para α = 90°, as forças horizontais de atrito devem ser determinadas de acordo com a NBR 6123.

Tab. 5.14 Coeficientes de pressão e de forma externos para telhados múltiplos, de tramos iguais e com uma água vertical

θ	α	C_e								c_{pe} médio	
		a*	b*	c*	d*	m*	n*	x*	z*	(hachurado)	(pontilhado)
10°	0°	+0,6	−0,6	−0,5	−0,2	+0,2	−0,2	+0,2	−0,2	−2,0	−1,5
	180°	−0,2	−0,1	−0,2	−0,1	+0,2	−0,2	−0,4	−0,2		
15°	0°	+0,6	−0,7	−0,6	−0,2	+0,1	−0,2	+0,1	−0,3		
	180°	−0,2	−0,1	−0,2	−0,1	−0,2	−0,2	−0,5	−0,2		
30°	0°	+0,7	−0,7	−0,6	−0,4	+0,1(1)	−0,2	+0,1	−0,2		
	180°	−0,2	−0,1	−0,1	−0,1	−0,2	−0,1(2)	−0,6	+0,1		

α	θ	C_e		
		b_1	b_2	b_3
90°	10°	−0,8	−0,6	−0,2
	15°			
	30°	−0,9	−0,6	−0,3

(1) $C_e = -0{,}3$ na água m* adjacente ao trecho d*

(2) $C_e = -0{,}5$ na água n* adjacente ao trecho x*

Notas:

a) A relação entre as dimensões $a \times b \times h$ dos modelos ensaiados é a seguinte:

- para θ = 10° e 15°: 2 × 1 × 1/4 e 2 × 1 × 1/8;
- para θ = 30°: 4 × 1 × 1/2; 4 × 1 × 1/3; 3 × 1 × 1/4 e 10 × 1 × 1/3.

b) No que se refere às forças de atrito:

- para α = 90°, as forças horizontais de atrito devem ser determinadas de acordo com a NBR 6123;
- para α = 0° e 180°: $F_t = C_t \cdot q \cdot a \cdot b$, sendo $C_t = 0{,}1$ para α = 0° e Ct = $0{,}001\theta + 0{,}02$ para α = 180° (ângulo θ em graus).

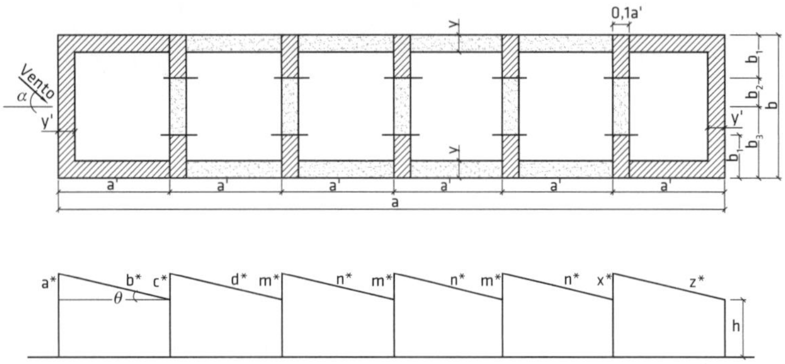

y = h ou $0{,}1b$ (tomar o menor dos dois valores)

y' = h ou $0{,}1b$ ou $0{,}25a'$ (tomar o menor dos três valores)

$b_1 = b_2 = h$

As faixas paralelas ao lado maior do pavilhão (de largura y) incluem as faces verticais (a*, c*, m*, x*)

sem portas, janelas ou quaisquer outras aberturas. Os demais elementos construtivos são considerados permeáveis.

As experiências com modelos (Whitbread e Packer) mostraram que, com 1% de permeabilidade, a construção deve ser considerada *com grandes aberturas*. O índice de permeabilidade de uma parte da edificação é definido pela relação entre a área das aberturas e a área total dessa parte. Esse índice deve ser determinado com toda a precisão possível. Como indicação geral, o índice de permeabilidade típico de uma edificação para moradia ou escritório, com todas as janelas e portas fechadas, está compreendido entre 0,01% e 0,05%. Excetuando-se o caso de abertura dominante, nenhum índice de permeabilidade de parede ou água de cobertura pode ultrapassar 30%. A determinação desse índice deve ser feita com prudência, tendo em vista que alterações na permeabilidade, durante a vida útil da edificação, podem conduzir a valores mais nocivos de carregamento.

Para fins da NBR 6123, abertura dominante é uma abertura cuja área é igual ou superior à área total das outras aberturas que constituem a permeabilidade considerada sobre toda a superfície externa da edificação (inclui a cobertura, se houver forro permeável ao ar ou na ausência de forro). Essa abertura dominante pode ocorrer por acidente, como a ruptura de vidros fixos causada pela pressão do vento (sobrepressão ou sucção), por objetos lançados pelo vento ou por outras causas.

Para edificações com paredes internas permeáveis, a pressão interna pode ser considerada uniforme. Nesse caso, devem ser adotados os valores a seguir para o coeficiente de pressão interno c_{pi}.

i) Construções com duas faces opostas igualmente permeáveis e as outras faces impermeáveis

a) Para vento perpendicular a uma face permeável

$$c_{pi} = +0{,}2$$

b) Para vento perpendicular a uma face impermeável

$$c_{pi} = -0{,}3$$

A Fig. 5.10 mostra essas situações esquematicamente.

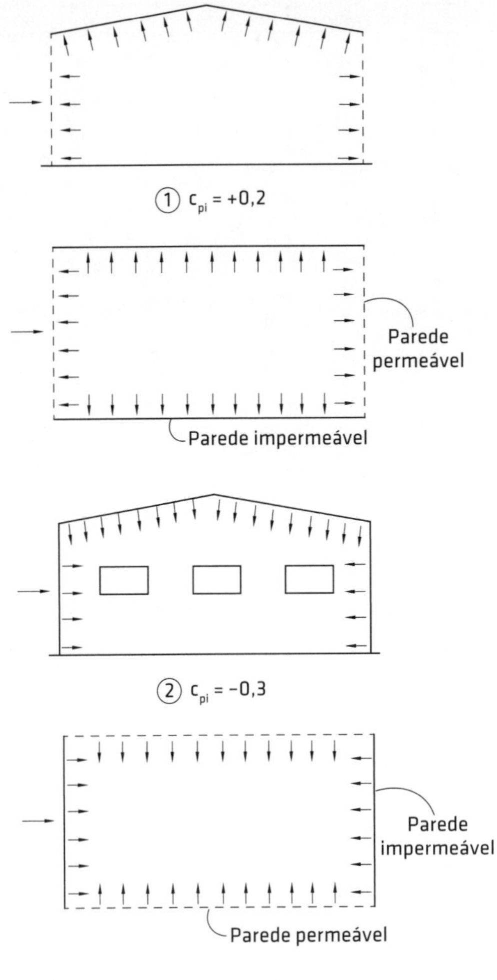

Fig. 5.10 Galpões com paredes permeáveis

ii) Construções com quatro faces igualmente permeáveis

$$c_{pi} = -0{,}3 \text{ ou } c_{pi} = 0 \text{ (considerar o mais nocivo)}$$

Cabe observar que, se as quatro faces são impermeáveis, não há pressão interna.

iii) Construções com permeabilidade igual em todas as faces, exceto por uma abertura dominante em uma delas

a) Abertura dominante na face de barlavento

Os valores de c_{pi} são funções da relação entre a área de todas as aberturas (A_d) na face a barlavento e a área total das aberturas em todas as faces (paredes e coberturas) submetidas a sucções externas (A_s) (Tab. 5.15 e Fig. 5.11).

b) Abertura dominante na face de sotavento

$$c_{pi} = C_e$$

Adotar o valor do coeficiente de forma externo, C_e, correspondente a essa face (Tab. 5.9 e Fig. 5.12).

Tab. 5.15 Valores de c_{pi} em função de A_d/A_s

A_d/A_s	c_{pi}
1,0	+0,1
1,5	+0,3
2,0	+0,5
3,0	+0,6
≥ 6,0	+0,8

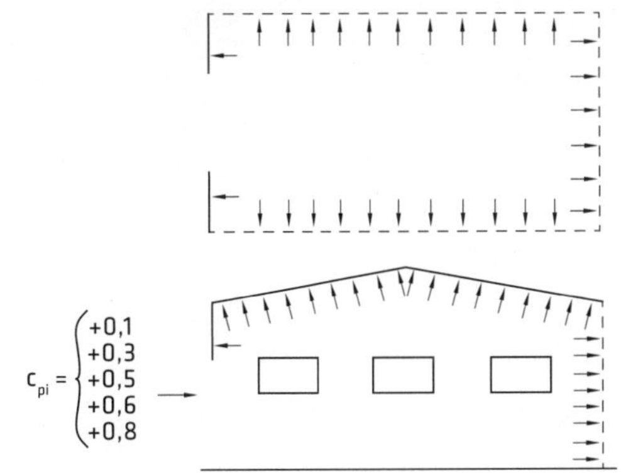

Fig. 5.11 Galpões com aberturas a barlavento

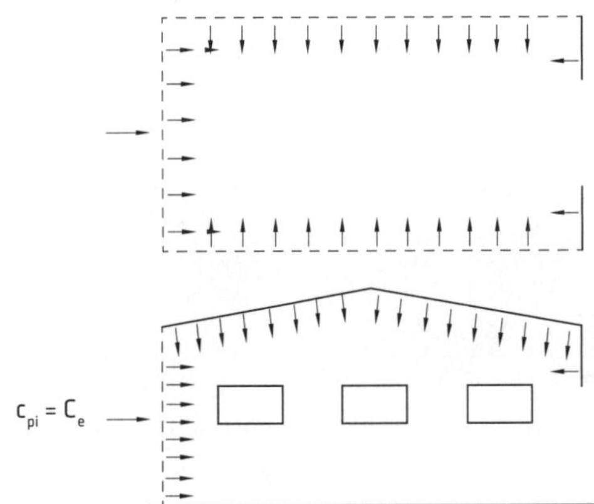

Fig. 5.12 Galpões com aberturas a sotavento

c) Abertura dominante situada em face paralela à direção do vento

- Abertura fora da zona de alto valor de c_{pe}

$$c_{pi} = C_e$$

Adotar o valor do coeficiente de forma externo, C_e, correspondente ao local de abertura nessa face (Tab. 5.9).

- Abertura dominante situada em zona de alta sucção externa

Os valores de c_{pi} dependem da relação entre a área da abertura dominante (A_d) e a área total das outras aberturas situadas nas faces com sucção externa (A_s) (Tab. 5.16 e Fig. 5.13).

Tab. 5.16 Valores de c_{pi} em função de A_d/A_s

A_d/A_s	c_{pi}
< 0,25	−0,4
0,50	−0,5
0,75	−0,6
1,00	−0,7
1,50	−0,8
3,00	−0,9

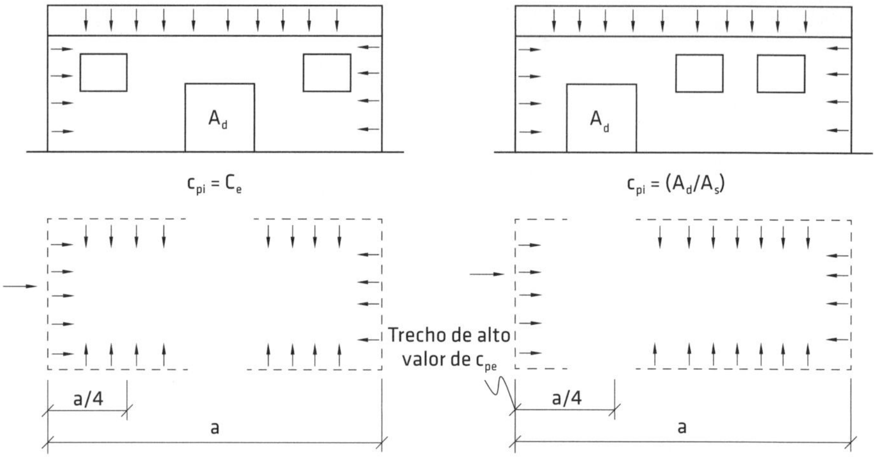

Fig. 5.13 Galpões com várias aberturas

iv) Quando houver probabilidade desprezível de ocorrência de uma abertura dominante durante a ocorrência de ventos fortes

$$c_{pi} = -0{,}2 \text{ ou } c_{pi} = 0 \text{ (considerar o mais nocivo)}$$

As dúvidas que os critérios da NBR 6123 podem suscitar estão principalmente ligadas às aberturas nas paredes e às permeabilidades existentes nas coberturas.

A abordagem dos inúmeros casos possíveis e imagináveis se tornaria desnecessária. Prefere-se, então, discuti-los com exemplos numéricos, mais práticos, os quais sugerem já a resolução de outros casos análogos não abordados diretamente.

O resumo dos valores de c_{pi} facilita a aplicação e é apresentado na Tab. 5.17.

Verifica-se que os efeitos dinâmicos só acontecem em formas particulares de edifícios sob certas condições de rigidez e forma; assim sendo, as cargas de vento, apesar de possuírem características dinâmicas, são tais que, para a maioria das estruturas, podem ser consideradas como estáticas, e isso é justamente o que as normas fazem: consideram o vento como uma carga estática, afetada por diversos coeficientes.

5.4.6 Coberturas isoladas a águas planas

Nas coberturas isoladas, isto é, sobre suportes de reduzidas dimensões, e que por esse motivo não constituem obstáculo significativo ao fluxo de ar, a ação do vento é exercida diretamente sobre as faces superior e inferior da cobertura.

Aplicam-se os coeficientes indicados nas Tabs. 5.18 e 5.19 para vento incidindo perpendicularmente à geratriz da cobertura e para coberturas isoladas a uma ou duas águas planas em que a altura livre entre o piso e o nível da aresta horizontal mais baixa da cobertura (h) satisfaça as condições $0 \leq \text{tg}\,\Theta \leq 0{,}7$ e $h \geq 0{,}5l_2$ (coberturas a uma água) ou $0{,}07 \leq \text{tg}\,\Theta < 0{,}6$ e $h \geq 0{,}5l_2$ (coberturas a duas águas), sendo Θ o ângulo de inclinação das águas da cobertura e l_2 a profundidade da cobertura.

Essas tabelas fornecem os valores e os sentidos dos coeficientes de pressão, os quais englobam as ações que se exercem perpendicularmente às duas faces da cobertura. Nos casos em que são indicados dois carregamentos, as duas situações respectivas de forças devem ser consideradas independentemente.

Para os casos em que a altura h seja inferior ao limite fixado, ou em que obstruções possam ser colocadas sob a cobertura ou junto a ela, esta deve resistir à ação do vento, na zona de obstrução, calculada para uma edificação fechada e de mesma cobertura, com $c_{pi} = +0{,}8$, para obstruções na borda de sotavento, e com $c_{pi} = -0{,}3$, para obstruções na borda de barlavento.

Para vento paralelo à geratriz da cobertura, devem ser consideradas forças horizontais de atrito calculadas pela expressão $F_{at} = 0{,}05q \cdot a \cdot b$, sendo a e b as dimensões em planta da cobertura. Essas forças englobam a ação do vento sobre as duas faces da cobertura.

Cada elemento de vedação deve ser calculado com $c_{pi} = \pm 2{,}0$.

Exemplo 5.1

Determinar as pressões do vento para um edifício industrial com alto fator de ocupação a ser construído na periferia de Fortaleza (CE), em um terreno com poucos obstáculos. O edifício tem cobertura e tapamentos em chapa zincada.

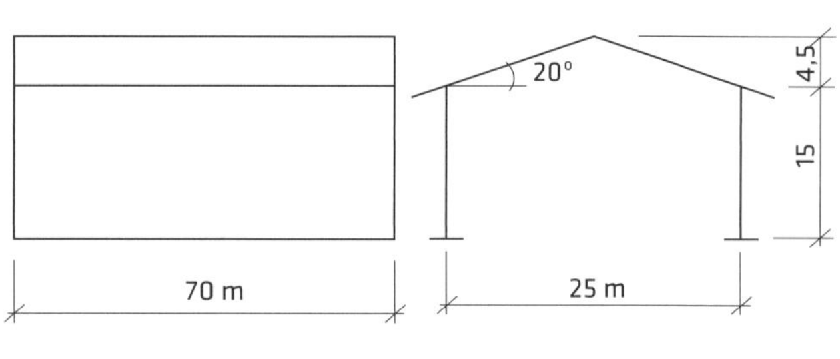

Tab. 5.17 Resumo dos valores de c_{pi}

Caso			Esquema	c_{pi}	Observação
i) Construções com duas faces opostas igualmente permeáveis e as outras faces impermeáveis	a) Para vento perpendicular a uma face permeável		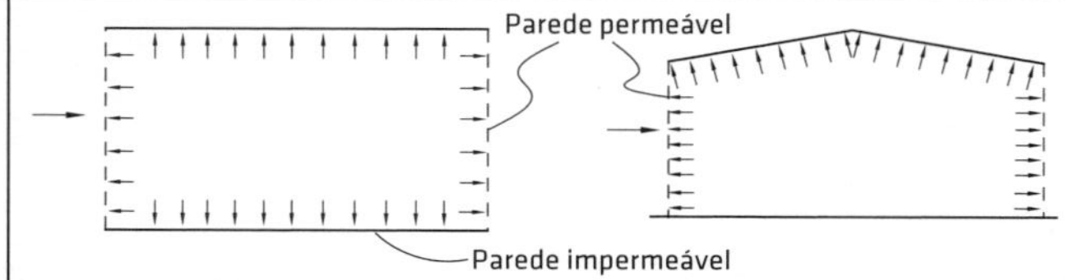	+0,2	
	b) Para vento perpendicular a uma face impermeável		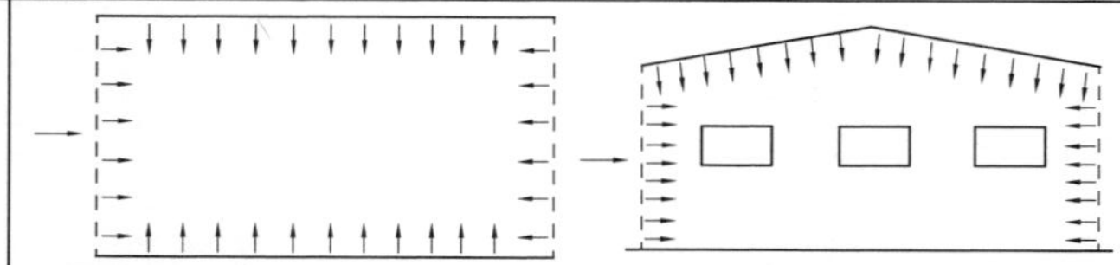	−0,3	
ii) Construções com quatro faces igualmente permeáveis			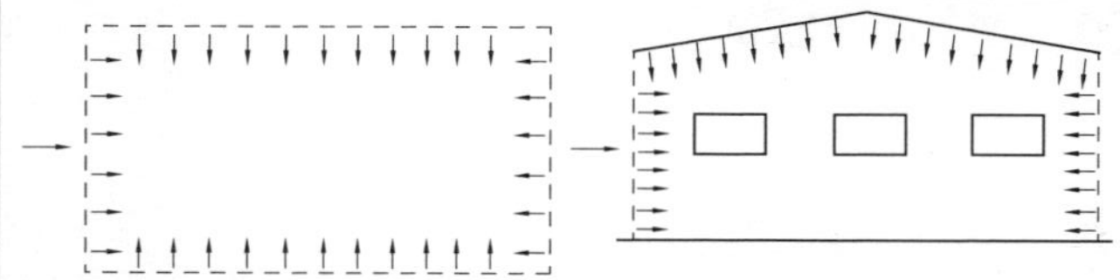	−0,3 ou 0	
iii) Construções com permeabilidade igual em todas as faces, exceto por uma abertura dominante em uma delas	a) Abertura dominante na face de barlavento		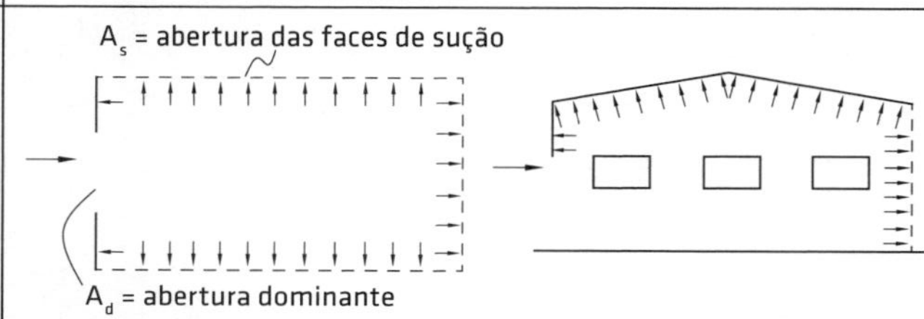	+0,1 +0,3 +0,5 +0,6 +0,8	A_d/A_s = 1,0 1,5 2,0 3,0 ≥ 6,0
	b) Abertura dominante na face de sotavento		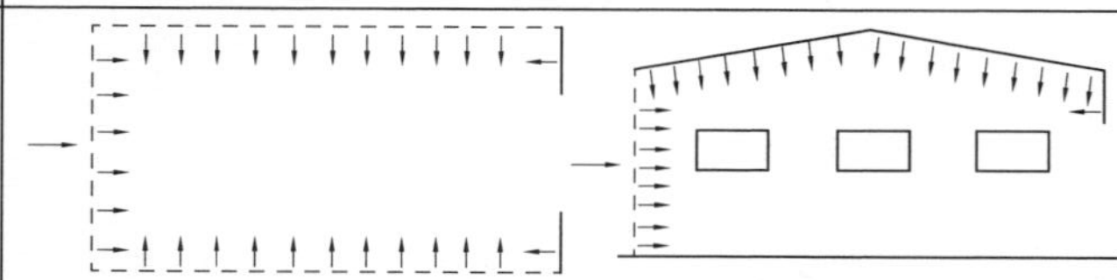	C_e (Tab. 5.9)	
	c) Abertura dominante situada em face paralela à direção do vento	• Abertura fora da zona de alto valor de c_{pe}	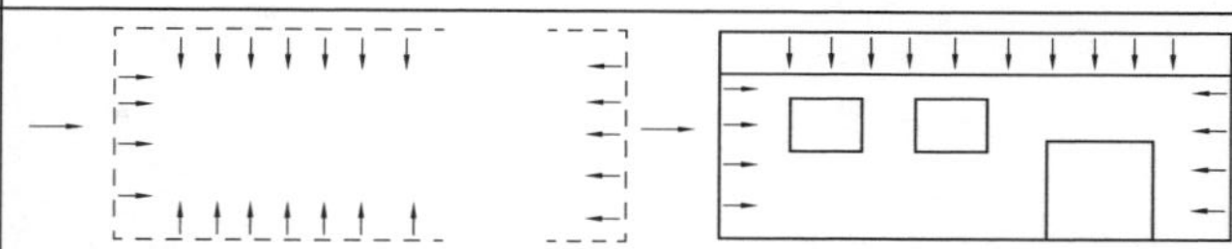	C_e (Tab. 5.9)	
		• Abertura dominante situada em zona de alta sucção externa	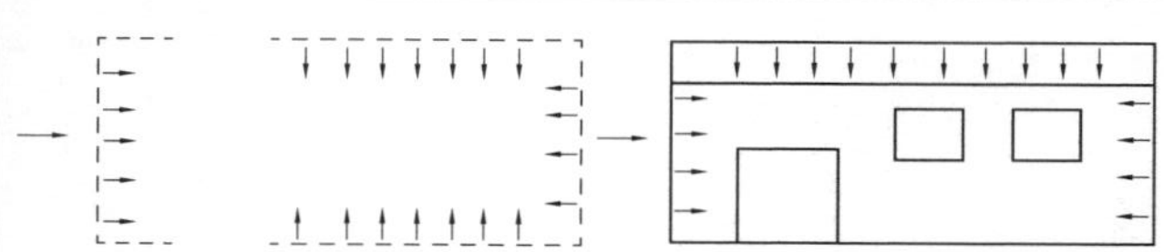	−0,4 −0,5 −0,6 −0,7 −0,8 −0,9	A_d/A_s ≤ 0,25 0,50 0,75 1,00 1,50 ≥ 3,00
iv) Quando houver probabilidade desprezível de ocorrência de uma abertura dominante durante a ocorrência de ventos fortes			Probabilidade desprezível de ocorrência de abertura dominante com ventos fortes	−0,2 ou 0	Usar sempre o mais desfavorável

Tab. 5.18 Coeficientes de pressão em coberturas isoladas a uma água plana

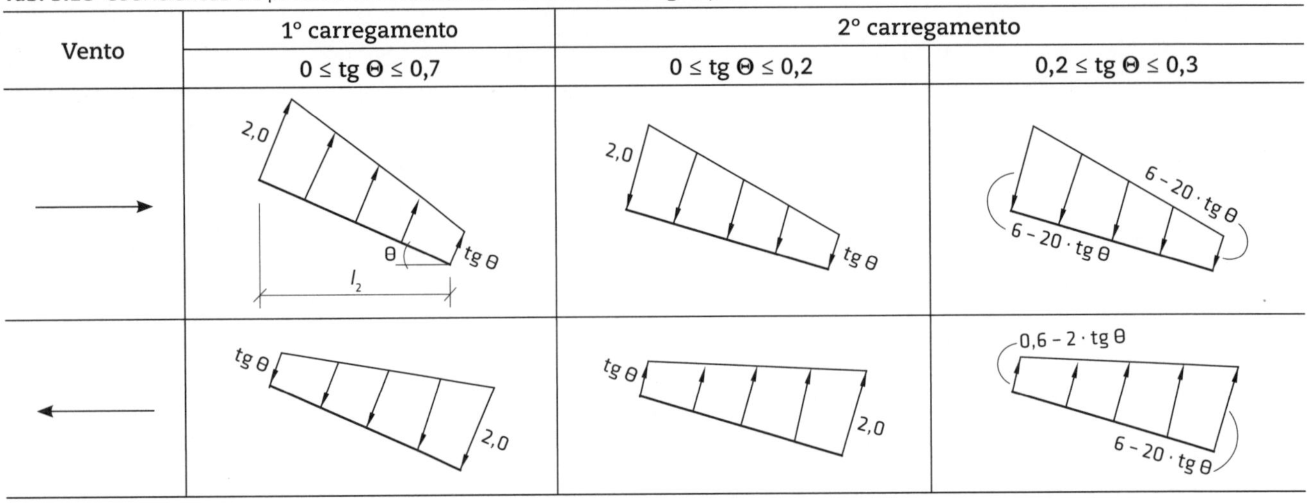

Tab. 5.19 Coeficientes de pressão em coberturas isoladas a duas águas planas simétricas

Coeficientes	1° carregamento		2° carregamento	
	$0{,}07 \leq tg\,\Theta \leq 0{,}4$	$0{,}4tg\,\Theta \leq 0{,}6$	$0{,}07 \leq tg\,\Theta \leq 0{,}4$	$0{,}4tg\,\Theta \leq 0{,}6$
C_{pb}	$2{,}4tg\,\Theta + 0{,}6$	$2{,}4tg\,\Theta + 0{,}6 \leq 2{,}0$	$0{,}6tg\,\Theta - 0{,}74$	$6{,}5tg\,\Theta - 3{,}1$
C_{ps}	$3{,}0tg\,\Theta - 0{,}5$	+0,7	–1,0	$5{,}0tg\,\Theta - 3{,}0$

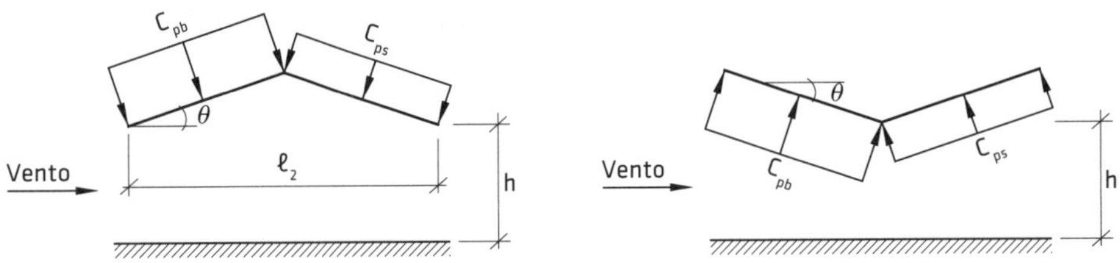

Sentidos positivos dos coeficientes de pressão

Pressão dinâmica

$$q = 0{,}613V_k^2$$

$$V_k = V_0 \cdot S_1 \cdot S_2 \cdot S_3 \qquad V_0 = 30 \text{ m/s}$$

$$S_1 = 1{,}0$$

$$S_2 = \text{categoria III – classe C}$$

$$S_2 = 0{,}82;\ 0{,}88;\ 0{,}93;\ 0{,}96$$

$$S_3 = 1{,}0$$

$$V_{k5} = 30 \times 1{,}0 \times 0{,}82 \times 1{,}0 = 24{,}6 \therefore q_5 = 371 \text{ N/m}^2$$

$$V_{k10} = 30 \times 1{,}0 \times 0{,}88 \times 1{,}0 = 26{,}4 \therefore q_{10} = 427 \text{ N/m}^2$$

$$V_{k15} = 30 \times 1{,}0 \times 0{,}93 \times 1{,}0 = 27{,}9 \therefore q_{15} = 477 \text{ N/m}^2$$

$$V_{k20} = 30 \times 1{,}0 \times 0{,}96 \times 1{,}0 = 28{,}8 \therefore q_{20} = 508 \text{ N/m}^2$$

Coeficientes de pressão e de forma externos para as paredes laterais e frontais (Tab. 5.9)

$$a = 70 \text{ m} \qquad b = 25 \text{ m} \qquad h = 15 \text{ m}$$

$$h/b = 15/25 = 0{,}60 \qquad a/b = 70/25 = 2{,}8$$

$$\frac{1}{2} < \frac{h}{b} \leq \frac{3}{2} \qquad 2 < \frac{a}{b} \leq 4$$

Valores de C_e								C_{pe} médio –1,1
$\alpha = 0°$				$\alpha = 90°$				
A_1 e B_1	A_2 e B_2	C	D	A	B	C_1 e D_1	C_2 e D_2	
–0,9	–0,4	0,7	–0,3	+0,7	–0,6	–0,9	–0,5	

A_3 e B_2 = –0,2, pois $a/b > 2$.

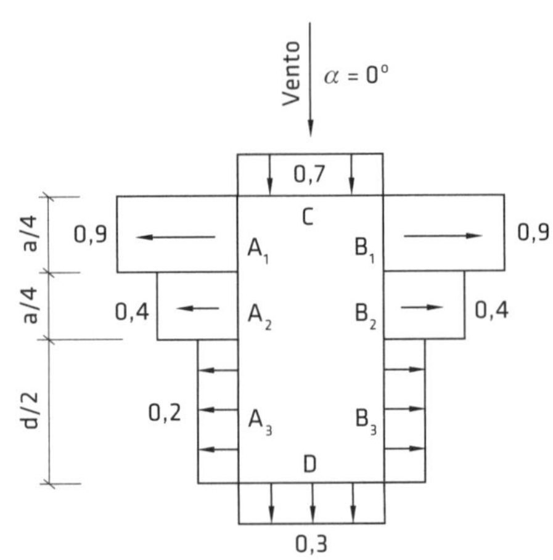

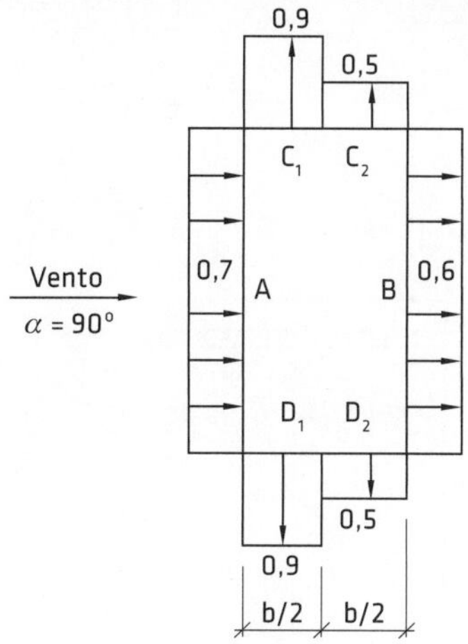

$b/3 = 25/3 = 8{,}3 \qquad b/2 = 12{,}5 < 30$ OK

$a/2 = 70/4 = 17{,}5 > 8{,}3 < 30$ OK $\qquad 2h = 2 \times 15 = 30$

Coeficientes de pressão e de forma externos para cobertura (Tab. 5.10)

$h/b = 0{,}60 \qquad 1/2 < h/b \leq 3/2 \qquad \Theta = 20°$

Θ	Valores de C_e				c_{pe} médio			
	$\alpha = 90°$		$\alpha = 0°$		1	2	3	4
	EF	*GH*	*EG*	*FH*				
20°	−0,7	−0,5	−0,8	−0,6	−1,5	−1,5	−1,5	−1,0

y = 0,15 e b = 3,75.

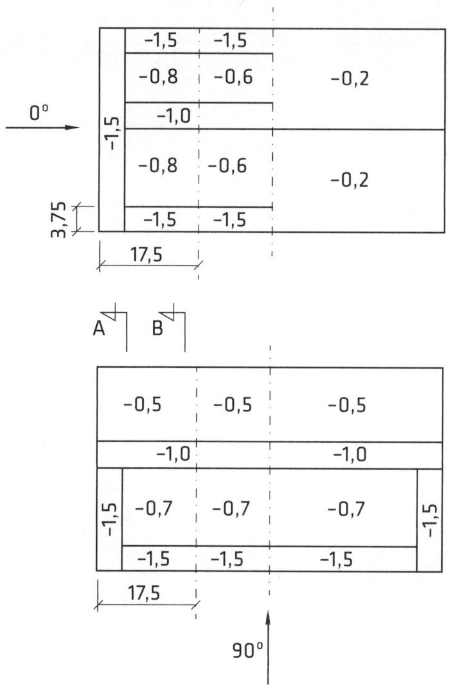

Coeficiente de pressão interno

Como as quatro faces são igualmente permeáveis, $c_{pi} = -0{,}3$ e 0.

Seções com os coeficientes de pressão

Para $\alpha = 90°$:

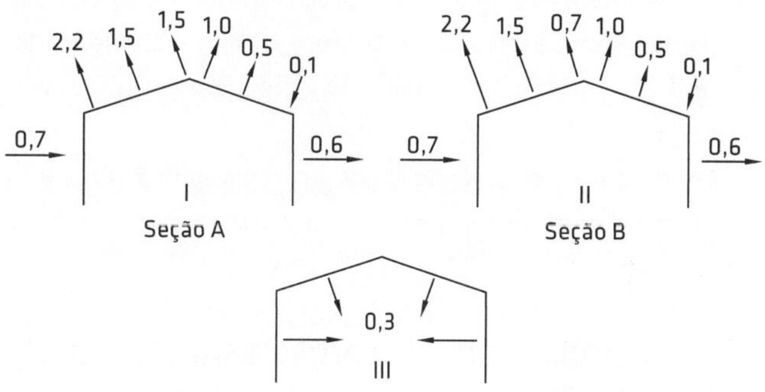

Para efeito de pórtico, será considerada a seção B com $c_{pi} = -0{,}3$ e 0.

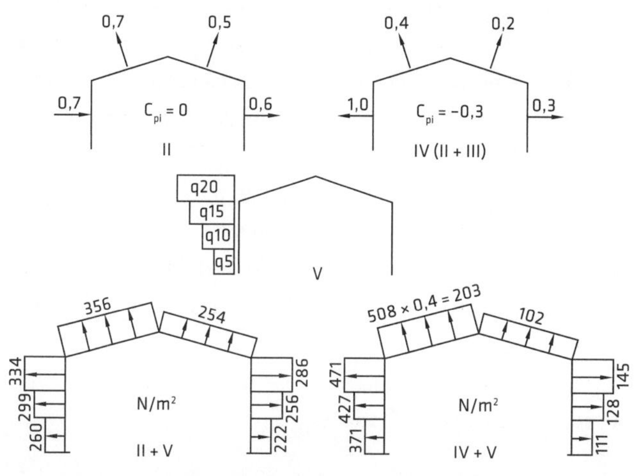

Para um pórtico isolado, multiplicar pela distância entre colunas.

Pressões para chapas e peças da cobertura

Será considerada a seção B com $c_{pi} = 0$ e $\alpha = 90°$.

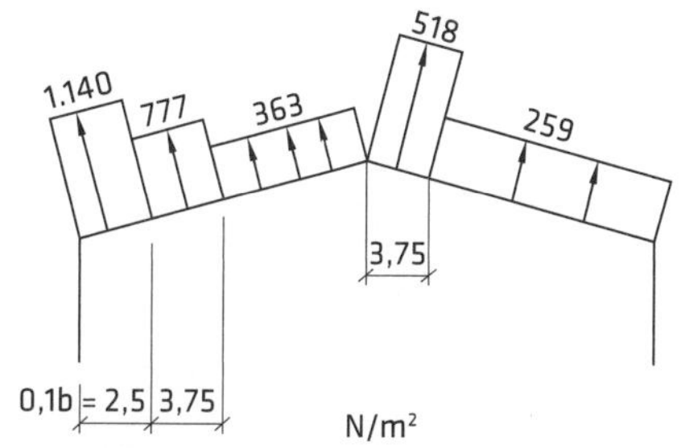

5.5 Cargas devidas à temperatura

Em estruturas metálicas convencionais, protegidas ou não, supõe-se para o cálculo que as variações de temperatura sejam uniformes ao longo da estrutura, salvo em casos de construções sujeitas a diferenças simultâneas de temperatura em pontos diversos. As normas em geral preveem uma variação de temperatura da atmosfera, a ser levada em consideração nos cálculos, de ±15 °C para estruturas protegidas dos raios solares e de ±30 °C para estruturas não protegidas.

O coeficiente de dilatação térmica do aço é considerado igual a 12×10^{-6} por °C. Para a distância entre juntas, ver o Cap. 6.

Em estruturas convencionais protegidas dos raios solares, para uso em temperatura ambiente, esse efeito é desprezado.

5.6 Combinações de cargas para cálculo da estrutura-suporte

Para cada caso, deve ser pesquisada a combinação mais crítica e adequada de cargas. Para o dimensionamento da estrutura a ser executado pelo método das resistências admissíveis, relacionam-se a seguir algumas combinações mais frequentes de cargas, com as reduções devidas ao vento e à temperatura, para comparação com a tensão admissível.

O fator 0,8 de redução, quando se inclui o *vento*, significa majorar as tensões em 25%, ou seja, 1/1,25 = 0,8. Esse fator, a nosso ver, é mais adequado à realidade brasileira do que 0,75 do AISC, que trabalha com ventos de grande intensidade.

Os fatores 0,8 e 0,9, quando se somam os efeitos de temperatura, são probabilísticos.

5.6.1 Galpões sem ponte rolante

I) CP + CA
II) CP + CV
III) CP + (CA + CV)0,8
IV) CV frontal (para contraventamento)
V) (Caso I + T)0,8
VI) (Caso II + T)0,9
VII) (Caso III + T)0,9

em que:
CP = carga permanente;
CA = carga acidental;
CV = carga de vento;
T = temperatura.

A Fig. 5.14 esclarece os casos I, II e III para um galpão simétrico com $\alpha < 20°$.

5.6.2 Galpões com ponte rolante

I) CP + CA + PRV1 ± H_{T1}
II) CP + CA + PRV1 ± H_{T1}
III) CP + CA + PRV2 ± H_{T1}
IV) CP + CV

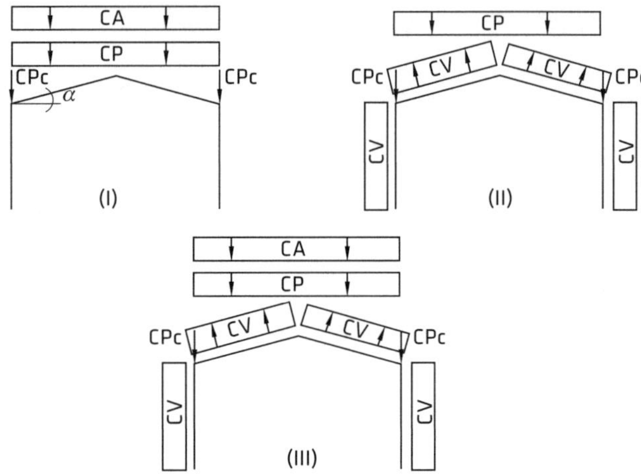

Fig. 5.14 Combinação de cargas, sendo CPc a carga permanente da coluna e do tapamento lateral

V) CP + (CA + PRV + CV)0,8
VI) CP + (CA + PRV1 ± H_{T1} + 0,5CV)0,8
VII) (H_L + CV_F)0,8 (para contraventamento vertical)
VIII) (Caso I + T)0,8
IX) (Caso II + T)0,8
X) (Caso III + T)0,9
XI) (Caso IV + T)0,9
XII) (Caso VI + T)0,9

em que:
PRV1 = carga vertical de uma ponte com impacto;
H_{T1} = carga horizontal transversal de uma ponte;
PRV2 = carga vertical de duas pontes sem impacto;
H_L = carga horizontal longitudinal de uma ponte.

A Fig. 5.15 esclarece as combinações I, II, III e IV para o caso de galpões simétricos com $\alpha < 20°$.

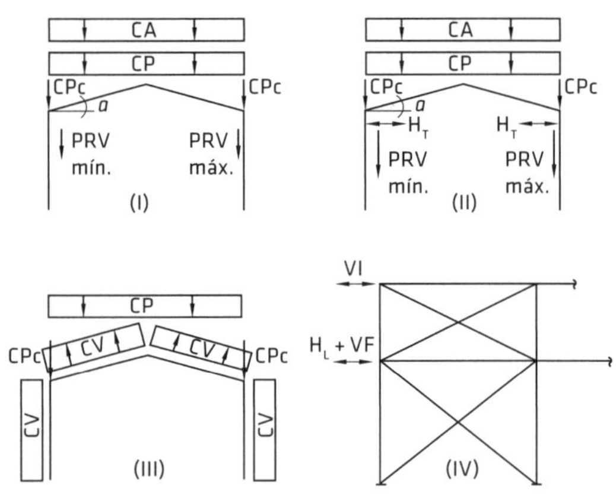

Fig. 5.15 Combinação de cargas

Caso haja probabilidade de recalque, este deve ser incluído nos casos mais prováveis, sem acréscimo de nenhum fator de redução. O recalque não foi incluído nos casos enumerados pelo fato de a estrutura de aço absorver bem pequenos recalques devido a sua grande elasticidade.

Os casos em que se incluem os efeitos de temperatura são normalmente desprezados para os galpões convencionais e só são incluídos em situações excepcionais.

Caso o galpão a ser analisado não seja simétrico ou no caso de vãos múltiplos (galpões geminados), em que não há simetria, deve-se fazer combinações com as cargas de ponte rolante máxima e mínima em cada coluna, entrando com o vento pela esquerda e pela direita.

Deve-se lembrar que, no caso de colunas como a da Fig. 5.16, a coluna externa absorve todas as cargas, exceto a vertical da ponte rolante, que vai para a coluna interna.

Nesses casos, I e II devem ser alterados para:

I) $CP + CA$

II) $CP + CA \pm H_T$

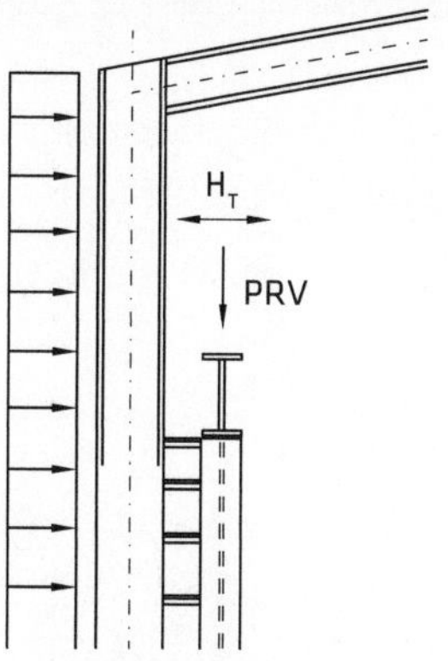

Fig. 5.16 Cargas em colunas externa e interna

EDIFÍCIOS INDUSTRIAIS

6

6.1 Definição

Edifícios industriais são construções, geralmente de um pavimento, que têm por finalidade cobrir grandes áreas destinadas a diversos fins, como fábricas, oficinas, almoxarifados, depósitos, hangares etc.

Modernamente, um edifício industrial pode ser construído com uma série de materiais – a saber, aço, madeira, concreto, alumínio –, cada um isoladamente ou em conjunto com outros. Certamente, o mais versátil e o mais empregado é o *feito em aço*, que é o objeto deste livro. Na fabricação desses galpões são usados perfis laminados, soldados e conformados a frio. O edifício industrial formado por esses materiais pode ser construído e montado no local da obra ou construído em partes na oficina de uma empresa especializada e, posteriormente, levado para o local onde será montado. Esta última alternativa é a solução normalmente adotada.

Em projetos de galpões industriais devem ser considerados basicamente os seguintes elementos: locação e dimensões dos equipamentos que serão abrigados; circulação; movimentação de cargas; iluminação e aeração; e condições e tipo de terreno.

Do exposto, tem-se a indicação de alguns fatores que devem ser considerados no estágio inicial do planejamento e da construção de um edifício industrial. Após esse entendimento, torna-se necessário considerar o tipo de edifício mais conveniente para alcançar os objetivos desejados.

6.2 Tipos de edifícios industriais

Os edifícios industriais podem ser em estruturas de vãos simples (isolados) ou múltiplos, quando grandes áreas cobertas são necessárias. Dependendo do *layout*, colunas internas podem não ser convenientes, e, então, são estudados sistemas de cobertura para grandes áreas com um mínimo de colunas internas.

A seguir são apresentados vários tipos de galpão, que não constituem a relação completa, pois outros tipos foram usados no passado e poderão ser empregados no futuro. Pode-se construir qualquer tipo de estrutura, caso haja imposições rígidas. Deve ser lembrado que um arranjo ou situações mais sofisticadas representam sempre maior custo para a estrutura do edifício.

6.2.1 Edifícios com vãos simples

Edifício com coluna simples e tesoura

Apesar de ser um dos tipos mais antigos, possivelmente ainda é o sistema mais barato de construção para galpões.

O peso da estrutura de aço por unidade de área (em kg/m^2) é muito baixo. Para inclinações inferiores a 15°, a forma da tesoura mostrada na Fig. 6.1 torna-se inconveniente, e uma geometria alternativa deverá ser adotada.

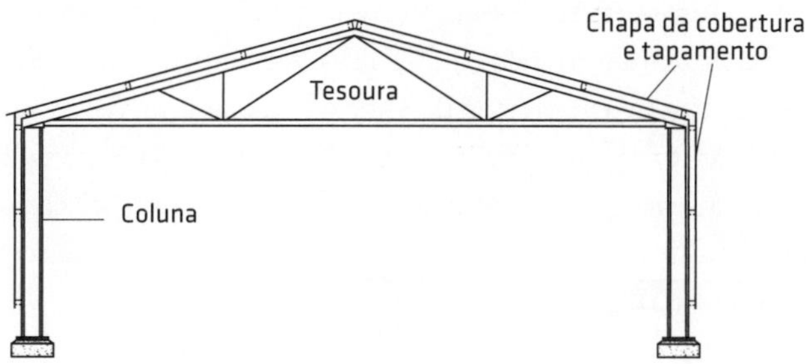

Fig. 6.1 Colunas simples e tesoura

O fechamento lateral pode ser feito com chapas de aço galvanizadas ou pintadas, inserindo-se folhas translúcidas para permitir iluminação natural. Calhas simples e tubos de descida darão drenagem adequada ao telhado.

Arranjos internos nas tesouras diferentes do mostrado, que é próprio para vãos até 15 m, dependem das distâncias a vencer.

Edifício com coluna simples e treliça

Quando o vão dos edifícios é muito grande, existem vantagens no uso de vigas treliçadas, associadas a menores inclinações, em vez de tesouras. A Fig. 6.2 mostra um exemplo típico.

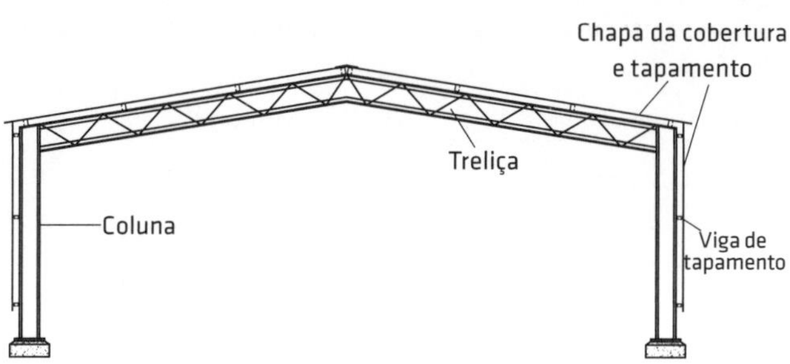

Fig. 6.2 Colunas simples e treliça

Se for utilizada cobertura com inclinação de mais ou menos 6°, é aconselhável aumentar o recobrimento das emendas das telhas ou vedá-las com selante.

As vigas treliçadas e outros elementos de cobertura podem ser construídos com perfis estruturais ocos feitos de chapas dobradas a frio, que oferecem maior rigidez que os perfis estruturais laminados a quente, além de serem mais leves.

Para colunas, a melhor seção é o perfil H ou I, laminado ou soldado.

Edifício com coluna simples e tesoura para ponte rolante leve

Se facilidades para a movimentação de material são necessárias em um edifício de colunas simples e tesoura, pode-se providenciar a colocação de uma ponte rolante leve suportada por vigas de rolamento apoiadas em consoles nas colunas.

A capacidade máxima recomendada para a ponte suportada dessa maneira é de cerca de 150 kN, ou com reação máxima de 250 kN, operada com controle pendente (Fig. 6.3). Acima dessa capacidade é conveniente prever coluna exclusiva, para dar suporte direto à viga de rolamento.

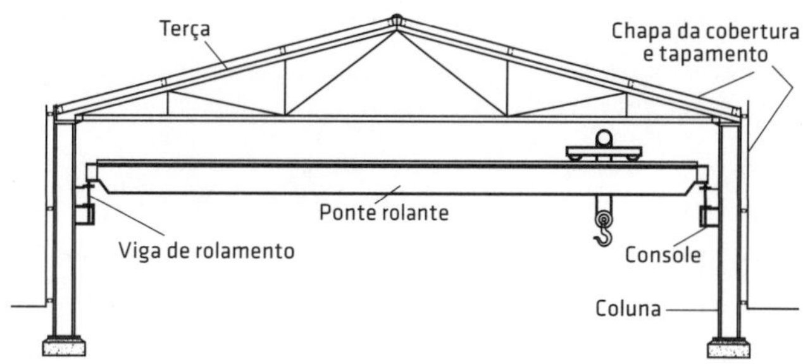

Fig. 6.3 Colunas simples e tesoura para pontes rolantes leves

Quando se introduz uma ponte rolante em um edifício, cuidados especiais devem ser tomados para assegurar que este esteja convenientemente contraventado, em especial na direção longitudinal, pois, de outra forma, o trabalho da ponte pode causar vibrações excessivas no edifício.

É importante mencionar o caso dos edifícios que possuem pontes rolantes em regime pesado de trabalho, cujas vigas de rolamento são submetidas a condições de fadiga. Esse assunto será tratado com mais detalhe no Cap. 16.

Edifício com coluna entreliçada ou travada e tesoura

As Figs. 6.4 e 6.5 mostram edifícios em pórtico em que as vigas de rolamento são suportadas por uma coluna, que

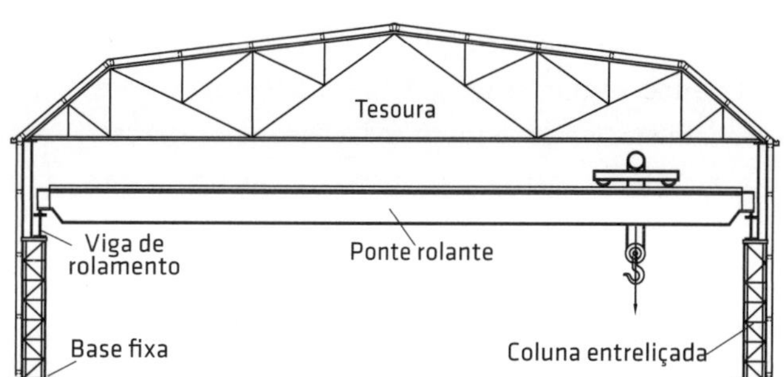

Fig. 6.4 Colunas entreliçadas e tesoura

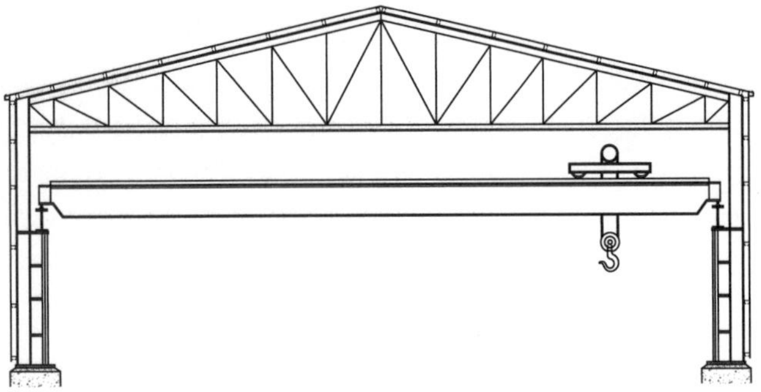

Fig. 6.5 Colunas travadas com tesoura para pontes rolantes médias e pesadas

pode ser entreliçada ou ligada por chapas à coluna de cobertura (externa).

Existem muitas formas de cobertura que poderiam ser adotadas para esse tipo de edifício, mas a seção apresentada na Fig. 6.4 é uma das mais econômicas.

A Fig. 6.5 ilustra outro tipo de edifício em que a coluna externa suporta as cargas de cobertura, de vento e horizontal da ponte, e a coluna interna suporta apenas a carga vertical da ponte rolante. O tipo de tesoura usado na cobertura tem por finalidade reduzir o deslocamento no topo da coluna.

Edifício com pórticos em alma cheia

Os pórticos em alma cheia espaçados (Fig. 6.6) são muito utilizados, e uma grande parte de edifícios industriais de colunas simples e tesoura têm sido por eles substituídos.

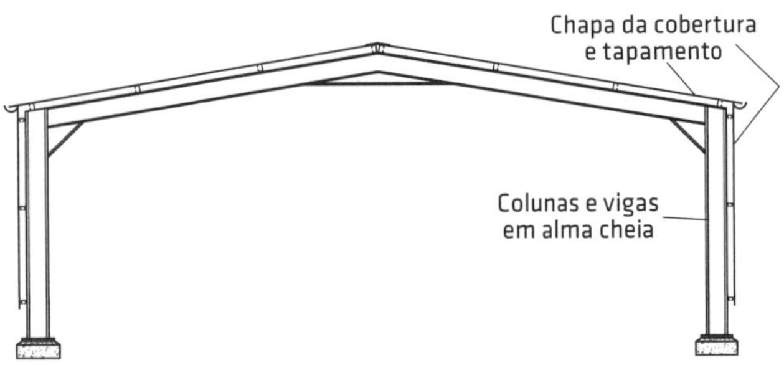

Fig. 6.6 Pórticos para vãos pequenos e médios

Os referidos pórticos podem ser executados com bases rotuladas, o que simplifica as fundações, ou com bases engastadas, o que requer fundações mais onerosas. Para vãos médios e grandes, existe pouca vantagem em engastar as bases.

A distância entre os pórticos deve ser criteriosamente analisada, pois refletirá na economia da estrutura da cobertura e da estrutura-suporte.

O empuxo horizontal ocorre nas bases. Mas, quando as fundações são em terreno ruim, medidas especiais devem ser tomadas para preveni-lo. O pórtico mais simples tem vigas e colunas de mesma seção em perfis laminados. Os perfis laminados são apropriados para pequenos e médios vãos, embora nestes últimos sejam frequentemente misulados nos beirais e, algumas vezes, reforçados nas cumeeiras. Nos pórticos de vãos médios e grandes, é comum adotar perfis de diferentes dimensões para as vigas e as colunas. Em vãos muito grandes, eles podem ser compostos ou ter inércia variável para melhorar a eficiência estrutural (Fig. 6.7).

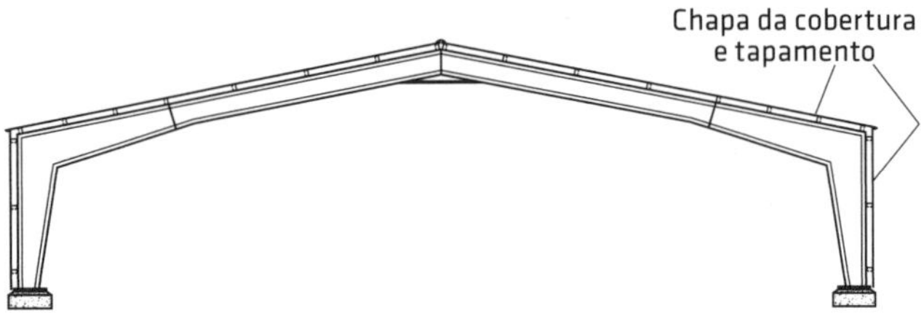

Fig. 6.7 Pórtico com inércia variável para grandes vãos

O espaçamento longitudinal do pórtico reflete no tipo de terça a ser usado. Para vãos pequenos e médios, as estruturas devem ser próximas o bastante para admitir terças em cantoneiras e Us laminados ou outros perfis dobrados a frio, que são empregados sem deflexão excessiva. Para pórticos de grandes vãos, frequentemente é mais econômico aumentar o espaçamento e usar terças treliçadas ou armadas.

Na Tab. 6.1 é fornecida uma orientação para o espaçamento mais conveniente das estruturas para diferentes vãos.

Tab. 6.1 Espaçamento entre pórticos para diferentes vãos

Vão (m)		Espaçamento entre pórticos (m)
Pequeno	Até 15	3 a 5
Médio	16 a 25	4 a 7
	26 a 35	6 a 8
Longo	36 a 45	8 a 10
Inércia variável	46 a 60	9 a 12

Os pórticos são normalmente projetados para que as ligações sejam parafusadas no campo, com parafusos de alta resistência ao atrito.

Desde que os momentos máximos ocorram nas ligações viga-coluna, a altura efetiva pode ser aumentada na região por meio de mísulas nas extremidades das vigas.

Com esse artifício, a resistência da viga é incrementada e as colunas seriam, no mínimo, da mesma seção da viga. As ligações parafusadas também são facilitadas.

Edifício com pórticos em alma cheia com vigas de rolamento

Vigas para pontes rolantes podem ser introduzidas nos pórticos em alma cheia. Para pontes leves, com capacidade de ≅150 kN ou reação máxima de 250 kN, as vigas podem ser apoiadas em consolos, por sua vez apoiados nas colunas (Fig. 6.8). Para pontes rolantes maiores, é mais econômico, como mostrado na Fig. 6.9.

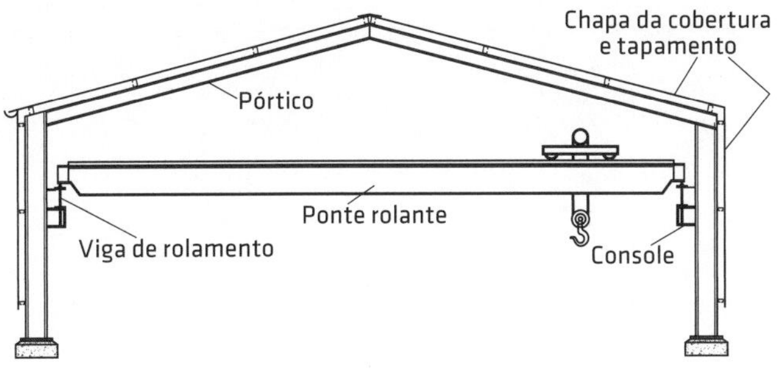

Fig. 6.8 Estrutura em pórtico para pontes rolantes leves

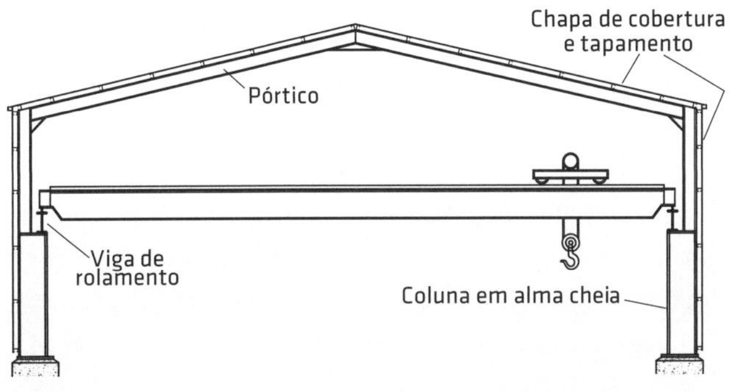

Fig. 6.9 Estrutura em pórtico com colunas de alma cheia para pontes rolantes pesadas

Quando são introduzidas vigas de rolamento nos pórticos, a deformação do beiral devida ao carregamento se torna mais crítica. Na verdade, as vigas de rolamento ajudam a diminuir essa deformação, mas a quantidade dessa redução e as providências práticas que devem ser tomadas inviabilizam essa alternativa. Dessa forma, a rigidez para controlar a deformação horizontal deve ser obtida a partir dos elementos que compõem o pórtico. Um dos artifícios é introduzir um tirante entre os cantos. Isso é satisfatório para as cargas verticais que causam deslocamentos laterais, mas ineficiente se o vento age em sentido contrário.

A fixação do pórtico às bases pode reduzir o deslocamento, mas deve-se tomar cuidado com o projeto e a construção das fundações. Aumentar as dimensões ou a rigidez dos membros acima do mínimo necessário para a resistência é outra maneira de reduzir o deslocamento. São feitas referências às bases rotuladas e fixas para pórticos planos, e é conveniente considerar os tipos de base comumente usados. As sofisticadas conexões com pinos ou rolos não são muito utilizadas na prática. Das bases rotuladas, a da Fig. 6.10A é a mais econômica e a mais frequentemente empregada.

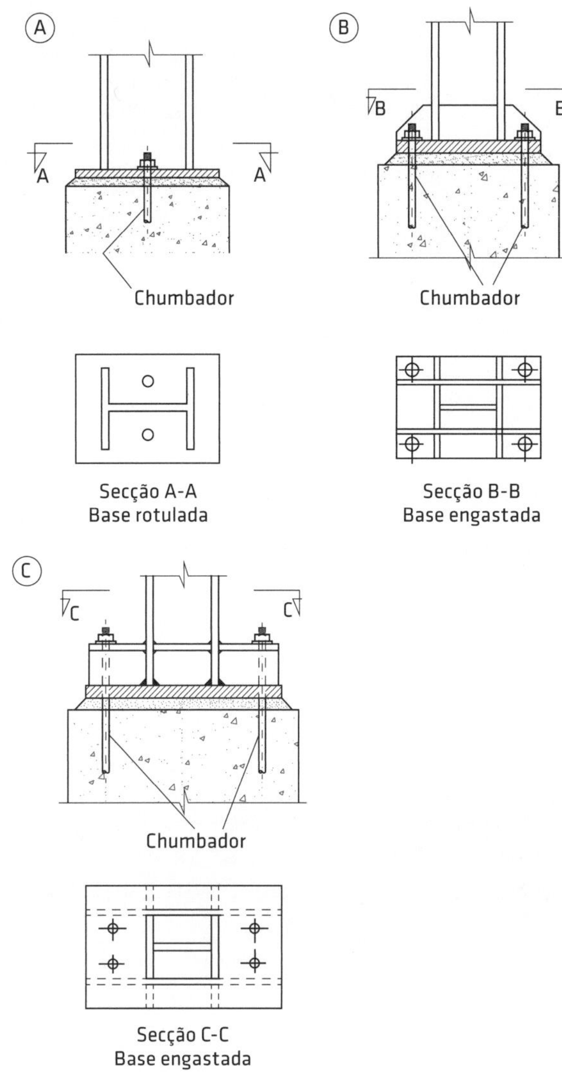

Fig. 6.10 Bases típicas

6.2.2 Edifícios com vãos múltiplos

Os vários tipos de edifícios já discutidos podem se estender aos vãos múltiplos. Todavia, algumas considerações devem ser feitas. Às vezes, por questões internas de *layout*, é necessário eliminar algumas colunas intermediárias, fazendo-se dobrar a distância entre elas e introduzindo-se vigas centrais para contornar esse problema, como exibido na Fig. 6.11. Nota-se, nesse caso, que essa solução pede contraventamentos de cobertura adicionais para ajudar a distribuir as cargas horizontais de vento.

O arranjo indicado pode ser adotado para todos os tipos expostos, exceto para aqueles pórticos em que arranjos especiais são necessários. Para edifícios com pontes rolan-

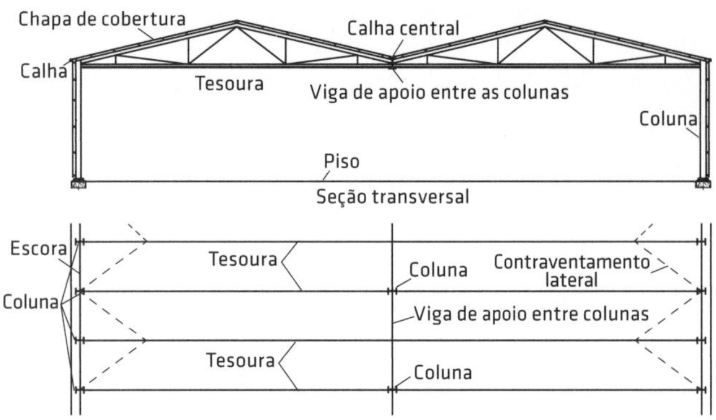

Fig. 6.11 Galpão geminado com tesouras apoiando-se em vigas centrais

tes, a duplicação das vigas de rolamento sobre as colunas centrais exerce alguma influência sobre elas e sobre as próprias vigas, conforme mostrado na Fig. 6.12.

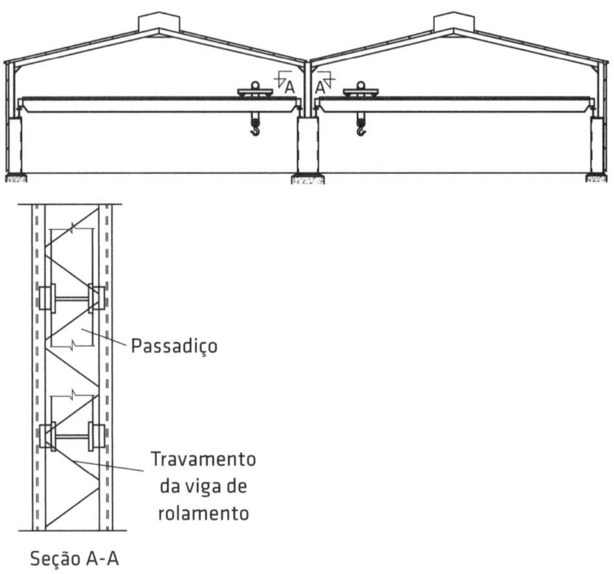

Fig. 6.12 Galpão geminado em pórticos com vigas de rolamento

Alguns tipos alternativos de construção treliçada para cobrir grandes áreas sem colunas internas são apresentados na Fig. 6.13.

Tesouras suportadas por treliças

Em áreas muito grandes, livres de colunas-suportes, frequentemente é necessária a adoção de um sistema de treliças e tesouras suportadas por treliças. A seguir são mostrados, como exemplo, três arranjos alternativos.

i) Tipo duas águas em tesoura

Esse arranjo, conveniente para um telhado de dupla água, leva ao menor desperdício de espaço coberto. Desde que exista uma pequena altura de construção na viga de apoio do eixo central, as tesouras devem ser projetadas em balanço. Com relação às treliças e às cargas de peso próprio e sobrecarga, a corda superior está submetida à tração, e a corda inferior horizontal, à compressão. Contudo, as forças nos elementos são relativamente pequenas (Fig. 6.13A).

Carregamento excêntrico, isto é, cargas impostas em somente uma água, causa tendência de rotação, que deve ser resistida por ancoragem adequada na coluna lateral e requer cuidado extra na fixação da estrutura. Exceto quando as calhas são suficientemente grandes para a drenagem para cada lado do edifício, ocorrem problemas com os tubos de descida d'água se vãos múltiplos de colunas são necessários. A despeito disso, o sistema de cobertura é econômico para grandes áreas sem suportes internos.

ii) Tipo duas águas em treliça

Essa solução dá mais espaço interno, desde que a altura da construção seja suficiente para acomodar a treliça de apoio do eixo central. O telhado é estável, pode ter aparência muito boa e ser bastante econômico (Fig. 6.13B).

iii) Estruturas tipo *shed*

Quando a área a cobrir necessita de ventilação e iluminação natural por cima, utiliza-se o tipo *shed*.

Os painéis verticais são orientados no sentido do quadrante Sul, quando se deseja evitar insolação direta. Para dar maior acesso à luz, podem-se usar, em vez de painéis verticais, painéis suficientemente inclinados (Fig. 6.13C).

Esse método dá a opção de escolher a solução adequada entre os vários tipos de elementos estruturais (Fig. 6.13D,E,F).

Pórticos em alma cheia geminados

A construção em pórticos em alma cheia pode ser usada em edifícios de vãos múltiplos, desde que não exista objeção para as pernas internas em cada pórtico.

Quando são empregados pórticos de dois vãos completos, como mostrado na Fig. 6.14, uma análise detalhada deve ser feita, pois o efeito da adição de um vão extra é o aumento no empuxo horizontal. Para carregamentos balanceados, as colunas do centro são livres para empuxos, e o momento no centro é todo transmitido de viga para viga. Contudo, deve-se considerar que os carregamentos excêntricos impostos e de vento ocorrerão e, portanto, a coluna central deve ser parte integrante da estrutura.

Quando as colunas internas de cada pórtico forem inconvenientes, uma das seguintes soluções alternativas poderá ser adotada: usar pórticos mais pesados com espaçamentos convenientes; ou utilizar sistemas de vigas de cumeeira e vigas entre colunas que suportem vigas intermediárias, pois são relativamente fáceis de fabricar, ape-

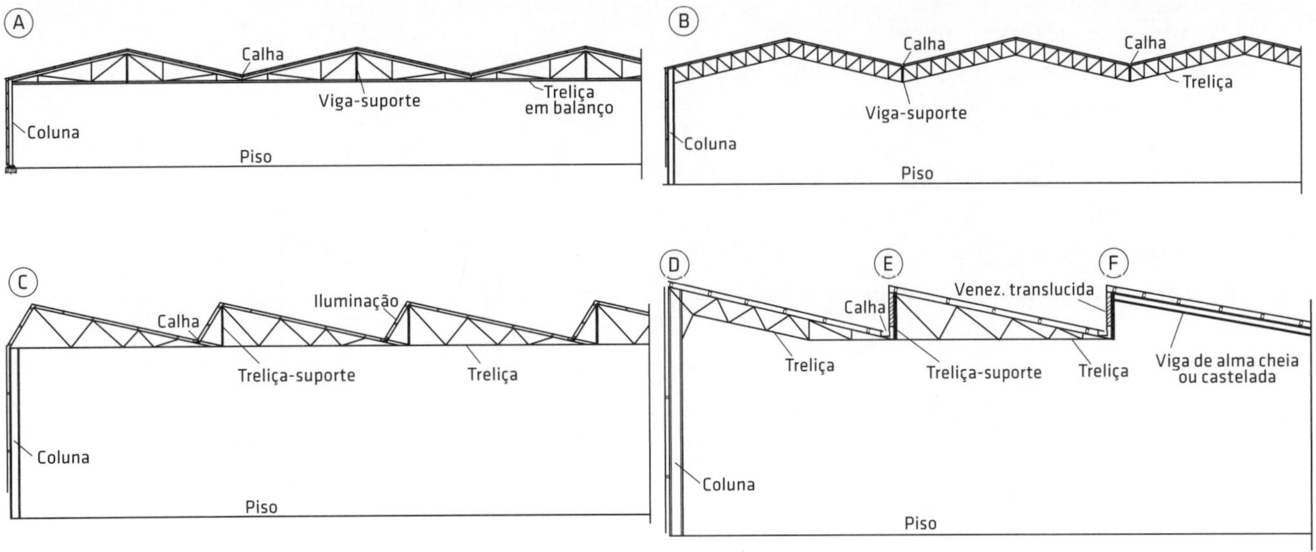

Fig. 6.13 Estruturas sem colunas intermediárias apoiadas em treliças: (A) tipo duas águas em tesoura; (B) tipo duas águas em treliça; (C) tipo luz do norte; (D, E, F) tipo dente de serra

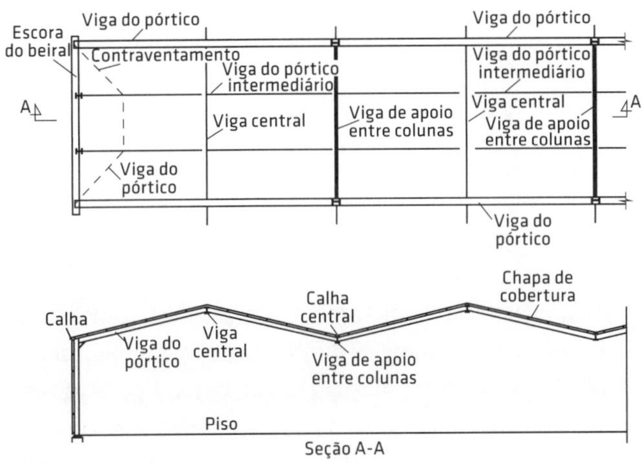

Fig. 6.14 Vigas de pórticos intermediárias apoiadas em vigas retas

sar do custo total provavelmente maior que o dos pórticos simples de múltiplos vãos (Fig. 6.14).

Outra solução é empregar uma série de vigas de pórtico suportadas por colunas externas e vigas centrais. As vigas de pórtico se deslocam sob carga, produzindo uma força horizontal aplicada no beiral que poderá ser equilibrada com a colocação de um contraventamento horizontal, sendo este suficiente para prevenir a abertura dos vãos (Fig. 6.15).

Em todos os casos, um percentual de deslocamento lateral deve ser eliminado na fabricação da estrutura. Normalmente, é dada uma contraflecha igual ao deslocamento devido ao peso próprio. Se, contudo, a carga de peso próprio total não for alcançada após a estrutura ser montada, cuidados extras deverão ser tomados durante a fixação.

Todos os tipos de edifícios industriais mostrados foram e são usados com sucesso. Um fator que deve ser lembrado é que qualquer custo inicial extra do projeto do edifício que simplifique o processo industrial é sempre justificado.

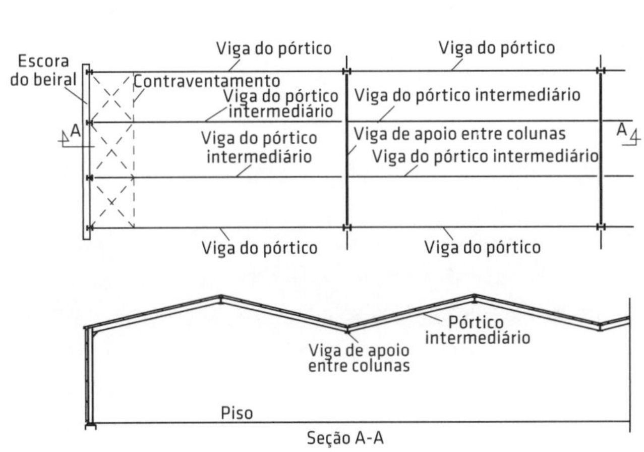

Fig. 6.15 Vigas de semipórticos apoiadas em vigas retas

6.3 A construção como um todo

Deve-se ter sempre em mente que uma construção precisa ser vista como uma estrutura completa e as unidades não podem ser consideradas isoladamente. Por exemplo, apesar de o tapamento previsto formar um envoltório para proteger a estrutura e o interior contra as intempéries, o fato de suportá-lo, pelo esquema estrutural adotado, causa a imposição de cargas na estrutura e, ao mesmo tempo, provê a rigidez dos membros estruturais.

6.3.1 Ambiente externo

A estrutura deve ser projetada de maneira a se harmonizar com a redondeza e ter uma boa aparência. Concomitantemente, deve ser capaz de resistir às cargas, incluindo as que são peculiares à sua locação particular.

Todos esses fatores têm influência no tipo de construção a ser escolhido, incluindo o tipo de estrutura-suporte e as bases nas quais ocorrerá o assentamento.

6.3.2 Considerações internas

O fator mais importante no arranjo interno é, sem dúvida, o processo industrial a ser executado. Se o arranjo interno não puder ser predeterminado, o mínimo de apoios internos lhe permitirá maior flexibilidade.

Geralmente se aceita que poucos suportes internos aumentem o custo inicial, apesar de este não ser tão alto quanto o custo da subsequente remoção ou reespaçamento de colunas inconvenientemente localizadas.

Portas de entrada de material e de despacho de mercadorias acabadas também podem influenciar a escolha do tipo de estrutura.

Outro fator importante que deve ser considerado é a manutenção da estrutura em relação aos processos industriais, que podem exigir estruturas fáceis de limpar e com o mínimo de saliências, nas quais poeira, água ou outro material possa se acumular, determinando, com isso, o tipo de estrutura mais conveniente.

Do exposto, vê-se que a escolha final do arranjo e da construção do edifício não pode ser baseada sempre no primeiro custo. O mais barato pode não ser necessariamente o melhor.

6.4 Requisitos estruturais

Enquanto a finalidade básica de uma construção é prover acomodação na qual o processo possa ser executado sem interferência dos elementos, a própria estrutura deve suportar o envoltório do tapamento, serviços, equipamentos de manuseio etc., bem como ser capaz de transmitir as cargas às fundações.

É um fato conhecido que, se qualquer carregamento tem de percorrer a menor distância para alcançar as fundações, a opção mais econômica é pela estrutura. No entanto, nem sempre é possível dispor da estrutura para que as cargas sejam levadas diretamente para as fundações.

Logo, o principal objetivo do engenheiro é adotar estruturas que reduzam ao máximo o comprimento da trajetória da carga, o que foi alcançado pela estrutura da Fig. 6.16A, na qual existem seis barras solicitadas, ao contrário da estrutura da Fig. 6.16B, em que todas as barras são solicitadas.

Cargas verticais (permanentes ou acidentais) são usualmente fáceis de tratar, mas cargas horizontais de vento ou de outras causas apresentam mais problemas.

A omissão de um suporte vertical e a introdução de membros horizontais para substituí-lo, como vigas centrais para permitir maior espaçamento de colunas, sempre aumentam os custos.

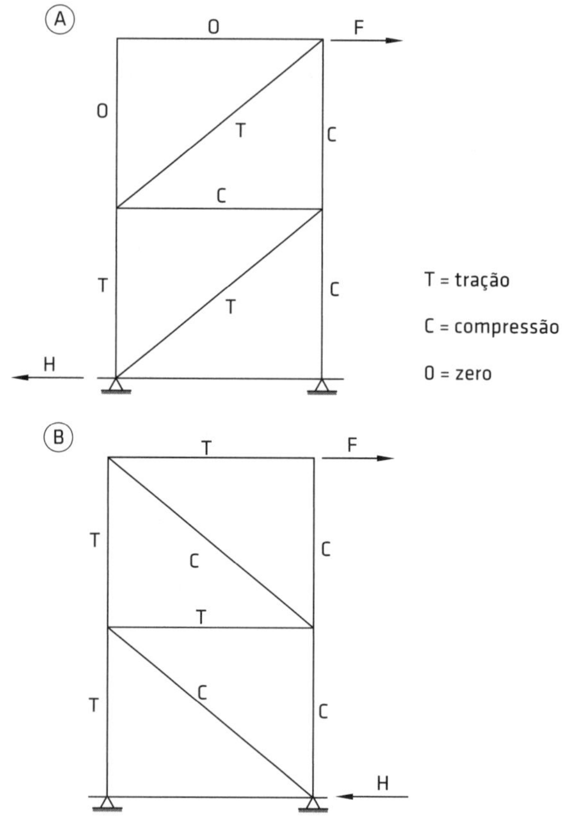

Fig. 6.16 Estruturas sujeitas a tração e compressão

As forças horizontais são, quando possível, transferidas às fundações por intermédio de contraventamentos. As fundações devem ter massa adequada para garantir que toda a estrutura não sofra recalques ou rotações na combinação de cargas mais críticas. O tipo mais conveniente de fundação a ser usado para qualquer estrutura deve ser selecionado com isso em mente, além de considerar as condições de solo.

6.5 Peças que compõem um galpão

Para ilustrar os vários aspectos de um galpão e indicar o nome de seus componentes, apresenta-se o arranjo geral de estruturas de um vão e de dois vãos, respectivamente, nas Figs. 6.17 e 6.18. No Quadro 6.1 tem-se um resumo desses elementos, com as principais solicitações a que estão sujeitos e os tipos mais usuais de materiais empregados.

6.6 Classificação dos galpões

Pelo que se pode constatar, não existe uma classificação única dos edifícios industriais em peso (kg/m²). A mais usual é aquela que os categoriza em apenas leve, médio e pesado. A nosso ver, essa divisão não atende às necessidades, pois agrupa em um mesmo tipo galpões de características muito díspares. A proposta apresentada na

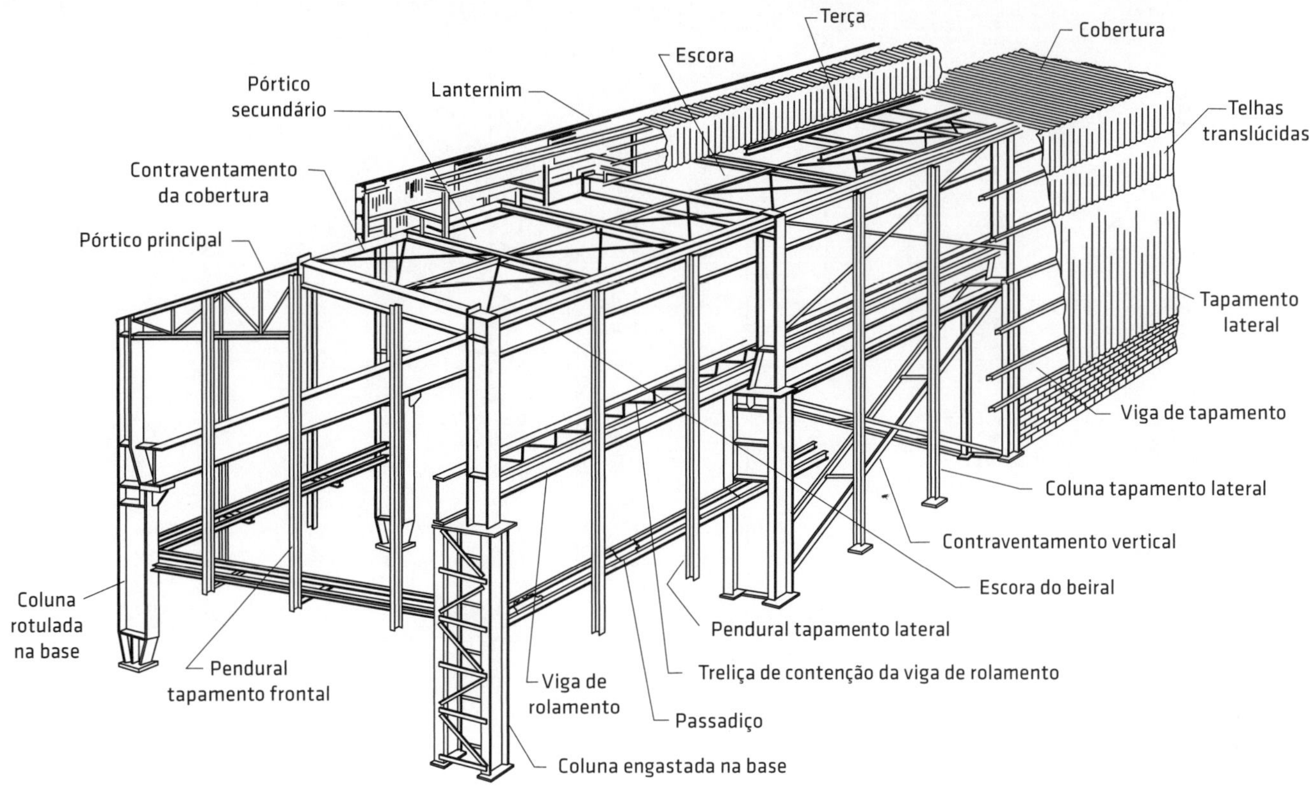

Fig. 6.17 Perspectiva didática de um galpão industrial com indicação do nome usual de seus principais componentes

Tab. 6.2 divide os galpões em cinco tipos e, com isso, reduz a variação por classe.

6.7 Deslocamentos horizontais

A verificação dos deslocamentos horizontais no nível do topo do trilho e no topo das colunas que formam o quadro é de suma importância, pois indica a flexibilidade da estrutura como um todo. Os limites estabelecidos por algumas normas ou especificações estão intimamente interligados às cargas horizontais tanto da ponte como do vento. Por isso, ao estipular um deslocamento máximo como limite, deve-se ter sempre a carga horizontal correspondente da norma ou especificação que se está usando. A seguir, será mostrada a pesquisa do autor a respeito, bem como seu parecer.

A AISE n° 13 estabelece, para o deslocamento horizontal do pórtico provocado pela carga horizontal transversal da ponte rolante ou pelo vento, o seguinte limite:

- deslocamento horizontal da coluna em relação à base de $H/400$, limitado a 50 mm.

A NBR 8800, em seu anexo C, define que esses limites devem ser calculados pela combinação das seguintes cargas, ficando a cargo do projetista indicar a combinação mais adequada:

- deslocamento horizontal do topo em relação à base de $H/300$;
- deslocamento horizontal no nível da viga de rolamento em relação à base de $H/400$, limitado a 50 mm.

O diferencial entre colunas deve ser igual ou inferior a 15 mm.

A publicação do AISC *Industrial Buildings: Roofs to Column Anchorage* (Fisher, 1993) indica as seguintes recomendações:

- para ponte com cabine, o deslocamento horizontal do pórtico provocado pela carga de vento ou pela carga horizontal transversal da ponte rolante deve ser igual ou inferior a $H/240$, porém inferior a 50 mm, sendo que o diferencial entre colunas que suportam as vigas de rolamento deve ser igual ou inferior a 13 mm.

A experiência do autor ao longo dos projetos realizados recomenda um deslocamento devido às cargas de vento ou a H_T da ponte rolante igual a:

- para o nível do topo do trilho, $H_{TT}/400$;
- para o nível da cobertura, $H_{TC}/300$.

O diferencial entre colunas do pórtico que suportam as vigas de rolamento deve ser inferior a 15 mm, que é normalmente a folga da roda.

Para galpões siderúrgicos, descritos na Tab. 5.1, aconselha-se ampliar esses limites para $H_{TT}/600$ e $H_{TC}/500$, respectivamente, limitados a 50 mm. No caso de galpões com

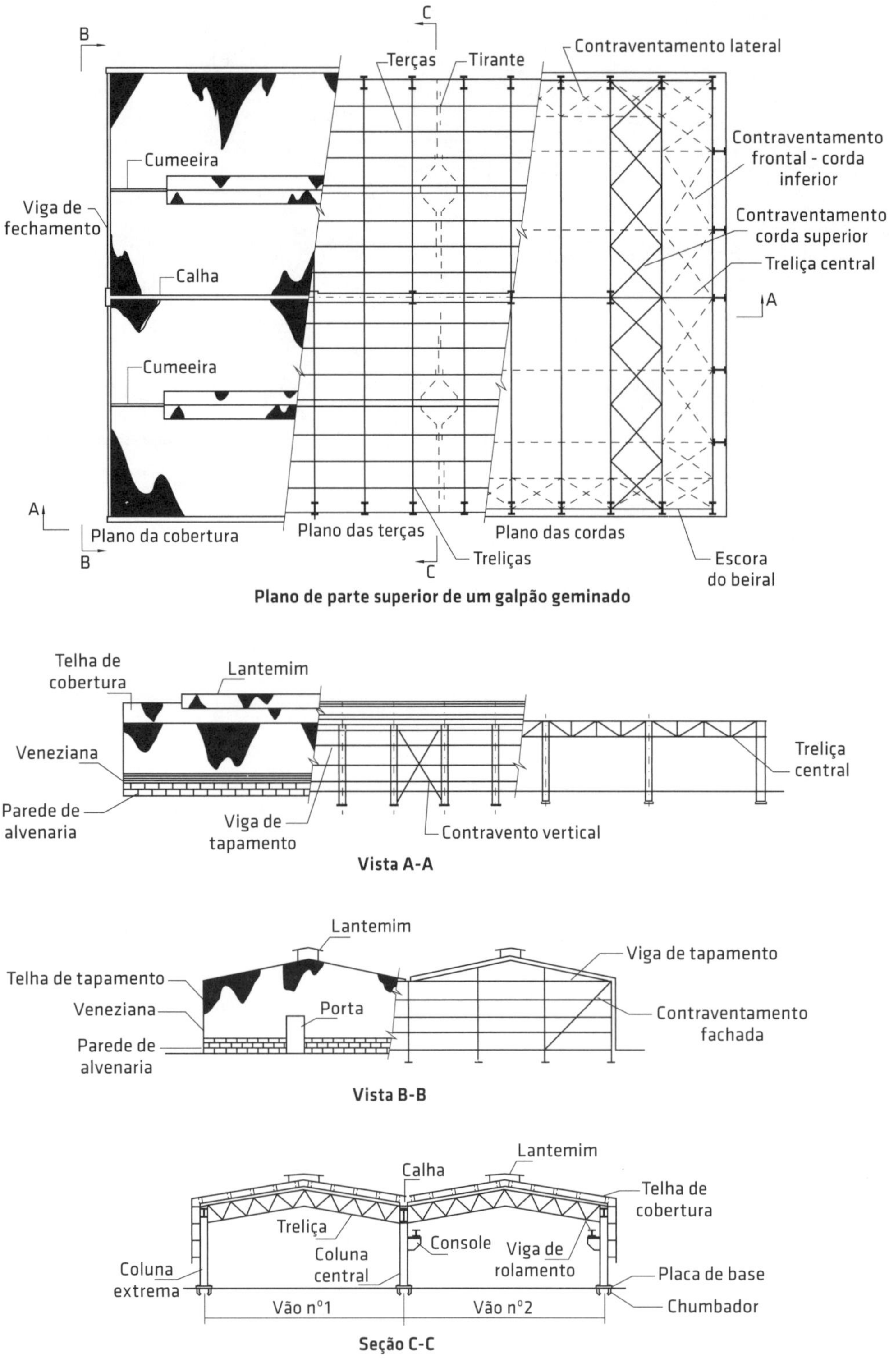

Fig. 6.18 Galpão geminado em seus vários planos e elevações

console, recomenda-se usar, para a verificação do deslocamento horizontal, a combinação de ponte rolante vertical com horizontal, $PRV + H_T$.

O Quadro 6.2 exibe um resumo do que foi abordado. Por sua vez, a Tab. 6.3 apresenta a comparação de uma série de edifícios industriais, ilustrados nas Figs. 6.19 a 6.25, indicando o peso de cada parte da estrutura (em kg/m²) e a porcentagem que esse valor representa em relação ao peso total.

6.8 Juntas de dilatação

Todos os galpões, quando atingem um determinado comprimento ou largura, devem ter uma junta de dilatação para permitir a movimentação do prédio devida à variação de temperatura.

A AISE nº 13 (2003, tradução nossa) estabelece:

> Edifícios com fornos e estruturas similares, tendo metal quente e sujeitos a mudanças de temperatura, devem ter

Quadro 6.1 Resumo dos principais elementos estruturais

Elementos estruturais	Solicitações							Tipos de materiais empregados
	Tração	Compressão	Flexão S	Flexão D	Cisalhamento	Fadiga	Verificação deformação	
Terça			X	X			X	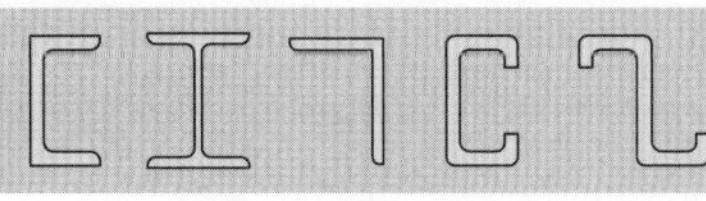
Escoras do beiral		X	X	X			X	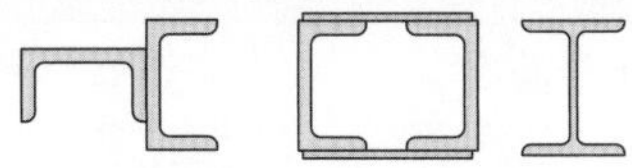
Tirantes	X							Ø Barra redonda
Cumeeira			X	X			X	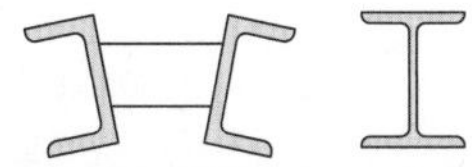
Vigas de tapamento				X			X	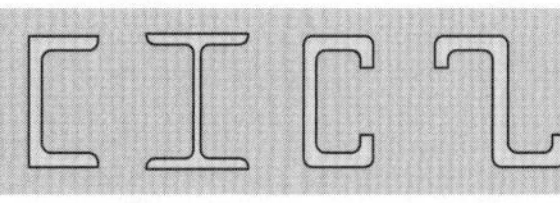
Colunas de tapamento	X	X	X				X	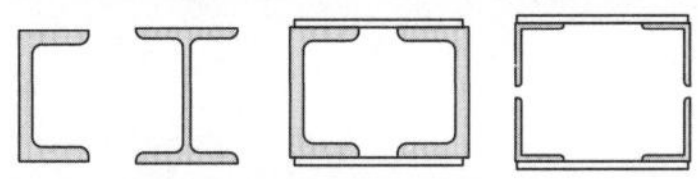
Contraventamento horizontal	X	X						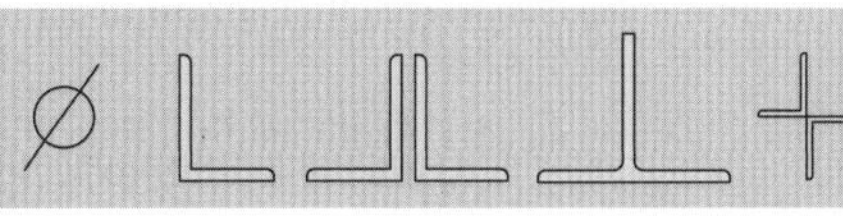
Contraventamento vertical	X	X						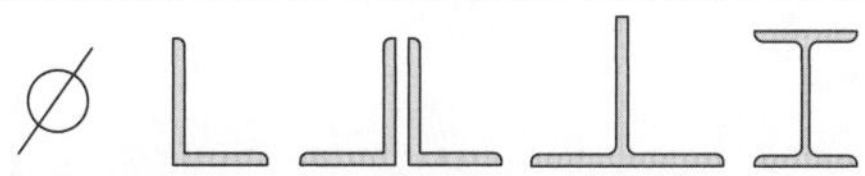
Placas de base		X	X					Chapas
Chumbadores	X				X			Ø
Tesouras	X	X					X	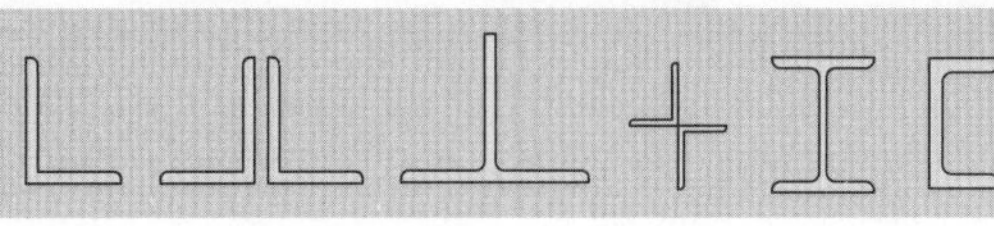
Vigas do pórtico		X	X		X		X	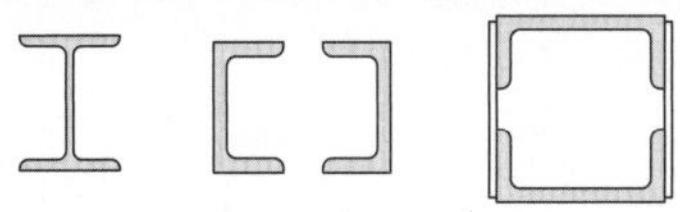
Vigas inferiores do pórtico			X		X		X	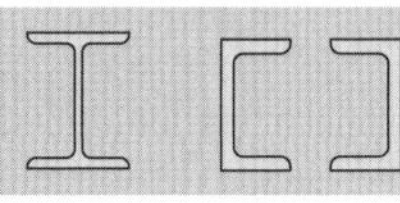
Colunas	X	X	X	X			X	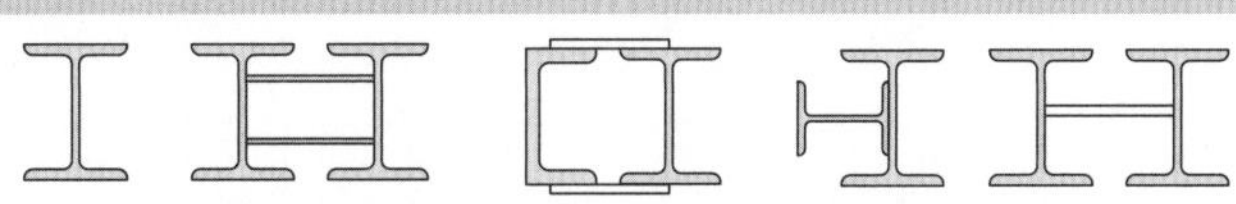
Vigas de rolamento		X	X	X	X	X	X	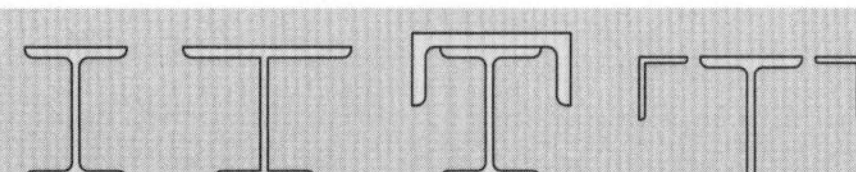
Juntas soldadas	X	X	X	X	X	X		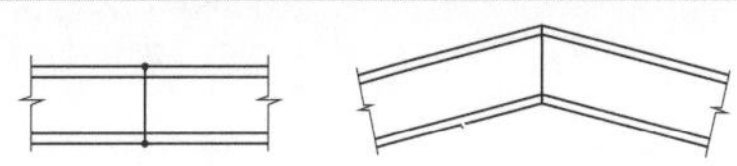
Juntas parafusadas	X	X			X	X		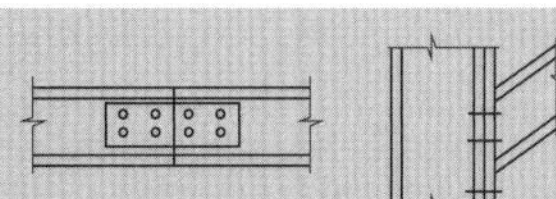

Tab. 6.2 Classificação de galpões (em kg/m²)

Elementos da estrutura de aço	Classificação				
	Muito leve	Leve	Médio	Pesado	Muito pesado
Cobertura: tesouras, vigas secundárias, terças, lanternim, contraventamentos, tirantes, vigas, pórticos etc.	5 a 10	10 a 20	20 a 30	30 a 60	40 a 60
Parte inferior: pilares, plataformas, vigas de rolamento, vigas e colunas de tapamento etc.	10 a 20	20 a 40	40 a 90	90 a 140	160 a 320
Total	≤ 30	> 30 a 60	60 a 120	120 a 200	200 a 400

Quadro 6.2 Resumo dos deslocamentos horizontais

Norma/especificação	Critério carga	Limites
AISE nº 13	Horizontal da ponte ou vento	$\Delta1$ e $\Delta2 \leq H_{TT}/400 \leq 50$ mm $\Delta3$ e $\Delta4 \leq H_{TC}/400 \leq 50$ mm
NBR 8800	A ser definida pelo projetista	$\Delta1$ e $\Delta2 \leq H_{TT}/500 < 40$ mm $\Delta3$ e $\Delta4 \leq H_{TC}/300$ $\Delta1 + \Delta2 \leq 15$ mm Galp. sid. $\Delta1 + \Delta2 \leq 15$ mm
AISC	Horizontal da ponte ou vento	$\Delta3$ e $\Delta4 \leq H_{TC}/240 \leq 50$ mm $\Delta1 + \Delta2 \leq 13$ mm
Experiência do autor	Horizontal da ponte ou vento	$\Delta1$ e $\Delta2 \leq H_{TT}/400 < 50$ mm $\Delta3$ e $\Delta4 \leq H_{TC}/300$ $\Delta1 + \Delta2 \leq 15$ mm
	Horizontal da ponte ou vento	Galpões siderúrgicos $\Delta1$ e $\Delta2 \leq H_{TT}/600 < 50$ mm $\Delta3$ e $\Delta4 \leq H_{TC}/500$ $\Delta1 + \Delta2 \leq 15$ mm

Figura

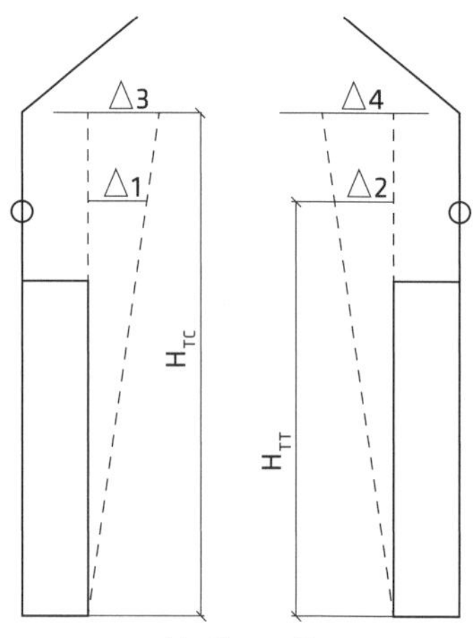

$H = H_{TT}$ ou H_{TC}

Tab. 6.3 Comparação de vários tipos de galpões

Estrutura tipo		A		B		C		D		E		F		G	
Partes da estrutura	Vão (m)	30		26-24		20-20		20-20		20		20		20	
	dc (m)	12		12,5		12		12		14		6		6	
	H_{TT} (m)	19		19,5		8,4		10		14		7		7	
	H (m)	24		24		10,4		13,2		17		9		9	
	L (m)	72		125		108		108		84		48		48	
	PR (kN)	800		1.600-700		200		200		300		100		100	
		kg/m²	%	kg/m²	%	kg/m²	%	kg/m²	%	kg/m²	%	kg/m²	%	kg/m²	%
Chumbadores		2,0	0,8	1,6	0,6	0,5	0,7	0,5	0,7	1,2	0,8	1,0	2	0,9	1,5
Colunas principais		97,0	39,5	96,0	38	15,0	20	15,0	19,4	34,0	23,4	13,0	26	19,0	32,2
Vigas de rolamento		43,0	17,5	57,0	23	25,0	33	25,0	32,4	38,0	26,2	12,0	24	11,0	18,7
Cobertura		36,0	14,5	48,0	19	23,0	31	23,0	29,9	30,0	20,7	13,0	26	17,0	28,8
Lanternim		10,0	4,1	4,6	1,8	–	–	–	–	4,8	3,3	–	–	–	–
Contraventamento vertical		9,7	4,0	14,0	5,6	0,7	0,9	0,9	1,2	2,0	1,4	1,1	2,0	1,1	1,9
Tapamento lateral		16,0	6,5	9,8	3,9	4,4	5,9	5,4	7,0	19,3	13,3	5,0	10	5,0	8,5
Tapamento frontal		14,5	5,9	8,8	3,5	3,2	4,2	4,0	5,2	8,3	5,8	3,3	6,6	3,3	5,6
Escadas		1,5	0,6	0,6	0,2	0,3	0,4	0,3	0,4	1,2	0,8	0,5	1	0,5	0,8
Passadiços + corrimões		3,8	1,5	1,8	0,7	–	–	–	–	–	–	–	–	–	–
Parafusos		7,4	3,0	4,8	1,9	1,4	1,9	1,4	1,8	4,2	2,9	0,7	1,4	0,7	1,2
Soldas		5,1	2,1	4,6	1,8	1,0	1,3	1,0	1,3	2,0	1,4	0,5	1	0,5	0,8
Calhas		–	–	–	–	0,5	0,7	0,5	0,7	–	–	–	–	–	–
Parte superior		47,0	19	55	21,8	24	32	24	31,2	35	24,1	15	26	16	28,8
Parte inferior		199	81	197	78,2	51	68	53	68,8	110	75,9	33	74	37	71,2
Total – kg/m²		246	100	252	100	75	100	77	100	145	100	48	100	53	100
Total – kg/m³		10,3	-	10,5	-	7,2	-	5,8	-	8,5	-	5,3	-	5,9	-

sendo *dc* a distância entre colunas, H_{TT} a altura do topo do trilho, *H* a altura livre, *L* o comprimento total e *PR* a ponte rolante.

juntas de dilatação transversais previstas a intervalos não superiores a 120 m. Se os edifícios não estão sujeitos a mudanças internas de temperatura, a distância pode ser de 150 m. Se o edifício for formado por várias naves, deverão ser previstas juntas longitudinais quando a largura exceder 150 m ou ultrapassar cinco alas.

Mukhanov estipula os limites indicados na Tab. 6.4, na qual também se apresenta o resumo da explanação anterior.

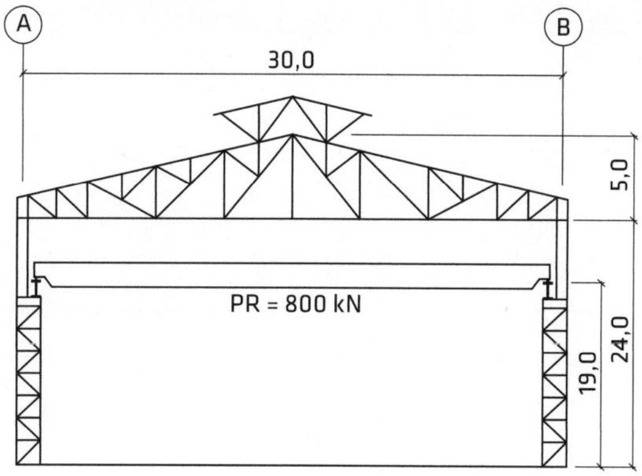

Fig. 6.19 Galpão A

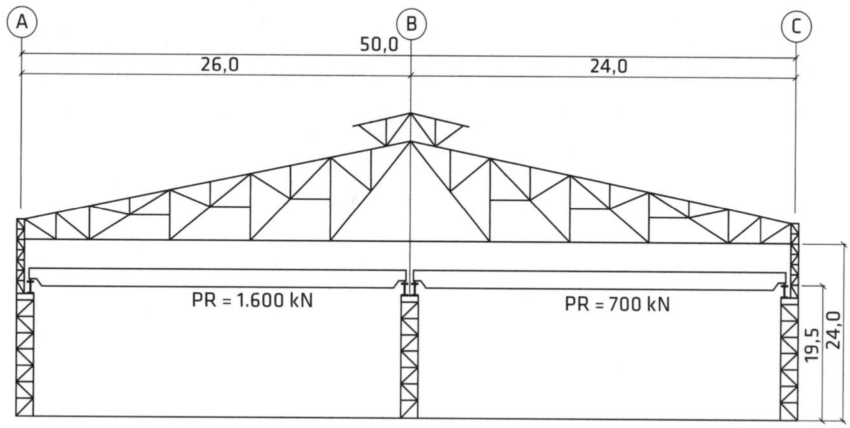

Fig. 6.20 Galpão B

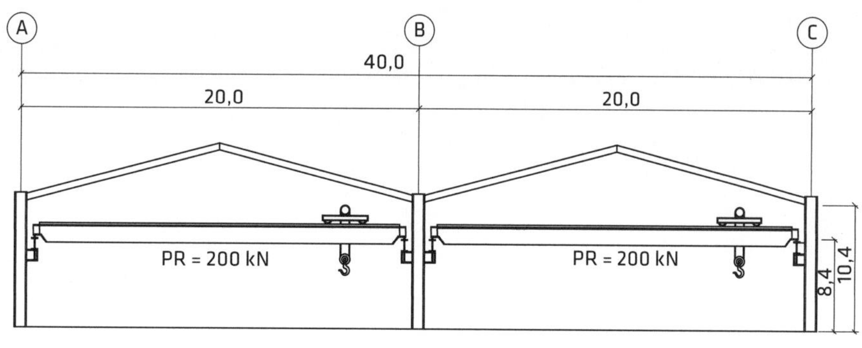

Fig. 6.21 Galpão C

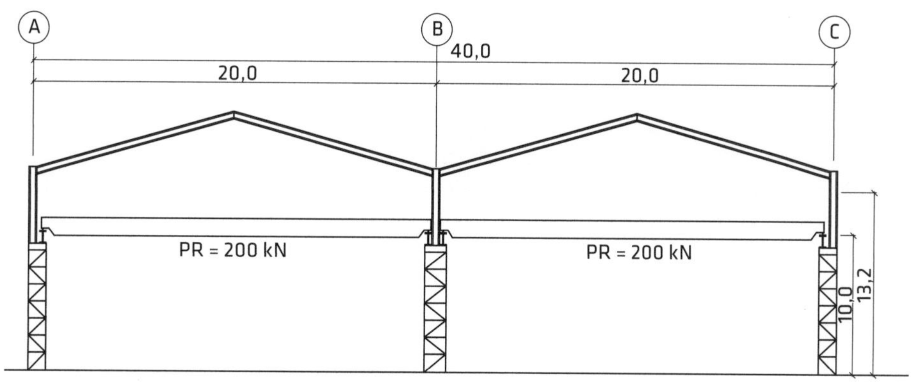

Fig. 6.22 Galpão D

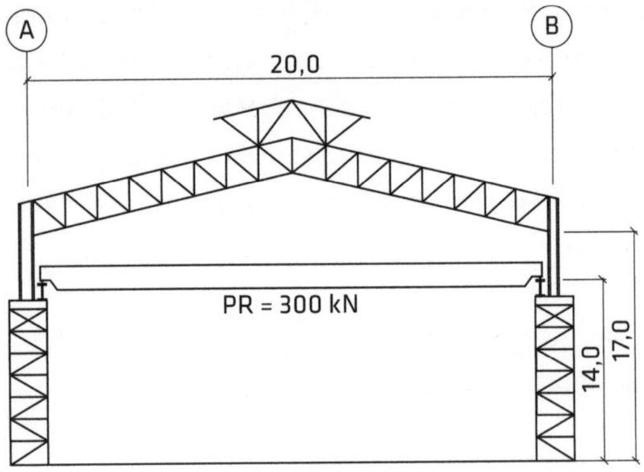

Fig. 6.23 Galpão E

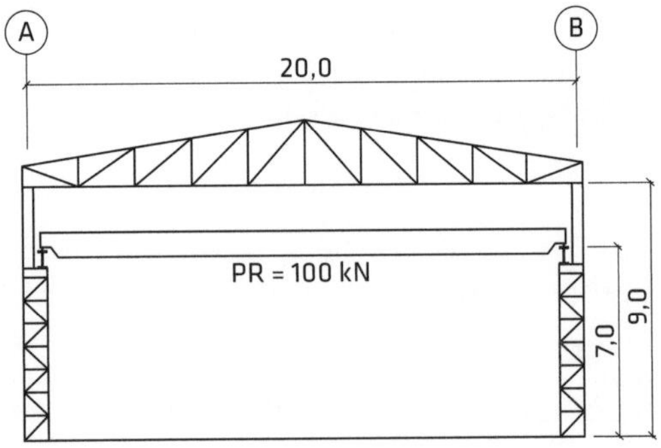

Fig. 6.24 Galpão F

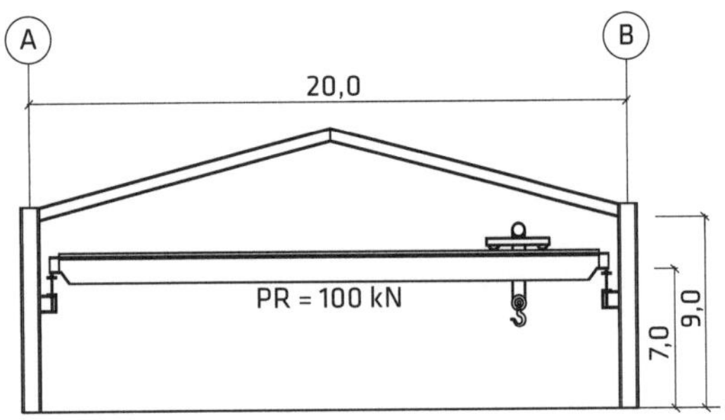

Fig. 6.25 Galpão G

Tab. 6.4 Distância para juntas de dilatação (em m)

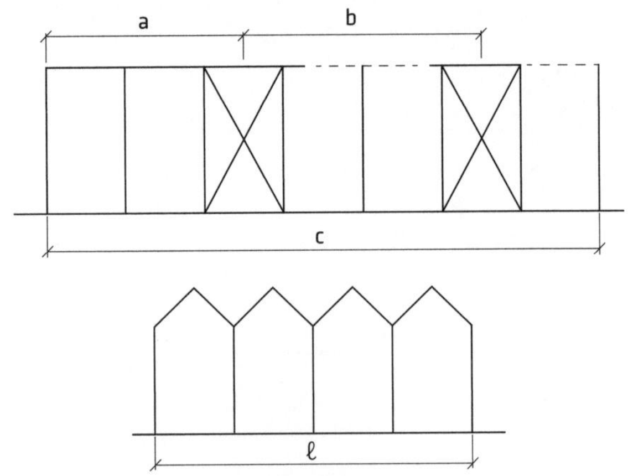

Tipo de construção	Mukhanov				AISE nº 13	
	a	*b*	*c*	*ℓ*	*c*	*ℓ*
Prédios com temperaturas elevadas	75	50	200	120	120	150[1]
Prédios sem mudanças internas de temperatura	90	50	230	150	150	150[1]
Prédio sem cobertura	50	30	130	–	–	–

[1]ou cinco alas.

CHAPAS DE COBERTURA E TAPAMENTO

7

Nos Caps. 7 a 15 serão analisadas as peças que compõem um galpão, adotando-se uma sistemática de definição, tipos de solicitação, tipos de material empregado, detalhes construtivos, pré-dimensionamento, comentários e exemplos.

As chapas de cobertura e tapamento, foco deste capítulo, envolvem e "vestem" uma estrutura, protegendo-a tanto exterior como interiormente das intempéries. Existe uma gama muito grande de perfis no mercado, com pequenas variações entre fabricantes, sendo necessário consultar seus catálogos para determinar as características detalhadas de cada uma (ver exemplo de uma tabela no anexo C). Para alguns edifícios, em que é necessário isolamento térmico, devem ser tomadas medidas complementares, como o uso de chapas-sanduíche.

Os principais tipos de material existentes no mercado para o revestimento de edifícios são o aço galvanizado com e sem pintura, o alumínio com e sem pintura, o fibrocimento, as chapas translúcidas (PVC e *fiberglass*) e as chapas-sanduíche.

7.1 Chapas de aço

As chapas de aço galvanizado, de conformação ondulada, cujo uso já foi generalizado, estão sendo substituídas por telhas com outras conformações. As chapas com corrugação *trapezoidal*, por possuírem maior inércia que as onduladas e permitirem maior espaçamento entre vigas de apoio, têm praticamente o mesmo custo, tornando-se mais econômico utilizar esse tipo de conformação.

As chapas de aço galvanizado com pintura estão sendo muito empregadas, pois são encontradas em várias cores. Podem ser fabricadas em cores diferentes nos dois lados, o que permite aos arquitetos dar melhor acabamento estético aos edifícios industriais.

A iluminação natural pode ser obtida por meio de caixilhos de vidro ou pela introdução de chapas translúcidas moldadas no mesmo perfil das chapas de aço.

Por causa da resistência transmitida pelos perfis e dos grandes comprimentos disponíveis, esse tipo de tapamento de aço pode vencer apreciável distância entre suportes. Em alguns casos, de fato, as terças podem ser desprezadas e os tapamentos podem ser apoiados diretamente sobre a estrutura-suporte. Essa configuração está sendo adotada para telhado plano ou de pequena inclinação.

A Fig. 7.1 dá um resumo dos principais tipos de chapa de aço encontrados no mercado. A inclinação mínima recomendada para esse tipo de telha é de 5%, com uma sobreposição de 200 mm. Caso a inclinação seja inferior, é necessário o emprego de massa ou fita para vedação.

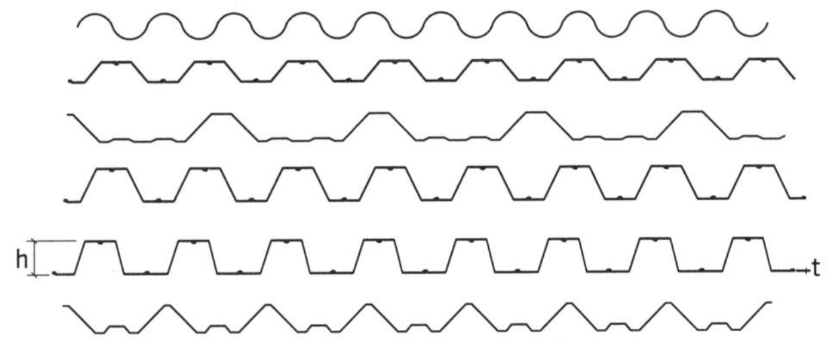

Tipo	Altura *h* (mm)	Espessura *t* (mm)	Vão máximo (m)	Peso (kg/m²)
Onduladas	17	0,43 a 1,25	Até 3,00	4,17 a 12,15
Trapezoidais	25 a 100	0,43 a 1,25	Até 7,50	4,00 a 13,33

Fig. 7.1 Tipos de chapas de aço

7.2 Chapas de alumínio

Como alternativa às chapas de aço, o alumínio pode ser usado tanto para os tapamentos laterais e frontais quanto para todo o telhado. As chapas de alumínio, como as de aço, podem ser obtidas em vários perfis. Embora as chapas de alumínio sejam mais caras que as de aço, elas pesam menos e, em grandes coberturas, podem apresentar um decréscimo de carga de peso próprio, com a correspondente diminuição de peso próprio da estrutura-suporte.

Contudo, existe uma restrição a esse respeito: dependendo das dimensões do telhado e do ângulo de inclinação, o efeito da carga de vento é o inverso do peso próprio. Portanto, uma estrutura mais leve requereria maior ancoragem que uma estrutura normal.

Para conseguir os efeitos de isolamento térmico, as chapas de alumínio necessitam de um revestimento com as mesmas características daquele das chapas de aço. Elas podem ser encontradas no mercado também pintadas de um ou dos dois lados.

Deve-se evitar o contato direto das telhas de alumínio com a estrutura metálica (aço) para eliminar a corrosão eletroquímica, o que é obtido através de pintura com tinta à base de cromato de zinco ou betuminosa, papelão betuminoso, madeira ou colagem de fitas especiais. O mesmo cuidado deve ser tomado nos pontos de fixação, onde os parafusos devem ser galvanizados ou cadmiados.

As chapas de alumínio são fáceis de manusear, mas suscetíveis de deformação ou mancha se a colocação não for realizada com o devido cuidado. O cimento e a cal atacam o alumínio. A Fig. 7.2 dá um resumo dos principais tipos encontrados no mercado. A inclinação mínima recomendada é de 10%, ou seja, 6°.

7.3 Chapas de fibrocimento

O peso das chapas de fibrocimento é bem maior que o do aço ou do alumínio, com o correspondente efeito sobre a estrutura-suporte. Encontra-se no mercado uma gama muito grande de tipos e alturas.

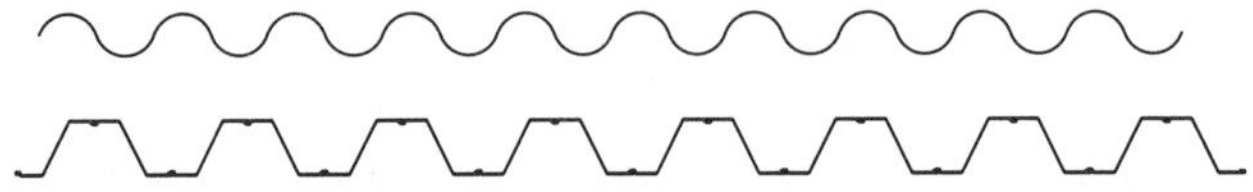

Tipo	Altura *h* (mm)	Espessura *t* (mm)	Vão máximo (m)	Peso (kg/m²)
Onduladas	17	0,5 a 0,8	1,80	1,69 a 3,4
Trapezoidais	38 a 40	0,5 a 1,0	2,80	1,69 a 3,4

Fig. 7.2 Tipos de chapa de alumínio

A Fig. 7.3 fornece como referência a declividade mínima admissível para cada tipo de telha e o vão máximo de utilização.

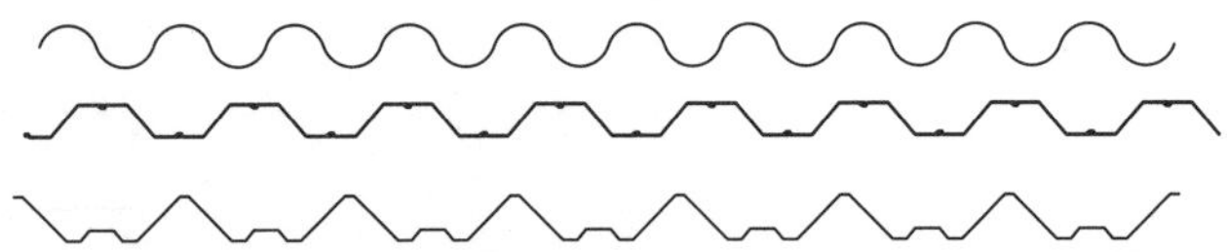

Tipo	Altura *h* (mm)	Espessura *t* (mm)	Declividade (%)	Vão máximo (m)	Peso (kg/m²)
Onduladas	51	6	10 a 15	1,69	18,0
		8	10 a 15	1,99	25,0
	125	6	10 a 15	3,96	25,0
		8	3 a 5	4,46	25,0
Trapezoidais	35	6	10 a 15	1,20	25,0
Canaletes	180	10	3 a 5	5,50	25,0
	244	8	3 a 5	7,00	25,0

Fig. 7.3 Tipos de chapa de fibrocimento

7.4 Chapas translúcidas

Têm por finalidade melhorar o índice de iluminação interna e são usadas, em partes, no revestimento. Apresentam variação muito grande e podem ser compatíveis com os vários formatos das demais telhas. Um exemplo de colocação dessas chapas é indicado na Fig. 7.4.

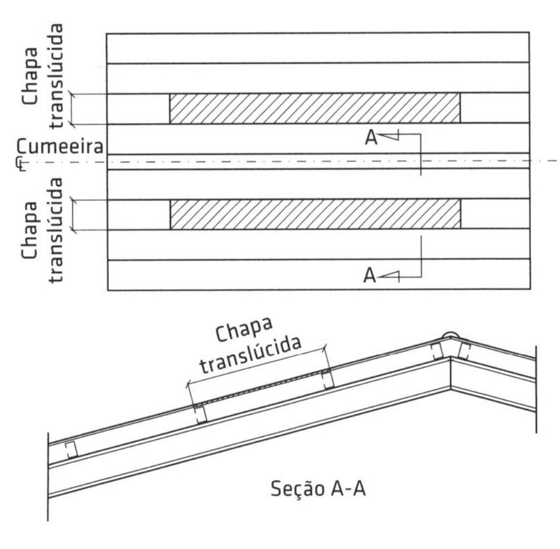

Fig. 7.4 Colocação de chapa translúcida

7.5 Chapas tipo sanduíche

São basicamente formadas por duas chapas, em cujo interior se coloca uma camada de um material isolante, como o poliuretano ou a lã de rocha, com a finalidade de dar melhor isolamento térmico à área a ser coberta. Como a resistência da telha-sanduíche é maior que a da isolada, trabalha-se com vãos maiores, até 4,00 m, com espessuras de chapas mais finas. Por exemplo: para uma espessura de chapa de aço isolada de 0,65 mm, pode-se trabalhar com duas de 0,50 mm.

Na Fig. 7.5 são mostrados dois tipos, um com a face inferior plana e outro com ambas as faces iguais.

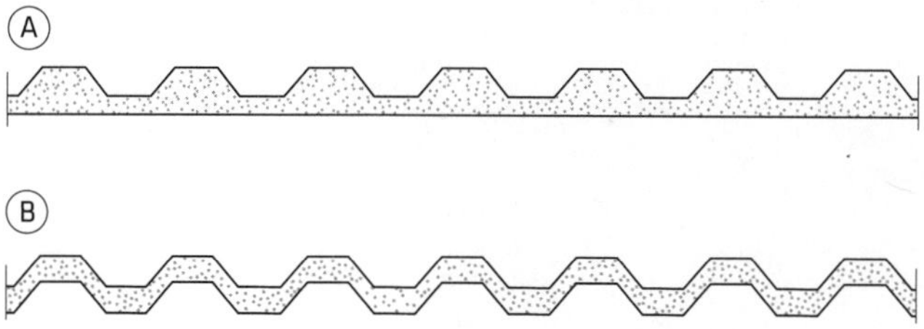

Fig. 7.5 Chapas tipo sanduíche: (A) face inferior plana e (B) ambas as faces iguais

Exemplo 7.1

Especificar a chapa de aço a ser colocada em uma cobertura para uma distância de 3,0 m entre terças, sujeitas a uma carga acidental de 500 N/m² e a uma pressão de vento de –970 N/m². As flechas a serem adotadas são:

- CP + CA → L/180;
- CP + CV → L/120.

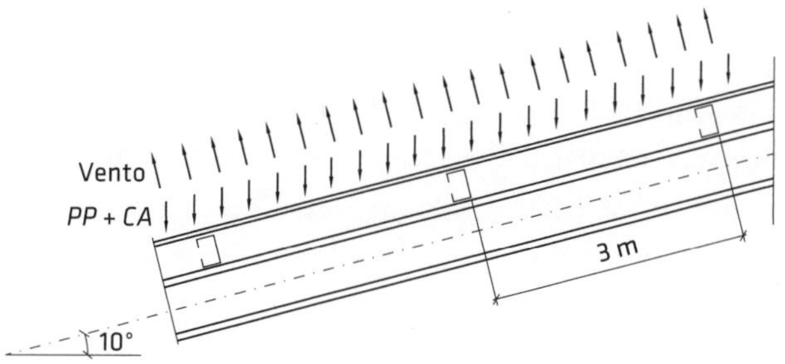

1ª hipótese
↓ CP telha 70 N/m²
↓ CA 500

↓ 570 N/m²

570 cos 10° = 560

2ª hipótese
↓ CP telha 70 N/m²
↓ CV –970

↓ –900 N/m²

As chapas listadas a seguir, para três apoios, foram extraídas da tabela C.39, do fabricante MBP-40.

Tipo	Vão	Flecha/ tensão	Carga admissível	Telha	N/m²
Similares MF-40, RF-40	3,0	L/120 L/180 Resistência	1.950 > 900 1.300 > 560 770 × 1,25 > 900	0,65	63,7

7.6 Detalhes construtivos

Especial atenção deve ser dada aos detalhes de fixação das telhas às terças e à costura entre elas. Ao calcular a pressão do vento sobre a cobertura e o tapamento, a própria norma de vento (NBR 6123) indica as zonas críticas mais sujeitas a arrancamento (Fig. 7.6A). Esse é realmente o grande problema, principalmente em região de ventos fortes ou em estruturas com coeficientes de pressão e sucção altos (Fig. 7.6B,C). Os catálogos dos fabricantes indicam a maneira de fixá-las de modo muito geral, não dando nenhuma ênfase às zonas críticas.

Ao trabalhar com espessura muito fina, 0,43 mm nas zincadas e 0,5 mm a 0,7 mm nas de alumínio, cuidados especiais devem ser tomados, pois essas telhas estão sujeitas a rasgamentos em regiões de sucções altas.

As goivas, com o formato da onda da telha, aumentam muito a resistência das telhas ao arrancamento e são usadas nas regiões de fortes ventos e grandes sucções.

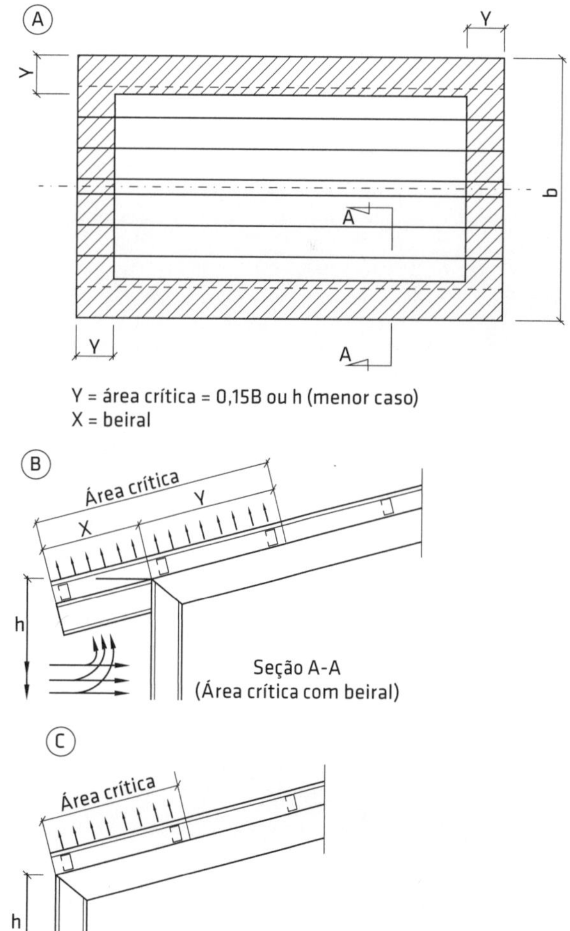

Fig. 7.6 Áreas críticas devidas ao vento em galpões

TERÇAS, VIGAS DE TAPAMENTO, CUMEEIRAS E ESCORA DO BEIRAL

8

8.1 Terças

São vigas colocadas na cobertura, situadas entre vigas principais ou secundárias de pórticos ou tesouras, com a finalidade de suportar as chapas de cobertura. Estão normalmente sujeitas às solicitações de flexão dupla e excepcionalmente a flexão simples (caso de telhado plano), provocadas pelas cargas que atuam sobre as telhas, como cargas acidentais (chuva, poeira, pessoas na cobertura) e cargas decorrentes do vento, que podem ser de pressão ou de sucção. É necessário verificar três hipóteses de carregamento com base no AISC:

- *CP* + *CA*;
- *CP* + *CV* (sucção);
- *CP* + *CA* + *CV* (pressão).

Caso seja utilizado um perfil conformado a frio, deve-se seguir as considerações da NBR 14762 e as combinações apropriadas para o uso da norma. Recomenda-se também a leitura do manual do Centro Brasileiro da Construção em Aço (CBCA) referente aos perfis conformados a frio.

8.2 Vigas de tapamento

São vigas situadas entre pórticos ou colunas com a finalidade de servir de apoio para as chapas de tapamento. Estão sujeitas a solicitações de flexão dupla: no sentido da maior inércia, provocada pela pressão ou pela sucção do vento, e no sentido da menor inércia, provocada pelo peso próprio das vigas e das chapas de tapamento. Os tipos de material mais empregados são apresentados na Fig. 8.1.

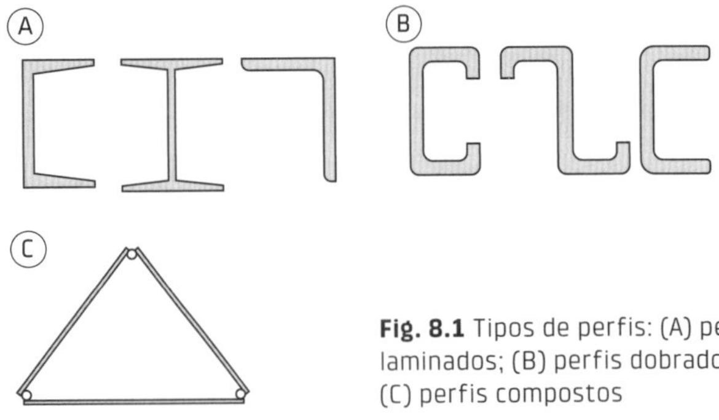

Fig. 8.1 Tipos de perfis: (A) perfis laminados; (B) perfis dobrados; (C) perfis compostos

Como as vigas de tapamento nada mais são do que terças colocadas na horizontal, com inclinação nula, tudo o que se disser daqui para a frente vale para ambas.

8.2.1 Pré-dimensionamento

Como caráter orientativo, é possível estabelecer para o pré-dimensionamento a seguinte relação segundo a NBR 8800:

$$d \cong L/40 \text{ a } L/60$$

Flecha $\Delta \leq L/250$ (CP + CA)

Flecha $\Delta \leq L/250$ (CP + CV)

sendo d = altura do perfil e L = vão livre.

As terças podem ser calculadas como vigas contínuas ou biapoiadas. Para diminuir o vão da terça no sentido da menor inércia, é comum a colocação de tirantes intermediários aos apoios, obtendo-se, com isso, uma terça mais econômica.

Normalmente, coloca-se um tirante para vãos até 5 m a 6 m das terças, e, acima disso, dois tirantes (Fig. 8.2).

Outro artifício bastante empregado quando a distância entre apoios é muito grande (> 8 m) é a colocação de mãos-francesas, que, além de diminuírem o vão, funcionam como um travamento na mesa inferior das vigas do pórtico ou no banzo inferior das treliças (Fig. 8.3).

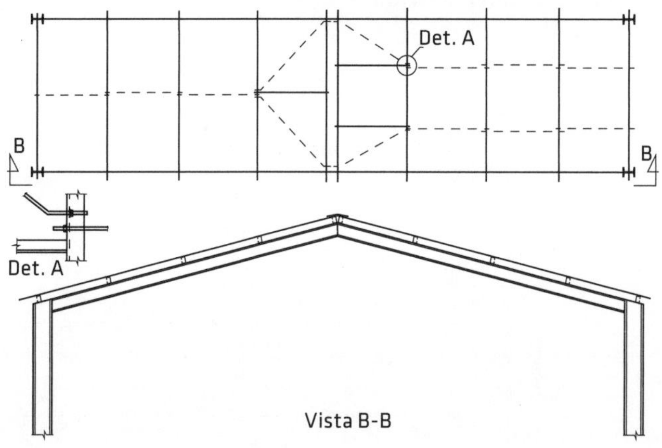

Fig. 8.2 Disposição de terças

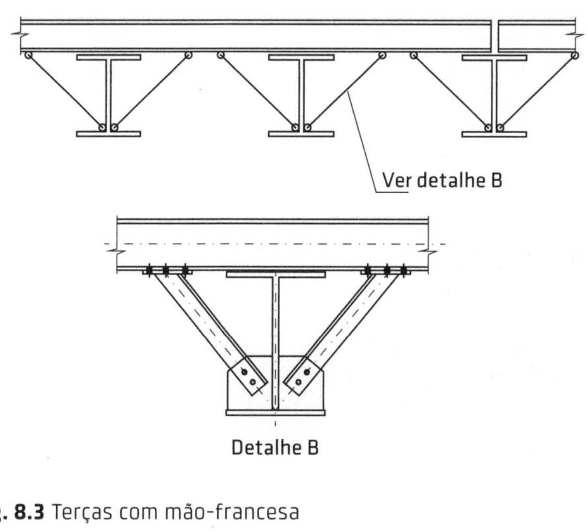

Fig. 8.3 Terças com mão-francesa

Os tipos de fixação mais usuais para as terças nos apoios são ilustrados na Fig. 8.4.

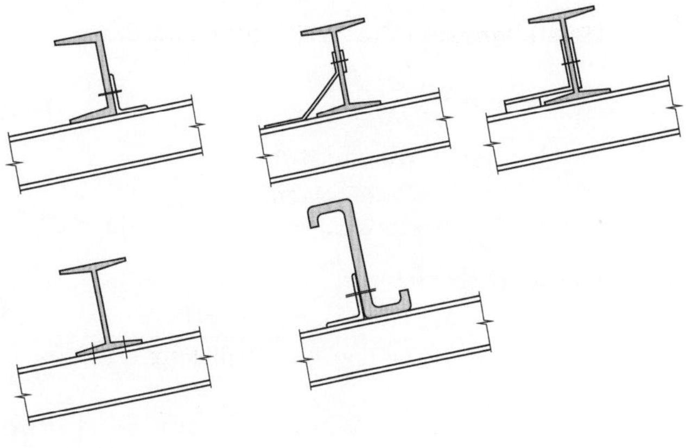

Fig. 8.4 Apoio de terças

Exemplo 8.1

Dimensionar uma terça para um vão de 6,0 m sujeita, além do peso próprio, a uma carga acidental de 250 N/m² e a uma pressão de sucção de vento de 1.060 N/m². O espaçamento entre as terças é de 3 m, e a inclinação do telhado, de 15°. Dimensioná-la como biapoiada, com um tirante no meio.

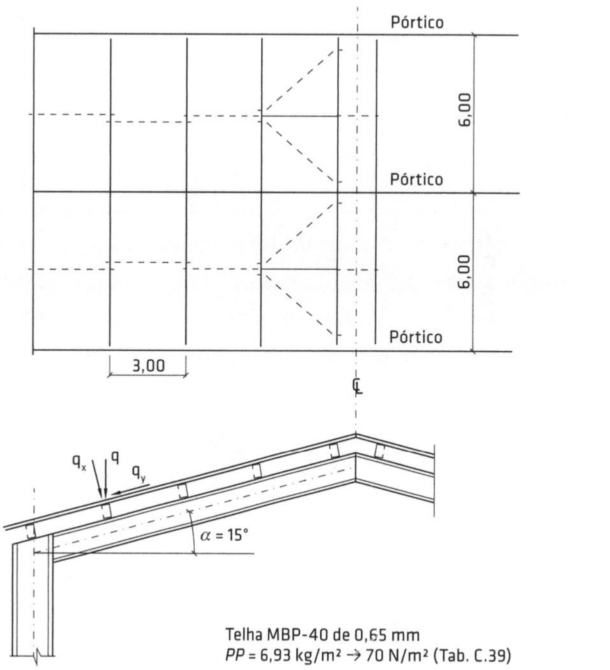

Telha MBP-40 de 0,65 mm
PP = 6,93 kg/m² → 70 N/m² (Tab. C.39)

1ª hipótese: $CP + CA$

↓ Chapa zincada 0,070
↓ Terça + tirante 0,050

0,12 kN/m²
↓ CA 0,25

0,37 kN/m²

$q = 0{,}37 \times 3 = 1{,}11$ kN/m

← $q_x = 1{,}11 \cos 15° = 1{,}072$ kN/m

↓ $q_y = 1{,}11 \text{ sen } 15° = 0{,}287$ kN/m

$M_{SX} = 1{,}072 \times 6^2/8 = 4{,}824$ kNm

$M_{SY} = 0{,}287 \times 3^2/8 = 0{,}323$ kNm

2ª hipótese: $CP + CV$

↓ Chapa zincada 0,070
↓ Terça + tirante 0,050

0,120
↑ CV −1,06 kN/m²

↑ $q_x = (-1{,}06 + 0{,}12 \cos 15°)3 = 2{,}83$ kN/m

← $q_y = (0{,}12 \text{ sen } 15°)3 = 0{,}093$ kN/m

$M_{SX} = 2{,}83 \times 6^2/8 = 12{,}74$ kNm

$M_{SY} = 0{,}093 \times 3^2/8 = 0{,}105$ kNm

Dimensionamento

Seja U laminado 152 × 12,2 kg/m (Tab. C.3):

$$I_x = 546 \text{ cm}^4$$
$$W_x = 72 \text{ cm}^3$$
$$W_y = 8,2 \text{ cm}^3$$
$$f_y = 25 \text{ kN/cm}^2$$

i) 1ª hipótese: *CP + CA*

$$M_{RX} = 72 \times 0,6 \times 25 = 1.080 \text{ kNcm}$$
$$M_{RY} = 8,2 \times 0,6 \times 25 = 123 \text{ kNcm}$$

$$\frac{482,4}{1.080} + \frac{32,3}{123} = 0,70 < 1,0 \text{ OK}$$

$$\Delta_X = \frac{5q \cdot l^4}{384E \cdot I_X} = \frac{5 \times 0,0111 \times 600^4}{384 \times 20.000 \times 546}$$
$$= 1,71 < \frac{600}{250} = 2,40 \text{ cm} \qquad \text{OK (NBR 8800/08)}$$

ii) 2ª hipótese: *CP + CV* (acréscimo devido ao vento = 1,25)

$$M_{RX} = 1.080 \times 1,25 = 1.350 \text{ kNcm}$$
$$M_{RY} = 123 \times 1,25 = 154 \text{ kNcm}$$

$$\frac{1.274}{1.350} + \frac{10,5}{154} = 1,0 = 1,0 \text{ OK}$$

$$\Delta_X = \frac{5q \cdot l^4}{384E \cdot I_X} = \frac{5 \times 0,0283 \times 600^4}{384 \times 20.000 \times 546}$$
$$= 4,37 < \frac{600}{250} = 2,40 \text{ cm} \qquad \text{Não OK}$$

Verifica-se que essa terça está com as tensões iguais à admissível, porém a flecha não está OK para a 2ª hipótese. A solução para minorar esses efeitos é fazê-la contínua, em dois vãos, o que reduziria ligeiramente as tensões e sensivelmente a flecha para:

$$\Delta_X = \frac{q_X \cdot l^4}{184E \cdot I_X} = \frac{0,0283 \times 600^4}{184 \times 20.000 \times 546}$$
$$= 1,83 \text{ cm} < 2,40 \text{ cm} \qquad \text{OK}$$

Seja U 200 × 75 × 25 × 3,42 × 10,02 kg/m em perfil de chapa dobrada:

$$I_x = 766 \text{ cm}^4$$
$$W_x = 76,0 \text{ cm}^3$$
$$W_y = 18,4 \text{ cm}^3$$

Aço CF24 – NBR 6649 $\quad f_y = 23,50 \text{ kN/cm}^2$

Cálculo aproximado:

i) 1ª hipótese

$$M_{RX} = 76 \times 0,6 \times 23,5 = 1.072 \text{ kNcm}$$
$$M_{RY} = 18,4 \times 0,6 \times 23,5 = 259 \text{ kNcm}$$

$$\frac{482,4}{1.072} + \frac{32,3}{259} = 0,57 < 1,0 \text{ OK}$$

ii) 2ª hipótese

$$M_{RX} = 76 \times 0,6 \times 23,5 \times 1,25 = 1.340 \text{ kNcm}$$
$$M_{RY} = 18,4 \times 0,6 \times 23,5 \times 1,25 = 324 \text{ kNcm}$$

$$\frac{1.274,4}{1.340} + \frac{10,50}{324} = 0,98 < 1,0 \text{ OK}$$

$$\Delta_X = 4,37 \frac{546}{766} = 3,12 < 5,0 \text{ cm OK}$$

Observação: o projetista não deve levar em consideração apenas o peso na hora de indicar o material, mas também o preço e a disponibilidade de mercado.

O cálculo da terça em chapa dobrada é aproximado. O correto é fazê-lo de acordo com a NBR 14762.

Exemplo 8.2

Dimensionar uma viga de tapamento para um vão de 5,0 m, espaçada a 2,5 m, sujeita à pressão de vento de 600 N/m². Calculá-la como contínua.

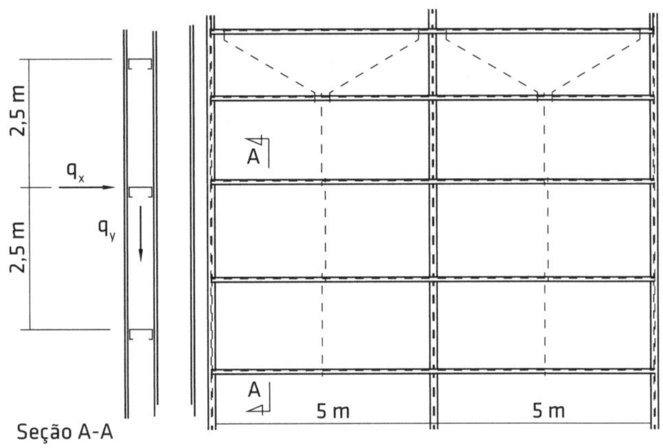

Telha MBP-40 de 0,43 mm
PP = 4,21 × 5 kg/m² (Tab. C.39)
q_x = 600 × 2,5 = 1.500 kN/m

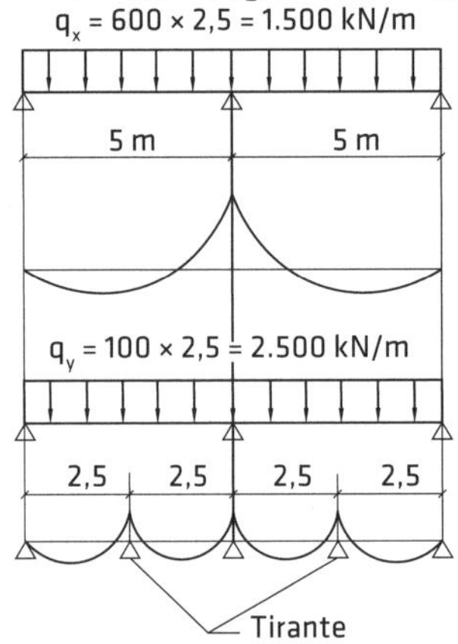

CP – Vigas de tap. + tirantes = 0,050 kN/m²
Telha zincada = 0,050

0,100 kN/m²

CV = 0,60 kN/m²

→ q_x = 0,60 × 2,5 = 1,50 kN/m $\qquad M_{SX} = 1,50 \times 5^2/8 = 4,69$ kNm

↓ q_y = 0,10 × 2,5 = 0,25 kN/m $\qquad M_{SY} = 0,25 \times 2,5^2/14 = 0,11$ kNm

Seja U laminado 102 × 8,03 kg/m (Tab. C.3):

$$I_x = 162 \text{ cm}^4 \qquad W_x = 31{,}4 \text{ cm}^3$$

$$I_y = 13{,}7 \text{ cm}^4 \qquad W_y = 4{,}75 \text{ cm}^3$$

$$M_{RX} = 31{,}4 \times 0{,}6 \times 25 \times 1{,}25 = 589 \text{ kNcm}$$

$$M_{RY} = 13{,}7 \times 0{,}6 \times 25 \times 1{,}25 = 257 \text{ kNcm}$$

$$\frac{469}{589} + \frac{11}{257} = 0{,}84 < 1{,}0 \text{ OK}$$

$$\Delta_x = \frac{q_x \cdot l^4}{184E \cdot I_x} = \frac{0{,}015 \times 500^4}{184 \times 20.000 \times 31{,}4}$$

$$= 1{,}57 \text{ cm} < 500/250 = 2{,}00 \text{ cm OK}$$

$$\Delta_y = \frac{q_y \cdot l^4}{184E \cdot I_x} = \frac{0{,}0025 \times 500^4}{184 \times 20.000 \times 13{,}7}$$

$$= 0{,}19 \text{ cm} < 250/250 = 1{,}00 \text{ cm OK}$$

8.3 Cumeeira

A cumeeira é formada pelas duas terças localizadas no topo do pórtico, interligadas por meio de chapas ou outro tipo de armação (Fig. 8.5). Está também sujeita a solicitações de flexão simples ou dupla, mas recebe aproximadamente a metade da carga. Se está situada em um nó do contraventamento do plano das terças, além das solicitações citadas, deve-se adicionar as de compressão, por causa do vento frontal. Os demais procedimentos de cálculo são iguais aos das terças.

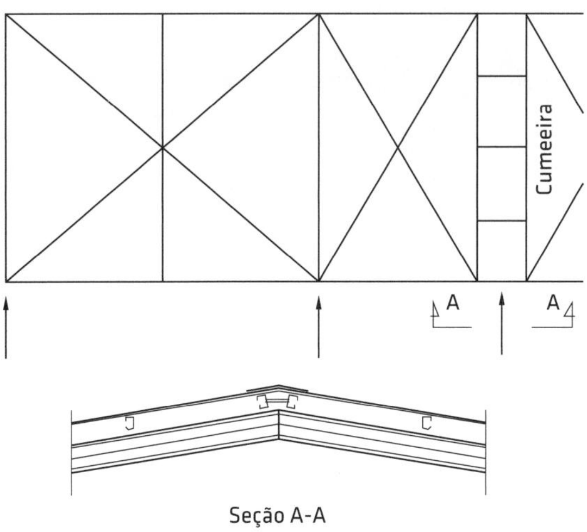

Fig. 8.5 Disposição da cumeeira

8.4 Tirantes das terças e das vigas de tapamento (correntes)

São barras redondas colocadas entre apoios dessas vigas, com a finalidade de reduzir o vão entre elas no sentido da menor inércia, e estão unicamente sujeitas a esforços de tração (Fig. 8.6).

Os diâmetros normalmente usados são de 16 mm, para ficarem coerentes com o diâmetro dos parafusos. Em galpões pequenos e leves, pode-se adotar um diâmetro menor, em torno de 12,5 mm.

Coloca-se, normalmente, um tirante para distâncias entre apoios de vigas até 6 m e dois para vãos maiores (Fig. 8.7).

Com relação à altura das terças, os tirantes, para serem eficientes, devem ser colocados nas seguintes posições: no meio, para perfis com altura até 152 mm (Fig. 8.6A); nos terços superiores, se há predominância de carga vertical por causa de CP + CA; ou no terço inferior, se há predominância de vento (sucção). Uma alternativa que resolve esses casos é apresentada na Fig. 8.6B.

Quando o painel do tapamento é muito grande, ultrapassando a resistência do diâmetro estabelecido, pode-se usar a distribuição da Fig. 8.7C.

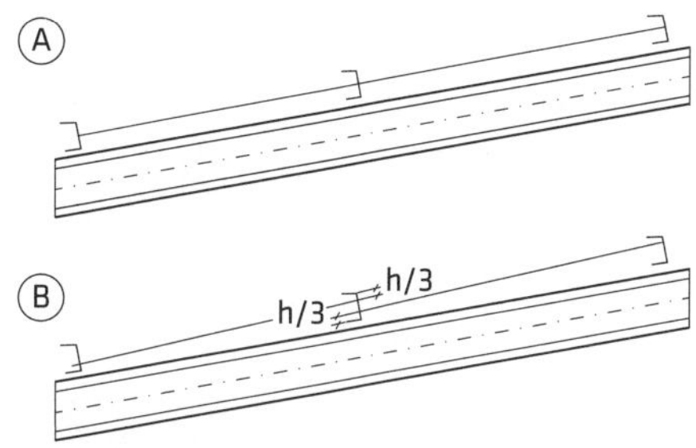

Fig. 8.6 Ligação de tirantes com terças

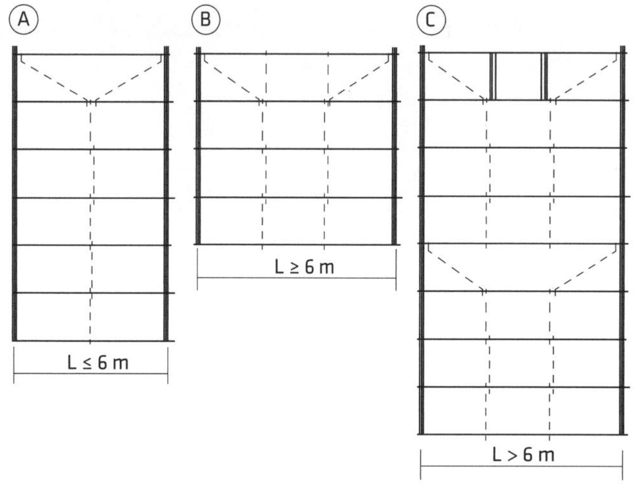

Fig. 8.7 Esquemas para colocação de tirantes

Exemplo 8.3

Considerando as cargas do Exemplo 8.1 e tendo em conta a figura lá apresentada, calcular o diâmetro dos tirantes.

$$CP + CA = 0{,}37 \cdot \text{sen } 15° = 0{,}096 \text{ kN/m}^2$$

$$A_f = 3{,}0 \times 12{,}0 = 36{,}0 \text{ m}^2$$

$$R_T = 0{,}096A_f = 0{,}096 \times 36 = 3{,}46 \text{ kN}$$

Aço SAE 1020 → $F_T = 0{,}38 f_u = 0{,}38 \times 38{,}70$
$= 14{,}70$ kN/cm² (Tab. 2.10)
$A_n = R_T/F_T = 3{,}46/14{,}70 = 0{,}235$ cm²

$$A_n = \frac{\pi \cdot D^2}{4} \rightarrow D = \sqrt{\frac{4 \times 0{,}235}{3{,}1416}} = 0{,}54 \text{ cm} = 5{,}40 \text{ mm}$$

em que:
A_f = área de influência;
A_n = área necessária.

Usar Ø mínimo de 12,5 mm.

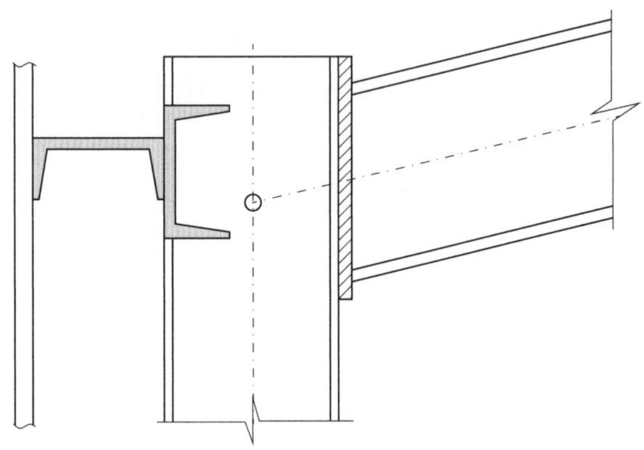

Fig. 8.8 Escora do beiral em perfil composto formado por 2 Us

8.5 Escora do beiral

São barras simples ou compostas situadas próximo ao nó formado pela coluna com a viga do pórtico ou da tesoura, tendo por finalidade dar estabilidade às colunas no sentido longitudinal. Há várias maneiras de colocar a escora, como:

- Reforçar a viga de tapamento com outro perfil. Nesse caso, é preciso verificar esse perfil composto à flexão composta com aproximadamente a metade da carga. É também necessário verificá-la à flexão dupla com compressão devida ao vento frontal. Essa solução é adotada para galpões leves e médios de pouca altura (~10 m) (Fig. 8.8).
- Outra solução é desvincular o tapamento da escora. Com isso, ela estará sujeita apenas aos esforços de flexocompressão, sendo a flexão devida ao peso próprio e às cargas das vigas dos pórticos e das tesouras secundárias, se existirem, e a compressão devida ao vento frontal (Figs. 8.9 a 8.11).

Essas soluções são adotadas para galpões médios e pesados, com pontes rolantes cujas cargas são maiores que 200 kN, ou quando é necessário duplicar a distância entre colunas, em que a escora serve também de viga de apoio para o pórtico intermediário.

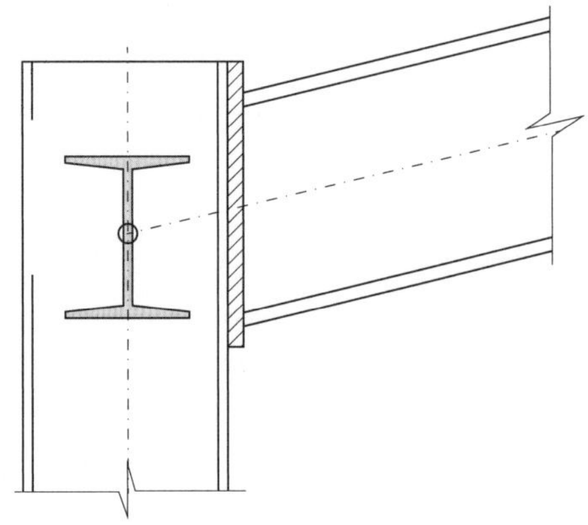

Fig. 8.9 Escora do beiral em perfil I ou H laminado ou soldado

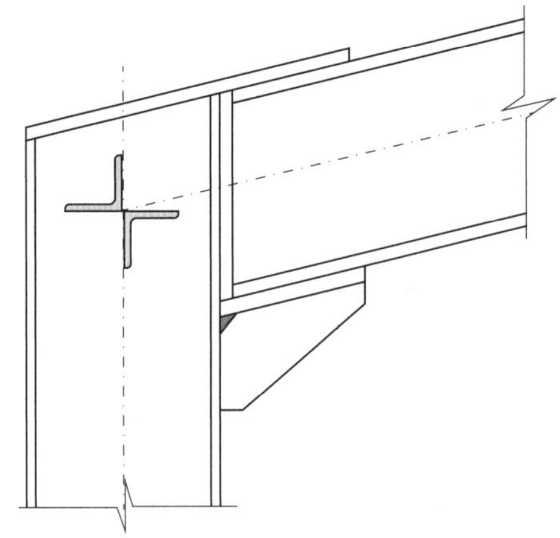

Fig. 8.10 Escora do beiral em perfil composto formado por 2 Ls

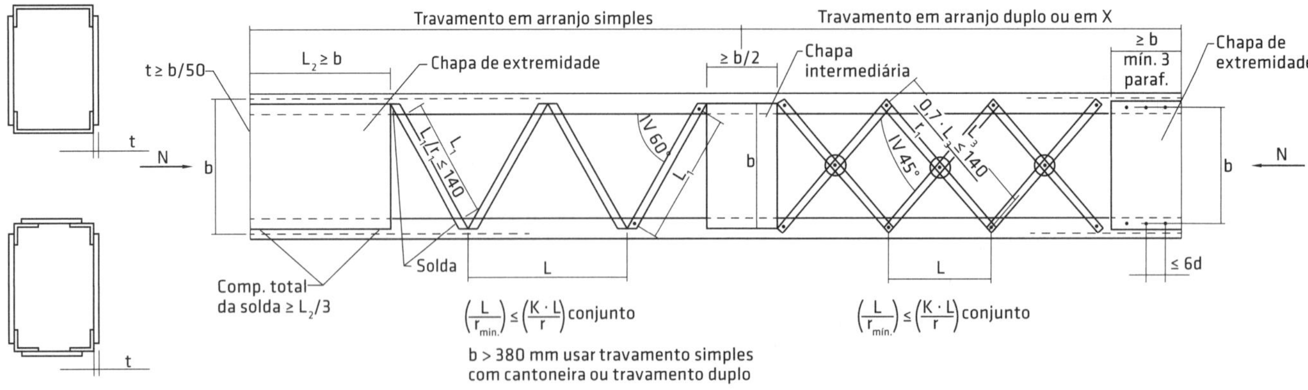

Fig. 8.11 Escora do beiral em perfil composto formado por 2 Us ou 4 Ls

Exemplo 8.4

Dimensionar uma escora do beiral formada por 2 Us laminados 102 × 8,03 kg/m para suportar as cargas dadas:

$$M_{SX} = 240 \text{ kNcm} \qquad M_{SY} = 28 \text{ kNcm}$$

$$N_S = 29{,}0 \text{ kN (vento)} \qquad f_y = 25 \text{ kN/cm}^2$$

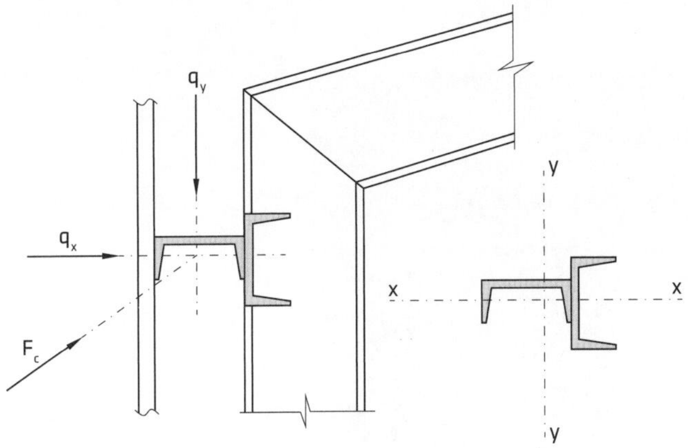

$L_x = L_y = 500$ cm $\quad \lambda_c \le 200$

$r_x = r_y = 500/200 = 2{,}5$ cm

⊓⊏ 102 × 8,03 $\quad A = 20{,}2$ cm² $\quad W_y = 34$ cm³

$W_x = 44$ cm³ $\quad r_x = 4{,}3$ cm $\quad r_y = 3{,}0$ cm

$$M_{RX} = 44 \times 0{,}6 \times 25 \times 1{,}25 = 825 \text{ kNcm}$$

$$M_{RY} = 34 \times 0{,}6 \times 25 \times 1{,}25 = 638 \text{ kNcm}$$

$$N_R = 20{,}2 \times 3{,}82 = 77 \text{ kN}$$

$$\lambda = 500/3{,}0 = 167 \rightarrow F_a = 3{,}82 \text{ kN/cm}^2 \text{ (Tab. A.2)}$$

$$\frac{N_S}{N_R} = \frac{29}{77} = 0{,}37 > 0{,}20 \rightarrow \frac{29}{0{,}77} + \frac{8}{9}\left(\frac{240}{825} + \frac{28}{638}\right)$$

$$= 0{,}37 + 0{,}30 = 0{,}67 < 1 \qquad \text{OK}$$

Exemplo 8.5

Dimensionar uma escora do beiral formada por 2 Us laminados travejados para suportar as seguintes cargas:

$$M_{SX} = 1.200 \text{ kNcm} \qquad M_{SY} = 0$$

$$N_S = 80 \text{ kN (vento)} \qquad f_y = 25 \text{ kN/cm}^2$$

Dimensionamento dos [ ]

$L_x = L_y = 700$ cm $\quad \lambda \le 200 \quad r_x = r_y = 700/200 = 3{,}5$ cm

[ ] 152 × 12,2 kg/m $\quad A = 15{,}5 \times 2 = 31$ cm² (Tab. C.3)

$W_x = 72 \times 2 = 144$ cm³ $\quad r_x = 5{,}94$ cm $\quad I_y = 29$ cm⁴

$$r_{yc} = \sqrt{\frac{I_{yc}}{A}} = \sqrt{\frac{31 \times 33{,}7^2 + 2 \times 29}{31}} = 33{,}73 \text{ cm}$$

$$r_y \text{ isolado} = 1{,}36 \text{ cm}$$

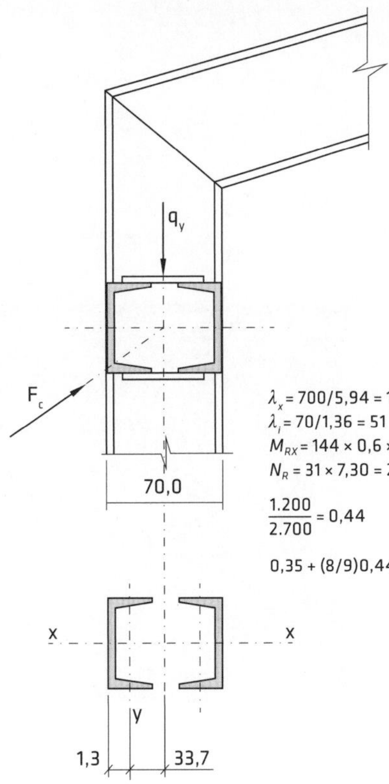

$\lambda_x = 700/5{,}94 = 118 \rightarrow F_a = 7{,}30$ kN/cm² (Tab. A.2)

$\lambda_l = 70/1{,}36 = 51$

$M_{RX} = 144 \times 0{,}6 \times 25 \times 1{,}25 = 2.700$ kNcm

$N_R = 31 \times 7{,}30 = 226$ kN

$\frac{1.200}{2.700} = 0{,}44 \qquad \frac{80}{226} = 0{,}35 > 0{,}20$

$0{,}35 + (8/9)0{,}44 = 0{,}75 < 1{,}0$ Ok

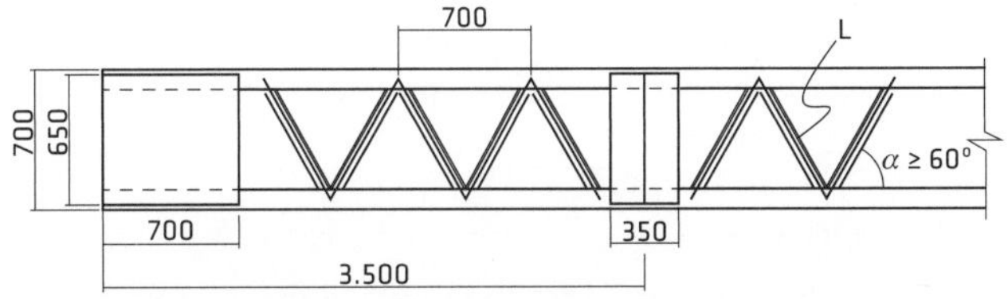

Dimensionamento das diagonais

$L_1/r_1 \le 140 \qquad L_1 = 78$ cm $\qquad r_{nec} = 78/140 = 0{,}56$ cm

L 44 × 44 × 3,2 mm

$r_{mín} = 0{,}89 > 0{,}56$ OK

Dimensionamento das chapas de amarração

Chapa extrema

$b = 650$ mm $\qquad L_2 = 700$ mm

$$t \ge \frac{b}{50} = \frac{650}{50} = 13{,}0 \rightarrow 12{,}5 \text{ mm}$$

Chapa intermediária

$b = 350$ mm $\qquad L_2 = 700$ mm

$$t_1 \ge \frac{b}{50} = \frac{350}{50} = 7{,}0 \rightarrow 8{,}0 \text{ mm}$$

CONTRAVENTAMENTOS

9

9.1 Definição

Contraventamentos são barras colocadas nas estruturas com a finalidade de garantir a estabilidade do conjunto durante sua vida útil e durante a fase de montagem, bem como dar ao edifício uma rigidez espacial. Deve-se distinguir entre os contraventamentos horizontais, que se encontram no plano das terças (superiores) ou das cordas (inferiores) das tesouras ou vigas do pórtico, e os verticais, que se encontram entre pilares. Os contraventamentos estão sujeitos, basicamente, aos esforços de tração e/ou compressão. Suas principais formas são ilustradas na Fig. 9.1.

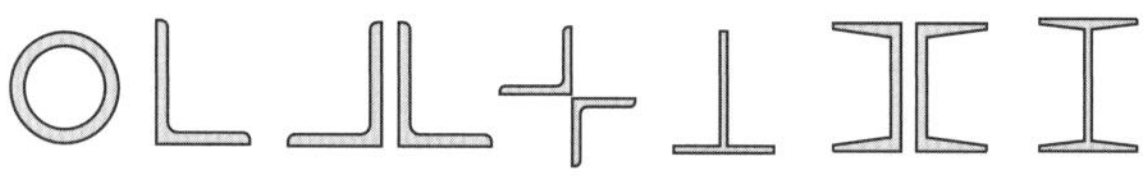

Fig. 9.1 Principais formas de contraventamento

9.2 Contraventamentos horizontais

Adicionalmente ao que já foi especificado, funcionam também para distribuir as cargas de vento e os impactos laterais provocados pela ação das pontes rolantes. A finalidade básica dos frontais, além de dar estabilidade à estrutura, é distribuir a carga de vento, podendo estar situados no plano das terças e/ou das cordas.

Além das partes frontais, são colocados a intervalos de até 50 m a 60 m para estruturas com comprimento superior a esses valores (Figs. 9.2 e 9.3).

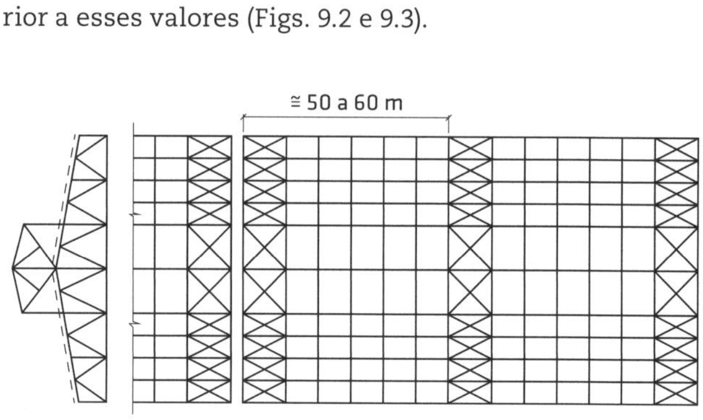

Fig. 9.2 Contraventamentos no plano das terças

A finalidade dos laterais é distribuir as cargas de vento (caso existam colunas de tapamento laterais) e os impactos laterais das pontes rolantes (Figs. 9.4 e 9.5).

Outro fator que deve ser lembrado é que a simples colocação dos contraventamentos horizontais laterais permite melhor distribuição das cargas horizontais e, com isso, redução não só dos momentos na base das colunas, mas também dos deslocamentos.

Em experiências feitas calculando-se o edifício industrial como espacial e contando-se com a distribuição dos

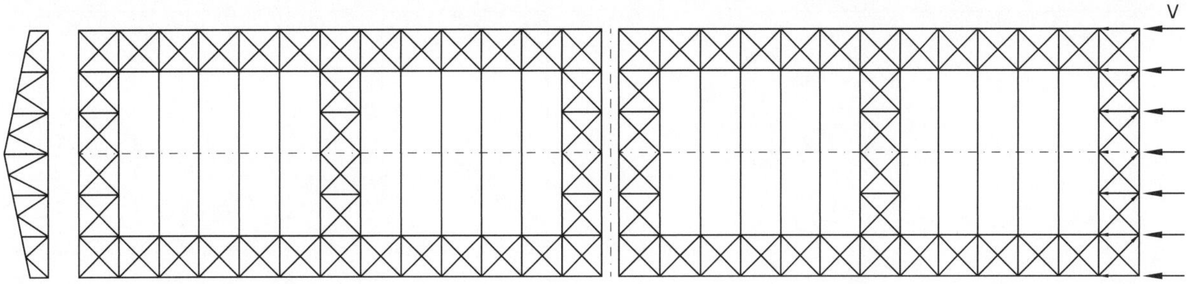

Fig. 9.3 Contraventamentos nas cordas inferiores das tesouras

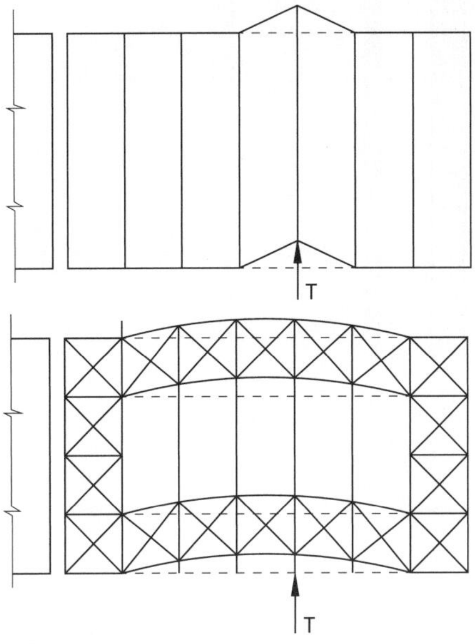

Fig. 9.4 Deformação transversal da estrutura, causada pela carga local devida à ponte rolante

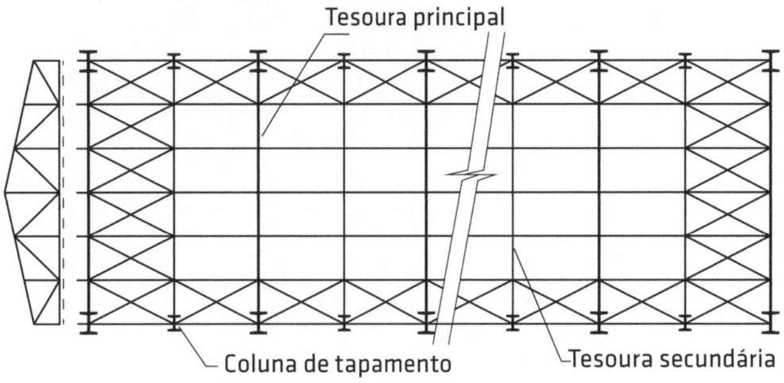

Fig. 9.5 Contraventamentos nas cordas inferiores das tesouras para colunas principais com espaçamento duplo

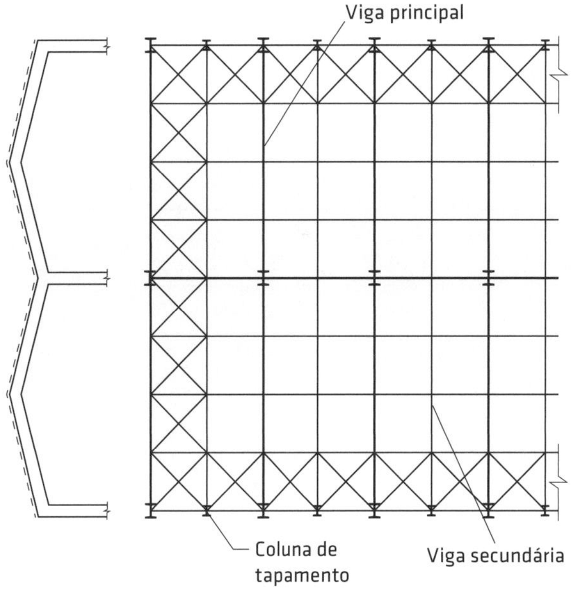

Fig. 9.6 Contraventamentos no plano das terças para edifício industrial aporticado geminado

contraventamentos, foi obtida uma redução de 15% a 20% das cargas horizontais e dos momentos na base.

Quando o número de vãos é igual ou superior a dois (geminados) com mesma altura, é desnecessário colocar contraventamentos longitudinais nas barras inferiores das tesouras nas filas intermediárias (Fig. 9.6).

De forma geral, para contraventamentos horizontais, a esbeltez-limite é de $\lambda_t < 300$ para barras tracionadas (não se aplica a barras redondas) e $\lambda_c < 200$ para barras comprimidas.

9.2.1 Sistema de contraventamento

Existe uma série de maneiras de dispor os contraventamentos na cobertura dos edifícios industriais, como indicado nas Figs. 9.5 a 9.8.

No cálculo dos contraventamentos frontais, aplica-se apenas a reação da carga de vento das colunas do tapamento, que pode ser de pressão ou sucção, e dimensiona-se a tração, embora haja cruzamento das diagonais (Fig. 9.9), ou dimensionam-se as diagonais à compressão, o que é antieconômico.

9.3 Contraventamentos verticais

Além de garantir a estabilidade da estrutura, os contraventamentos verticais são responsáveis pela condução das cargas superiores de vento e ponte rolante (força longitudinal) até as fundações.

Os contraventamentos normalmente são dispostos como na Fig. 9.10, procurando-se colocar o da parte inferior próximo ao meio do comprimento longitudinal para permitir melhor dilatação do edifício.

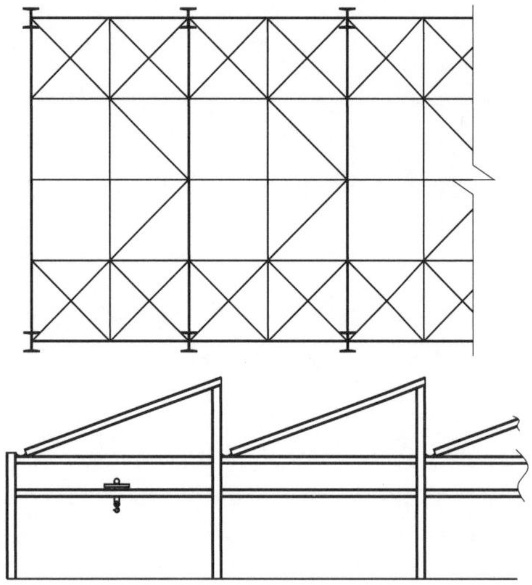

Fig. 9.7 Contraventamentos no plano das terças para *sheds* em vigas de alma cheia

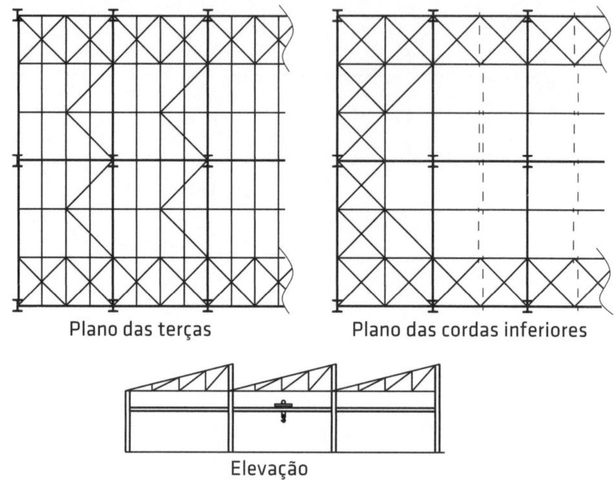

Fig. 9.8 Contraventamentos no plano das terças e corda inferior de *sheds* em meia tesoura

Existe uma variedade de tipos de contraventamentos verticais usados comumente em edifícios industriais, como os indicados nas Figs. 9.11 a 9.13.

Para galpões sem ponte rolante, a esbeltez-limite corresponde a $\lambda_t \leq 300$ (tração) e $\lambda_c \leq 200$ (compressão). Já para galpões com ponte rolante, a esbeltez-limite acima da viga de rolamento equivale a $\lambda_t \leq 300$ e $\lambda_c \leq 200$ e, abaixo da viga de rolamento, a $\lambda_t \leq 250$ e $\lambda_c \leq 150$.

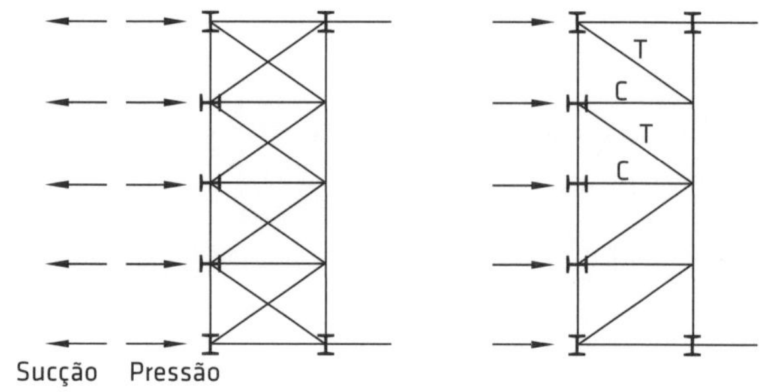

Fig. 9.9 Esquema para cálculo do contraventamento frontal

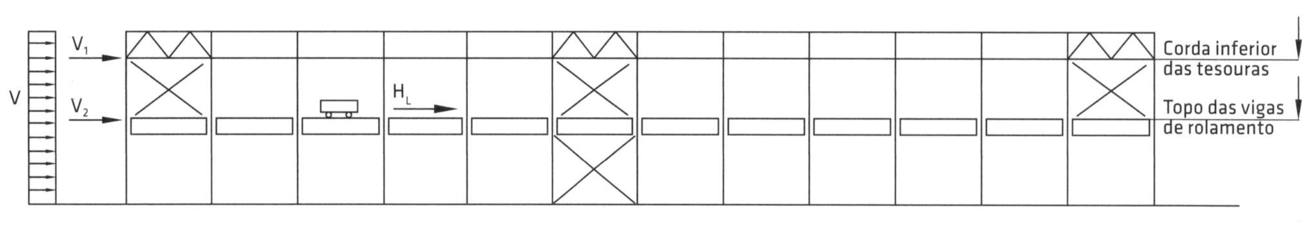

Fig. 9.10 Contraventamentos verticais entre colunas

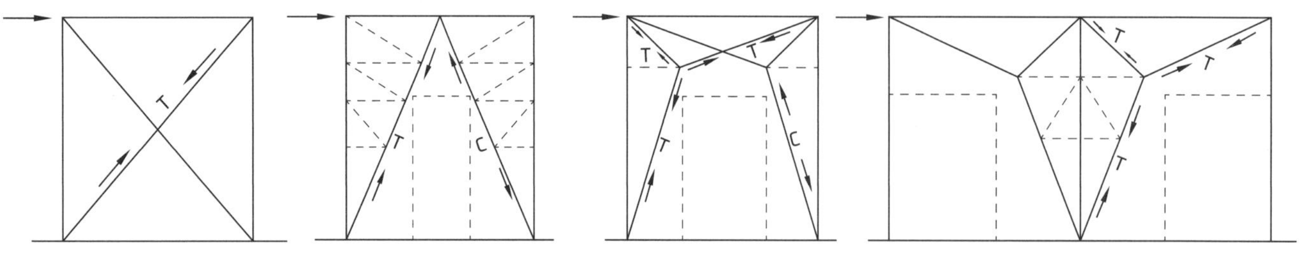

Fig. 9.11 Sistemas de contraventamento vertical para edifícios sem ponte rolante

Exemplo 9.1

Dimensionar o contraventamento horizontal frontal sujeito a reações causadas pelo vento das colunas de tapamento, de acordo com o esquema da figura a seguir (cargas em kN).

Resolvendo por Cremona, têm-se:

$bc = 37{,}7$ kN $\quad ef = 12$ kN $\quad ce = 30$ kN $\quad fh = 20$ kN

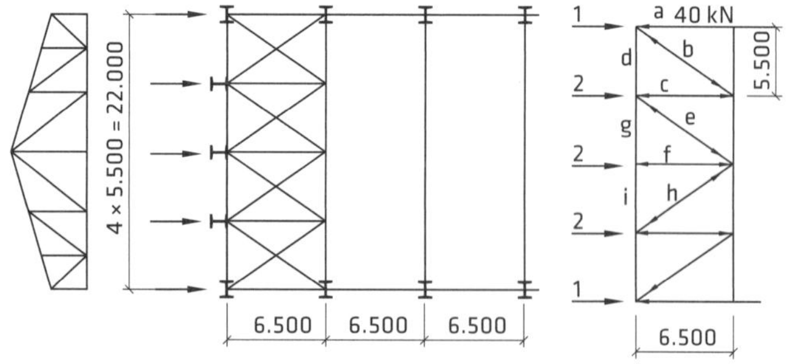

Dimensionamento

Barras *b-c*, *e-f* = 37,70 kN (tração)

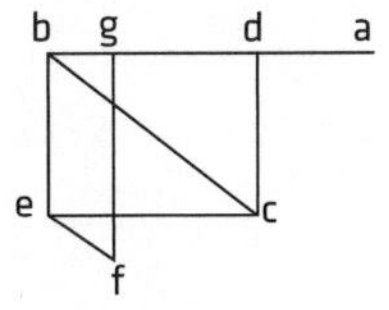

$\ell_Y = 852$ cm $\quad \ell_x = 426$ cm

$\lambda_t = 300 \quad r_{xnec} = 426/300 = 1,42$ cm

$r_{ynec} = 852/300 = 2,84$ cm

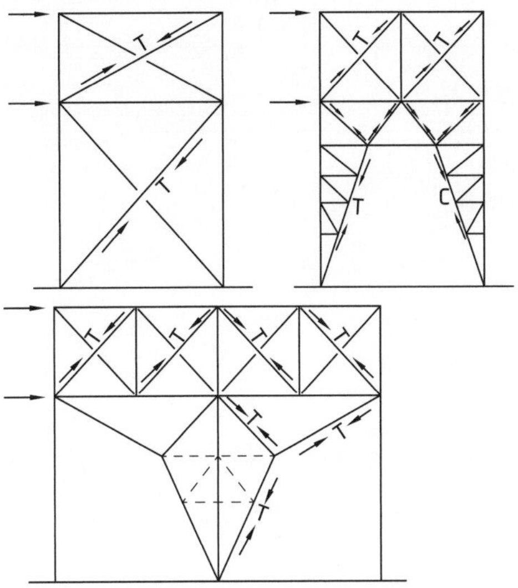

Fig. 9.12 Sistemas de contraventamento vertical para edifícios com ponte rolante

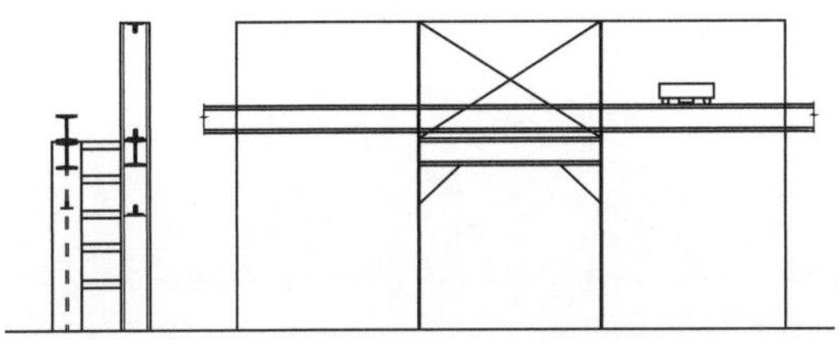

Fig. 9.13 Sistema de travamento aporticado paralelo à viga de rolamento (quando não se pode usar contraventamento)

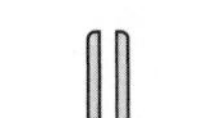

$64 \times 64 \times 4,8 \quad A = 11,60$ cm² $\quad r_y = 2,98 > 2,84$

$$A_e = (11,6 - (1,6 + 0,35)0,48)) \times 0,6 = 6,40$$

$$C_t = 0,60 \text{ (ver seção A.2)}$$

$$N_R = 0,6 \times 25 \times 11,60 \times 1,25 = 217,5 > 37,70$$

Ligação soldada

$$N_R = 0,6 \times 25 \times 6,4 = 96 > 18,75$$

Ligação com parafuso ϕ 16 mm

Barras *c-e*, *f-h* = –30 kN

$\ell_Y = \ell_x = 650$ cm $\quad \lambda_c = 200$

$r_x = r_{ymín} = 650/200 = 3,25$ cm

1ª alternativa

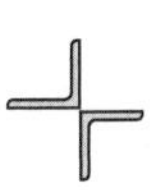

102 × 102 × 6,4 (Tab. C.10)

$A = 25,02$ cm²

$r_x = 4,0 > 3,25$

$r_y = 4,78 > 3,25$

$\lambda_x = 650/4,0 = 163 \rightarrow$

$F_a = 4,00$ kN/cm² (Tab. A.4)

$N_R = 25,02 \times 4,00 \times 1,25$

$= 125 > 30$ kN OK

2ª alternativa

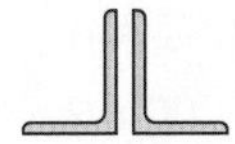

102 × 76 × 6,4 (Tab. C.12)

$A = 21,8$ cm²

$r_y = 3,28 > 3,25$

$\lambda_x = 650/3,28 = 198 \rightarrow$

$F_a = 2,72$ kN/cm²

$N_R = 21,8 \times 2,72 \times 1,25$

$= 74 > 30$ kN OK

Exemplo 9.2

Dimensionar o contraventamento vertical situado entre duas colunas principais de um galpão com ponte rolante de 300 kN, conforme a figura a seguir.

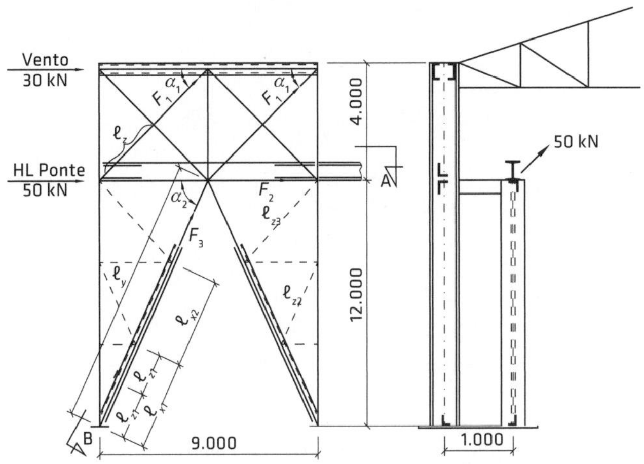

Acima da viga de rolamento

$$F_1 = 30/\cos \alpha_1$$

sendo $\cos \alpha_1 = 4,5/\sqrt{4,0^2 + 4,5^2} = 0,747$, $F_1 = 40,1$ kN

$\lambda_t < 300 \quad \ell_x = 602$ cm $\quad \ell_z = 301$ cm

$r_{xnec} = 602/300 = 2,0$ cm $\quad r_z = 301/300 = 1,0$ cm

L 64 × 64 × 6,4 (Tab. C.7) $\quad A = 7,67$ cm²

$r_x = 1,96$ cm $\cong 2,0 \quad r_z = 1,24$ cm $> 1,0$ OK

Solução parafusada ϕ 16 mm $\quad 1,6 + 0,35 = 1,95$ cm

$$N_R = 0,6 \times 25 \times (7,67 - 1,95 \times 0,64)$$

$$= 96,3 \times 0,6 = 58 > 40,1 \text{ kN OK}$$

Nível da base da viga de rolamento

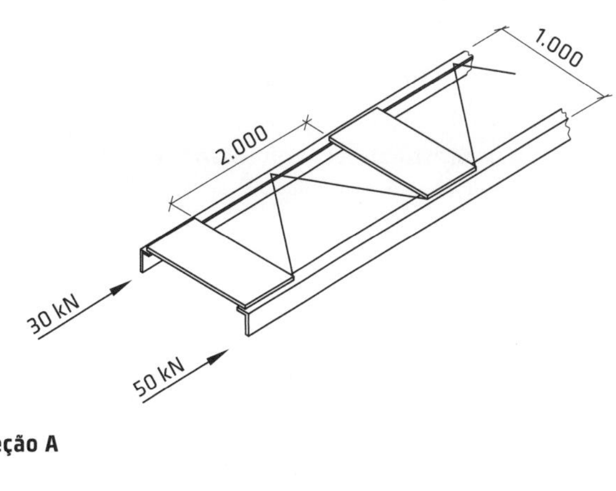

Seção A

$F_2 = -50$ kN $\quad \ell_x = 450$ cm $\quad \ell_z = 200$ cm $\quad \lambda_c < 200$

L 102 × 76 × 7,9 $\quad A = 13{,}5$ cm²

$r_z = 1{,}65$ cm > 200/200 = 1,0 cm OK

$r_x = 3{,}23$ cm > 450/200 = 2,5 OK

$\lambda_x = 450/3{,}23 = 139 \rightarrow F_a = 5{,}51$ kN/cm²

$N_R = 13{,}5 \times 5{,}51 = 74{,}3 > 50$ kN OK

Fazer a cantoneira externa igual.

Travejamento $\ell_z = 141$ cm

$r_z = 141/140 = 1{,}0$ cm para $\lambda = 140$

L 50 × 50 × 4,8 $\quad r_z = 1{,}0$ cm

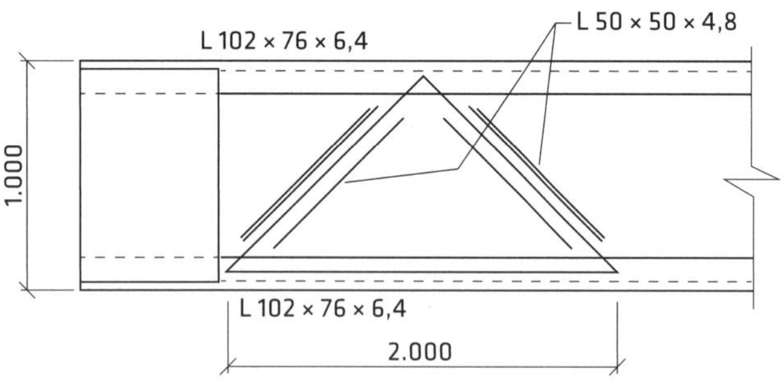

Abaixo da viga de rolamento

Coluna externa

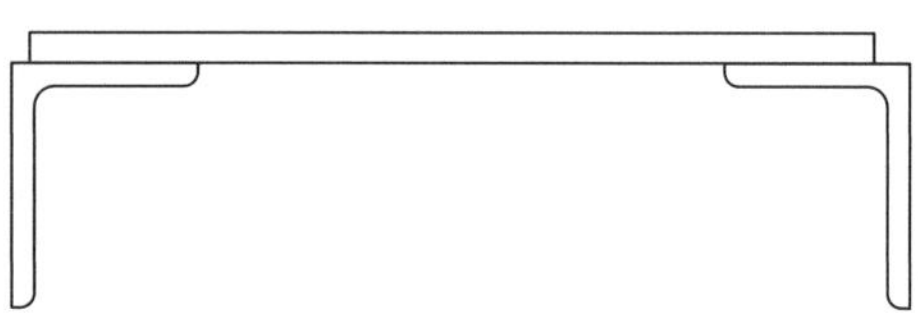

$F_3 = 30/2\cos\alpha_2 \quad \cos\alpha_2 = 4{,}5/\sqrt{4{,}5^2 + 12^2} = 0{,}35$

$F_3 = 30/0{,}35 = 42{,}70$ kN $\quad \lambda_c < 150$

$\ell_y = 1.280$ cm $\quad \ell_x = \ell_y/3 = 426$ cm

$\ell_z = \ell_x/3 = 213$ cm

$r_{ymín} = 1.280/150 = 8{,}53$ cm

$r_{xmín} = 426/150 = 2{,}84$ cm

L 89 × 64 × 6,4 (Tab. C.8) $\quad \lambda = 150$

$A = 9{,}3$ cm² $\quad r_z = 1{,}37 \cong 1{,}42$ cm

$r_x = 2{,}84 = 2{,}84 \quad r_z = 213/150 = 1{,}42$

$F_a = 4{,}73$ kN/cm² (Tab. A.2)

$N_R = 9{,}3 \times 4{,}73 \times 1{,}25 = 55$ kN > 42,70 OK

Coluna interna da viga de rolamento

$F_3 = 50/2\cos\alpha_2$

$F_3 = 50/2 \times 0{,}35 = 71{,}40$ kN $\quad \lambda_c < 150$

$\ell_x = 426$ cm $\quad \ell_y = 1.280$ cm $\quad \ell_z = 213$ cm

$r_{yconj} = 1.280/150 = 8{,}53$ cm

$r_{xmín} = 426/150 = 2{,}84$ cm

$r_{zmín} = 213/150 = 1{,}42$ cm

Seja L 102 × 89 × 7,9 (Tab. C.8):

$A = 14{,}5$ cm² $\quad r_x = 3{,}2 > 2{,}84 \quad r_z = 1{,}85 > 1{,}42$

$\lambda = 426/3{,}2 = 133 \quad Fa = 6{,}20$ (Tab. A.2)

$N_R = 14{,}5 \times 6{,}20 = 90{,}0 > 71{,}40$ OK

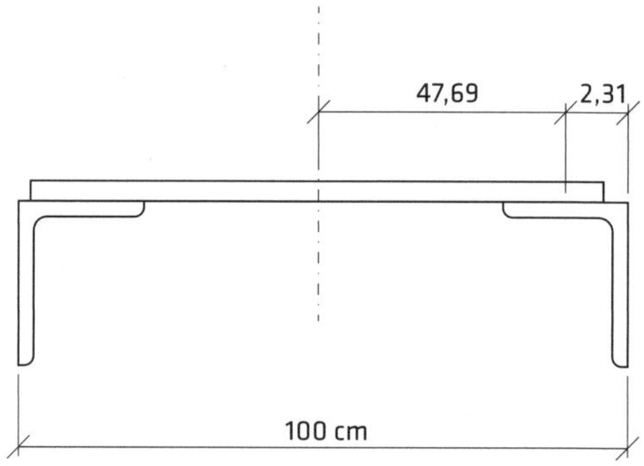

Verificação de r_{yconj}

Como a diferença entre as partes externas e internas é muito pequena, serão usados:

L 102 × 89 × 7,9 $\quad A = 14{,}5$ cm² $\quad r_{yconj} = 47{,}76 > 8{,}5$ cm

Barras de travejamento

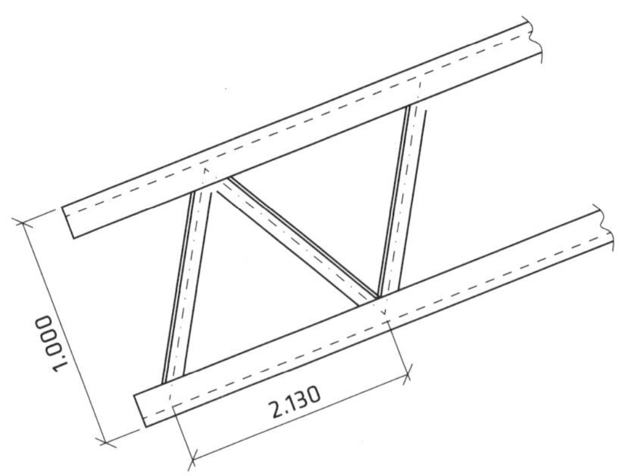

$\ell_1 = \sqrt{1^2 + (2{,}13/2)^2} = 1{,}41$ m = 141 cm

$\ell_1/r_1 \leq 140 \quad \ell_1 = 147/140 = 1{,}05 \rightarrow$ L 50 × 50 × 4,8

Barras de contraflambagem

$\ell_{z3} = 490$ cm $\quad \lambda_c \leq 200$

$fc = 3\% \quad F_3 = 0{,}03 \times 71{,}4 = 2{,}14$ kN

$r_{zmín} = 400/200 = 2{,}0 \rightarrow$ L 102 × 102 × 6,4

$r_z = 2{,}0$ (Tab. C.7)

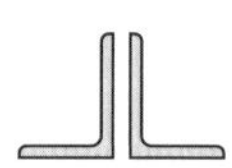 ou 64 × 64 × 4,8 $\quad r_x = 1{,}98$ (Tab. C.11) OK

Como se pode ver pelos cálculos, a não ser que os esforços sejam muito grandes, o dimensionamento das barras de contraventamento é feito quase que exclusivamente pelo λ admissível.

VIGAS DE ROLAMENTO

10

10.1 Definição

São elementos estruturais que têm por finalidade sustentar o caminho de rolamento das pontes rolantes e transmitir os esforços por elas causados para as estruturas-suportes. As vigas de rolamento são normalmente calculadas como biapoiadas. Os materiais mais utilizados são as seções tipo I, laminado ou soldado, e em alguns casos de grandes vãos são usadas treliças ou vigas-caixão. As vigas de rolamento estão basicamente sujeitas às cargas e forças a seguir.

10.1.1 Cargas verticais

São causadas pelo peso da ponte rolante com todos os seus equipamentos, mais a carga máxima a ser içada na posição mais desfavorável (trem-tipo), pelo peso próprio da viga, do trilho e de seus acessórios, pela sobrecarga no passadiço, quando houver, e pelas cargas de qualquer parte da estrutura que se apoie sobre ela.

Devido à presença das cargas dinâmicas, devem ser considerados os coeficientes de impacto recomendados para o tipo de operação.

Deve também ser levado em consideração o efeito localizado da pressão causada pelas rodas da ponte.

Uma excentricidade de pelo menos $0{,}75t_w$ entre o eixo vertical que passa pelo centro do trilho e o que passa pelo centro da alma deve ser considerada. Isso porque, na prática, os trilhos nunca ficam totalmente alinhados sobre a alma do perfil.

10.1.2 Forças horizontais transversais (HT)

Essas forças são causadas pelo movimento e pela frenagem do trole e pelo içamento das cargas com o cabo inclinado (Fig. 10.1).

10.1.3 Forças horizontais longitudinais (HL)

Essas forças são causadas pelo movimento e pela frenagem da ponte. Têm pouca influência no dimensionamento

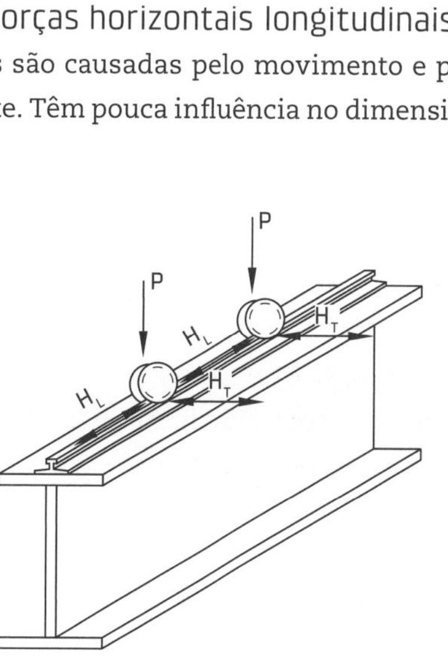

Fig. 10.1 Esforços em vigas de rolamento causados pelas pontes rolantes

da viga. São usadas para dimensionar o para-choque, a ligação da viga com a coluna (Fig. 10.1) e os contraventamentos verticais.

10.2 Tipos de seção

As seções mais usadas para trabalhar como viga de rolamento são as apresentadas na Fig. 10.2. Os perfis I, com ou sem reforços laterais (Fig. 10.2A,B), são normalmente empregados para cargas de ponte rolante até 50 kN e para vãos até 6 m. Para vãos até 7 m e cargas de ponte entre 50 kN e 250 kN, as vigas de rolamento são geralmente compostas de uma seção assimétrica (Fig. 10.2C), com a mesa superior projetada para suportar os esforços provocados pelas forças horizontais transversais. Nos demais casos, para suportar essas cargas, são utilizadas estruturas especiais de contenção lateral, como as mostradas na Fig. 10.2D,E. Para vãos muito grandes, acima de 25 m, são usadas vigas treliçadas (Fig. 10.2G) ou em caixão (Fig. 10.2F).

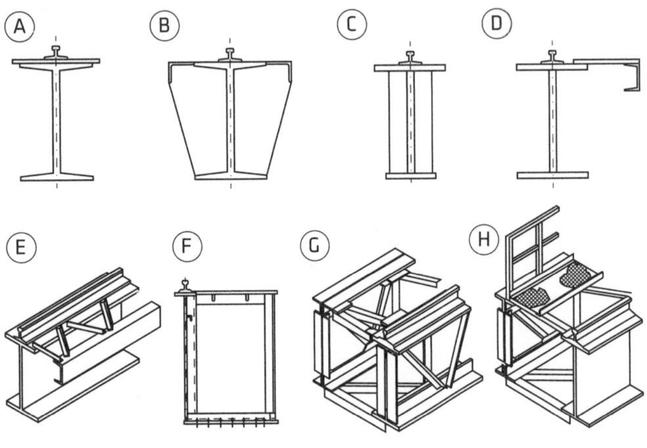

Fig. 10.2 Tipos de seção

Como regra geral, é possível dizer que, para vãos até 6-7 m, as vigas de rolamento podem suportar isoladamente as cargas atuantes. Para vãos maiores, até 11-13 m, faz-se uma contenção lateral na mesa superior (Fig. 10.2D,E), e para vãos superiores realiza-se, além da contenção na mesa superior, uma contenção na mesa inferior quando suportarem pontes rolantes superiores a 250 kN (Fig. 10.2F-H).

10.3 Flechas admissíveis

A seguir, apresenta-se a classificação da NBR 8800, anexo B, com base no regime de trabalho.

10.3.1 Vertical, devida ao trem-tipo (carga móvel), sem impacto

- Leve ou de uso eventual → L/750.
- Pesado → L/1.000.
- Severo → L/1.250.

10.3.2 Lateral, devida ao trem-tipo

- Vigas para qualquer ponte rolante, exceto severo → L/500.
- Vigas para o regime severo → L/750.

10.4 Relações para pré-dimensionamento

Como limites econômicos, pode-se estabelecer as relações a seguir, que permitem um pré-dimensionamento mais rápido (Fig. 10.3).

- Relações entre altura da viga e vão em função da flecha admissível:
  - » para L/600, d = L/10 a L/14;
  - » para L/800, d = L/8 a L/12;
  - » para L/1.000, d = L/5 a L/10;
  - » para mesas comprimidas, b_f = L/20 a L/40.
- Relação entre espessura da mesa e alma: $t_f/t_w \le 4$.
- Espessura mínima recomendada:
  - » $t_w \ge 6{,}30$ mm e $t_w \ge h \cdot \sqrt{f_y}\,/\,800 = h\,/\,160 \rightarrow f_y = 25$ kN/cm²;
  - » $t_f^s \ge 12{,}5$ mm;
  - » filete de solda ≥ 6,0 mm.

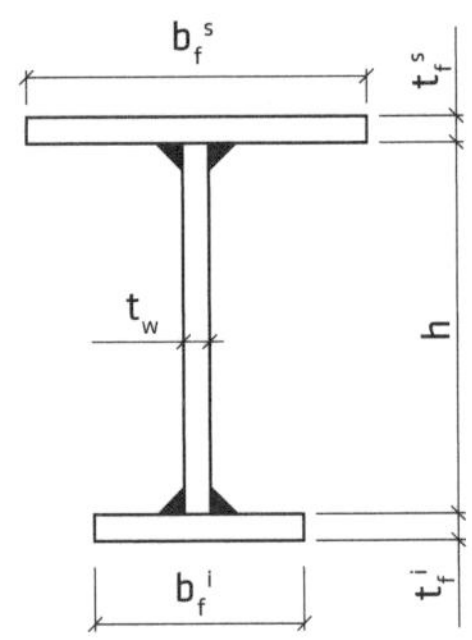

Fig. 10.3 Dimensões de uma viga de rolamento

10.5 Contraflecha

A contraflecha deve ser dada em todas as vigas de rolamento com vãos superiores a 20 m. Ela deve ser igual à deflexão provocada pela carga permanente, mais 0,25 da carga móvel sem impacto.

10.6 Interligação entre vigas de rolamento

Em galpões geminados com vigas de rolamento em ambos, e estando os trilhos situados no mesmo nível para melhor estabilidade lateral, faz-se a interligação das duas vigas pela mesa superior, com chapas ou por meio de perfis (Fig. 10.4), formando uma treliça. Se a ligação é realizada por chapas, e esta é utilizada como chapa de piso, pode-se usar chapa lisa com pintura antiderrapante ou chapa xadrez. A fixação das chapas à mesa superior das vigas pode ser feita por parafusos devidamente espaçados ou com solda contínua, respeitando o filete mínimo. A espessura mínima da chapa deve ser de 6 mm. Se a relação

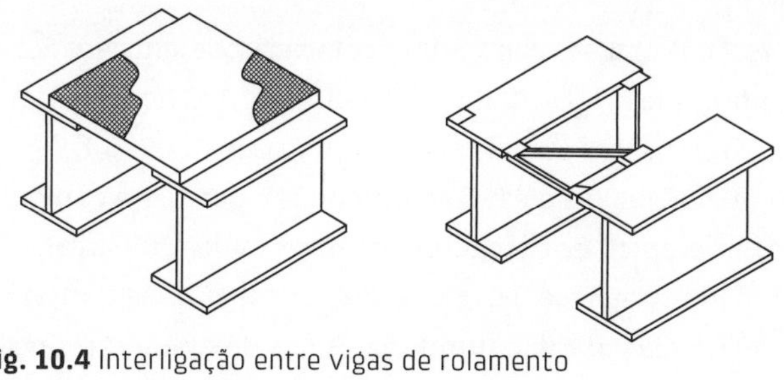

Fig. 10.4 Interligação entre vigas de rolamento

largura-espessura for superior a 100, deve-se nervurá-la a intervalos de no máximo duas vezes a largura.

10.7 Resistência à fadiga

Além das verificações das tensões atuantes e da flecha, as vigas de rolamento são obrigatoriamente analisadas quanto à fadiga para um determinado número de ciclos, correspondentes à sua vida útil. Para as tensões-limites de fadiga, ver o Cap. 16, em que são classificadas de acordo com o projeto da viga e com a solicitação a que está sujeita. Por exemplo: para a classe B e de acordo com a Tab. 16.2, item 5.1, tem-se, para uma condição de carregamento de 2 milhões de ciclos (Tab. 16.1), uma tensão admissível de 12,7 kN/cm² para qualquer tipo de aço.

Para verificar a fadiga, deve-se considerar os esforços provocados por somente uma ponte rolante com impacto vertical e 50% da força horizontal transversal.

10.8 Enrijecedores (nervuras)

O aproveitamento racional do material em vigas torna obrigatório o emprego de chapas com pequena espessura, principalmente na alma. As almas muito finas das vigas de rolamento, submetidas à flexão e/ou ao cisalhamento, tendem a flambar. Para garanti-las contra a flambagem, elas são enrijecidas com nervuras verticais, horizontais ou combinações das duas.

Os enrijecedores verticais são utilizados onde ocorrem grandes esforços de cisalhamento ou onde são introduzidas grandes cargas na viga. Os horizontais são empregados em vigas de grande altura. A Fig. 10.5 mostra algumas nervuras adotadas em estruturas de aço.

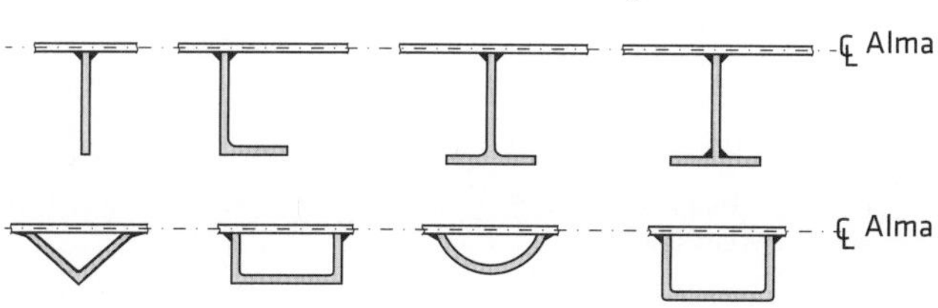

Fig. 10.5 Tipos de nervura

O tipo de enrijecedor mais comumente usado, por ser o mais simples, é a barra retangular soldada dos dois lados da alma. A solda pode ser contínua ou intermitente (Fig. 10.6).

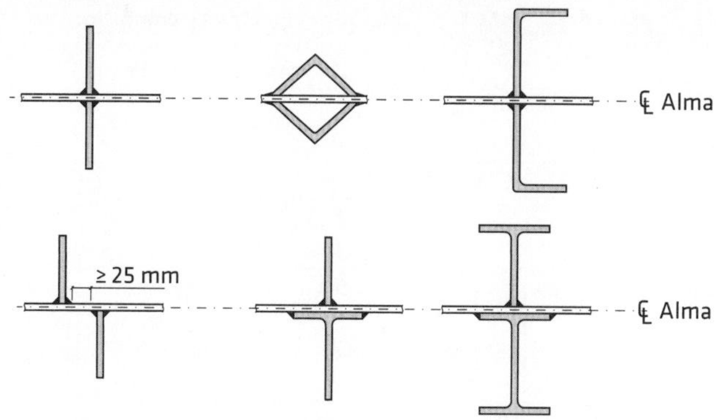

Fig. 10.6 Nervuras soldadas dos dois lados da alma

10.8.1 Enrijecedores verticais de apoio

Independentemente ou não da necessidade, aconselha-se a colocação de enrijecedores na região de apoio da viga de rolamento, para transmitir as reações provocadas pelas pontes rolantes na mesa superior das vigas até a mesa inferior e daí para a base de apoio. A área para transmissão de carga leva em conta uma parcela da alma igual a $12t_w$ para os apoios extremos e a $25t_w$ para os centrais, no caso de vigas contínuas (Fig. 10.7).

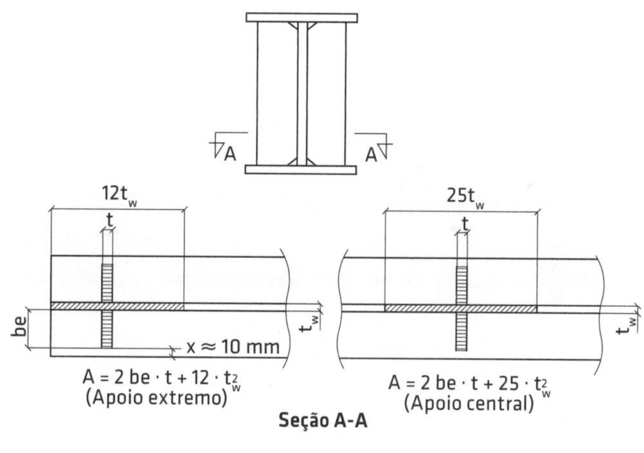

Fig. 10.7 Enrijecedor de apoio – área de cálculo

Na Fig. 10.8 indicam-se os detalhes construtivos com alternativas. Normalmente, faz-se $t \geq t_w$ e a relação $be/t \leq 79$ $\sqrt{f_y}$ = 15,8 para f_y = 25 kN/cm².

Na Fig. 10.9A tem-se o enrijecedor de apoio ultrapassando a mesa inferior e funcionando ao mesmo tempo como apoio para a viga; na Fig. 10.9B, a solução normalmente adotada quando as colunas são estreitas; na Fig. 10.9C, quando a coluna é larga; e na Fig. 10.9D, a posição do enrijecedor no caso de viga contínua.

10.8.2 Enrijecedores intermediários

Deve-se verificar a necessidade ou não da colocação de enrijecedores intermediários. Quando não forem neces-

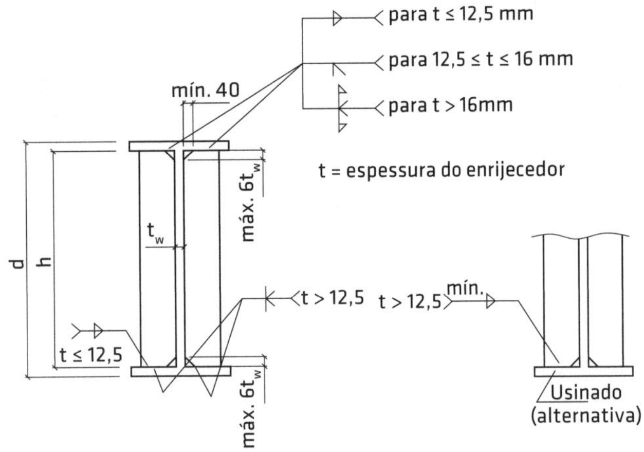

Fig. 10.8 Enrijecedor de apoio – detalhe construtivo

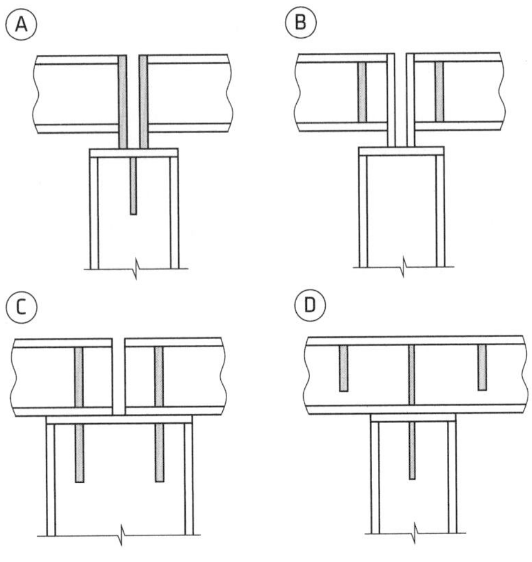

Fig. 10.9 Posição dos enrijecedores de apoio

sários, de acordo com os cálculos, aconselha-se a colocação para combater possíveis excentricidades dos trilhos e consequentes empenos de alma e mesa. A experiência do autor indica que a distância máxima entre eles, nesses casos, deve ser igual a 1.500 mm ou 3*d*, o que for menor (Fig. 10.10).

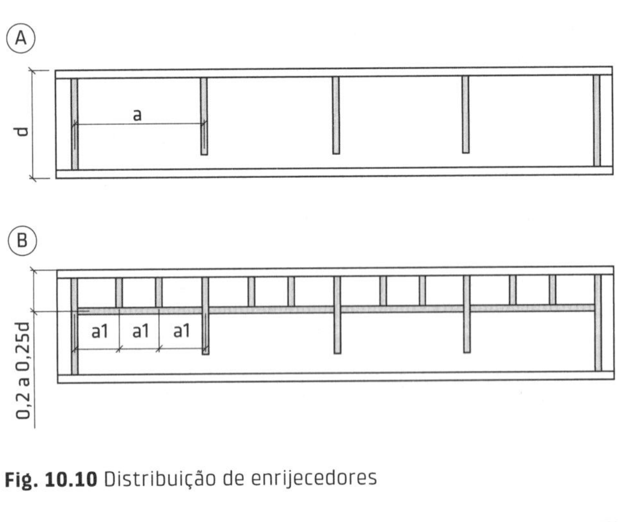

Fig. 10.10 Distribuição de enrijecedores

A AISE n° 13 recomenda a colocação de enrijecedores sempre que $h/t_w > 70$ e $f_v \geq 45.000/(h/t_w)^2$ kN/cm² e a menor dimensão dos painéis *a* e *h* não exceda 290 $t_w/\sqrt{f_v}$ cm. A NBR 8800 e o AISC recomendam, para espaçamento máximo entre enrijecedores transversais, que a relação *a*/*h* não ultrapasse 3,0. Entretanto, caso h/t_w seja inferior a 150, a relação *a*/*h* é ilimitada. A fim de evitar a redução de tensão à fadiga, interrompem-se os enrijecedores verticais a uma distância de $4t_w$ a $6t_w$ do topo da mesa inferior (Fig. 10.11A). A distância não deve ser maior, para não haver risco de flambagem local da alma.

Quando se trabalha com vigas muito altas, > 2.500 mm, ou quando se tem necessidade de levar o enrijecedor até a mesa inferior, pode-se usar um dos artifícios explicados na Fig. 10.11B-E.

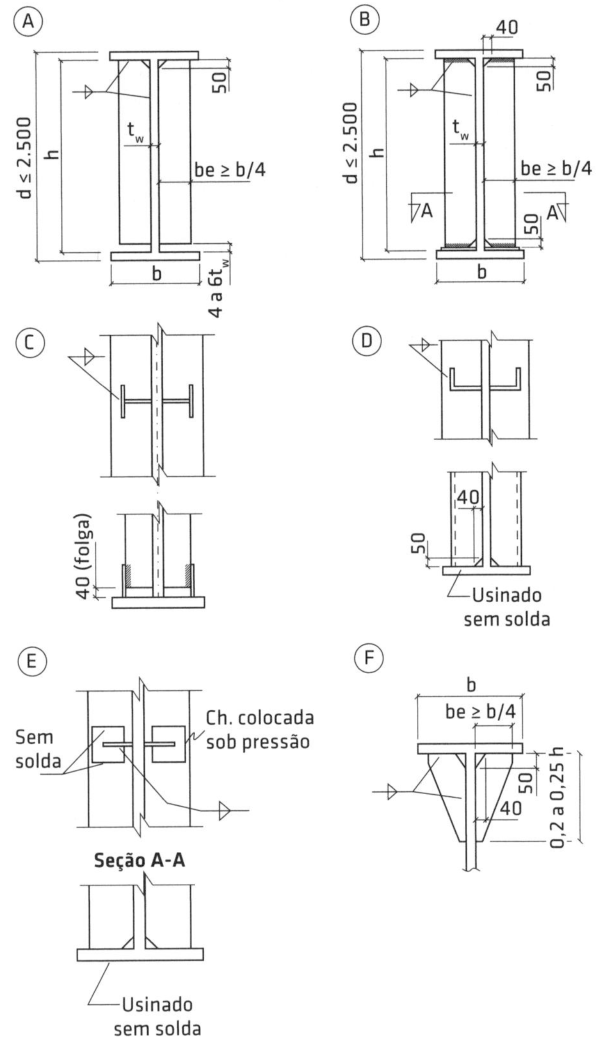

Fig. 10.11 Enrijecedores intermediários – detalhes construtivos

O momento de inércia de um enrijecedor singelo ou em par (um de cada lado) em relação ao eixo, no plano médio da alma, não pode ser inferior a $a \cdot j \cdot t_w^3$, sendo j = [2,5/

$(a/h)^2] - 2{,}0 \geq 0{,}5$. Mukhanov sugere a largura $be \geq (h/30) +$ 40 mm e a experiência do autor sugere $be \cong 0{,}25$ da largura da mesa, como referência, respeitando a inércia mínima e a relação $be/t \leq 79/\sqrt{fy}$.

Quando é necessário o emprego de alma mais esbelta, um recurso usado é a colocação de enrijecedores longitudinais para reduzir o painel. Esses enrijecedores são dispostos a uma distância de 0,20 a 0,25 da altura do topo da viga (Fig. 10.10B). Deve-se evitar a colocação de enrijecedores curtos cujos comprimentos ultrapassem a linha neutra, pois, devido à ação dinâmica das cargas e às possíveis excentricidades dos trilhos, há grandes possibilidades de ocorrência de fissuras na alma, como indicado na Fig. 10.12.

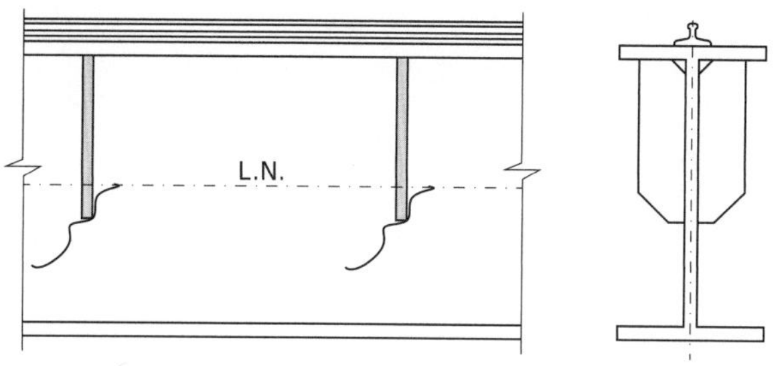

Fig. 10.12 Enrijecedores inadequados

10.9 Soldas

As soldas de ligação entre a alma e a mesa da viga e entre os enrijecedores e a alma devem ser verificadas.

10.9.1 Solda de alma com mesa superior

Além da verificação pelo esforço cortante, deve ser analisada a componente provocada pela pressão local da roda para a ligação alma/mesa superior. O valor de a estabelecido pelo AISC (1982) é de 30°, e os mais conservadores estabelecem 45° (Fig. 10.13).

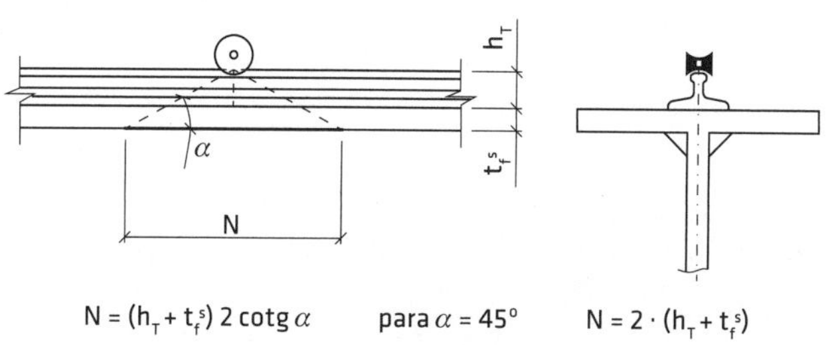

Fig. 10.13 Distribuição da pressão concentrada da roda sobre a alma e a ligação

Para o cálculo dos esforços de cisalhamento na solda (Fig. 10.14), têm-se as seguintes expressões:

$$qx = \frac{Ms \cdot Q}{N \cdot I_x}$$

$$qy = \frac{P_{máx} \cdot \text{impacto}}{2N}$$

$$q = \sqrt{qx^2 + qy^2}$$

em que:

Ms = momento estático;

Q = cortante máximo;

I_x = momento de inércia da viga.

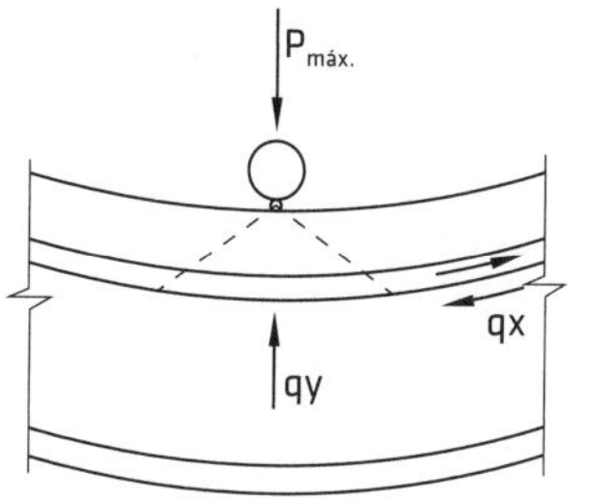

Fig. 10.14 Solda da alma com a mesa superior

Além do cálculo, são sugeridas as seguintes recomendações:

- para alma ≤ 12,5 mm → filete com alta penetração;
- para alma > 12,5 mm → penetração completa com chanfro em K.

A solda entre alma e mesa tracionada (inferior) deve ser de filete (Fig. 10.15).

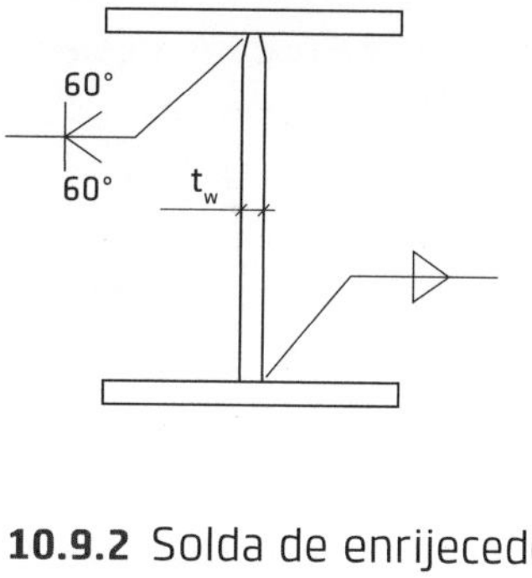

Fig. 10.15 Solda entre mesa e alma – indicação

10.9.2 Solda de enrijecedor com alma

A solda (Fig. 10.16) deve ser calculada pela expressão $f_{VS} = h\sqrt{(f_y/300)^3}$, em kN/cm (AISC). Como os valores normalmente encontrados são muito baixos, é usual solda

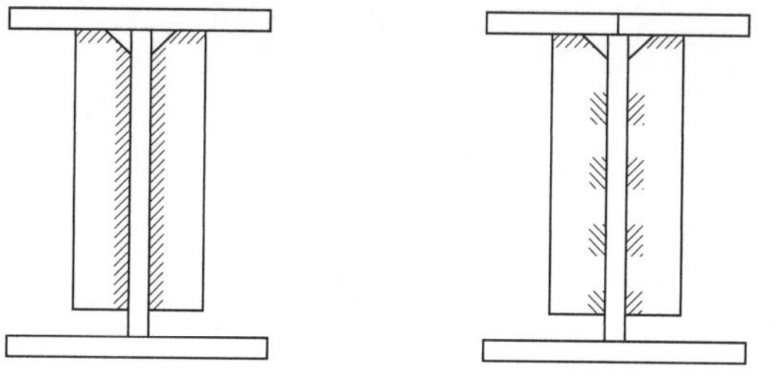

Fig. 10.16 Solda de enrijecedores com alma e mesa

mínima ou solda intermitente com espaçamento máximo de $16t_w \leq 250$ mm.

10.9.3 Inspeção

Todas as soldas devem ser inspecionadas para que sua qualidade seja assegurada, tendo em vista o regime de trabalho das vigas de rolamento. Um exemplo dos testes necessários em vigas é apresentado na Fig. 10.17.

Deve-se fazer o teste completo nos primeiros 10% do lote. Para o restante, reduzir 50%. Caso haja defeito, é necessário testar todo o lote.

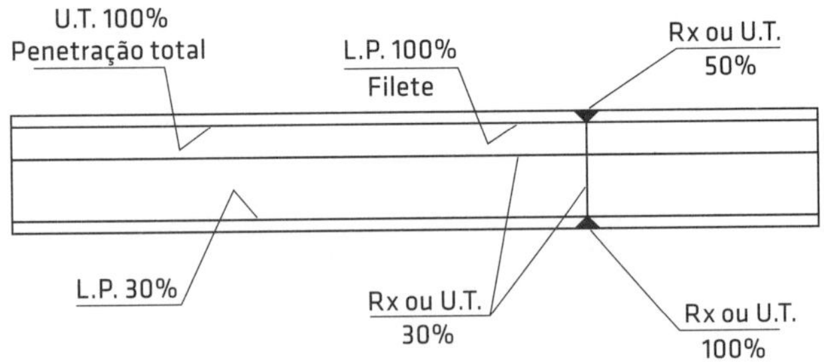

Fig. 10.17 Indicação de testes de solda

10.10 Tensões locais em vigas de rolamento

As tensões locais na alma das vigas de rolamento são provocadas pela pressão localizada da roda da ponte rolante sobre a mesa superior e desta sobre uma zona reduzida da alma e do filete de união. Constituem uma solicitação que frequentemente causa muitos danos e pode ser superior à torção local. Essas tensões podem ser avaliadas por diferentes métodos, sendo um deles o da AISE nº 13, pormenorizado a seguir, a fim de que os projetistas possam fazer sua avaliação e adotar o que lhes parecer mais seguro.

A AISE nº 13 (AISE, 2003) diz que é necessário somente verificar o esmagamento da alma de acordo com a Eq. 10.1, tendo eliminado a Eq. 10.2, e que a solda entre a alma e a mesa superior deve ser de penetração total. Caso a solda seja de filete, a Eq. 10.2 continua válida.

$$F_{bw} = \frac{P \cdot \alpha}{N \cdot t_w} \leq 0{,}9 f_y \qquad (10.1)$$

em que:

F_{bw} = tensão local devida à flexão provocada pela roda na mesa superior (kN/cm²);

P = carga máxima por roda (kN);

α = impacto;

N = 2 × (altura do trilho + espessura da mesa) (cm);

t_w = espessura da alma (cm).

Na versão anterior da AISE nº 13 (1991, seção 5.8.7), a expressão está em função da carga por roda, da espessura da mesa superior, do trilho e da alma. O valor da tensão encontrado deve ser adicionado às tensões de flexão da mesa superior (Fig. 10.18).

$$F_{bw} = \frac{P \cdot t_f{}^s}{8(It + Im)} \sqrt[4]{2(It + Im)h / t_w} \qquad (10.2)$$

em que:

t_f^s = espessura da mesa superior (cm);

It = momento de inércia da seção do trilho (cm⁴);

Im = momento de inércia da mesa superior, com ou sem reforço (cm⁴);

h = altura da alma (cm).

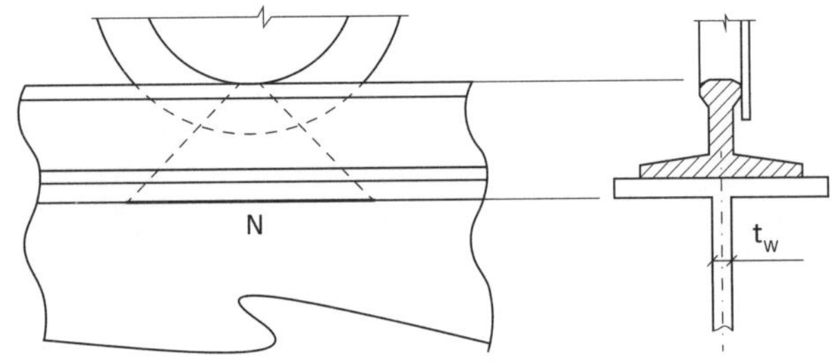

Fig. 10.18 Pressão local da roda

Como as tensões locais são inevitáveis, o único recurso do projetista é reduzi-las ao mínimo, quando os valores calculados forem elevados. Basicamente, existem três recursos que podem ser aplicados, isoladamente ou em conjunto, para reduzir as tensões locais e seus efeitos:

1. melhor distribuição dos elementos estruturais e posicionamento de seus meios de união na seção transversal da viga;
2. melhoria das técnicas de fabricação para eliminar alguns entalhes, em que as concentrações de tensões poderiam levar à fadiga;
3. utilização de uma base resiliente sob o trilho, de modo a melhorar a ajustagem entre o trilho e a mesa.

Como soluções estruturais para o item 1, têm-se o uso de enrijecedores curtos entre os enrijecedores intermediários (Figs. 10.19 e 10.10B), a colocação de mesas com reforçadores verticais (Fig. 10.20A,B), o emprego de vigas

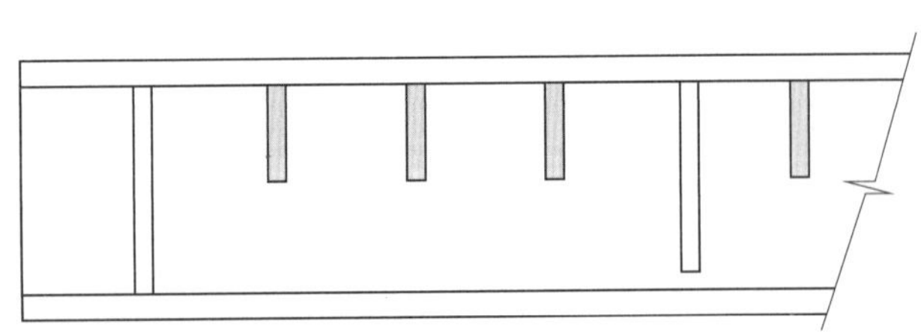

Fig. 10.19 Reforçadores curtos

semicaixão ou delta (Fig. 10.20C,D), a utilização de alma de grande espessura (Fig. 10.20E) e a colocação de mesas de pequena largura e de grande espessura (Fig. 10.20E).

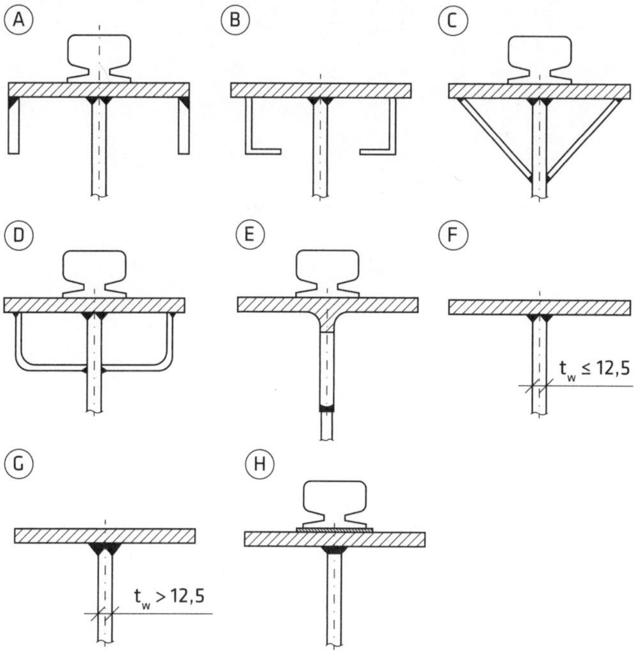

Fig. 10.20 Soluções estruturais para redução da tensão local

Como soluções para o item 2, têm-se o uso de solda com alta penetração para almas com espessura menor ou igual a 12,5 mm (Fig. 10.20F), a adoção de solda de penetração total para almas com espessura maior que 12,5 mm (Fig. 10.20G) e o emprego correto dos equipamentos de solda, a fim de evitar trincas intermediárias pelas paradas dos equipamentos durante a soldagem.

Como soluções para o item 3, têm-se a utilização de chapas de aço de 6 mm a 12 mm de espessura sob o trilho (Fig. 10.20H) e o uso de coxim de material resiliente (tipo neoprene), de aproximadamente 6 mm de espessura, sob os trilhos (Fig. 10.20H). Essas soluções para o item 3 possuem as seguintes vantagens: impedir a cavação do trilho sobre a mesa superior; reduzir as tensões na alma, na mesa superior e nas soldas de ligação da mesa com a alma da viga; reduzir o nível de ruído; e diminuir o desgaste dos trilhos e das mesas. A maioria das normas recentes sobre vigas de rolamento admite uma redução de 25% nas tensões locais.

10.11 Informações adicionais

10.11.1 Cálculo das reações horizontais levando-se em conta a excentricidade (Fig. 10.21)

$$Hs = H_T + \frac{H_T \cdot c + V \cdot a}{d}$$

$$Hi = \frac{H_T \cdot c + V \cdot a}{d}$$

em que $a \le 10$ mm ou $a \le ¾t_w$, devendo-se tomar o menor valor.

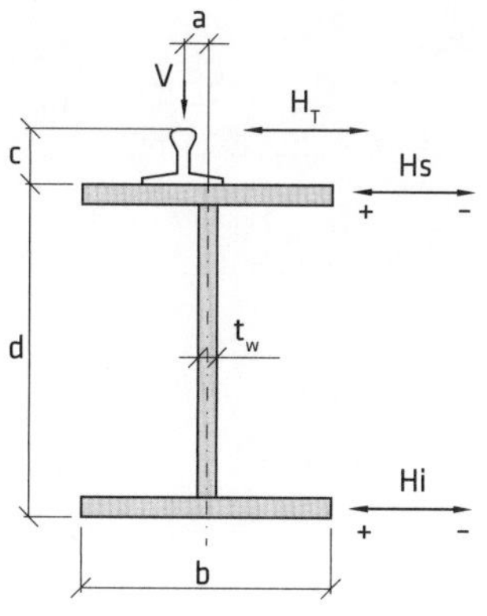

Fig. 10.21 Esquema para cálculo das reações horizontais

10.11.2 Rotação da viga no apoio (Mukhanov, 1980) (Fig. 10.22)

$$\Delta v_{máx} = \frac{Rv \cdot d}{E \cdot Av}$$

$$\Delta h_{máx} = \frac{M \cdot L \cdot d}{3E \cdot I}$$

em que:

Rv = reação vertical no apoio;
d = altura da viga;
E = módulo de elasticidade;
Δv = área da seção de apoio da viga;
M = momento fletor máximo;
L = vão da viga;
$I = I_x$ da viga.

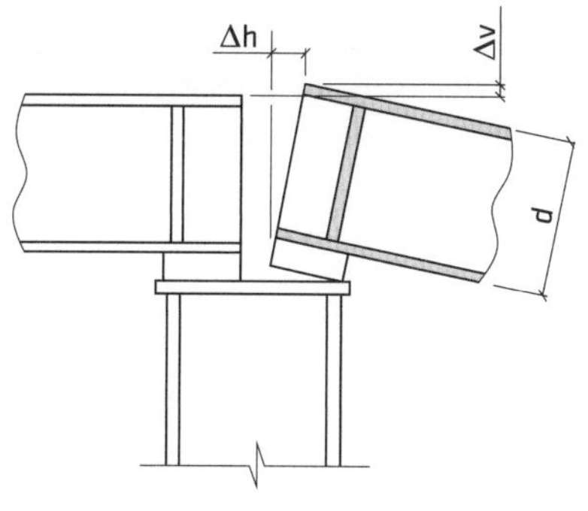

Fig. 10.22 Esquema para cálculo da rotação da viga

10.11.3 Seções colaborantes para cálculo das tensões

Vigas sem contenção lateral em treliça (Fig. 10.23A)

Na prática, para pontes de pequena capacidade, despreza-se a colaboração da alma e aplica-se a força H_T diretamente na mesa.

Vigas com contenção

Na Fig. 10.23B ilustra-se esse tipo de viga.

Viga com contenção lateral em chapas (Fig. 10.23C)

$$a = \frac{105}{\sqrt{f_y}} t_w \quad \begin{aligned} &= 21t_w \rightarrow f_y = 25 \text{ kN/cm}^2 \\ &= 18t_w \rightarrow f_y = 35 \text{ kN/cm}^2 \end{aligned}$$

$$b = \left(\frac{79}{\sqrt{f_y}} - \frac{bf^s}{2tf^s} \right) ta$$

$$h / t_w \leq 816 / \sqrt{f_y} = 163 \rightarrow f_y = 25 \text{ kN/cm}^2$$

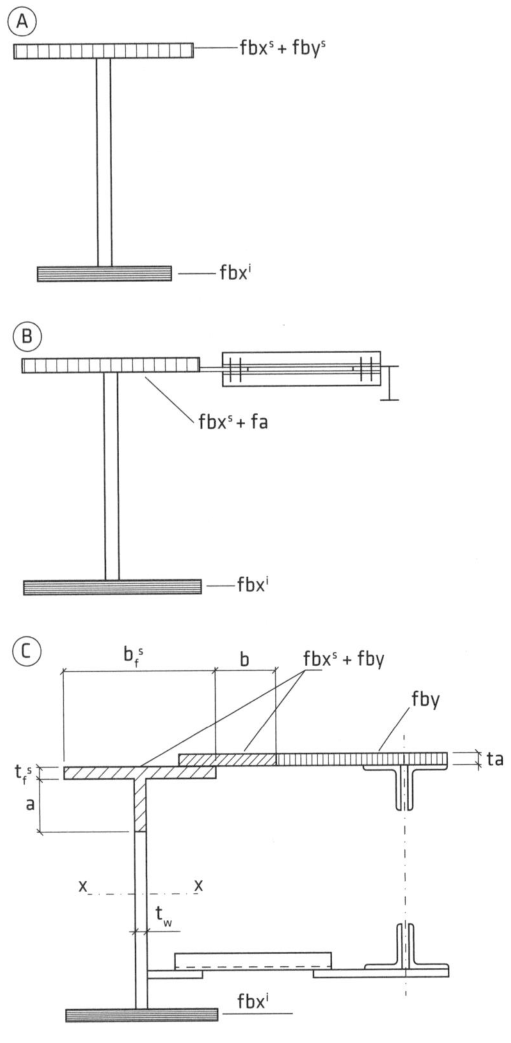

Fig. 10.23 Esquemas para cálculo de tensões

10.12 Interligação de vigas de alturas diferentes

A Fig. 10.24 mostra as várias maneiras de executar a transição entre vigas de alturas diferentes. Na Fig. 10.24A,B há redução da altura da coluna, e na Fig. 10.24C,D, não. O projetista deve escolher a melhor solução.

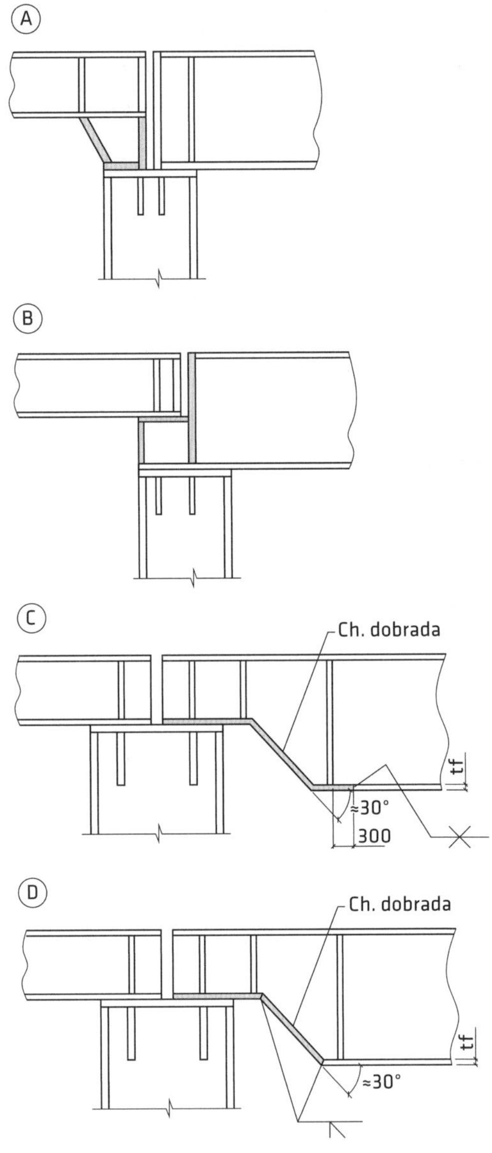

Fig. 10.24 Solução para interligação de vigas de alturas diferentes

10.13 Ligação da viga com a coluna

A ligação lateral da viga de rolamento com a coluna normalmente é feita pela mesa superior, por meio de chapas que devem ter resistência suficiente para transmitir a reação das forças horizontais transversais às colunas. As chapas devem apresentar flexibilidade suficiente para permitir a rotação da viga provocada pela flexão vertical (Fig. 10.25). Se a viga tem altura > 2.000 mm, é usual colocar também uma contenção lateral no enrijecedor vertical, próximo à mesa superior (Fig. 10.25F), para facilitar e dar maior segurança à montagem.

Nas soluções parafusadas, deve-se procurar fazer furos normais na viga de rolamento e furos alongados nas chapas de ligação, sendo alongados no sentido longitudinal, na chapa de ligação da mesa superior e transversal, ou apresentando uma maior folga (3,3 mm – (1/8"))

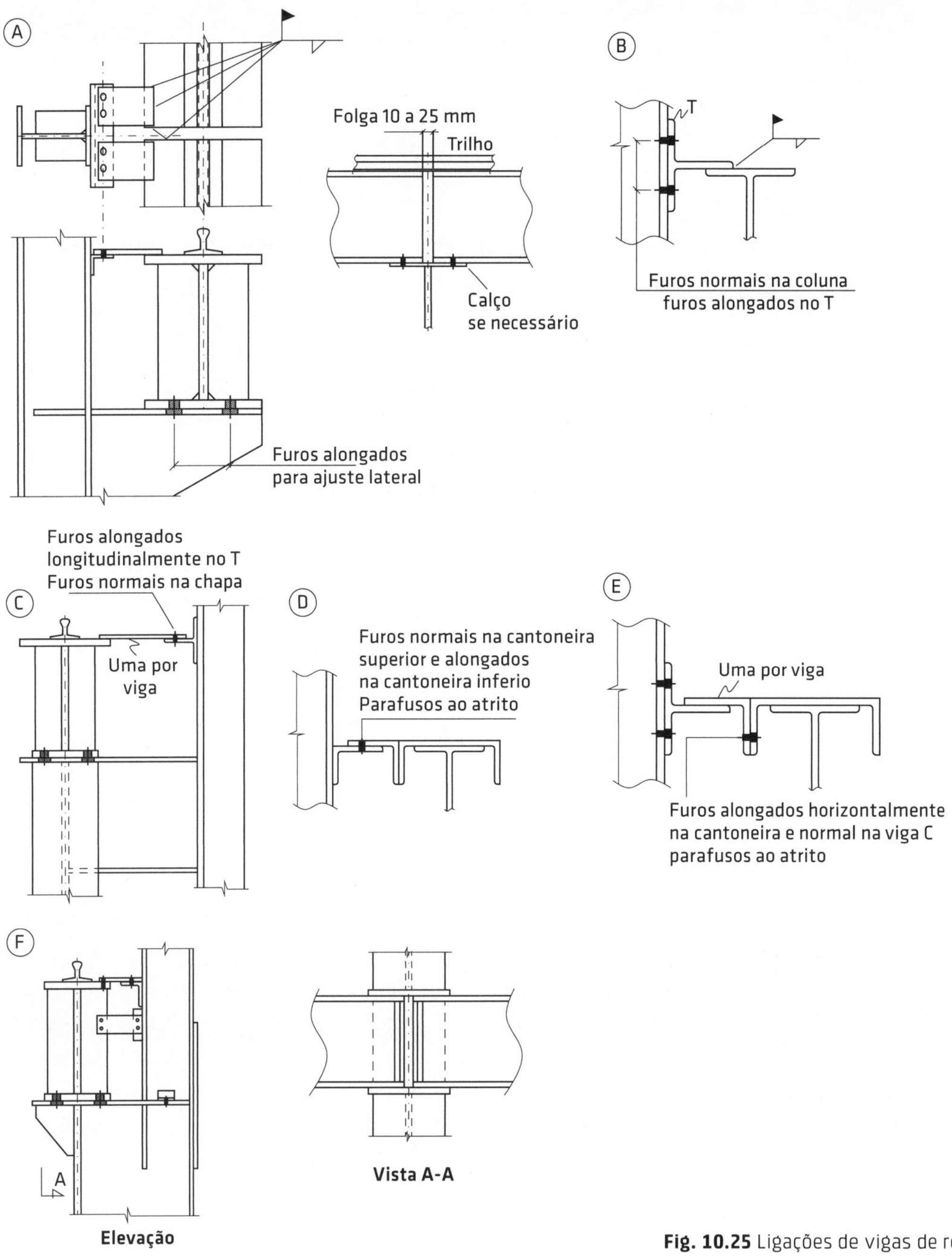

Fig. 10.25 Ligações de vigas de rolamento com colunas

(Fig. 10.25A), na chapa de ligação da mesa inferior. Nessas ligações devem-se usar somente parafusos de alta resistência, tipo fricção.

Na ligação da viga com a base não se deve dar o torque, apenas aperto manual, seguido do ferimento da rosca, para evitar que a porca saia durante a fase de operação.

10.14 Detalhes construtivos não recomendados

Os detalhes a seguir devem ser evitados, por apresentarem problemas com o tempo (fadiga). A Fig. 10.26A,B ilustra dois tipos de solução que a prática já condenou por causarem fissuras na alma, próximo à mesa superior. A Fig. 10.26C apresenta dois detalhes de fixação da base da viga de rolamento, em que se deve evitar a colocação de reforçadores sob a chapa. Os reforçadores dificultam a rotação da viga, dando muita rigidez à chapa de apoio.

10.15 Para-choque

Para-choques são dispositivos colocados nas extremidades, sobre os trilhos (caso de pontes leves) (Fig. 10.27A), ou diretamente sobre as vigas de rolamento, com a finalidade de impedir a queda da ponte rolante. A fixação dos para-choques deve ser feita de preferência com parafusos que absorvem melhor o impacto, ou por meio de solda. Uma folga entre o final do trilho e o para-choque deve ser prevista na proporção de 25 mm para cada 30 m, com o máximo de 100 mm (Fig. 10.27B-D).

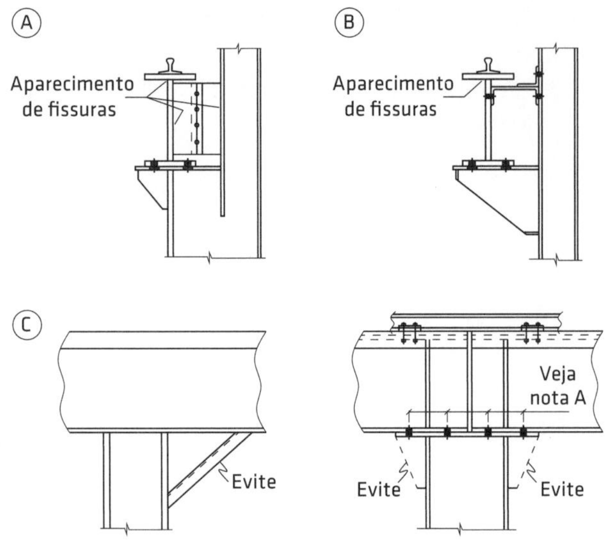

Fig. 10.26 Detalhes construtivos não recomendados. Nota A: esses parafusos devem ter a capacidade de transmitir as forças longitudinais

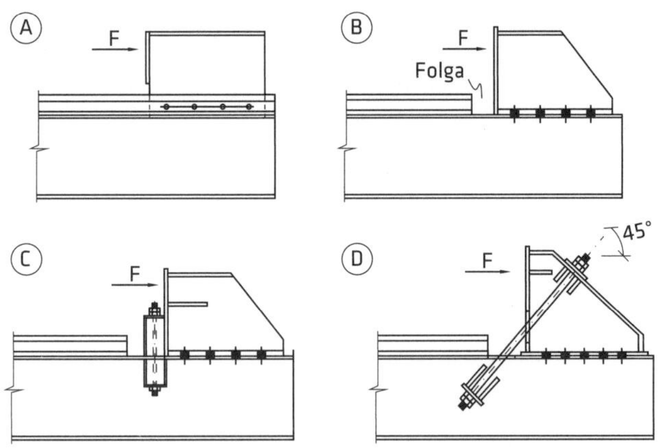

Fig. 10.27 Tipos de para-choque: (A) para-choque fixado no trilho para pontes leves; (B) para-choque típico para pontes de regime médio; (C) para-choque típico para pontes de regime médio a pesado; (D) para-choque típico para pontes de regime pesado

A altura do para-choque deve estar de acordo com a altura do batente da ponte rolante, a ser fornecida pelo fabricante. Essa altura varia de 30 cm a 60 cm.

As pontes modernas possuem batentes com absorção de energia por molas, cilindros pneumáticos ou cilindros hidráulicos. Cada para-choque colocado nos caminhos de rolamento deve ser dimensionado para resistir a uma força de impacto F (fornecida pelo fabricante da ponte rolante), cuja energia será absorvida por molas ou cilindros. Essa força é calculada pela seguinte fórmula:

$$F = \frac{W \cdot V}{2G \cdot T}$$

em que:

W = peso total da ponte rolante, sem carga (kN);

V = velocidade da ponte rolante – considerar 50% do regime de velocidade para a carga total (m/s);

G = aceleração da gravidade = 9,81 m/s²;

T = comprimento de encurtamento da mola ou do cilindro (cm) – aproximadamente 5 cm.

A força F deve estar na linha de centro do batente da ponte rolante.

10.16 Trilhos

São barras ou perfis colocados no topo das vigas de rolamento, com a finalidade de servir de caminho de rolamento para as rodas das pontes rolantes. A escolha adequada do tipo de material dos trilhos, bem como de seu apoio e fixação, e a manutenção das tolerâncias de montagem reduzem sensivelmente as paradas de manutenção, que, no caso de galpões siderúrgicos, podem representar grandes prejuízos.

10.16.1 Tipos de trilho

A escolha do tipo de trilho é responsabilidade do fabricante da ponte rolante e depende, basicamente, das condições de operação. As formas mais usuais de trilho são apresentadas na Fig. 10.28. Os trilhos retangulares, feitos de barras, podem ter bordas em canto vivo ou arredondado (Fig. 10.28A). Encontrados nas dimensões usuais de 50 mm × 30 mm e 70 mm × 50 mm, são empregados em pontes de pequena capacidade e pouco uso. Para as demais pontes, foram desenvolvidos trilhos especiais, como os indicados na Fig. 10.28B. Como, no Brasil, até o momento não são fabricados trilhos especiais para apoios das pontes rolantes, recorre-se, quando as condições o permitem, aos trilhos de ferrovia (Fig. 10.28C) (Tab. C.31).

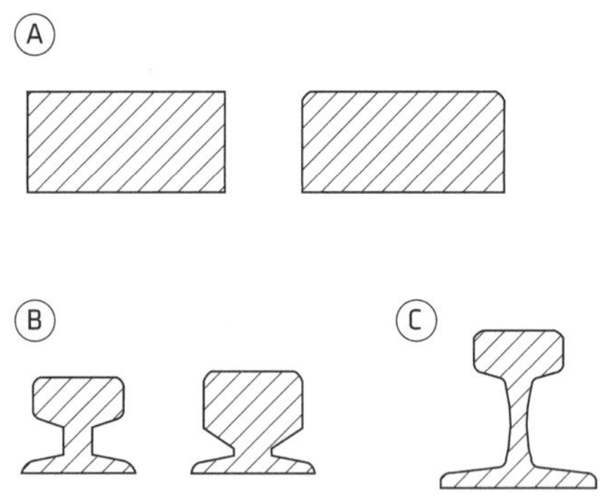

Fig. 10.28 Tipos de trilho: (A) trilhos de barras retangulares; (B) trilhos especiais; (C) trilho para ferrovias

10.16.2 Emenda e juntas de trilho

Os trilhos devem ser enviados para a obra com o maior comprimento possível (12 m) compatível com as condições de transporte, de modo a reduzir as ligações de campo. Para trilhos que suportam pontes em regime de trabalho médio e pesado, é comum uni-los com solda *aluminotérmica*, esmerilhando-a totalmente em seguida. Para os demais casos, são usadas juntas com tala de junção parafusada (Fig. 10.29).

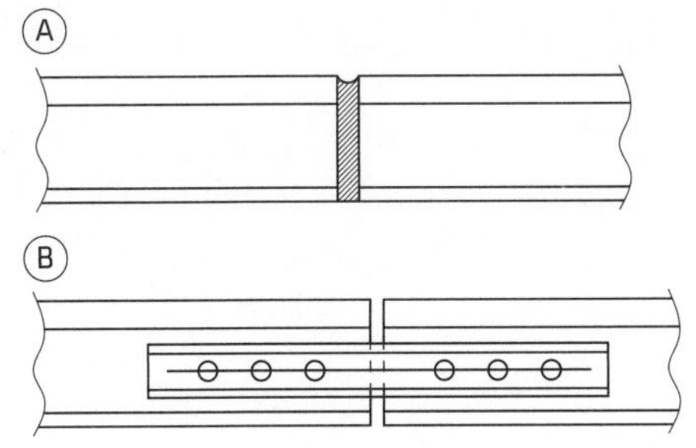

Fig. 10.29 Emenda de trilhos: (A) soldada e (B) parafusada

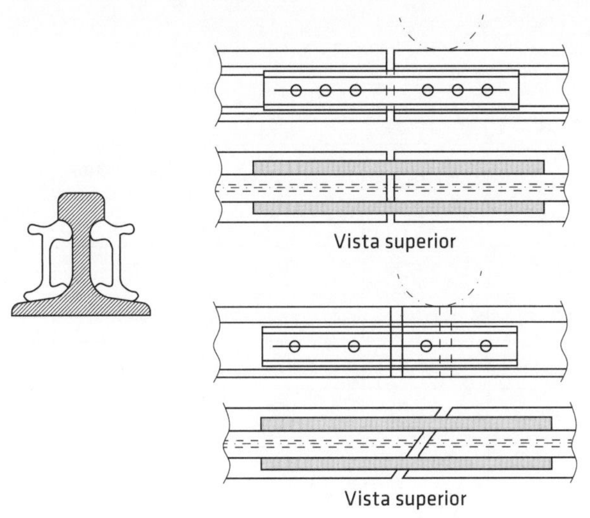

Fig. 10.30 Juntas de dilatação para trilhos

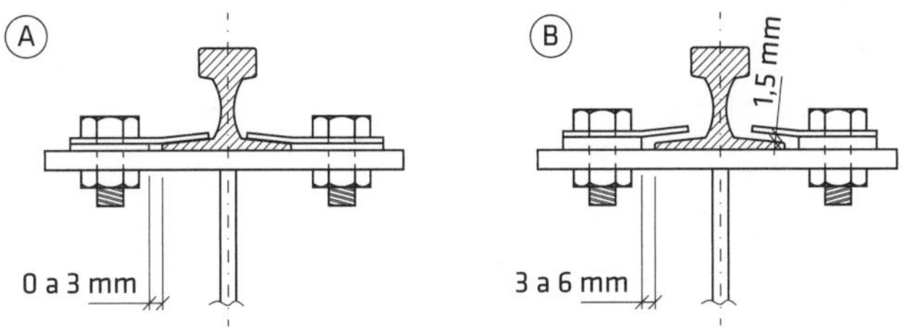

Fig. 10.31 Fixação de trilhos: (A) sistema fixo e (B) sistema flutuante

10.16.3 Juntas de dilatação

A junta de dilatação de mais simples execução em trilhos é a topo a topo (Fig. 10.30). É empregada em trilhos que suportam pequenas cargas ou em pontes de pequeno uso, como é o caso das movimentadas manualmente. A junta de dilatação inclinada, apesar de um pouco mais trabalhosa que a de topo, apresenta melhores condições de serviço.

10.16.4 Fixação dos trilhos

O sistema de fixação dos trilhos à viga de rolamento pode ser fixo ou flutuante (*floating clamps*). A diferença básica entre os dois é a maior folga no sistema flutuante, em que o trilho tem uma folga lateral maior, de 3 mm a 6 mm, e uma pequena folga superior, como indicado na Fig. 10.31 (ver Tabs. 10.1 e 10.2).

Esses dois sistemas são usados com sucesso, mas têm sido acusados de problemas. A AISE nº 13 recomenda o sistema flutuante para pontes em regime de trabalho pesado (principalmente siderurgia). A grande vantagem desse sistema é que ele permite um pequeno deslocamento do trilho. Com isso, acarreta menor desgaste dos trilhos e das rodas e liberdade de dilatação. Esses pequenos movimentos, durante anos, podem causar desgaste da mesa superior. Para evitá-lo, é comum a colocação de uma chapa de desgaste de aço de 6 mm a 12 mm ou de um elastômero entre o trilho e a mesa, cujas trocas são muito fáceis. Na escolha do elastômero, deve-se levar em conta a temperatura a que

Tab. 10.1 Trilhos flutuantes

Tipo	Trilho base (*B*)	Gabarito (ideal) (*G*)	Calço de enchimento (*tc*)	Presilha			Parafuso (Ø)
				tp	Largura	α	
TR-37	122,2	194	9,5	9,5	110	13°	22,2
TR-45	130,2	202	11,1	9,5	110	14° 02'	22,2
TR-50	136,5	208	11,1	12,5	110	14° 02'	22,4
TR-52	131,7	204	12,5	12,5	110	13°	22,4
TR-57	139,7	212	12,5	12,5	110	14° 02'	22,4

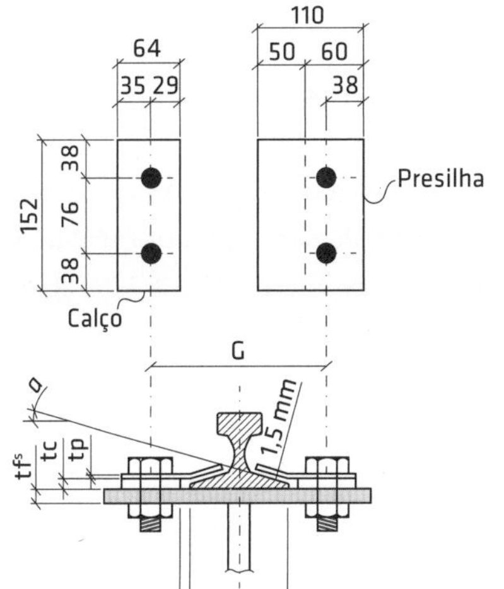

Presilha (*clamp*) flutuante

Tab. 10.2 Trilhos fixos

Tipo	Trilho base (*B*)	Gabarito (ideal) (*G*)	Calço de enchimento (*tc*)	Presilha – espessura (*tp*)	Parafuso (Ø)
TR-37	122,2	194	7,9	9,5	22,2
TR-45	130,2	202	9,5	9,5	22,2
TR-50	136,5	208	9,5	12,5	25,4
TR-52	131,7	204	9,5	12,5	25,4
TR-57	139,7	212	9,5	12,5	25,4

Presilha (*clamp*) flutuante

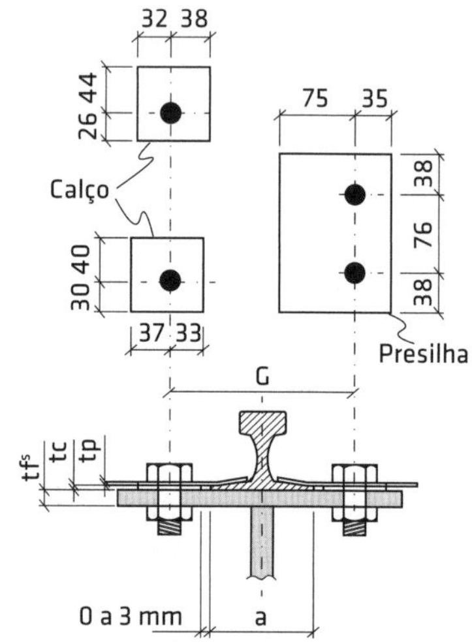

Presilha (*clamp*) fixa

estará sujeito e sua resistência a óleo e graxa. Sua fixação às mesas das vigas é feita com cola. A dureza varia entre 95° e 97° Shore e a espessura é de 6 mm. Para as demais condições de trabalho, a preferência é pelo sistema fixo.

Existe uma série de alternativas para a fixação dos trilhos às mesas das vigas de rolamento.

Trilhos fixados diretamente às vigas de rolamento

Os trilhos de barras retangulares são fixados às vigas por meio de solda e, para tanto, devem ser fabricados com aço de boas características de soldabilidade. Para cargas pequenas, a solda pode ser intermitente, desde que a viga de rolamento não esteja em pátio descoberto, em locais com vapores agressivos etc. (Fig. 10.32A).

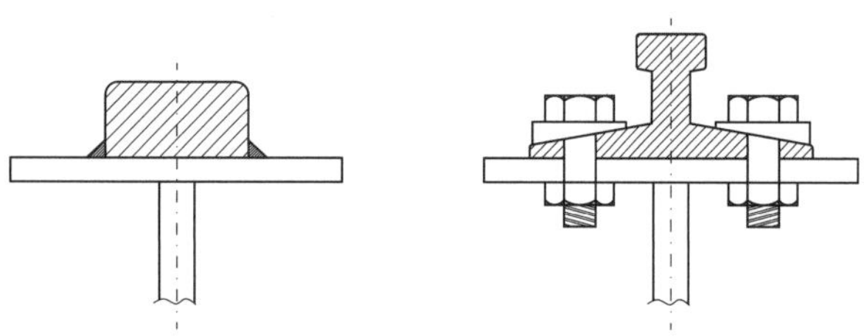

Fig. 10.32 Trilhos fixados diretamente à viga de rolamento

Trilhos fixados com ganchos

O sistema de fixação com ganchos é usado no caso de vigas com mesas estreitas. O espaçamento entre o conjunto de ganchos deve ser menor que 600 mm e somente é aceito para os trilhos TR-25, 32, 37 e 45. Acima desses valores, os trilhos trabalham com alta carga por roda, por isso não se recomenda tal procedimento (Fig. 10.33).

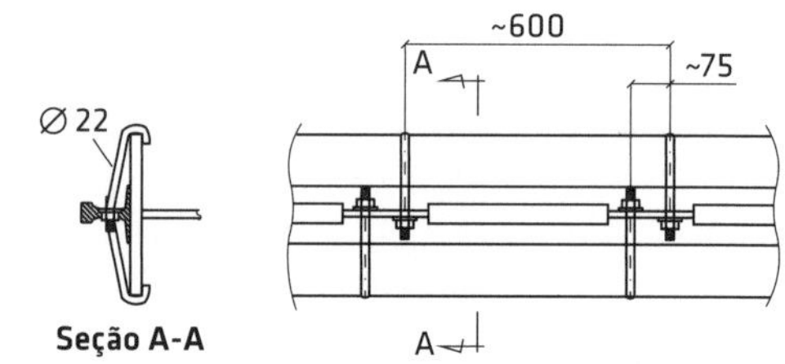

Fig. 10.33 Trilhos fixados com ganchos

Trilhos fixados com pressão, por meio de grapas e/ou presilhas

O tipo mais empregado para a fixação de trilhos com pressão é a compressão com grapas de diferentes formas, que permitem correções posteriores de alinhamento e substituição mais fácil. A grapa mais simples é composta de duas chapas – a inferior, para posicionar o trilho, e a superior, com a função de pressionar o trilho contra a aba superior da viga de rolamento. O furo excêntrico da chapa inferior permite quatro posições diferentes para alinhar o trilho. A chapa inferior deve ter espessura menor (cerca de 2 mm a 3 mm) que a cota da base ao ponto em que a chapa superior se apoia no trilho, para permitir o efeito de mola desta última (Tabs. 10.1 e 10.2 e Fig. 10.34).

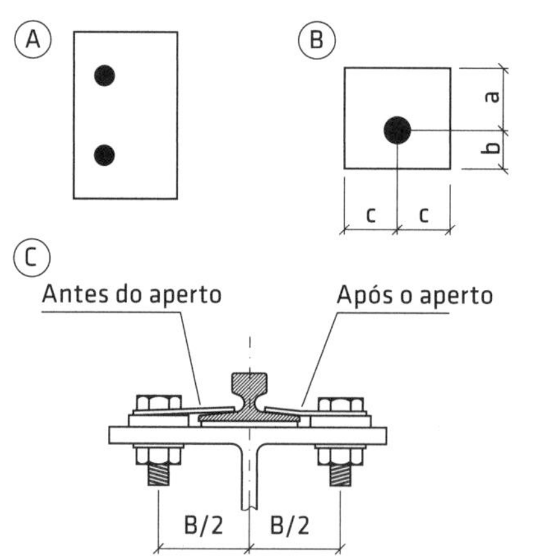

Fig. 10.34 Trilhos fixados com grapas: (A) chapa superior; (B) chapa inferior; (C) corte transversal

Na Fig. 10.35 são apresentados alguns exemplos de fixação de trilhos com grapas forjadas ou fundidas, mais sofisticadas, que possibilitam melhor ajuste e possuem pequena altura. Na Fig. 10.35A,B são mostradas grapas fixadas por parafusos, e na Fig. 10.35C é ilustrado um sistema em que a grapa é fixada por solda, o que elimina parafusos e furos na viga de rolamento.

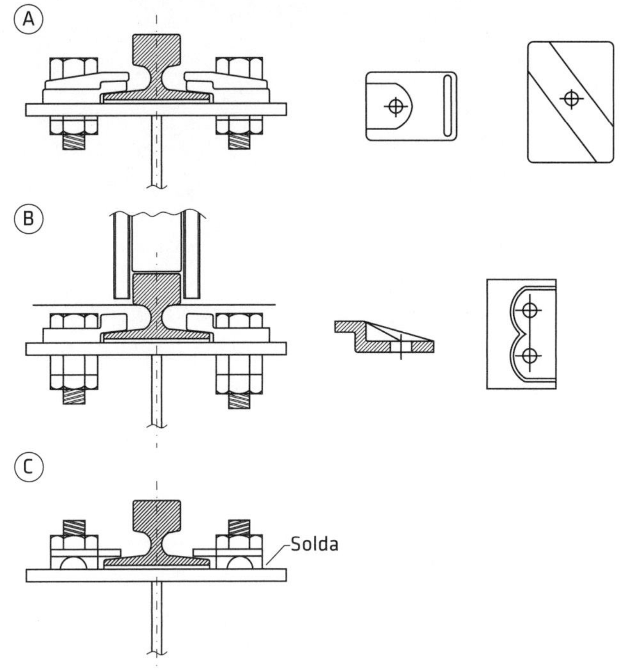

Fig. 10.35 Fixação com grapas forjadas

É comum a fixação do trilho com grapas parafusadas de cada lado, podendo ser instaladas em pares opostos ou intercalados. O espaçamento entre elas varia de 600 mm a 900 mm (Fig. 10.36).

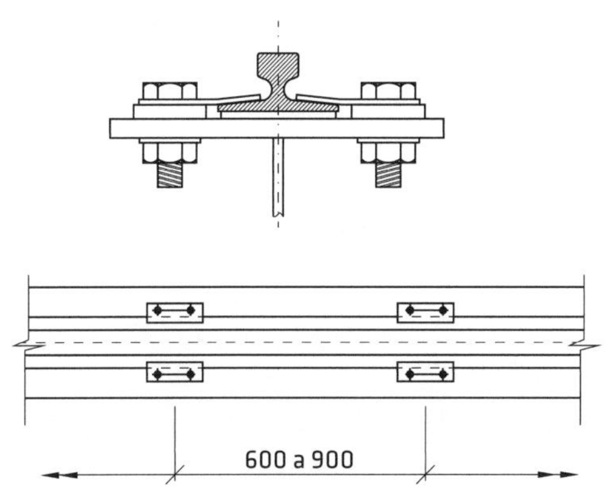

Fig. 10.36 Espaçamento das grapas

Exemplo 10.1

Calcular os esforços e dimensionar uma viga de rolamento para uma distância entre colunas de 8 m, que suporta uma ponte rolante de 160 kN, cujo trem-tipo é fornecido.

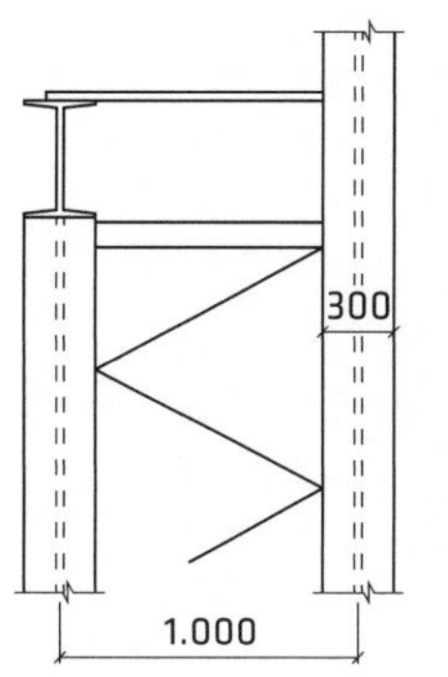

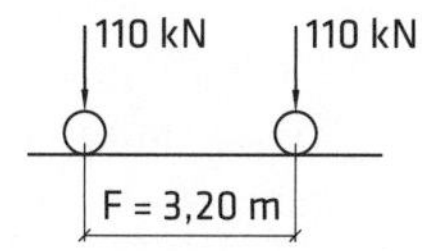

Imp. vertical 25%
H_T = 15% · 160 kN = ± 24,0 kN
H_T = 24/2 rodas = ± 12 kN
Acidental = 0,2 kN/m²
Peso prop. estimado = 0,15 kN/m
Δ_x = L/750
nº ciclo = < 2.000.000
Aço ASTM A 36 f_y = 25 kN/cm²

Cálculo dos esforços

Cálculo do momento vertical máximo

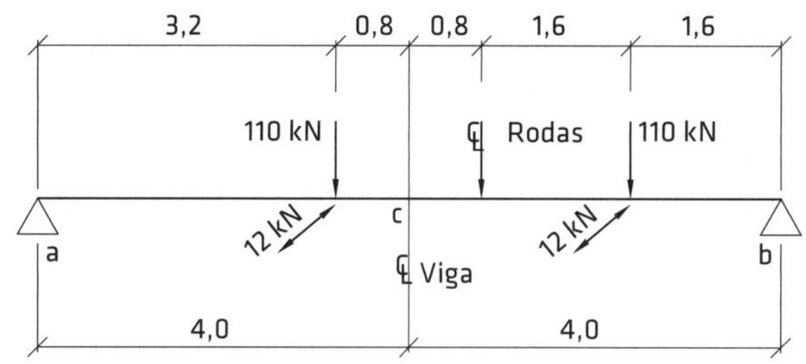

Para ser adotada a solução da figura, F deve ser igual ou menor que $0,586L$.

$$F = 3,2 < 0,586 \times 8 = 4,69 \text{ OK}$$

$$Ra = 110(4,8 + 1,6) = 88 \text{ kN}$$

$Mc_{PRV} = 88 \times 3,2 = 281,6 \times 1,25 = 352$ kNm
$Mc_{CP} = 1,5 \times 8^2/8 = 12$ kNm
$Mc_{CA} = 2 \times 1,0 \times 0,5 \times 8^2/8 = 8$ kNm

Total = 372 kNm = 37.200 kNcm

Cálculo do momento horizontal máximo

$$Mc_{HT} = 281,6 \times 12/110 = \pm 30,72 \text{ kNm} = \pm 3.072 \text{ kNcm}$$

Cálculo do cortante máximo

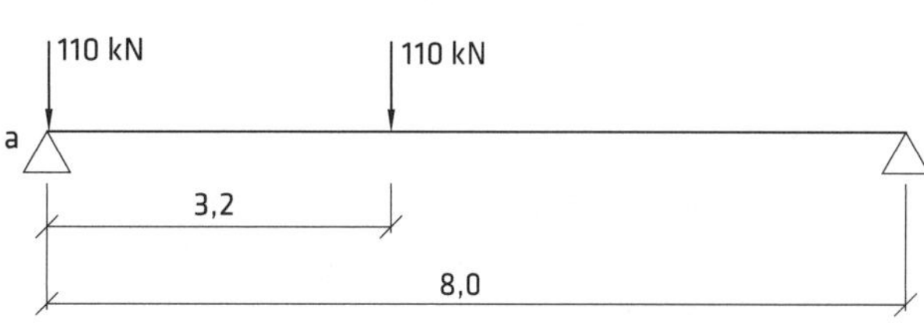

$$Q_{PRV} = 110\left(1 + \frac{8 - 3,2}{8}\right) = 176 \text{ kN}$$

$$\text{Impacto} = 25\% \times 176 = 44$$

$$Q_{CP} = 1,5 \times 8,0/2 = 6$$

$$Q_{CA} = 2,0 \times 0,5 \times 8,0/2 = 4$$

$$Q_s = 230 \text{ kN}$$
$$Q_{HT} = \pm 176 \times 12/110 = \pm 19{,}2 \text{ kN}$$

Dimensionamento

Com treliça lateral

Como PR < 200 kN:

$$\Delta_x \leq L/600 \rightarrow d/L = L/10 \text{ a } L/14$$
$$d = 8.000/10 = 800 \text{ a } 8.000/14 = 570 \text{ mm}$$

Serão adotados $d = 700$ mm, aço A36 e $f_y = 25$ kN/cm².

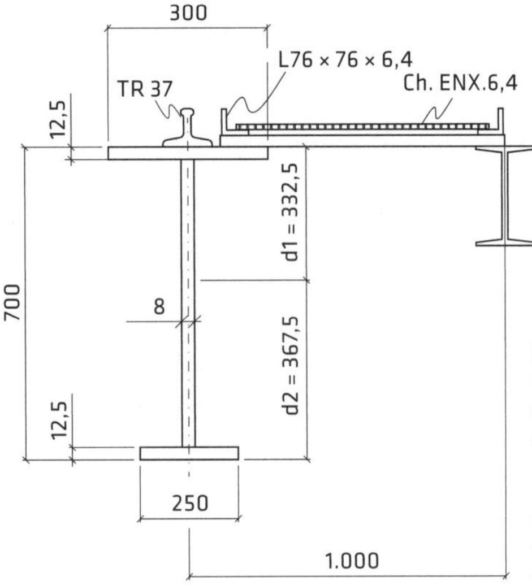

Propriedades da seção
$A = 123$ cm²
$I_x = 101.374$ cm⁴
$Wx^s = 3.049$ cm³
$Wx_i = 2.758$ cm³
$rt = 7{,}82$ cm
$Zx^S = 3.266$ cm³
$Z_Y = 487$ cm³

i) Tensões atuantes (tensões locais da roda)

De acordo com a AISE nº 13, essa verificação não é mais necessária, devendo-se realizar somente a do esmagamento da alma.

ii) Cálculo da flecha

$$\Delta_x = \frac{5M \cdot L^2}{48E \cdot I} = \frac{5 \times 28.160 \times 800^2}{48 \times 20.000 \times 101.374}$$
$$= 0{,}90 \text{ cm} < \Delta_{adm} = \frac{800}{750} = 1{,}067 \text{ cm OK}$$

iii) Forças admissíveis

M_{RX} = (fluxograma nº 2B – Apêndice A)

$h/t_w = 67{,}5/0{,}8 = 84 < 532/\sqrt{25} = 106$ OK

$L_b = 200$ cm (distância entre diagonais da treliça superior)

$< 155 r_T/\sqrt{25} = 155 \times 7{,}82/5 = 235$ cm OK

$M_{Rs} = 0{,}6 f_y \cdot Z_{Xs} = 0{,}6 \times 25 \times 3.266 = 48.990$ kNcm

$M_{Ri} = 0{,}6 f_y \cdot Z_{xi} = 0{,}6 \times 25 \times 2.758 = 41.370$ kNcm

$Q_R = 0{,}4 f_Y \cdot t_w \cdot h_w = 0{,}4 \times 25 \times 0{,}8 \times 67{,}5 = 540$ kN

$\lambda = L_b/r_T = 200/7{,}82 = 26 \rightarrow Fa = 14{,}1$ kN/cm² (Tab. A.2)

$N_R = 14{,}1 \times 1{,}25 \times 30 = 529$ kN

iv) Verificação final

a) Mesa superior

$$\frac{N_S}{2N_R} + \frac{M_S}{M_R} < 1{,}0, \text{ pois } N_S/N_R = 30{,}72/529 = 0{,}058 < 0{,}2$$

$$\frac{0{,}058}{2} + \frac{34.200}{48.990} = 0{,}79 < 1{,}0 \text{ OK}$$

quando houver força lateral

$34.200/48.990 = 0{,}70 < 1{,}0$ OK

quando não houver força lateral

b) Mesa inferior

$$\frac{M_{Si}}{M_{Ri}} = \frac{37.200}{41.370} = 0{,}9 < 1{,}0 \text{ kN/cm}^2 \text{ OK}$$

c) Alma

$$\frac{Q_S}{Q_R} = \frac{230}{540}\ 0{,}42 < 1{,}0 \text{ kN/cm}^2$$

v) Verificação à fadiga (Cap. 16)

Tab. 16.2 – item 3.1 – categoria de tensão B.

$$\sigma_{SR} = (327Cf/N)^{0{,}333} = (327 \times 120 \times 10^8/2.000.000)^{0{,}333}$$
$$= 125 \text{ MPa} = 12{,}5 \text{ kN/cm}^2$$

a) Mesa superior

$M_{máx} = 35.200$ kNcm (só carga móvel)

$$fbx^s + fa^s \cdot 0{,}5 =$$
$$\frac{35.200}{3.049} + 0{,}5 \times 0{,}82 = 12{,}0 < 12{,}5 \text{ kN/cm}^2 \text{ OK}$$

b) Mesa inferior

$$fbx^i = \frac{35.200}{2.758} = 12{,}8 \cong 12{,}5 \text{ kN/cm}^2 \text{ OK}$$

vi) Verificação da alma

a) Relação altura/espessura

$h/t_w = 67{,}5/0{,}8 = 84 < 532/\sqrt{f_Y} = 532/\sqrt{25} = 106$ OK

b) Esmagamento da alma

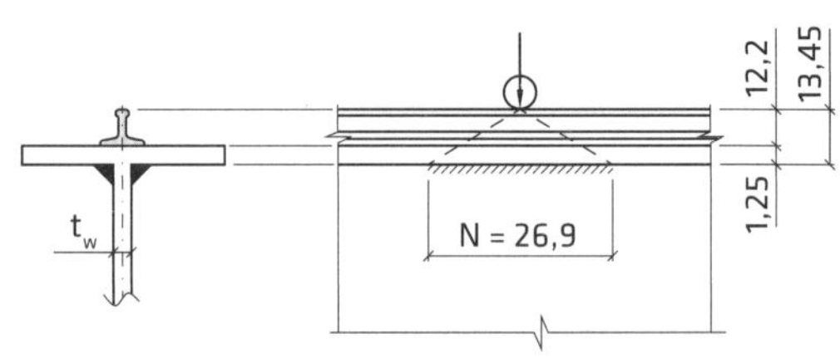

$$fb = \frac{P \cdot \alpha}{t_w \cdot N} = \frac{110 \times 1{,}25}{0{,}8 \times 26{,}9} = 6{,}40 \text{ kN/cm}^2 < 0{,}9 f_Y$$
$$= 0{,}9 \times 25 = 22{,}5 \text{ kN/cm}^2 \text{ Ok}$$

c) Enrijecedor de apoio

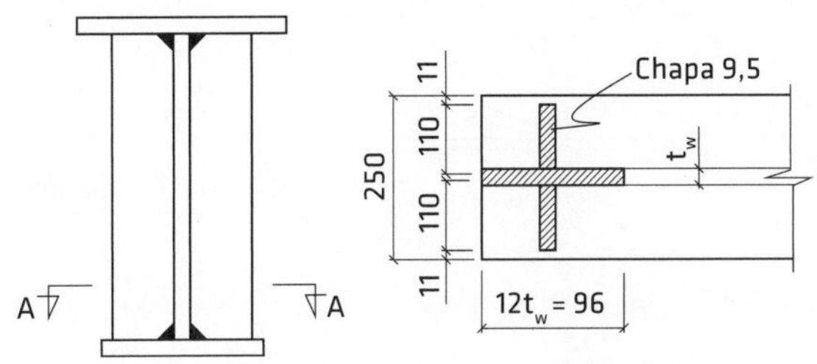

Seção A-A

Como coluna:

$$\frac{b}{t} = \frac{110}{9,5} = 11,6 < \frac{79}{\sqrt{f_Y}} = \frac{79}{\sqrt{25}} = 15,8 \text{ OK}$$

$$A = 0,8 \times 9,6 + 2 \times 11 \times 0,95 = 28,58 \text{ cm}^2$$

$$I_Y = \frac{0,95 \times 22,8^3}{12} = 938 \text{ cm}^4$$

$$r_y = \sqrt{\frac{938}{28,58}} = 5,73 \text{ cm}$$

$$\lambda_y = \frac{k \cdot L_y}{r_y} = \frac{0,75 \times 67,2}{5,73} = 92 \rightarrow Fa = 14,7 \text{ kN/cm}^2$$

$$N_R = 14,7 \times 28,58 = 420 \text{ kN} > 230 \text{ kN OK}$$

Esmagamento do enrijecedor de apoio:

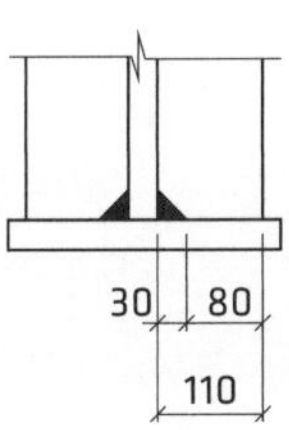

$$F_b = 0,9f_Y = 22,5 \text{ kN/cm}^2$$

$$f_b = \frac{230}{2 \times 8 \times 0,95} = 15 \text{ kN/cm}^2$$

$$< 22,5 \text{ kN/cm}^2 \text{ OK}$$

d) Enrijecedor intermediário

$$\frac{h}{t_w} = \frac{67,5}{0,8} = 84 < 260 \text{ OK}$$

$$V_R = 0,4 f_Y \cdot A_w \cdot C_v$$

Considerando enrijecedores nos quartos da viga para combater possíveis excentricidades dos trilhos, têm-se:

$$a = 800/4 = 200 \qquad h = 67,5 \qquad \frac{a}{h} = \frac{200}{67,5} = 2,96 \cong 3,0$$

$$k_v = 5 + \frac{5}{(a/h)^2} = 5 + \frac{5}{2,96^2} = 5,57 \text{ como } h/t_w = 84$$

$$C_v = \frac{1,10\sqrt{k_v \cdot E / f_y}}{h / t_w} = \frac{1,10\sqrt{5,57 \times 200.500 / 25}}{84} = 0,88$$

$$V_R = 0,4 \times 25 \times 0,8 \times 67,5 \times 0,88 = 475 \text{ kN} > V_S = 230 \text{ kN OK}$$

vii) Ligações da composição do perfil

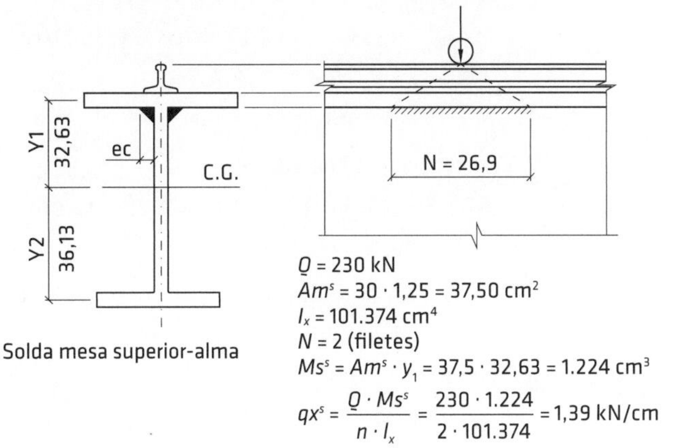

$$\alpha = \text{impacto} = 1,25$$

$$qy = \frac{P \cdot \alpha}{2N} = \frac{110 \times 1,25}{2 \times 26,9} = 2,56 \text{ kN/cm}$$

$$q = \sqrt{qx^2 + qy^2} = \sqrt{1,39^2 + 2,56^2} = 2,91 \text{ kN/cm}$$

$$R_{FIL} = 10,4 \text{ kN/cm (Tab. 3.4)}$$

$$ec = 2,91/10,4 = 0,28 \text{ cm} = 2,8 \text{ mm}$$

Usar *ec* = 6 mm (como mínimo) com alta penetração.
Solda dos enrijecedores com alma e mesa:

$$fvs = h\sqrt{(f_y / 3,35)^3} = 67,5\sqrt{(25 / 3,35)^3} = 1.610 \text{ N / cm}$$

Para dois filetes, 1.610/2 = 805 N/cm = 0,805 kN/cm.

$$ec = 0,805/10,4 = 0,077 \text{ cm (Tab. 3.4)}$$

Usar *ec* = 5 mm mínimo.

a) Treliça horizontal

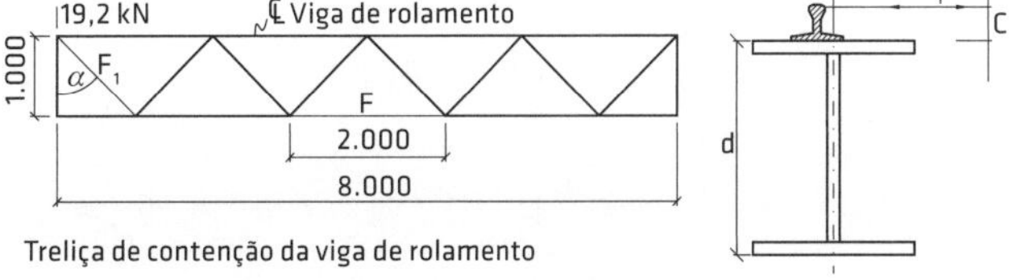

Treliça de contenção da viga de rolamento

$$H_S = H_T + \frac{H_T \cdot c + V \cdot a}{d}$$

$$= 19,2 + \frac{19,2 \times 12,2 + 230 \times 0,75 \times 0,8}{70} = 24,5 \text{ kN}$$

$$H_S = \pm 24,50 \text{ kN}$$

$$M_{HS} = PL/4 = 24{,}5 \times 8/4 = 49 \text{ kNm} = 4.900 \text{ kNcm}$$

$$F = 4.900/100 = 49 \text{ kN}$$

$$F_1 = 24{,}5/\cos\alpha = 24{,}5/0{,}707 = 34{,}60 \text{ kN}$$

Ch. 6,35 enxadrezada	= 600 N/m²
Estrutura	= 600
Acidental	= 2.000

	3.200 N/m² = 3,2 kN/m²

$$q = 3{,}2 \times 0{,}5 = 1{,}6 \text{ kN/m}$$

b) Viga externa de contenção

$$MS = q \cdot L^2/8 = 1{,}6 \times 8^2/8 = 12{,}8 \text{ kNm} = 1.280 \text{ kNcm}$$

$$N_S = -49{,}0 \text{ kN}$$

$$Lx = 800 \text{ cm}$$

$$Ly = 200 \text{ cm}$$

Seja o perfil W 200 × 22,5 kg/m (Tab. C.5) com:

$$A = 29 \text{ cm}^2$$

$$I_x = 2.029 \text{ cm}^4$$

$$W_x = 197 \text{ cm}^3$$

$$r_x = 8{,}37 \text{ cm}$$

$$r_y = 2{,}22 \text{ cm}$$

$$\lambda_Y = 200/2{,}22 = 90$$

$$\lambda_x = 800/8{,}37 = 96 \rightarrow Fa = 9{,}50 \text{ kN/cm}^2 \text{ (Tab. A.2)}$$

$$N_R = Fa \cdot A = 276 \text{ kN}$$

$$N_S/N_R = 49/276 = 0{,}18 < 0{,}2$$

$$M_R = M_R = 0{,}6 f_Y \cdot W_X = 0{,}6 \times 25 \times 197$$

$$= 2.955 \text{ kNcm}$$

$$\frac{N_S}{2N_R} + \frac{M_S}{M_R} < 1{,}0$$

$$\frac{0{,}18}{2} + \frac{1.280}{2.955} = 0{,}52 < 1{,}0 \text{ OK}$$

$$\Delta_{Xadm} = L/350 = 800/350 = 2{,}29 \text{ cm}$$

$$\Delta X = \frac{5 \times 16 \times 800^4}{384 \times 20{,}5 \times 10^6 \times 2.029} = 2{,}05 < 2{,}29 \text{ OK}$$

c) Diagonais

$$N_{S1} = F_1 = 34{,}60 \text{ kN}$$

$$Lx = Ly = Lz = 141 \text{ cm}$$

Seja L 64 × 64 × 4,8 (Tab. C.7) com A = 5,8 cm² e r_z = 1,24 cm.

$$\lambda_z = 141/1{,}24 = 114 < 150 \rightarrow$$

$$Fa = 8{,}0 \text{ kN/cm}^2 \text{ (Tab. A.2)}$$

$$N_{R1} = 8{,}0 \times 5{,}8 = 46{,}4 \text{ kN/cm}^2 > 34{,}6 \text{ OK}$$

Chapa do passadiço dando contenção lateral

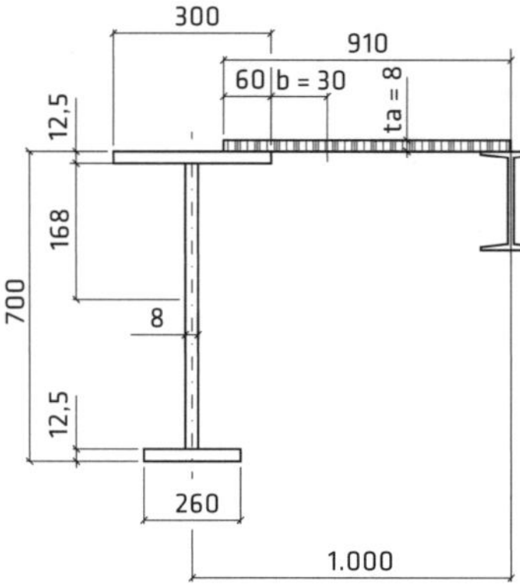

$$A = 21t_w = 21 \cdot 8{,}0 = 168 \text{ mm}$$

$$b = \left(\frac{79}{\sqrt{f_Y}} - \frac{bf^s}{2 \cdot tf^s}\right) \cdot ta$$

$$b = \left(\frac{79}{\sqrt{25}} - \frac{30}{2 \times 1{,}25}\right) 0{,}8 = 3{,}04 \text{ cm}$$

usando b = 30 mm

i) Cálculo das propriedades

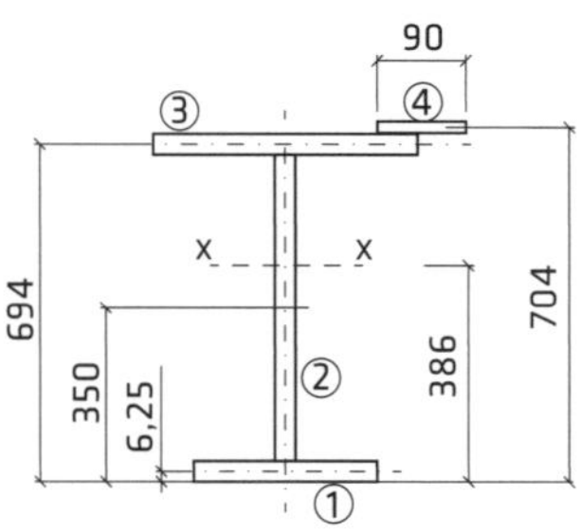

	A	d	A · d
1	31,25	0,625	19,53
2	54,0	35,0	1.890
3	37,50	69,4	2.602
4	7,20	70,4	506
	------		------
	129,95		5.018 cm³

$$d = 5.018/129{,}95 = 38{,}62 \text{ cm}$$

$$I_x = \frac{0{,}8 \times 67{,}5^3}{12} + 54^2 \times 3{,}62^2 + 31{,}25 \times 37{,}99^2 + 37{,}5^3$$

$$\times 30{,}8^2 + 7{,}2^4 \times 31{,}78^2 = 109.158 \text{ cm}^4$$

$$W_x^s = 3.476 \text{ cm}^3$$

$$Wx^i = 2.827 \text{ cm}^3$$

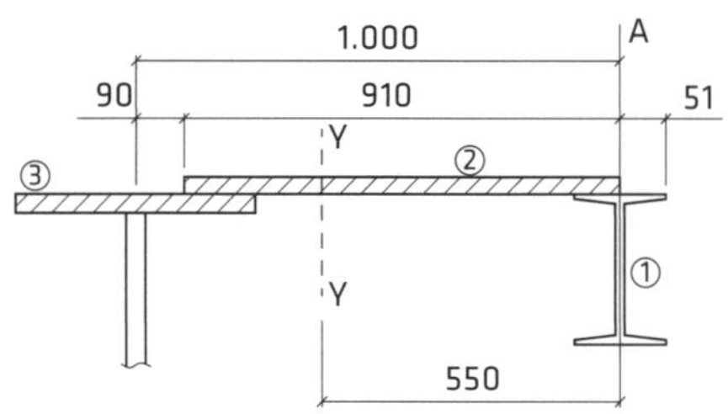

A_1 = 29 cm²
A_2 = 0,8 × 91 = 72,8 cm²
A_3 = 1,25 × 30 + 0,8 × 16,8 = 50,94 cm²

A	d	A	d
1	29,0	0	0
2	72,8	45,5	3.312
3	50,94	100	5.094
	----------		--------
	152,74		8.406 cm³

$$d = 8.406/152{,}74 = 55{,}0 \text{ cm}$$

$$d_1 = 100 - 55{,}0 = 45{,}0 \text{ cm}$$

$$d_2 = 55{,}0 - 91/2 = 9{,}50 \text{ cm}$$

$$I_Y = 1{,}25 \times 30^3/12 + 50{,}94 \times 45{,}0^2 + 0{,}8 \times 91^3/12 + 72{,}8$$

$$\times 9{,}5^2 + 29{,}0 \times 55{,}0^2 = 250.499 \text{ cm}^4$$

$W_Y{}^e = 250.499/(45 + 15) = 4.175\ cm^3$

$W_Y{}^d = 250.499/(55 + 5{,}1) = 4.168\ cm^3$

$Z_Y{}^e = 4.168 \times 1{,}6 = 6.669\ cm^3$

ii) Forças atuantes

Na mesa superior, $M_{SX}{}^S = 37.200$ kNcm e $M_{SY}{}^S = 3.072$ kNcm.

Na mesa inferior, $M_{SX}{}^i = 37.200$ kNcm.

Na alma, $Qsv = 230$ kN.

iii) Forças admissíveis

Como a viga está toda contida, a seção continua compacta.

$M_{RX}{}^S = 0{,}66 \times 25 \times 3.476 = 57.354$ kNcm

Fb_Y (Fluxograma nº 3) –

$$\lambda = \frac{bf^S}{2tf^S} = 12 < \lambda_{Pf} = \frac{54}{\sqrt{f_y}} = \frac{54}{\sqrt{25}} = 10{,}8$$

Não, porém < 16

$h/t_w = 84$

$$k_c = \frac{4}{\sqrt{84}} = 0{,}44$$

$$\lambda_{rf} = 136\sqrt{\frac{k_c}{0{,}7f_y}} = 162\sqrt{\frac{0{,}44}{25}} = 21{,}5$$

$$M_{RY} = Z_Y \cdot f_Y \cdot 0{,}6\ [1{,}0 - 0{,}7W_Y/0{,}6Z_Y(\frac{\lambda - \lambda_{pf}}{\lambda_{rf} - \lambda_{pf}})]$$

$$= 6.689 \times 25 \times 0{,}6[1 - 1{,}17 \times 4.168/6.689(\frac{12-11}{21{,}5-11})]$$

$$= 100.335[0{,}930] = 93.311 \text{ kNcm}$$

iv) Somatório das tensões

Na mesa superior:

$$\frac{M_{SX}}{M_{RX}} + \frac{M_{SY}}{M_{RY}} = \frac{37.200}{57.354} + \frac{3.072}{93.311} = 0{,}68 < 1{,}0 \text{ OK}$$

Na mesa inferior:

$M_{RY} = 0{,}6f_Y \cdot W_Y{}^i = 0{,}6 \times 25 \times 2.758$

$= 41.370$ kNcm > 37.200 OK

Na alma:

$Q_R = 0{,}4f_Y \cdot h_w \cdot t_w = 0{,}4 \times 25 \times 67{,}5 \times 0{,}8 = 540 > 230$ kN OK

v) Verificação da flecha

$$\Delta_X = \frac{5 \times 28{,}16 \times 800^2}{48 \times 20{,}0 \times 109.158} = 0{,}86 < 1{,}06 \text{ OK}$$

vi) Verificação da fadiga

Na mesa superior:

$$fbx^S + fby^S \cdot 0{,}5 = \frac{35.200}{3.476} + \frac{0{,}71 \times 0{,}5}{4.175}$$

$$= 10{,}1 < 12{,}7 \text{ kN/cm}^2$$

As demais verificações são idênticas às anteriores.

vii) Cálculo do perfil W 200 × 22,5 kg/m com $Z_X = 225{,}5\ cm^3$ e $W_Y = 28\ cm^3$

$M_{SX} = (3{,}2/2) \times 8^2/8 = 12{,}80$ kNm = 1.280 kNcm

$M_{RX} = 0{,}6f_Y \cdot Z_X = 0{,}6 \times 25 \times 225{,}5 = 3.382$ kNcm

$M_{RY} = 0{,}9 \times 25 \times 4.609 = 103.702$ kN/cm²

Somatório das tensões:

$$\frac{1.280}{3.382} + \frac{3.072}{103.702} = 0{,}36 < 1{,}0 \text{ OK}$$

$\Delta_x = 1{,}87 < 2{,}22$ cm OK

Nas duas soluções, as tensões de fadiga foram o fator limitador.

Solda de ligação chapa-viga mínima de 5 mm.

viii) Cálculo da chapa de piso

CP = 0,8 kN/m²

CA = 2,0 kN/m²

t = 0,8 cm

$q = 2{,}8$ kN/m² → 3,0 kN/m² (Tab. C.29)

Para $a/b = 3{,}0$, $a = 309$ e $b = 103 \cong 100$.

Isso indica a necessidade de reforço a cada 3,0 m.

Será colocado um L 50 × 50 × 4,8 mm sob a chapa.

11 VIGAS DE COBERTURA

Para receber as cargas de cobertura (telhas, terças, chuvas, poeiras e sobrecargas em geral) e transmiti-las às colunas, são empregadas vigas que, ao mesmo tempo, servem para dar estabilidade às estruturas. Essas vigas podem ser em alma cheia ou vazadas (Fig. 11.1) ou em tesouras ou treliças (Fig. 11.7).

Quando o espaçamento entre colunas é muito grande (> 8 m), é comum a colocação de uma viga intermediária, chamada de viga secundária da cobertura, com a finalidade de reduzir o vão das terças (Fig. 11.2).

11.1 Vigas de cobertura em alma cheia

São formadas por perfis laminados, soldados ou vazados, originados de ambos os perfis. Podem ser com altura constante, para vãos até 30 m, ou altura variável, para grandes vãos, acima de 30 m, em galpões sem ponte rolante.

A altura das vigas de cobertura varia dentro das seguintes relações:

- $H/L = 1/40$ a $1/60$ do vão para galpões com ponte rolante;
- $H/L = 1/50$ a $1/70$ do vão para galpões sem ponte rolante;
- $\Delta_x \leq L/250$.

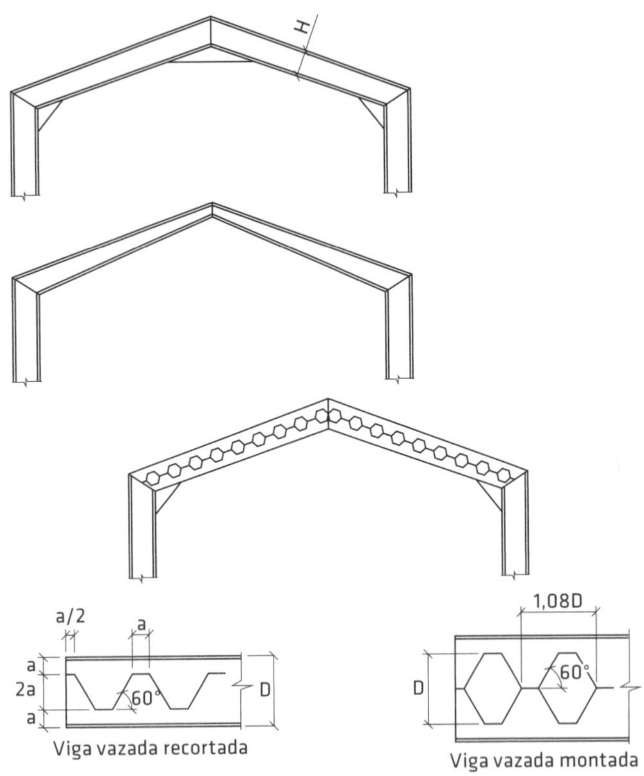

Fig. 11.1 Tipos de viga de cobertura em alma cheia

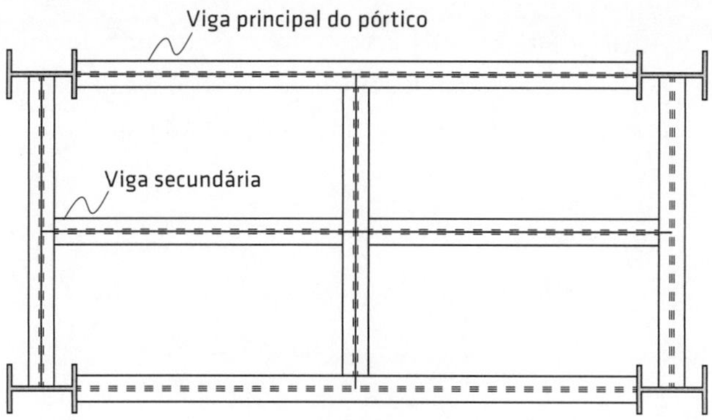

Fig. 11.2 Viga secundária da cobertura

11.1.1 Contenção lateral

Para ter um dimensionamento econômico, é fundamental dar a necessária contenção lateral à viga, que pode ser feita com terças ou mediante a colocação de contraventamentos no plano da cobertura. Se a viga tem pequena altura (< 400 mm), somente o contraventamento é suficiente para dar a devida contenção. Mas, se possuir altura maior, usa-se o artifício de colocar mão-francesa em algumas terças estrategicamente escolhidas (Fig. 11.3B).

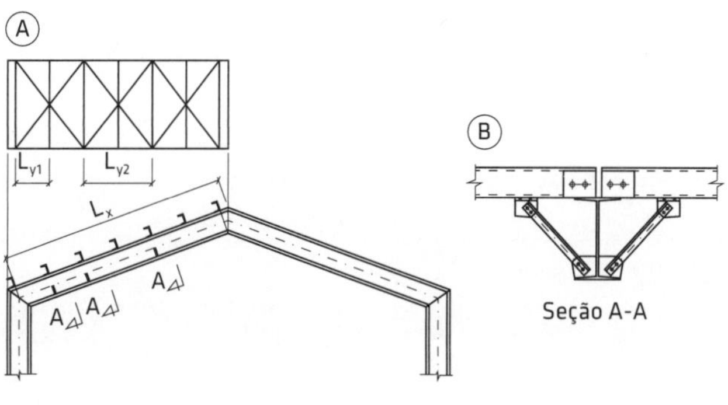

Fig. 11.3 Contenção lateral

Os pórticos com tirantes são também empregados, porém seu uso deve ser analisado com cautela, pois só têm bom funcionamento quando solicitados por cargas verticais permanentes e acidentais. Os tirantes têm a vantagem de reduzir os deslocamentos nos pontos de ligação viga-coluna (Fig. 11.4), porém não devem ser considerados para as cargas permanentes mais vento, que habitualmente dão resultados contrários, ou seja, compressão no tirante. O mesmo pode ocorrer quando são introduzidas cargas horizontais de ponte rolante. Inúmeras obras entraram em colapso por causa da compressão do tirante provocada por ventos de grande intensidade que haviam sido negligenciados nos cálculos.

Quando se trabalha com vãos maiores que 20 m, os deslocamentos nos cantos podem ser inconvenientes durante a fase de montagem. Nesses casos, pode-se estudar a implementação de uma contraflecha no pórtico (Fig. 11.5A) ou

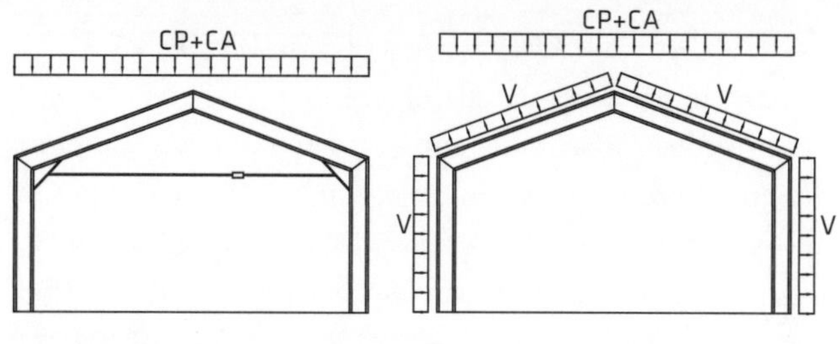

Fig. 11.4 Pórticos com tirantes

a colocação de um tirante para neutralizar esses efeitos, levando-se em conta o que foi dito anteriormente (Fig. 11.5B).

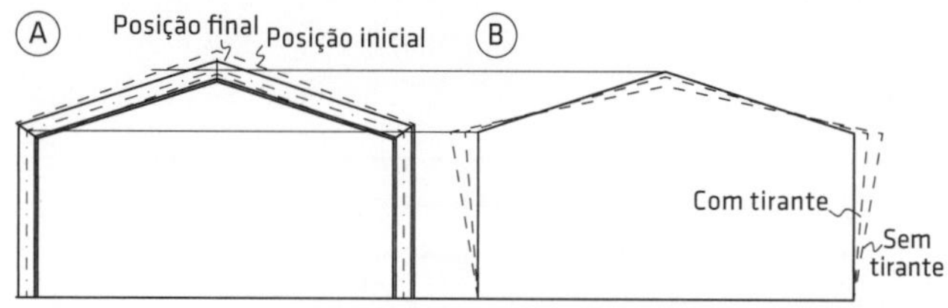

Fig. 11.5 Pórticos com contraflecha

Para as vigas de cobertura em alma cheia, existem somente dois pontos principais a serem analisados: ligação viga com viga (Fig. 11.6A-C) e ligação viga-coluna (Fig. 11.6D-I). Para vãos maiores, em que a metade da viga tenha mais que 12 m de comprimento, a solução indicada na Fig. 11.6I pode ser a melhor, sendo outra alternativa a execução de uma emenda no perfil.

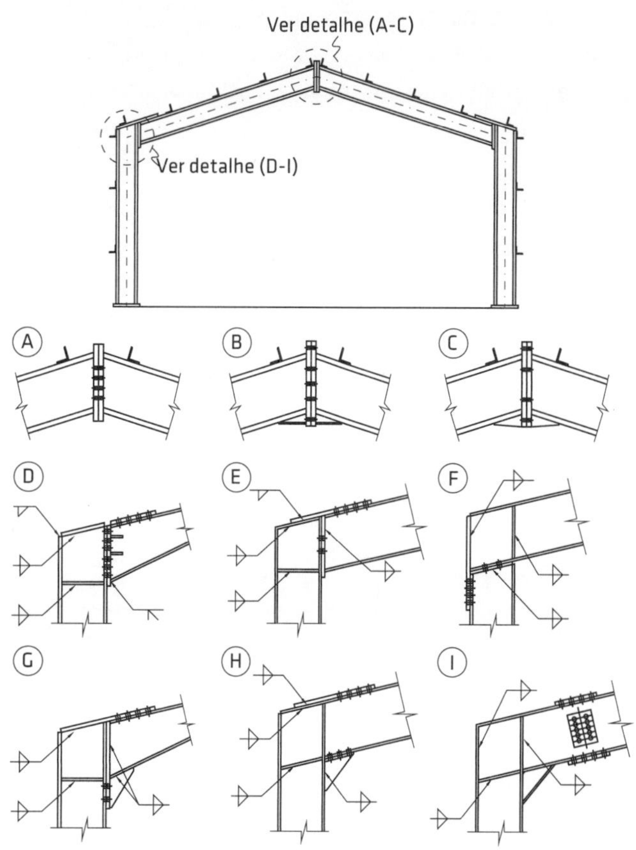

Fig. 11.6 Alternativas de ligação (A-C) viga-viga e (D-I) viga-coluna

11.2 Vigas de cobertura em armações (tesouras ou treliças)

As armações são as mais antigas formas de solução para qualquer tipo de cobertura. Hoje, com o advento dos perfis laminados de maior altura e dos perfis tipo I soldados, elas passaram a ser econômicas para vãos acima de 25 m a 30 m. As armações podem ser compostas de ligações parafusadas ou soldadas. As ligações parafusadas, devido à necessidade de espaçamento entre furos e extremidades, representam um peso maior do que as soldadas, da ordem de 5% a 10%. Para determinar o peso de uma armação, adiciona-se ao peso das peças (cordas + diagonais + montantes) um percentual para cobrir as chapas de ligação, sendo ~10% quando a solução for soldada e ~20% quando parafusada.

A principal característica desse tipo de estrutura é que suas barras trabalham normalmente a tração ou compressão.

Contraflechas devem ser dadas em armações para vãos acima de 20 m, igual à flecha provocada pelo peso próprio.

Existem vários tipos de tesouras e treliças, sendo alguns deles apresentados na Fig. 11.7. A tesoura mais simples é a calculada como biapoiada (Fig. 11.7A). Quando se quer dar maior rigidez para as cargas laterais de vento, usa-se uma mão-francesa indo da coluna ao primeiro montante (Fig. 11.7F) ou uma solução como a indicada na Fig. 11.7C, que proporciona excelente rigidez às colunas para qualquer tipo de carregamento.

As soluções em treliças, com as cordas paralelas, também são uma ótima opção para inclinações de 0° a 10° (Fig. 11.7D,E).

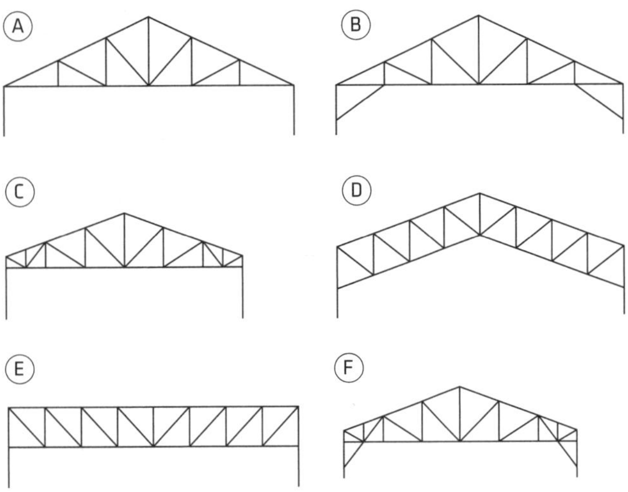

Fig. 11.7 Tipos de armação

11.2.1 Determinação dos tipos de seção

Os tipos de seção empregados na formação de elementos das armações das coberturas devem ser selecionados sob o ponto de vista técnico e econômico, procurando-se a solução mais apropriada. Os principais tipos de seção usados na formação das armações são indicados na Fig. 11.8.

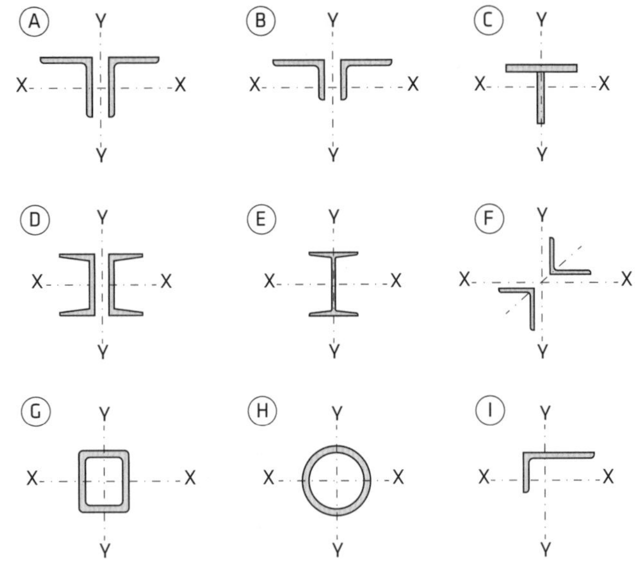

Fig. 11.8 Tipos de seção

Normalmente, adotam-se para as cordas as soluções que tenham um eixo de simetria no plano da armação. Entre estas, é possível selecionar:

- Um par de cantoneiras de abas iguais (Fig. 11.8A), quando se tiver L_X um pouco maior (1,35) do que L_Y.
- Um par de cantoneiras de abas desiguais (Fig. 11.8B), quando se tiver $L_X \geq 2L_Y$.
- Para grandes cargas, as seções formadas por um T laminado ou soldado (Fig. 11.8C), por um par de Us (Fig. 11.8D) ou por um I laminado ou soldado (Fig. 11.8E). As seções em duplo L opostas pelo vértice (Fig. 11.8F) são ótimas soluções para diagonais e montantes a compressão, pois o raio de giro nos dois sentidos é praticamente igual ($r_x \cong r_y$). As soluções em tubo quadrado (Fig. 11.8G) e redondo (Fig. 11.8H) apresentam-se como alternativas.
- A solução com cantoneira simples (Fig. 11.8I) é uma opção muito empregada, principalmente em zonas de agressões atmosféricas, em que a solução em cantoneiras duplas é de mais difícil manutenção. Mas deve-se ter precaução, pois a carga é aplicada de forma assimétrica, havendo a necessidade de melhor projeto para os nós. Em zonas de alta agressividade atmosférica, devem-se evitar as soluções indicadas na Fig. 11.8A,B,D, pela difícil manutenção futura.

As dimensões mínimas de cantoneiras para as armações são L 50 × 50 × 6,4 mm, no caso de cordas, e L 44 × 44 × 4,8 mm, no caso de diagonais e montantes.

Caso se trabalhe com perfis em chapa dobrada, estes não devem ter espessura menor do que 3,3 mm para as cordas e 2,6 mm para as diagonais e os montantes. É bom lembrar que não basta a peça resistir aos esforços, é necessário que ela proporcione a *rigidez desejada*.

11.2.2 Tipos de composição de seções

A seção constituída por um par de cantoneiras com chapas formando nós é uma das mais usuais e mais antigas, podendo-se usar um par de cantoneiras de abas iguais ou desiguais (Fig. 11.9A), orientadas de tal maneira que os comprimentos de flambagem sejam aproximadamente equivalentes. Já a formada por seções em T laminado ou soldado nas cordas com diagonais e montantes soldados é uma excelente opção que, se bem estudada, pode economizar chapas de ligação, sendo ainda de fácil manutenção (Fig. 11.9B-D). Por sua vez, a solução indicada na Fig. 11.9E é composta da junção de cantoneiras simples, soldadas ou parafusadas.

Outra alternativa é a formada por um par de cantoneiras nas cordas diagonais e montantes formadas por tubos quadrados ou redondos soldados nas cantoneiras (Fig. 11.9F). Há também a opção em que são usados simplesmente tubos em todas as barras (Fig. 11.9G).

Uma observação é que, quando se trabalha na composição das armações com cantoneiras de pequenas dimensões e a junção é feita por meio de parafusos, especial atenção deve ser dada à área líquida nas peças tracionadas.

Para serem econômicas, as armações devem estar dentro de uma relação altura/vão de 1/8 a 1/15, sendo a mais utilizada a 1/10. Para obter maior economia de material, deve-se orientar as diagonais para trabalharem à tração.

11.2.3 Comprimento nominal das barras comprimidas

Uma barra comprimida em estado crítico pode perder estabilidade em qualquer sentido. No caso das armações, têm-se o plano da armação e o plano perpendicular a ela. A possível deformação das barras comprimidas, ou melhor, a perda de estabilidade, pode ter lugar entre dois nós (Fig. 11.10A). Para evitar grandes comprimentos de flambagem no plano perpendicular da armação, usa-se o artifício do travamento em determinados nós nesse plano (Fig. 11.10B). A simples colocação de barras longitudinais sem contraventamentos não reduz o comprimento de flambagem (Fig. 11.10C,D).

Na Tab. 11.1 são apresentados os possíveis comprimentos teóricos de flambagem de peças comprimidas em elementos treliçados.

11.2.4 Projeto das ligações

O projeto de uma armação começa pelo desenho dos eixos que formam o esquema geométrico da estrutura, cuidando-se para que os eixos dos elementos que convergem para o nó se cruzem no centro dele (Fig. 11.11A). Somente nesse caso as forças que convergem para o nó podem equilibrar-se mutuamente. A centragem das barras, conforme a Fig. 11.11B, não é aconselhável. Nessa situação, as forças

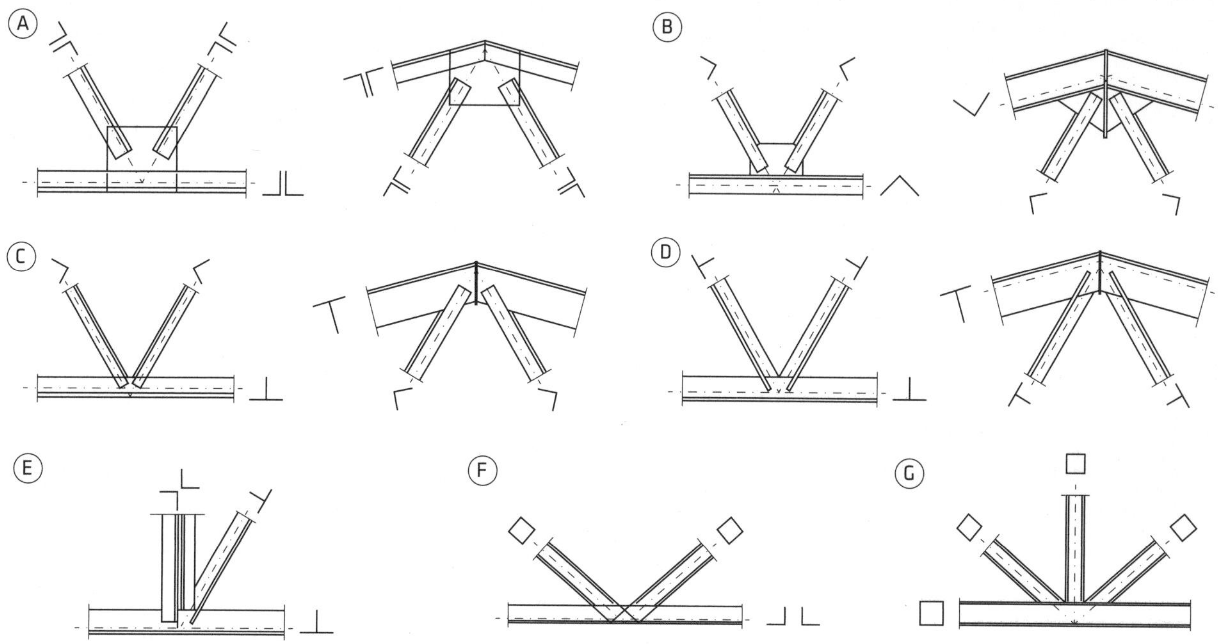

Fig. 11.9 Tipos de armação: (A) cordas e diagonais em JL; (B) cordas e diagonais em L; (C) cordas em T e diagonais em L; (D) cordas e diagonais em T; (E) cordas e diagonais em T e montagens em L; (F) cordas em L e diagonais em tubo quadrado; (G) cordas, diagonais e montantes em tubo quadrado

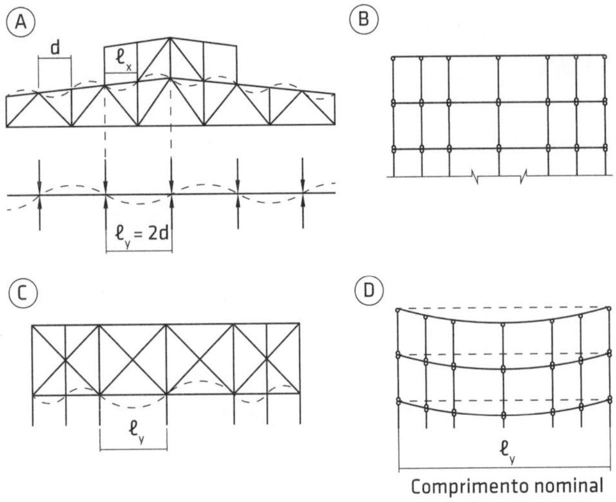

Fig. 11.10 Determinação do comprimento nominal do banzo superior

que convergem para o nó não se equilibram mutuamente, surgindo um momento adicional $M = R \cdot e$, que causa flexão na corda. Esse momento adicional não pode ser menosprezado, pois exerce influência sobre as condições do equilíbrio do nó, e as tensões dele provenientes devem ser levadas em consideração.

Na Fig. 11.11C, são marcados os contornos das barras de forma que os eixos coincidam, na medida do possível, com o centro de gravidade da seção ou estejam o mais próximo desse ponto. Para facilitar o detalhamento dos elementos, é possível estabelecer os seguintes critérios:

- nas armações soldadas, a linha neutra é facilmente determinada estabelecendo-se um número inteiro para a distância até o vértice da cantoneira (Fig. 11.11C);
- nas armações parafusadas, as cantoneiras são centradas de acordo com a linha dos parafusos (Fig. 11.11D).

As barras da treliça devem ser cortadas perpendicularmente ao eixo, de maneira que suas extremidades estejam afastadas da corda de 40 mm a 60 mm, não devendo ultrapassar quatro a seis vezes a espessura da chapa de ligação.

Tab. 11.1 Coeficiente de flambagem K para barras de treliça

Caso		Elemento considerado		K
Flambagem no plano da treliça	1	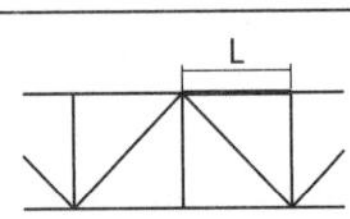	Corda	1,0
	2	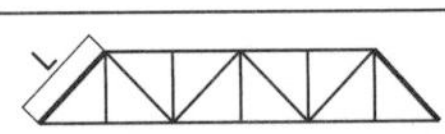	Diagonal extrema	1,0
	3	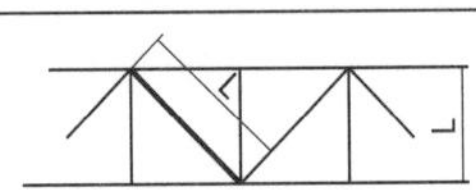	Montante ou diagonal	1,0
	4	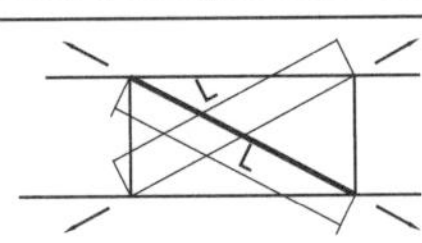	Diagonal comprimida ligada no centro a uma diagonal tracionada de mesma seção	0,5
Flambagem fora do plano da treliça	5	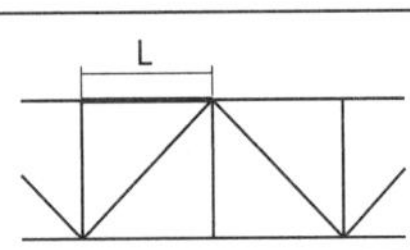	Corda com todos os nós contidos fora do plano da treliça	1,0
	6	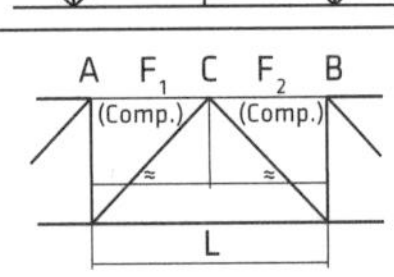	Cordas contínuas onde sempre A e B são contidos fora do plano ($F_1 > F_2$)	$0{,}75 + 0{,}25\,\dfrac{F_2}{F_1}$
	7	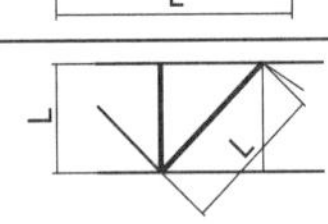	Montante ou diagonal	1,0
	8	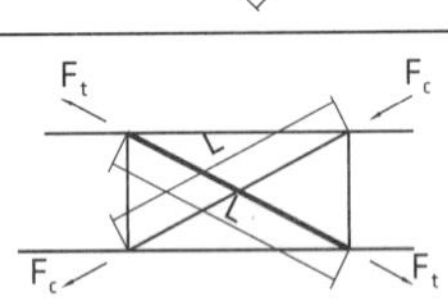	Diagonal comprimida contínua, ligada no centro a uma diagonal tracionada de mesma seção	$\sqrt{1{,}0 - 0{,}75\dfrac{Ft}{Fc}} > 0{,}5$
	9	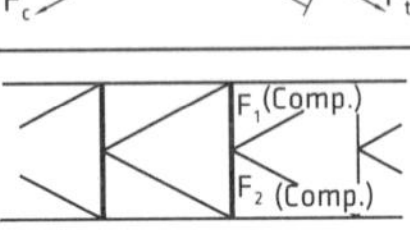	Montante contínuo de treliça em K ($F_1 > F_2$)	$0{,}75 + 0{,}25\,\dfrac{F_2}{F_1}$

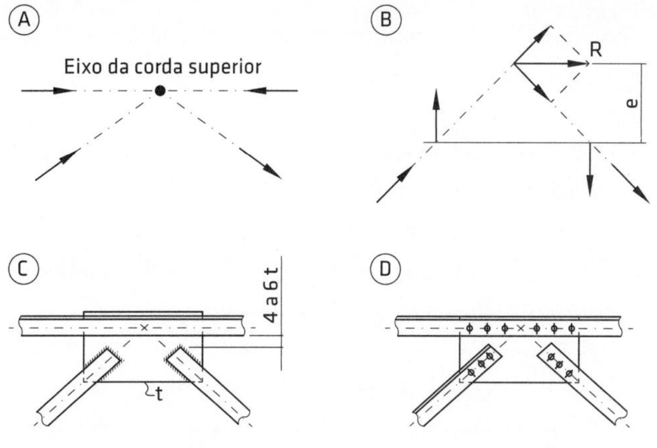

Fig. 11.11 Centragem das barras nos nós das armações

Recomenda-se unir as diagonais e os montantes à placa somente por soldas laterais ao longo do trecho. Essas soldas trabalham a cisalhamento e devem ser dimensionadas levando-se em conta a excentricidade das extremidades das cantoneiras, pois a solda que une o vértice à chapa é mais carregada (Fig. 11.11C).

Para evitar que a ruptura ocorra na placa de ligação, alguns cuidados devem ser tomados em seu detalhamento. A Fig. 11.12A mostra um detalhe incorreto, em que a área da chapa é inferior à dos elementos a ela ligados. A Fig. 11.12B apresenta o detalhe correto, com um ângulo de distribuição de 15° a 20°. Com isso, tem-se uma placa mais larga e com melhor distribuição de tensões, principalmente quando as cargas são elevadas.

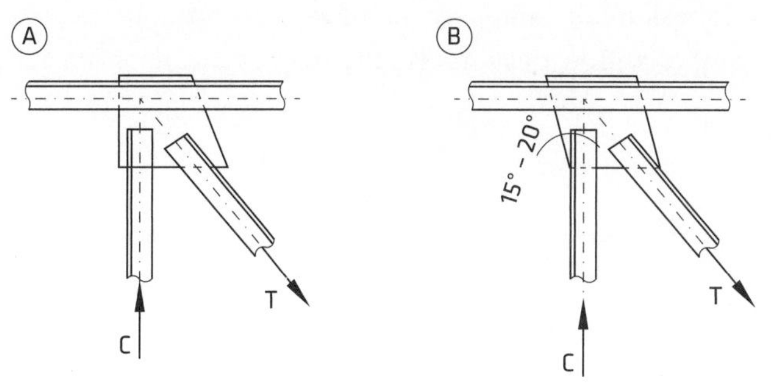

Fig. 11.12 Detalhe das chapas de ligação

As placas de ligação devem ser fixadas aos perfis duplos que formam as cordas, conforme ilustra a Fig. 11.13A. Caso contrário, as cantoneiras ou os Us podem sofrer empenos por outras razões, como o transporte. No entanto, nem sempre é conveniente que a chapa de ligação ultrapasse os limites da corda, como no caso das cordas superiores das treliças principais, que recebem as terças (Fig. 11.13B). Nesses casos, entre a extremidade da placa e a parte externa da corda é necessário que exista uma folga de aproximadamente 5 mm, a ser preenchida com solda, que não deve ser levada em consideração no cálculo por ser difícil assegurar sua boa penetração.

O esforço de resistência à fixação da placa de ligação, que procura deslocá-la em relação à corda, é resultante dos esforços que atuam nos elementos da treliça que convergem para o dado nó. Num caso particular, quando no nó não existe a carga externa perpendicular à corda, o esforço N é igual à diferença dos esforços nos painéis contíguos da corda (Fig. 11.13A,C), $N = N_2 - N_1$. O esforço N está aplicado no centro do nó, na direção do eixo do banzo. Se a placa de ligação não ultrapassar os limites da corda, esse esforço irá provocar, nas juntas situadas junto da solda, não somente o esforço de cisalhamento ao longo de seu comprimento, mas também a flexão devida ao momento $M = N \cdot e$ (Fig. 11.13C). Geralmente, as tensões normais causadas pela flexão não são grandes. Por isso, a junta deve ser calculada com uma folga da ordem de 15% a 20%.

O princípio dos nós parafusados é praticamente o mesmo que o dos nós soldados. A única diferença é que, em vez das juntas soldadas, são colocados parafusos.

Quando se trabalha com cantoneiras nas diagonais ou nos montantes, e estas estão suportando grandes cargas, é possível fixá-las às chapas de ligação com o auxílio de outra cantoneira curta (Fig. 11.13D). O número mínimo de parafusos para a fixação das diagonais ou dos montantes deve ser suficiente para resistir a uma carga igual a 45 kN, com o mínimo de dois parafusos com Ø 16 mm.

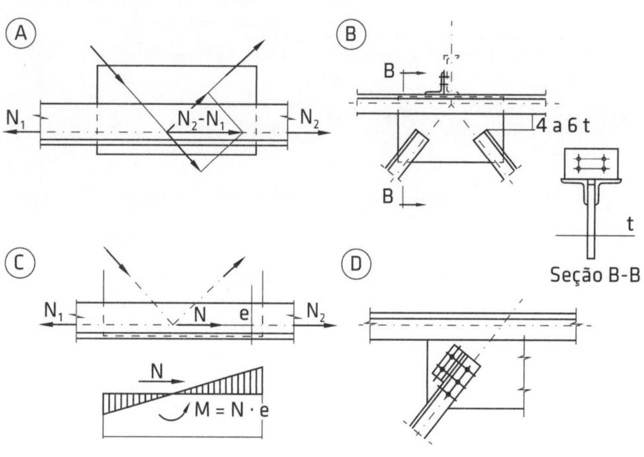

Fig. 11.13 Fixação da chapa de ligação à corda

11.2.5 Ligações das cordas

Pelas restrições impostas ao comprimento das peças laminadas e ao comprimento das peças a serem transportadas, as armações com vãos acima de 12 m devem ser divididas, antes do envio, em diversos elementos isolados. As ligações de montagem são feitas, como regra geral, em um nó quando a carga não é de valor muito acentuado. Caso contrário, é mais conveniente realizar a ligação fora do nó.

No projeto da ligação, uma regra básica deve ser respeitada: a área da seção dos elementos ligados pela junção não deve ser inferior à área da seção dos respectivos elementos que serão juntados. Quando a ligação da corda é feita no nó, a chapa de ligação é utilizada como elemento da junta. A estrutura mais simples da ligação é o recobrimento dos perfis que formam as cordas com perfis de mesmo material, caso típico de cordas em cantoneiras.

Na Fig. 11.14A tem-se uma junta soldada da corda inferior da armação. Numa ligação soldada, é mais conveniente, para melhor distribuição de esforços, que as abas verticais da cantoneira de junção sejam cortadas em um certo ângulo. A Fig. 11.14B mostra uma junta parafusada. É recomendado que as armações sejam projetadas com um mínimo de variação de perfis, visando facilitar a compra dos materiais, que nem sempre pode ser feita em pouca quantidade. As usinas exigem um lote mínimo para cada bitola.

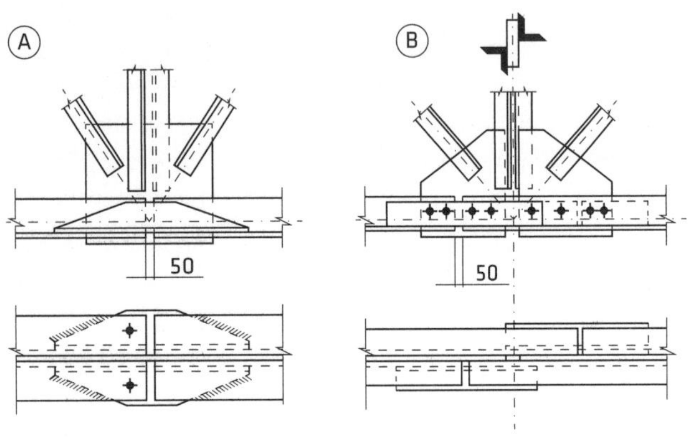

Fig. 11.14 Ligação da corda inferior

Se nas cordas das armações são utilizadas cantoneiras com diversas larguras de aba, a junta pode ser executada com a ajuda de chapas de ligação (Fig. 11.15).

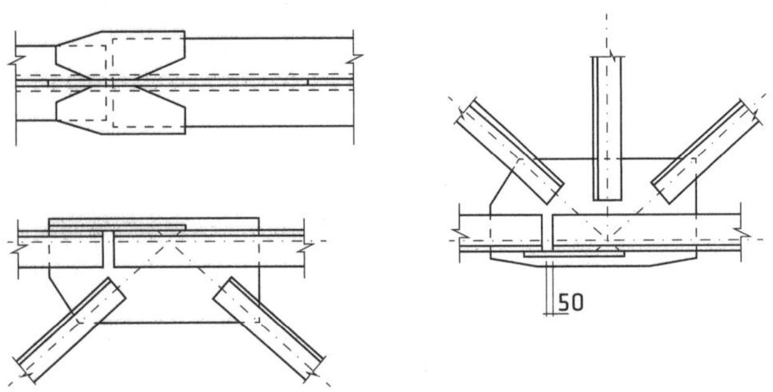

Fig. 11.15 Juntas com cantoneiras de abas diferentes

11.3 Espessura das chapas de ligação e espaçadores

11.3.1 Espessura das chapas de ligação

Para ter uma boa estabilidade da estrutura como um todo, não basta que as chapas de ligação resistam aos esforços. Uma chapa fina de grande dimensão, teoricamente, teria a mesma resistência que uma chapa mais grossa de menor dimensão, mas não apresenta a rigidez de que a estrutura precisa. A escolha da espessura das chapas de ligação, com a ajuda das quais são formados os nós que vão compor as armações, é determinada pelo esforço máximo da diagonal de apoio. Para as demais chapas de ligação, adota-se a mesma espessura em toda a armação.

Nas armações com grandes vãos, as chapas de ligação dos nós intermediários podem ter uma espessura 2 mm menor que a dos apoios. A Tab. 11.2 apresenta uma diretriz para o projetista, indicando a espessura mínima da chapa de ligação de acordo com a carga.

Tab. 11.2 Espessuras t recomendadas para chapas de ligação de acordo com a carga

Carga (kN)	*t* (mm)
Até 100	6
100 a 200	8
200 a 500	9,5
500 a 1.000	12,5
1.000 a 2.000	16

11.3.2 Espaçadores (presilhas)

Para que os perfis compostos de ⅃L ou][, afastados um do outro a uma distância igual ou um pouco maior que a espessura da chapa do nó, não tenham sua resistência comprometida, deve haver entre eles espaçadores colocados a intervalos previamente calculados (Fig. 11.16).

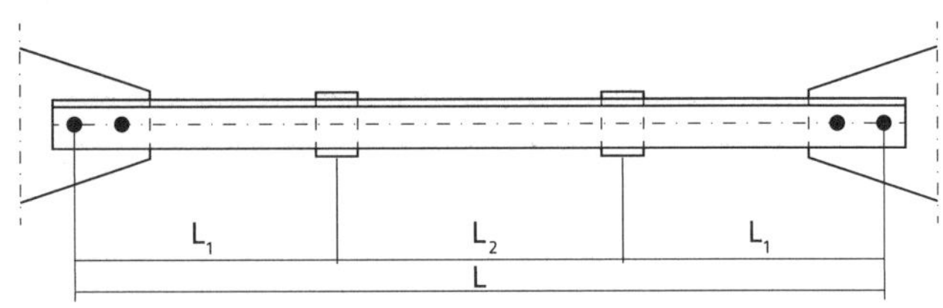

Fig. 11.16 Distância entre espaçadores

Como existe muita divergência a respeito do assunto, serão apresentadas as principais recomendações antes de ser dado o ponto de vista do autor.

O AISC estabelece, para efeito de cálculo da resistência do conjunto a compressão, que se trabalhe com uma esbeltez fictícia λ_p, calculada em função da esbeltez do conjunto λ_c e do elemento isolado λ_i.

$$\lambda_c = L / r_c \quad e \quad \lambda_i = L_1 / r_1$$

Determina também que, para espaçadores fixados com parafusos apertados manualmente:

$$\lambda_P = \sqrt{\lambda_c^2 + \lambda_1^2} \quad \textbf{(11.1)}$$

E, para espaçadores fixados com solda ou parafusos de alta resistência ao atrito:

$$\lambda_P = \sqrt{\lambda_c^2 + 0{,}82\lambda_1^2 \frac{\alpha^2}{\left(1+\alpha^2\right)}} \quad \textbf{(11.2)}$$

em que:

$\alpha = h/2r_1$;

h = distância entre centroides das cantoneiras.

Para peças a tração, estabelece que $\lambda_1 \leq 300$. Com isso, tem-se $L_1 = 300r_1$.

A NBR 8800 especifica que a resistência do elemento isolado não deve ser inferior à do conjunto. Para isso, faz-se $\lambda_1 \leq 0{,}5\lambda_c$ e chega-se a $L_1 = 0{,}5\lambda_c \cdot r_1$, sem a necessidade de verificação da esbeltez fictícia, no caso de barras comprimidas. Para barras tracionadas, a verificação é a mesma do AISC.

Essa maneira de determinar a distância dos espaçadores a compressão não é muito correta aos olhos do autor, pois as distâncias encontradas são muito grandes.

Mukhanov estabelece, em seu livro, que a distância entre espaçadores deve ser de $L_1 = 40r_y$ (raio de giro do elemento isolado paralelo aos espaçadores) para barras comprimidas e $L_1 = 80r_y$ para barras tracionadas.

A Fig. 11.17 ilustra a posição dos eixos de peças isoladas e em conjunto.

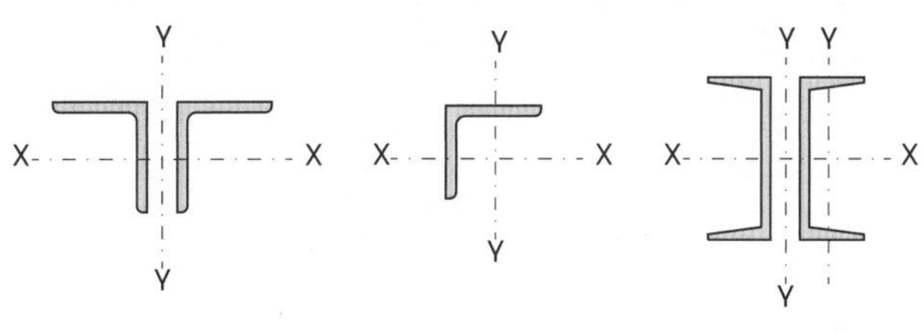

Fig. 11.17 Posição dos eixos de peças isoladas e em conjunto

Alguns autores, por experiência prática, definem $L_1 = 50r_1$ (raio de giro mínimo do elemento isolado) para barras comprimidas e $L_1 = 100r_1$ para barras tracionadas.

A norma inglesa BS 5950 estabelece a mesma Eq. 11.1 para a verificação do conjunto, mas sugere $\lambda_1 \leq 50$ para barras comprimidas.

11.4 Conclusão

A experiência do autor indica, como procedimento prático a ser seguido por projetistas e detalhadores, o uso do critério anteriormente descrito como adotado por alguns autores ($L_1 = 50r_1$ para barras comprimidas e $L_1 = 100r_1$ para barras tracionadas). Caso $\lambda_1 > 50$, deve-se fazer uma verificação adicional da resistência da peça à compressão de acordo com as fórmulas que estabelecem um novo λ_p (AISC).

Caso o conjunto esteja solidário para ser fixado às chapas de ligação na montagem de campo, deve-se usar no mínimo dois espaçadores, colocados a aproximadamente 600 mm das extremidades.

A Fig. 11.18 mostra a diferença entre a colocação pelo cálculo e a necessidade pelo detalhe. O cálculo indicou, no caso, L_1 = 1.800 mm.

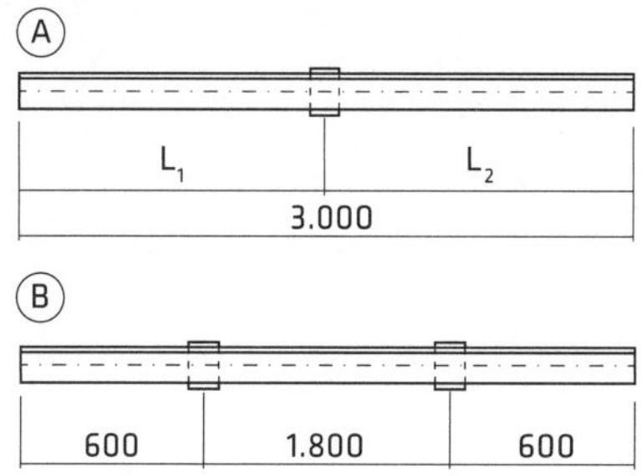

Fig. 11.18 Colocação dos espaçadores (A) pelo cálculo e (B) pelo detalhe

Exemplo 11.1

Determinar a distância entre espaçadores para um par de L 76 × 76 × 7,9 com 3,0 m de comprimento e livre de flambagem.

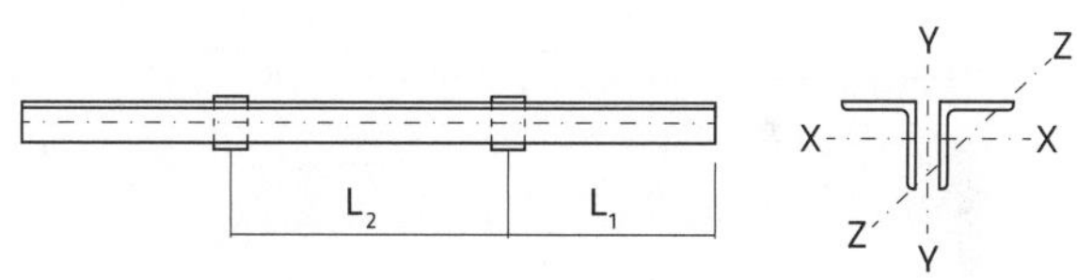

$A = 23\ cm^2 \quad r_{xc} = 2{,}33\ cm \quad r_{yc} = 3{,}56\ cm$

$r_1 = r_z = 1{,}5\ cm \quad r_x = r_y = 2{,}34\ cm$

$\lambda_c = 300/2{,}33 = 129 \quad x = y = 2{,}21\ cm$

$h = 0{,}95 + 2 \times 2{,}21 = 5{,}37\ cm$

AISC

De acordo com a proposição do AISC, como barra comprimida, para espaçadores fixados com parafusos apertados manualmente:

$$\lambda_p = \sqrt{\lambda_{xc}^2 + \lambda_1^2}$$

fazendo $L_1 = 75 \therefore \lambda_1 = 75/1{,}5 = 50 \rightarrow$ 3 espaçadores.

$$\lambda_P = \sqrt{129^2 + 50^2} = 138$$

Já para espaçadores soldados ou fixados com parafusos de alta resistência a fricção, têm-se:

$$\lambda_1 = 50$$

$$\lambda_p = \lambda_c$$

$$\lambda_P = \sqrt{\lambda_c^2 + 0{,}82\lambda_1^2 \frac{\alpha^2}{\left(1+\alpha^2\right)}}$$

$$\alpha = h/2r_1 = 5{,}37/2 \times 1{,}5 = 1{,}79$$

fazendo $L_1 = 100 \therefore \lambda_1 = 100/1{,}5 = 67 \rightarrow$ 2 espaçadores.

$$\lambda_P = \sqrt{129^2 + 0{,}82 \times 67^2 \frac{1{,}79^2}{\left(1+1{,}79^2\right)}} = 139$$

Como barra tracionada, $L = 300 \times 1{,}5 = 450$ cm.

NBR 8800

Nesse caso, como barra comprimida, $\lambda_1 = L_1/r_1 \leq 0{,}5\lambda_c = 65L_1 = 65 \times 1{,}5 = 97$ cm $\rightarrow$ 2 espaçadores. Como barra tracionada, $\lambda_1 \leq 300$ e $L_1 = 300 \times 1{,}5 = 450$ cm $> 300 \rightarrow$ 1 espaçador.

Mukhanov

De acordo com Mukhanov, como barra comprimida, $L_1 = 40r_y = 40 \times 2{,}34 = 93{,}6$ cm $= 100 \rightarrow$ 2 espaçadores. Como barra tracionada, $L_1 = 80r_y = 80 \times 2{,}34 = 187$ cm $\rightarrow$ 1 espaçador.

Outros autores e norma inglesa

Como barra comprimida, $L_1 = 50r_z = 50 \times 1{,}5 = 75$ cm $\rightarrow$ 3 espaçadores. Como barra tracionada, $L_1 = 100r_z = 100 \times 1{,}5 = 150$ cm$\rightarrow$ 1 espaçador.

Na Tab. 11.3 é apresentado um resumo dos valores encontrados. A dimensão dos espaçadores e a distância máxima entre eles são dadas nas Tabs. 11.4 e 11.5.

Tab. 11.3 Resumo

Recomendações	L_1 (cm)			λ_p fictício
	Barra comprimida		Barra tracionada	
	Com espaçadores fixados por solda ou parafuso de alta resistência	Com espaçadores fixados por parafusos comuns (A307)		
AISC	$\lambda_p = \sqrt{\lambda_c^2 + 0{,}82\lambda_1^2 \cdot \alpha^2/\left(1+\alpha^2\right)}$	$\lambda_p = \sqrt{\lambda_x^2 + \lambda_1^2}$	$\lambda_1 \leq 300$	$\lambda_p = 138 > 129$
	100	75	450	
	2 espaçadores	2 espaçadores	-	
NBR 8800	$\lambda_1 \leq \lambda_c$	$\lambda_1 \leq \lambda_c$	$\lambda_1 \leq 300$	-
	97	97	450	
	2 espaçadores	2 espaçadores	-	
Mukhanov	$L_1 \leq 40r_y$	$L_1 \leq 40r_y$	$L_1 \leq 80r_y$	-
	94	94	187	
	2 espaçadores	2 espaçadores	1 espaçador	
Outros autores e norma inglesa	$L_1 \leq 50r_1$	$L1 \leq 50r_1$	$L_1 \leq 100r_1$	-
	75	75	150	
	3 espaçadores	3 espaçadores	1 espaçador	

Tab. 11.4 Dimensão dos espaçadores (em mm)

⅃L Ou ⊣⊢ a	A	B	C	D
38	40	40	60	65
44	40	50	65	80
51	50	55	70	90
64	60	70	85	120
76	60	80	95	140
89	80	95	110	170
102	80	105	125	190
127	90	130	150	240
152	130	155	175	290
203	120	210	225	390

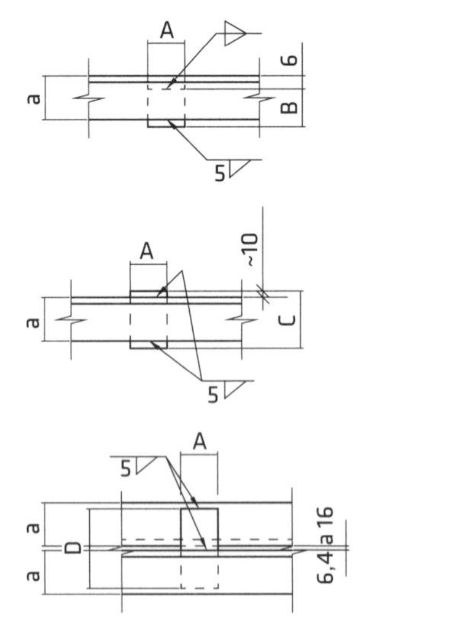

Tab. 11.5 Distância máxima entre espaçadores

Perfil		Distância máxima (C em mm)	
		Barra comprimida $50r_z$	Barra tracionada $100r_z$
ou	38 × 38	380	760
ou	44 × 44	450	890
ou	51 × 51	500	1.000
ou	64 × 64	620	1.240
ou	76 × 76	750	1.500
ou	102 × 102	1.000	2.000
ou	127 × 127	1.240	2.460
ou	152 × 152	1.490	2.970
ou	203 × 203	1.980	3.960

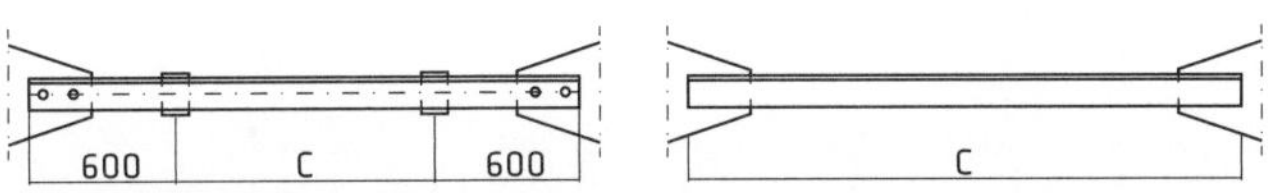

11.5 Detalhes construtivos

Nas Figs. 11.19 a 11.21 é apresentada uma série de detalhes construtivos gerais comumente usados nas estruturas de tesouras e treliças.

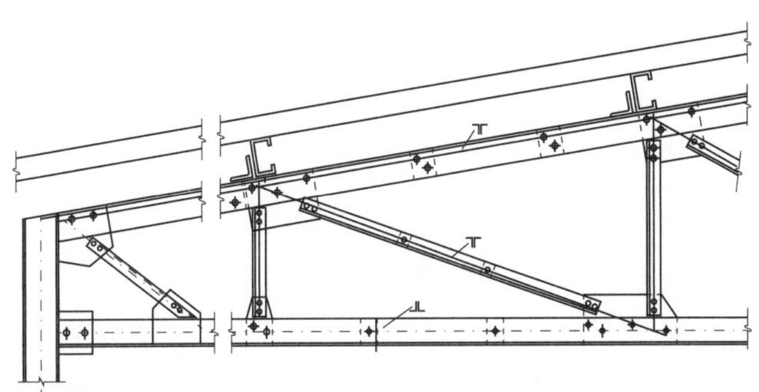

Fig. 11.19 Detalhe para treliças parafusadas

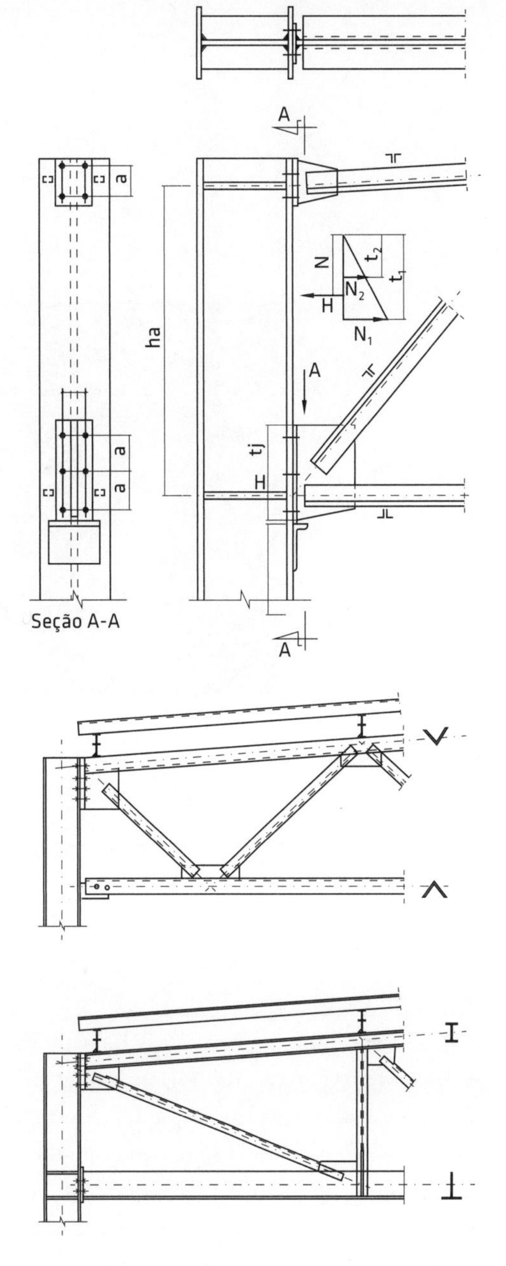

Fig. 11.20 Ligação rígida da armação com o pilar

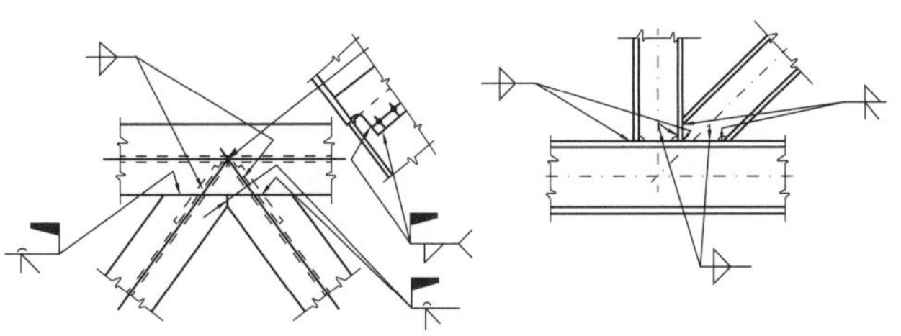

Fig. 11.21 Detalhe de treliças pesadas soldadas

COLUNAS

12

12.1 Definição

As colunas são elementos estruturais cuja finalidade é levar às fundações as cargas originárias das outras partes. Sob o ponto de vista estrutural, elas podem ser divididas em principais, que suportam a maior parcela das cargas, e secundárias, que suportam a menor parcela das cargas (colunas de tapamento). Basicamente, cada coluna é composta de três partes principais: fuste, que é o elemento-suporte básico da coluna; ponto de ligação, que serve de apoio para as outras partes da estrutura; e base, que tem por finalidade distribuir as cargas nas fundações, além de fixar a coluna. Com relação à fixação das bases, as colunas se subdividem em rotuladas e engastadas (ver seção 12.10).

As colunas podem estar sujeitas a esforços de compressão; compressão com flexão; e tração com flexão (caso de pendurais e de algumas colunas de tapamento quando solicitadas a carga permanente mais vento). Quanto às colunas sujeitas a cargas de compressão, é possível dividi-las em compressão centrada, em que as cargas estão aplicadas diretamente no centro da seção da coluna (Fig. 12.1A) ou de forma simétrica em relação ao eixo do fuste (Fig. 12.1B,C), e compressão excêntrica, em que as cargas estão aplicadas descentradas em relação ao eixo do fuste (Fig. 12.1D,E). Nos dois casos, também pode ocorrer a flexão simultânea, típica de colunas de galpões industriais (Fig. 12.2).

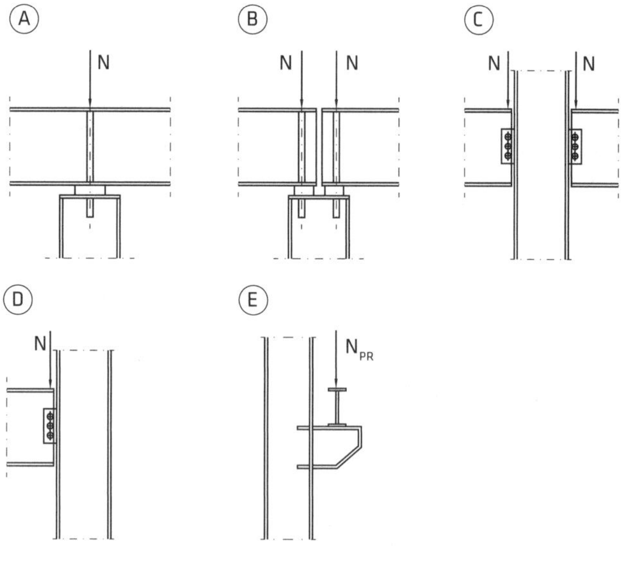

Fig. 12.1 Colunas submetidas a compressão

12.2 Colunas de alma cheia e altura constante

O fuste de uma coluna de alma cheia e altura constante é formado por um ou vários perfis laminados ou soldados,

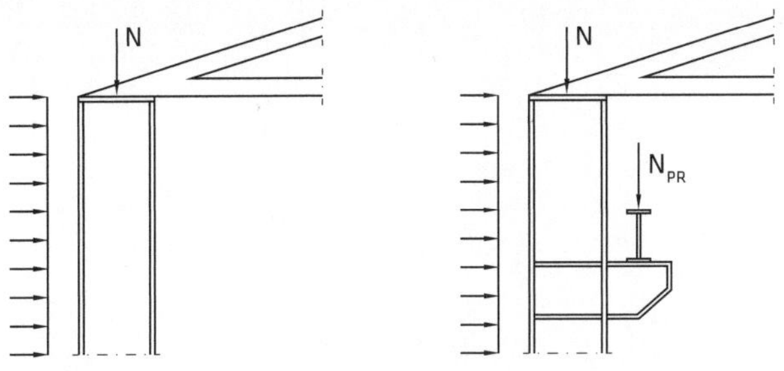

Fig. 12.2 Colunas submetidas a compressão com flexão

ligados por solda ou parafusos. Uma série de composições para a formação do fuste é mostrada na Fig. 12.3.

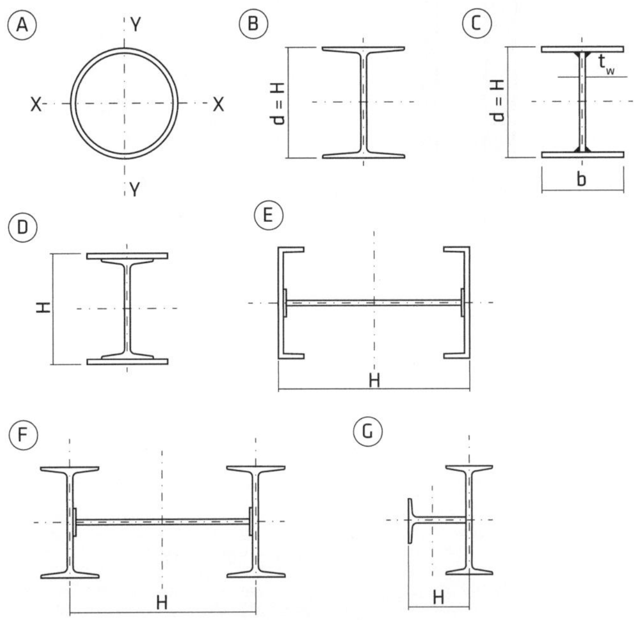

Fig. 12.3 Tipos de solução para formação do fuste

Para haver boa economia, é importante existir bom equilíbrio de rigidez nos dois sentidos.

O perfil tubular (Fig. 12.3A) é o mais racional sob o ponto de vista de trabalho, mas de pouca utilização em edifícios industriais, por escassez de tubos, maior custo e dificuldade de ligações. A seção básica para uso em edifícios é o tipo I ou H, laminado ou soldado. O perfil laminado I é pouco empregado devido a seu baixo raio de giro no sentido da menor inércia, sendo utilizado em edifícios pequenos sem pontes rolantes ou em colunas de tapamento de pouca altura. O perfil laminado H é o ideal, por possuir os raios de giro muito próximos (Fig. 12.3B), tendo grande aplicação até 400 mm a 450 mm de altura. Acima dessas medidas, é mais econômico usar perfis soldados compostos de três chapas (Fig. 12.3C). Na Fig. 12.3D-F são adotadas alternativas para composição com perfis laminados. Esses perfis são pouco utilizados, sendo mais econômico o uso de perfis soldados. A alternativa apresentada na Fig. 12.3G é muito empregada em edifícios com pontes rolantes com *H* de aproximadamente 1 m a 1,2 m.

As soldas de ligação entre alma e mesa e a de composição podem ser intermitentes, exceto perto dos locais de ligação com outras partes da estrutura e próximo da base, em que as soldas devem ser contínuas (Fig. 12.4). Ao usar solda intermitente, deve-se ter o cuidado de verificar se as colunas não estão em zonas agressivas ou sem proteção às intempéries. Nesses casos, pode haver corrosão de dentro para fora, sendo mais vantajoso fazer a solda contínua, como é o caso dos fabricantes que possuem equipamentos de solda automática ou semiautomática.

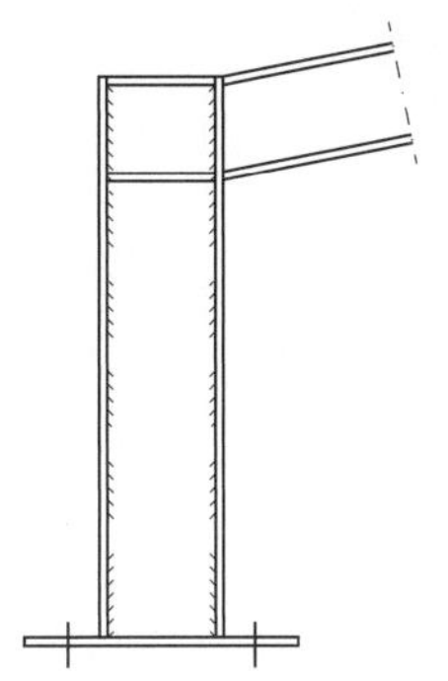

Fig. 12.4 Solda em colunas

Para a composição dos perfis soldados, a rigor pode-se usar qualquer espessura de material, desde que atenda às relações largura/espessura especificadas nas normas. A prática tem indicado o seguinte:

- espessura da mesa (t_f) de 8 mm a 50 mm;
- espessura da alma (t_w) de 6 mm a 25 mm.

Para as colunas, a relação h/t_w deve ser igual ou menor que a indicada pelo AISC por meio das Eqs. 12.1 e 12.2.

$$h / t_w \leq 1{,}49\sqrt{E / f_Y} = 213 / \sqrt{f_Y} \qquad \textbf{(12.1)}$$

em que:
h = largura real da alma (cm);
t_w = espessura da alma (cm).

Sendo:
$h/t_w \leq 43$ para $f_Y = 25$ kN/cm²;
$h/t_w \leq 39$ para $f_Y = 30$ kN/cm²;
$h/t_w \leq 35$ para $f_Y = 35$ kN/cm².

Caso a relação h/t_w ultrapasse o valor especificado na Eq. 12.1, a estabilidade da alma não pode ser garantida e deve ser verificada de acordo com o AISC – Apêndice E (Eq. 12.2). Outra alternativa é colocar um enrijecedor longitudinal (Fig. 12.5) e incluí-lo na seção da coluna. Isso mantém as relações dentro dos limites, sem a necessidade de verificações adicionais.

$$b_e = \frac{269t_w}{\sqrt{F_a}}\left[1-\frac{48}{(h/t_w)\sqrt{F_a}}\right] \leq h \quad \textbf{(12.2)}$$

em que:

F_a = tensão admissível de compressão levando em conta o h_e efetivo no cálculo da seção (ver Apêndice A, seção A.3.3) (kN/cm²).

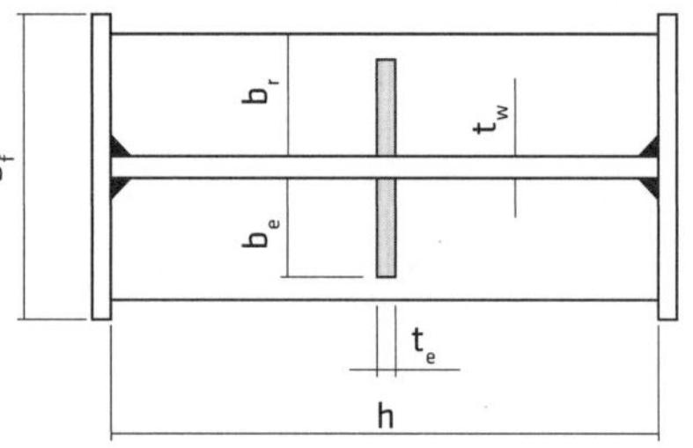

Fig. 12.5 Enrijecedores intermediários

Mukhanov sugere que, quando $h/t_w \geq 32\sqrt{0{,}9f_Y}$, o que dá $h/t_w > 150$ para $f_Y = 25$ kN/cm², sejam colocadas nervuras transversais a uma distância máxima de (2,5 a 3)h, além do enrijecedor longitudinal. As dimensões das nervuras são estabelecidas por razões técnicas construtivas, e boas indicações são dadas a seguir (Fig. 12.5).

- Enrijecedores transversais:

$$b_r \geq h/30 + 40 \text{ mm ou } b_r \geq b_f/4$$

$$t_r \geq (b_e \cdot \sqrt{f_Y})/75, \text{ sendo } t_r \geq 0{,}067b_e \text{ para } f_Y = 25 \text{ kN/cm}^2$$

- Enrijecedores longitudinais:

$$b_e \geq 10t_w$$

$$t_e \geq 0{,}75t_w, \text{ porém não menor que } 0{,}067b_e$$

Quanto ao pré-dimensionamento de colunas, para colunas de galpões sem ponte rolante com altura constante $H = L/20$ a $L/30$, ver a relação dada na Fig. 12.6. Já para colunas de galpões com ponte rolante, ver a seção 12.4.

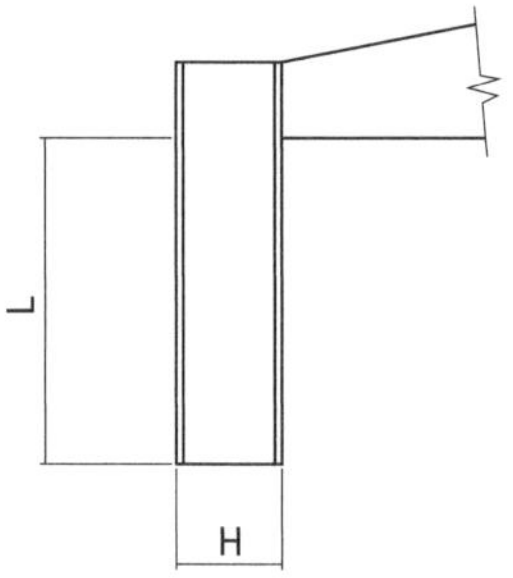

Fig. 12.6 Altura de coluna em função do comprimento

12.3 Colunas treliçadas de altura constante

O fuste de uma coluna treliçada ou travejada é composto de um ou vários perfis laminados, ligados por chapas ou cantoneiras situadas nos planos das mesas. A Fig. 12.7 mostra uma série de seções típicas para essas colunas.

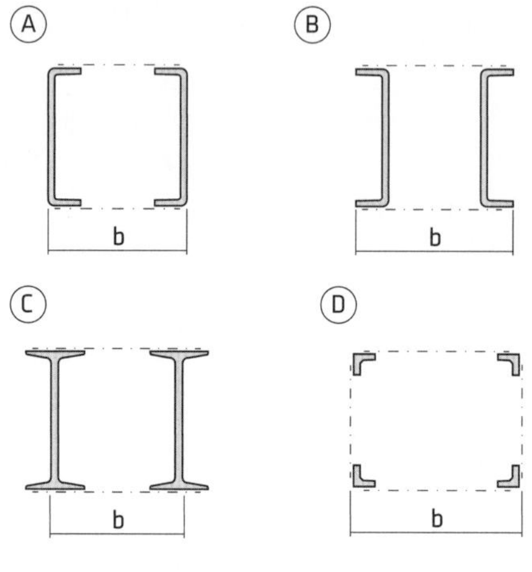

Fig. 12.7 Seções de colunas treliçadas

A vantagem básica das colunas treliçadas é a possibilidade de ser obtida resistência equivalente à de colunas de alma cheia, embora se tenha um pequeno acréscimo de mão de obra na fabricação.

A seção do fuste é normalmente formada por dois Us laminados com abas orientadas para dentro (Fig. 12.7A). A solução indicada na Fig. 12.7B, com os Us tendo as abas orientadas para fora, é menos vantajosa que a anterior, pois se gasta mais material para se obter a mesma inércia. Essa solução era adotada para ligações rebitadas, o que facilitava a cravação dos rebites. A seção em duplo I (Fig. 12.7C) é utilizada para grandes cargas quando não é possível utilizar o duplo U. Uma seção muito empregada é a composta por quatro cantoneiras (Fig. 12.7D) para colunas de grandes dimensões, como mastros, lança de guindastes etc. É uma seção muito econômica em material, mas bastante trabalhosa na fabricação.

Existe uma série de maneiras de fazer a interligação dos perfis que vão compor a seção desejada. Podem ser utilizadas treliças tipo Warren (Fig. 12.8A), treliças tipo Pratt (Fig. 12.8B), treliças com diagonais cruzadas (Fig. 12.8C) ou apenas talas para união (Fig. 12.8D). Outro sistema usado é a interligação dos perfis por meio de chapas vazadas, formando um caixão (Fig. 12.8E) em que a chapa é unida ao perfil por meio de solda intermitente. O AISC e a NBR 8800 não preveem a construção, como mostra a Fig. 12.8D.

12.4 Colunas-suporte de vigas de rolamento

As colunas-suporte de vigas de rolamento podem ser de inércia constante ou variável, estando ambas submetidas a esforços de compressão com flexão. Distinguem-se, de acordo com o esquema do fuste, três tipos de coluna nos galpões industriais.

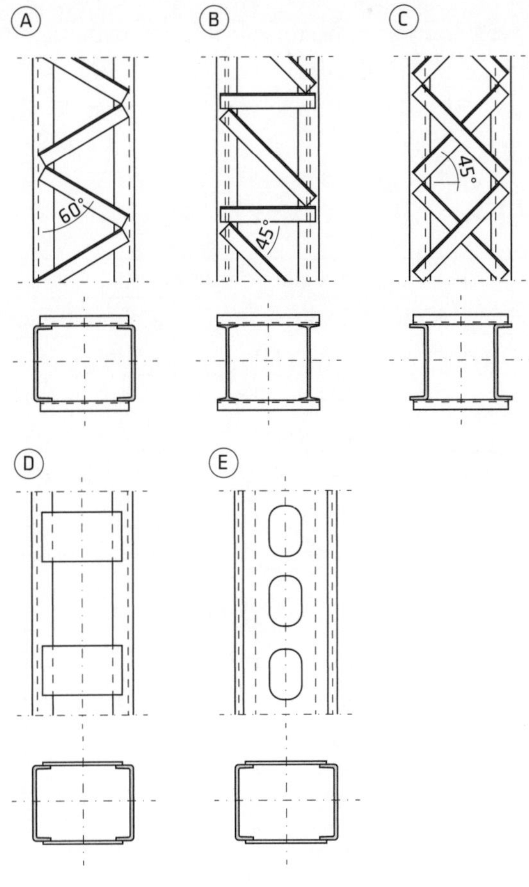

Fig. 12.8 Interligação de perfis

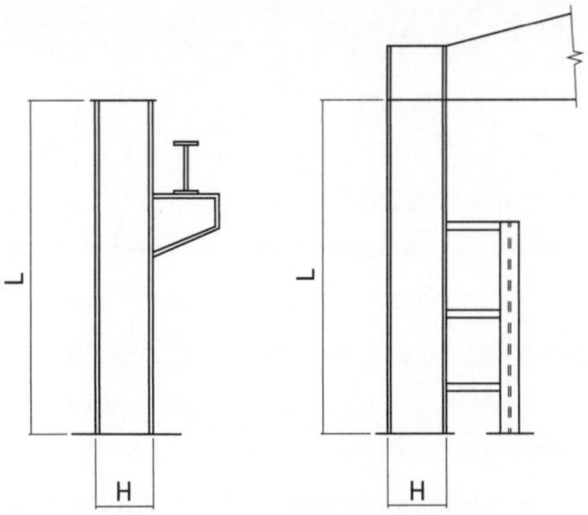

L (m)	Relação mínima *H*/*L*
10-15	1/15 a 1/18
15-20	1/17 a 1/20
> 20	1/19 a 1/22

Fig. 12.10 Colunas de seção constante

12.4.1 Colunas de seção constante

As colunas desse tipo são utilizadas nos prédios com pontes rolantes com capacidade de carga de 100 kN a 150 kN, que transfiram uma reação de no máximo 250 kN (Fig. 12.9).

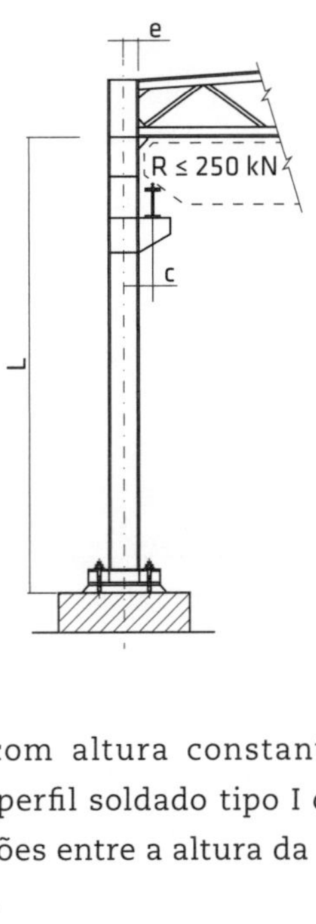

Fig. 12.9 Coluna de seção constante

A seção das colunas com altura constante normalmente é projetada em perfil soldado tipo I ou H. A Fig. 12.10 indica as correlações entre a altura da seção e a altura da coluna.

12.4.2 Colunas de seção variável (escalonadas) de alma cheia ou treliçadas

As colunas desse tipo são mais usadas em prédios industriais e servem para quase todas as cargas. A parte inferior da coluna, com inércia maior, está situada abaixo da viga de rolamento, e a parte superior, com inércia menor, acima (Fig. 12.11). Nas colunas laterais, deve-se distinguir o perfil que suporta diretamente a carga da ponte e o perfil externo. Os perfis que compõem a parte inferior das colunas podem ser ligados por meio de chapas, formando colunas maciças (Fig. 12.11A), ou por meio de cantoneiras, formando colunas treliçadas (Fig. 12.11B). A parte superior normalmente é feita em perfil soldado isolado e, em alguns casos, laminados ou treliçados.

Nas colunas de seção variável, a altura da seção da parte que fica situada acima da viga de rolamento deve

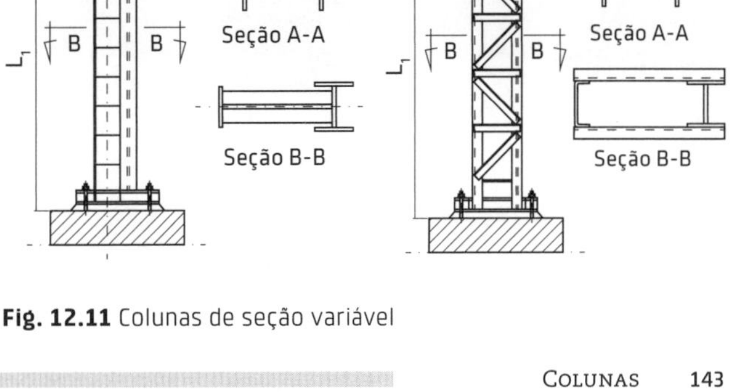

Fig. 12.11 Colunas de seção variável

ficar em torno de 1/10 a 1/15 de seu comprimento L_2. Para pontes rolantes com capacidade média, adota-se uma altura do perfil em torno de 400 mm. Para pontes pesadas, pode-se chegar a até 1.000 mm.

Especial atenção deve ser dada quando se tem que deixar abertura na alma da coluna para uma passagem. Nesses casos, a altura mínima do perfil deve ser de 1.000 mm, pois a abertura para passagem de pessoas deve ser de no mínimo 400 mm. Normalmente, faz-se passar o eixo de amarração da obra pelo eixo da parte superior da coluna. Essas seções geralmente são feitas em perfil soldado tipo I ou H (Fig. 12.12).

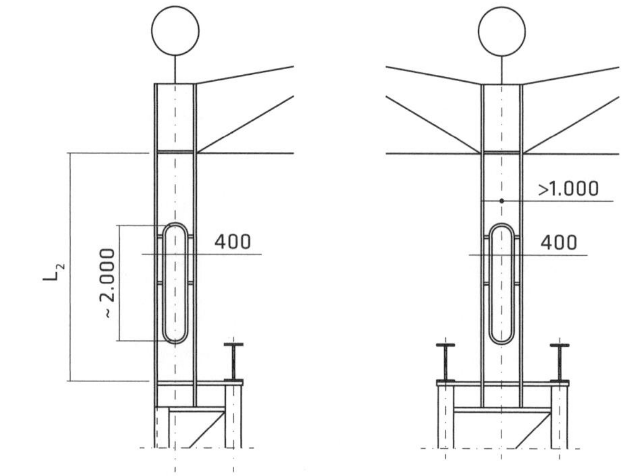

Fig. 12.12 Parte superior de colunas com aberturas

Na parte inferior das colunas escalonadas, adota-se uma série de tipos de seção, que podem ser contínuas (Fig. 12.13A) ou treliçadas (Fig. 12.13B). As seções das colunas laterais com apoio para ponte rolante de um só lado são assimétricas (Fig. 12.13A,B). As seções dos pilares centrais podem ser simétricas (Fig. 12.13C), quando as pontes rolantes têm capacidade igual de ambos os lados, ou assimétricas, quando as pontes têm capacidade muito diferente (Fig. 12.13D).

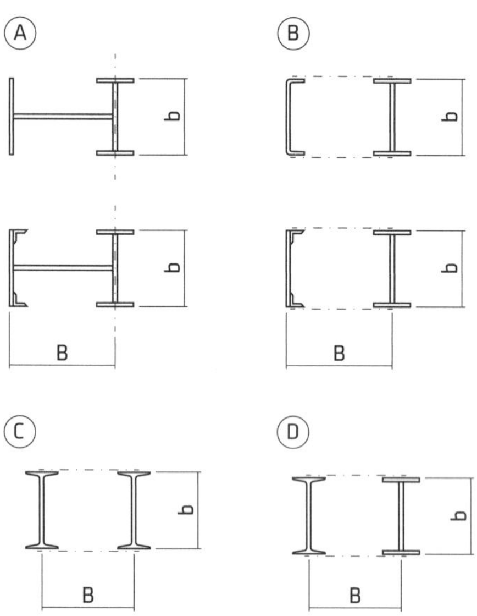

Fig. 12.13 Tipos de seção da parte inferior das colunas escalonadas

A Tab. 12.1 apresenta a relação mínima para um pré-dimensionamento das colunas da parte inferior e uma ideia da altura do perfil, de acordo com as seções indicadas na Fig. 12.14.

Tab. 12.1 Colunas que suportam vigas de rolamento com altura variável

L_1	Relação mínima B/L_1	
	Coluna de alma cheia	**Coluna treliçada**
10-14 m	1/10 a 1/14	1/9 a 1/12
15-19 m	1/12 a 1/16	1/11 a 1/14
20-24 m	1/14 a 1/18	1/13 a 1/16
25-30 m	1/16 a 1/20	1/15 a 1/18

Parte superior: $H = L_2/10$ a $L_2/15$; parte inferior: $b = L_1/20$ a $L_1/30$.

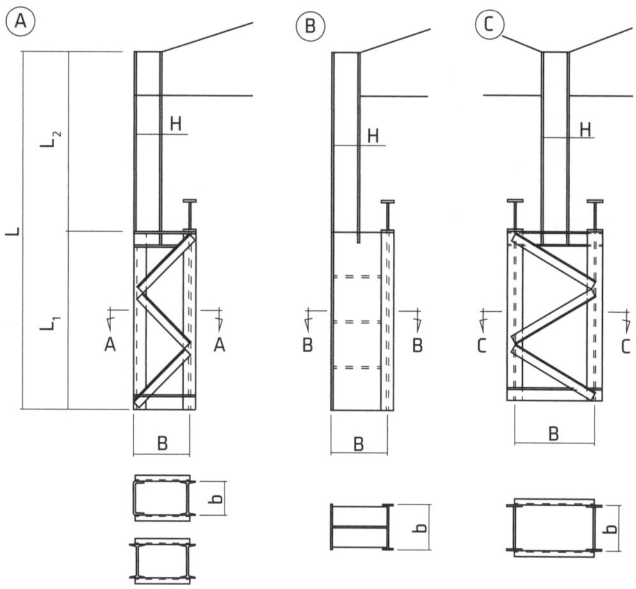

Fig. 12.14 Tipos de coluna: (A) seção A-A; (B) seção B-B; (C) seção C-C

Especial atenção deverá ser dada às folgas recomendadas pelos fabricantes das pontes, o que também levará a um dimensionamento mínimo da coluna. Se as folgas mínimas (Fig. 12.15) não forem respeitadas, poderá haver o risco de um pequeno deslocamento da coluna provocar um contato dela com a ponte.

12.4.3 Colunas com perfis separados

A utilização de colunas desse tipo é conveniente nos prédios que suportam pontes rolantes com capacidade superior a 1.500 kN e cuja altura da coluna esteja entre 15 m e 20 m. O perfil da coluna sob a viga de rolamento está ligado à coluna principal por meio de elementos horizontais de pequena rigidez. Dessa forma, essa coluna trabalha somente à compressão devido à carga vertical da ponte. A coluna externa (principal) trabalha à compressão com

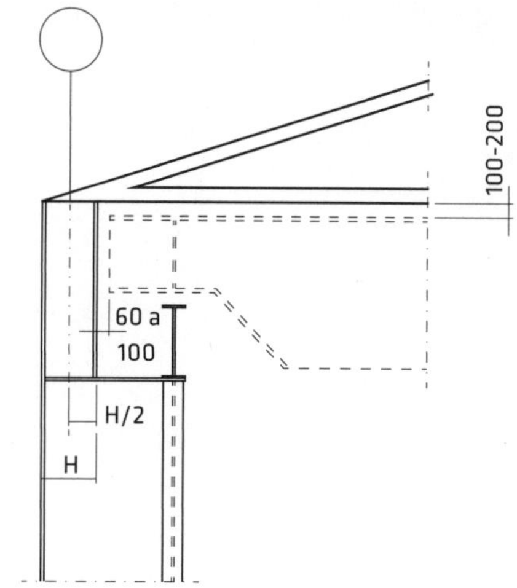

Fig. 12.15 Esquema de uma coluna com as folgas indicadas

flexão, provocada pelas cargas da cobertura, do tapamento lateral, de vento e da carga horizontal transversal da ponte (Fig. 12.16).

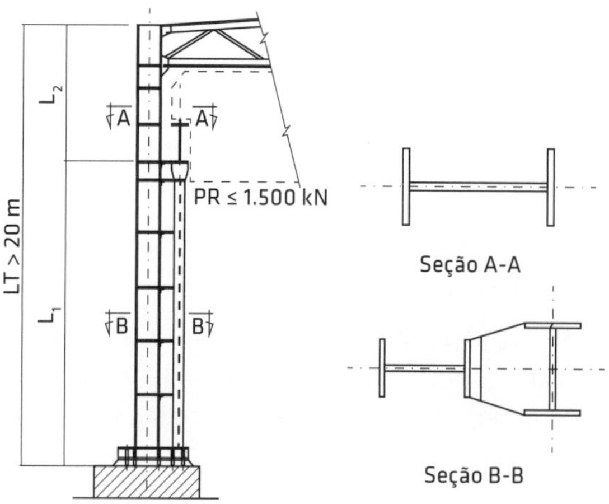

Fig. 12.16 Coluna com um suporte para a viga de rolamento

12.5 Esbeltez-limite

As principais normas recomendam que a esbeltez-limite das colunas (λ) não deve ultrapassar 200. A prática indica que as colunas que suportam pontes rolantes devem ter um índice de esbeltez limitado a 120.

12.6 Emendas de colunas

As colunas com comprimento maior que 12 m (padrão máximo de chapa e perfil) devem ser emendadas na oficina ou no campo durante o processo de montagem. A distância da obra e o sistema de transporte (ver Cap. 20) é que determinam se a emenda será executada na oficina ou no campo e se a ligação será soldada ou parafusada. A junta mais simples e, por isso, a mais recomendável é a junta direta topo a topo, com penetração total (Fig. 12.17A). Outro tipo muito empregado é a emenda com talas de junção; nesse caso, as talas devem ter a mesma área da parte a ligar (podendo ser soldadas ou parafusadas) e comprimento suficiente para transmitir as cargas (Fig. 12.17B). As juntas feitas com parafusos são mais trabalhosas e mais caras, pois não se pode descuidar da perda de área por causa dos furos (Fig. 12.17C). Se há predominância de carga vertical à compressão e se a junta é por contato direto, pode-se fazer a seguinte suposição: transmissão por contato igual a 50% do esforço vertical, e os restantes 50%, por meio das talas de ligação.

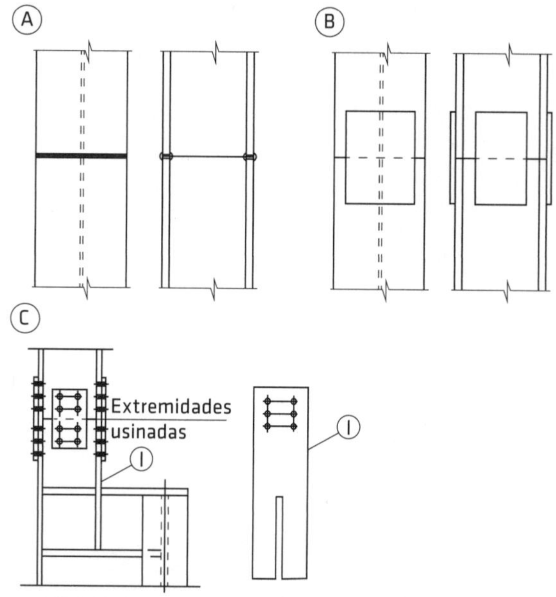

Fig. 12.17 Emendas de colunas

12.6.1 Ligação da parte inferior com a superior

Essas ligações podem ser executadas por meio de parafusos ou solda. A Fig. 12.18 apresenta uma série de sugestões para essas ligações. As ligações parafusadas (Fig. 12.18A-C) são especialmente usadas quando há dificuldade de solda no campo, ou em casos de exportação. As juntas soldadas são mais simples e as mais utilizadas (Fig. 12.18D-G).

12.7 Consoles em colunas

Quando se trabalha com pontes leves, uma das soluções é a construção de consoles em colunas. Na coluna de alma cheia, o console é soldado diretamente (Fig. 12.19A). Quando as colunas são entreliçadas, aplica-se a solução da Fig. 12.19B.

12.8 Comprimento efetivo de flambagem

O índice de esbeltez de uma barra comprimida é definido como a relação entre o comprimento efetivo de flamba-

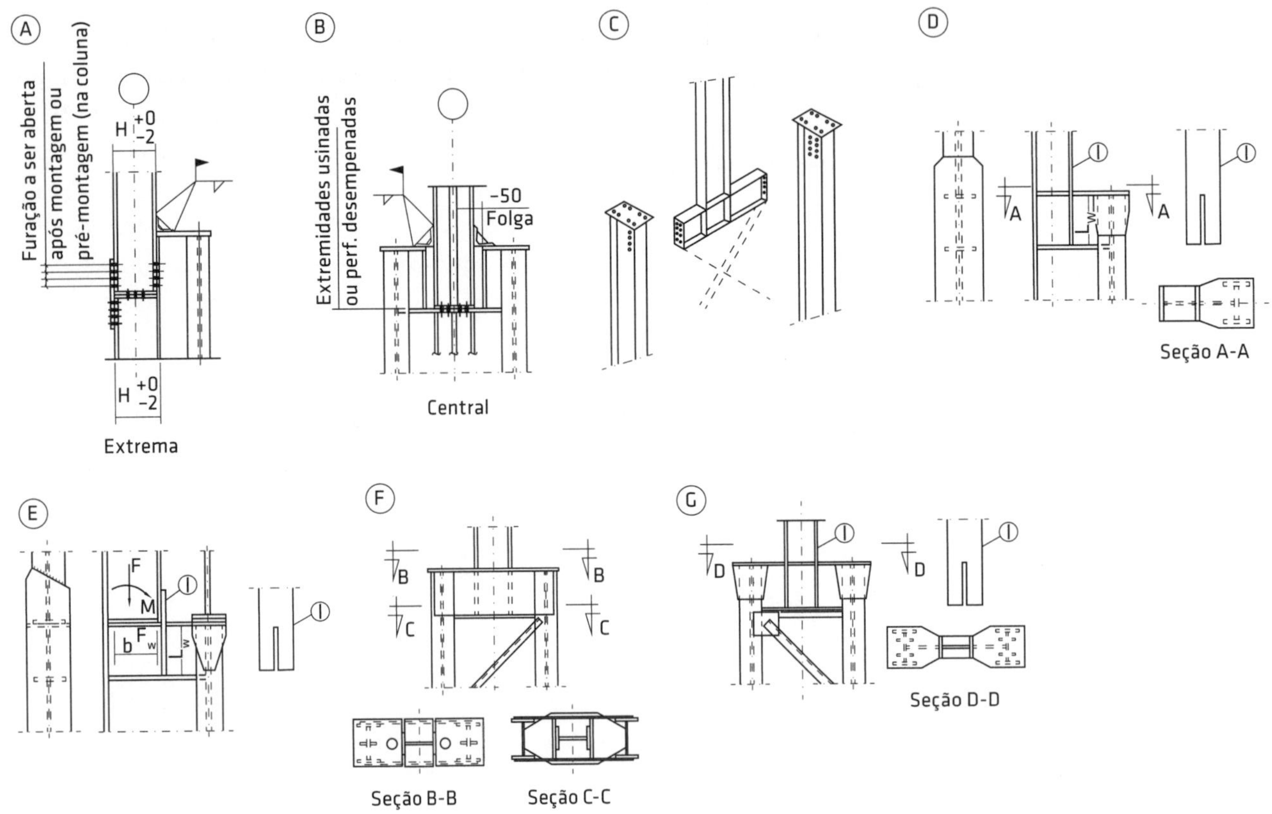

Fig. 12.18 Ligações da parte inferior com a superior

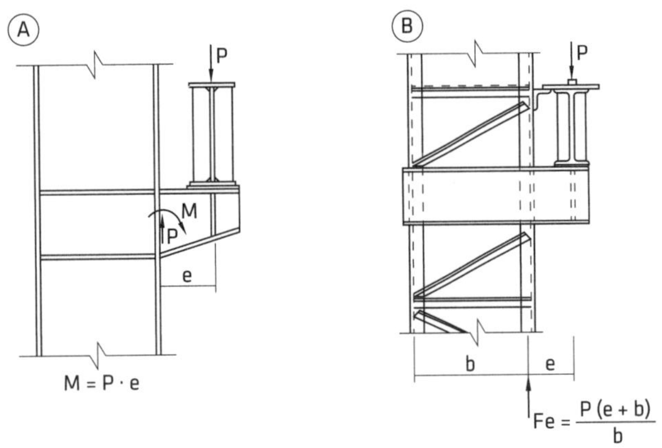

Fig. 12.19 Consoles em colunas

gem e o raio de giração. O comprimento efetivo *KL*, que é o comprimento real não contraventado da barra *L* multiplicado por um fator *K*, pode ser interpretado como igual ao comprimento de uma barra comprimida com extremidades rotuladas, cuja seção transversal e resistência à flambagem sejam iguais às da barra real. O parâmetro de flambagem *K* de uma coluna depende de suas condições de extremidades e, teoricamente, pode variar de 0,5 a infinito. Uma variação de *K* entre 0,65 e 5,0 é aplicável à maioria dos casos encontrados na prática.

12.8.1 Colunas com inércia constante

Na Fig. 12.20 estão ilustrados seis casos ideais, para os quais a rotação e/ou a translação das extremidades são totalmente livres ou totalmente impedidas. Como é impossível obter um engastamento perfeito na prática, os coeficientes teóricos de flambagem apresentados têm que ser corrigidos.

Outra alternativa é o uso dos ábacos indicados tanto pelo AISC como pela NBR 8800, em que se entra com G = 10 para base rotulada e G = 1 para base engastada. Esse ábaco é mostrado na Fig. 12.21, sendo os valores de K_x, para a análise da estabilidade da coluna segundo o eixo X, obtidos pela reta que une G_A e G_B, onde G_A é dado por:

$$G_A = \frac{\sum(Ic / Lc)}{\sum(Iv / Lv)} \tag{12.3}$$

em que:

Ic e *Iv* = momento de inércia da coluna e da viga, respectivamente;

Lc e *Lv* = comprimento da coluna e da viga, respectivamente.

Os valores indicados são para colunas isoladas, com inércia constante. A Fig. 12.22 esclarece a aplicação dos fatores indicados na Fig. 12.20, sendo o ideal o cálculo de acordo com o ábaco da Fig. 12.21.

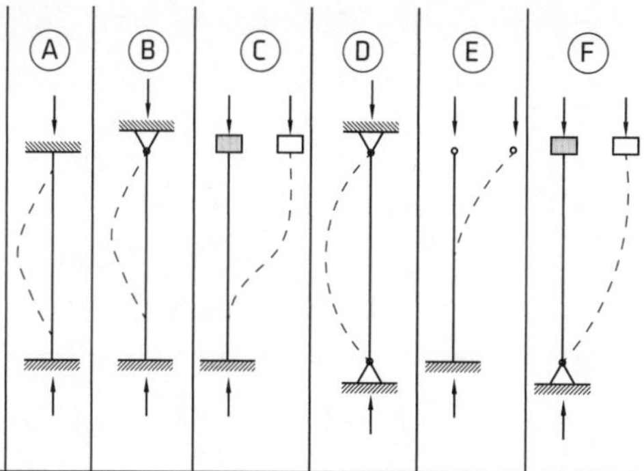

	A	B	C	D	E	F
Valores teóricos de K	0,5	0,7	1,0	1,0	2,0	2,0
Valores recomendados	0,65	0,8	1,2	1,0	2,1	2,0

Código para condição de apoio	
	Rotação e translação impedidas
	Rotação livre, translação impedida
	Rotação impedida, translação livre
	Rotação e translação livres

Fig. 12.20 Valores de *K* para comprimento efetivo de flambagem de acordo com o AISC e a NBR 8800

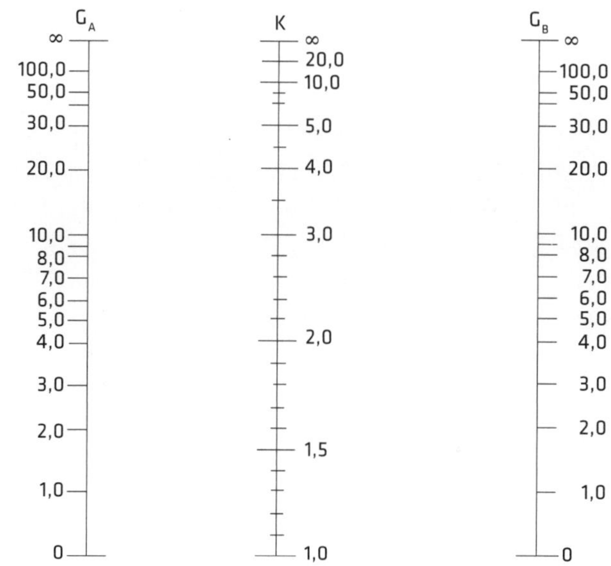

Fig. 12.21 Ábaco para cálculo de *K* – estrutura deslocável

12.8.2 Colunas escalonadas (duas inércias)

Para a maior parte dos galpões industriais que suportam pontes rolantes, as colunas são escalonadas, com a parte inferior resistindo a todas as cargas de ponte rolante (Fig. 12.23).

Para colunas com inércia escalonada com a parte inferior treliçada, deve-se verificar a esbeltez não só das partes isoladas, mas também do conjunto. O Exemplo 12.1 esclarece.

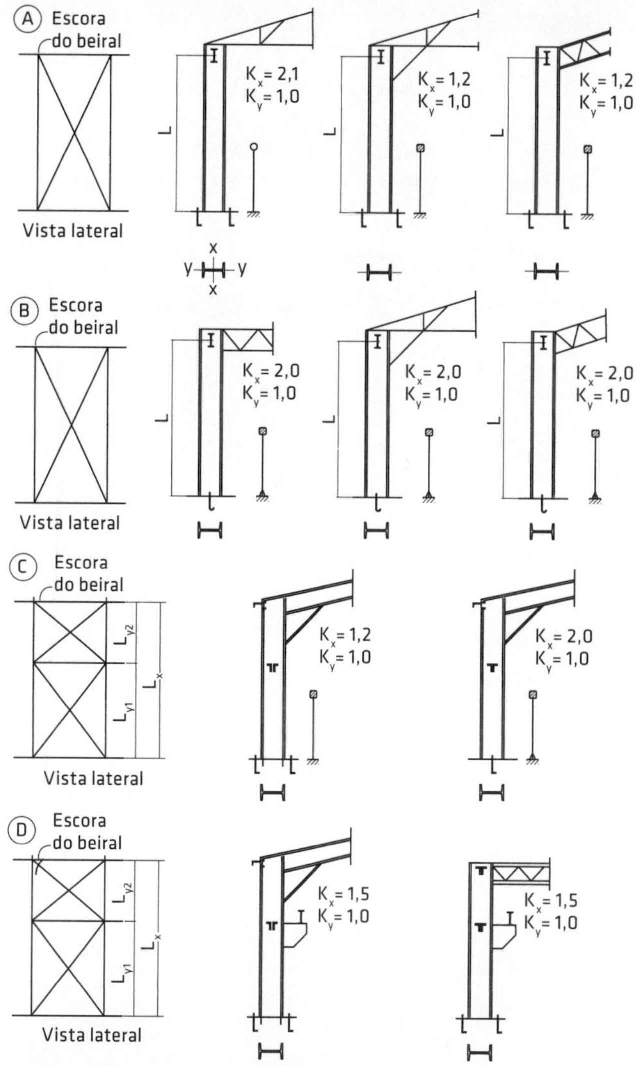

Fig. 12.22 Fatores *K* para colunas com inércia constante de acordo com a Fig. 12.21

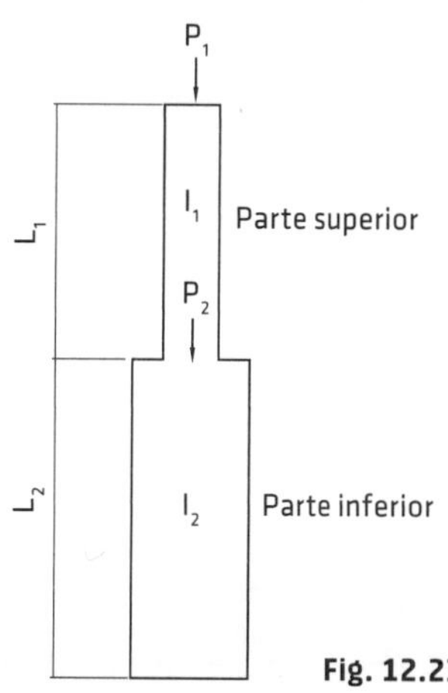

Fig. 12.23 Coluna escalonada

Exemplo 12.1

Usando o ábaco da Fig. 12.21, calcular o valor de K_x para as colunas do pórtico mostrado na figura a seguir, tendo Ic = 45.600 cm⁴, Iv = 17.000 cm⁴, Lc = 900 cm e Lv = 1.015 × 2 = 2.030 cm. Considerar base engastada e base rotulada.

$$G_A = \frac{45.600/900}{17.000/2.030} = \frac{50,66}{8,37} = 6,05$$

Para base engastada, $G_A = 6,05$ e $G_B = 1$ ∴ $K_x = 1,75$.

Para base rotulada, $G_A = 6,05$ e $G_B = 10$ ∴ $K_x = 2,70$.

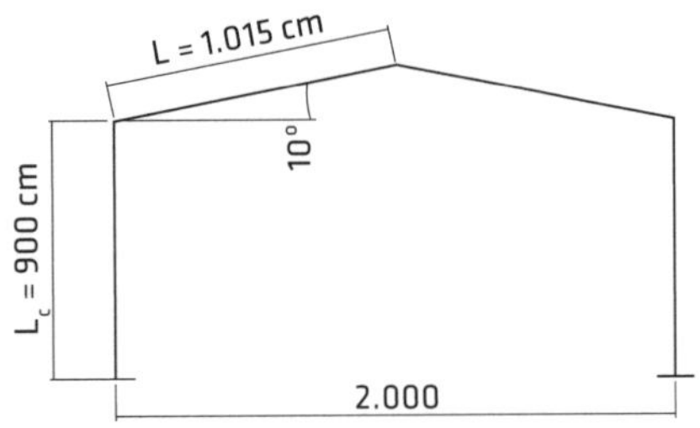

Exemplo 12.2

Estabelecer os comprimentos efetivos de flambagem em relação aos eixos da figura a seguir, com as relações $L_2/L_T = 0,7$, $I_1/I_2 = 0,1$ e $P_2/P_T = 0,8$.

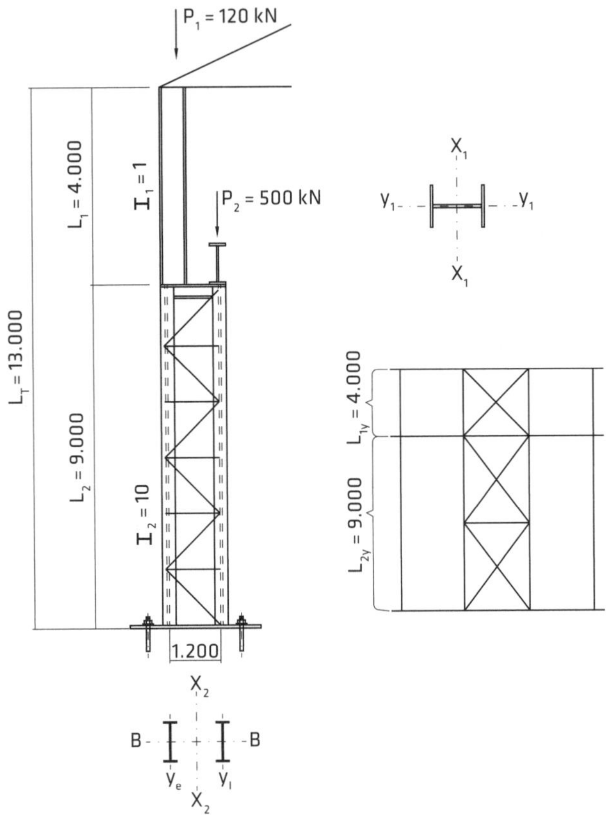

De acordo com o Apêndice B-2 – norma inglesa:

- Coluna superior

$$\text{Eixo } X_1\text{-}X_1 = K_x \cdot L_1$$
$$L_X = 1,5 \times 400 \text{ cm} = 600 \text{ cm}$$
$$\text{Eixo } Y_1\text{-}Y_1 = K_y \cdot L_1$$
$$L_Y = 1,0 \times 400 \text{ cm} = 400 \text{ cm}$$

- Coluna inferior isolada

$$\text{Eixo } B\text{-}B = 0,85L_2 = 0,85 \times 900 \text{ cm} = 765 \text{ cm}$$
$$\text{Eixo } Y_e\text{-}Y_e = 1,0L_3, L_4 = 1 \times 150 \text{ cm} = 150 \text{ cm}$$

- Colunas combinadas

$$\text{Eixo } X_2\text{-}X_2 = K_{x2} \cdot L_2 = 1,5 \times 900 \text{ cm} = 1.350 \text{ cm}$$
$$\text{Eixo } B\text{-}B = K_{YB} = 0,85 \times 900 = 765 \text{ cm}$$

12.9 Bases de colunas

Os objetivos da colocação de bases em colunas são distribuir a pressão concentrada do fuste da coluna sobre uma determinada área da fundação e garantir a fixação da extremidade inferior do fuste da coluna na fundação, de acordo com o esquema estrutural adotado.

12.9.1 Tipos de base

Existem dois tipos básicos de base: rotuladas e engastadas.

Rotuladas

A base rotulada ideal se assemelha a uma rótula perfeita (Fig. 12.24A). Mas esse tipo de base é pouco utilizado, podendo sua fabricação tornar-se complicada. A base rotulada mais simples e mais usada é formada por uma placa soldada no pé da coluna e por dois chumbadores colocados no centro, o mais próximo possível de seu eixo (Fig. 12.24B). As bases rotuladas são mais econômicas para as fundações e podem ser utilizadas em qualquer tipo de terreno, especialmente em locais de solo ruim. Quando as colunas são largas e se quer rotular, um dos artifícios é reduzir a largura da coluna próximo à base (Fig. 12.24C). Para galpões sem ponte rolante, em que as cargas são de pequena intensidade, recomenda-se uma espessura mínima de 16 mm para a placa de base e para o diâmetro dos chumbadores.

Engastadas

As bases engastadas propiciam estruturas mais econômicas, mas têm fundações mais caras que as rotuladas. Sua finalidade é engastar os pilares às fundações por meio de uma série de artifícios, tornando-as as mais reais possíveis com relação ao esquema estrutural adotado. São dimensionadas para resistir às cargas verticais e horizontais e aos momentos de engastamento. A base engastada mais simples e mais usada é aquela em que a coluna é soldada à placa de base, com os chumbadores afastados da linha de centro, formando um braço de alavanca (Fig. 12.25A). Quando as cargas são elevadas e o cálculo indica chapas com grandes espessuras, adota-se o artifício de enrijecê-las com pequenas nervuras para que sua espessura seja reduzida (Fig. 12.25B). Outra alternativa é fixar os chumbadores a uma altura de 300 mm

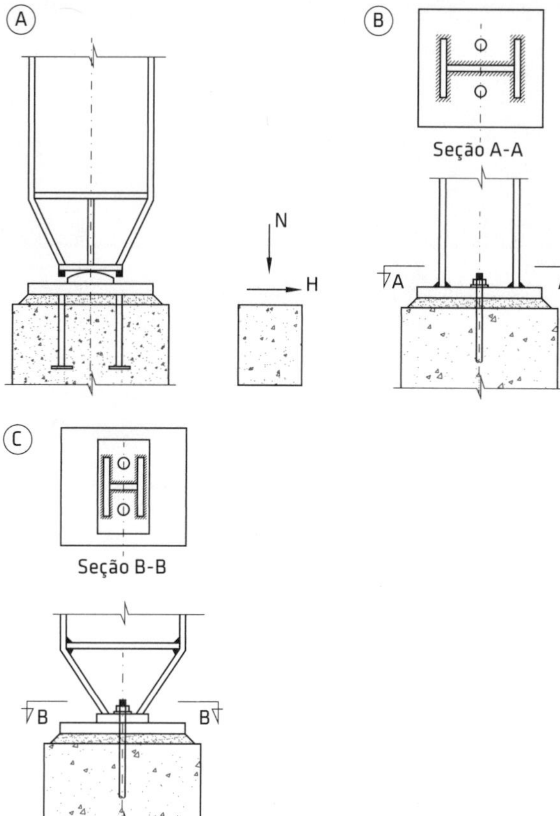

Fig. 12.24 Bases rotuladas

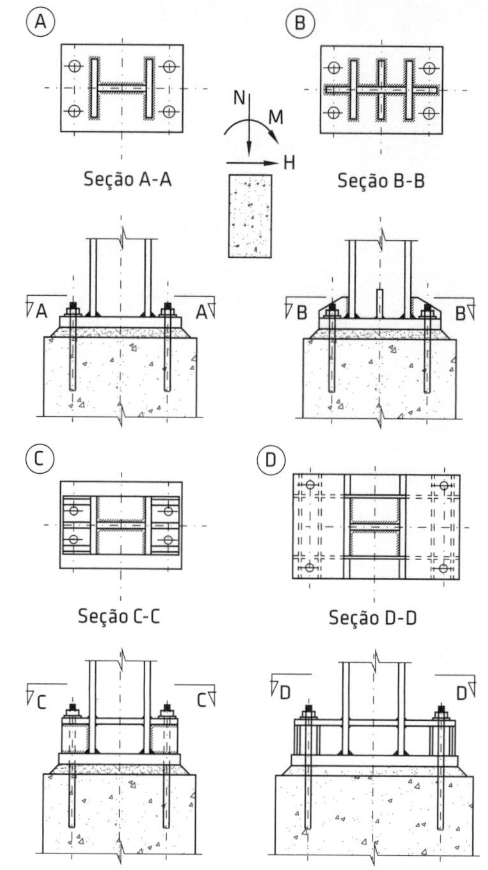

Fig. 12.25 Bases engastadas

a 500 mm da base, proporcionando um ótimo engastamento (Fig. 12.25C). Quando a carga vertical é pequena para um momento grande, a solução é utilizar travessas que proporcionem um bom engaste e um grande afastamento dos chumbadores, resultando em chumbadores de menores dimensões (Fig. 12.25D).

Nas colunas treliçadas, normalmente engastadas pela própria configuração, adota-se uma base para cada pé de coluna (Fig. 12.26).

Para as placas de bases engastadas, recomenda-se uma espessura mínima de 19 mm, e, para os chumbadores, um diâmetro mínimo de 22 mm.

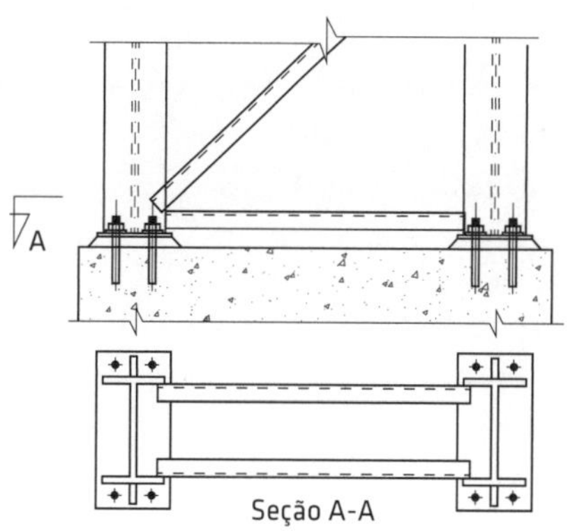

Fig. 12.26 Bases de colunas treliçadas

12.9.2 Cálculo das placas de base

As placas de base e os chumbadores podem estar sujeitos a compressão axial (bases rotuladas) ou a compressão excêntrica (bases engastadas).

Bases submetidas a compressão axial

As placas de base de colunas submetidas a compressão axial central são determinadas em função da resistência ($Fc \leq 0{,}35fck$) admissível do concreto do bloco de fundação. De posse da carga N e de fc, determina-se a área mínima da placa, sendo as dimensões B e C um pouco maiores do que as da coluna, e, a seguir, calcula-se a suposta pressão efetiva no concreto (fc) uniformemente distribuída, ou seja, $fc = N/B \cdot C$.

Os vários setores da placa sofrem diversas formas de flexão. Quando a coluna é soldada à placa, sem nenhum reforço adicional (Fig. 12.27A), existem três setores para cálculo de m, n e n'.

Os valores de m e n são determinados pelas extremidades das chapas que trabalham como consoles e devem ser dimensionados como tal. Para isso, destaca-se uma faixa com largura de 1 cm, definem-se os momentos e, de posse destes, estabelece-se a espessura da placa.

O setor n' é determinado em função da relação $d \cdot bf$, sendo $n' = \sqrt{d \cdot bf}\,/\,4$.

Esse é o único processo prático para calcular a espessura da placa quando suas dimensões são ligeiramente maiores do que as do perfil (Fig. 12.27B).

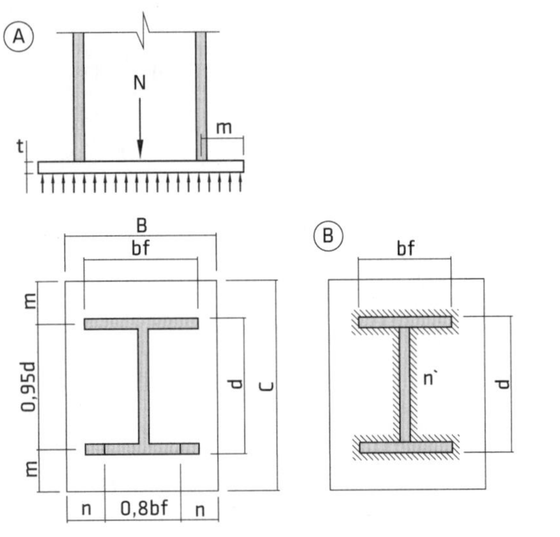

Fig. 12.27 Esquema para cálculo de placa de base com carga centrada

i) Parâmetros para cálculo da espessura das placas

$$m = \frac{C - 0{,}95d}{2} \qquad n = \frac{B - 0{,}80bf}{2} \qquad n' = \frac{\sqrt{d \cdot bf}}{4}$$

ii) Dimensionamento

$$M = \frac{fc \cdot l^2}{2} \qquad W = \frac{t^2}{6} \qquad F_b = 0{,}9f_Y$$

$$F_b = \frac{M}{W} = \frac{fc \cdot l^2/2}{t^2/6} = \frac{3fc \cdot l^2}{t^2} \therefore t = \sqrt{\frac{3fc \cdot l^2}{F_b}} = \sqrt{\frac{3fc \cdot l^2}{0{,}9f_Y}}$$

$$t = 1{,}83l\sqrt{fc/f_Y} \qquad \text{para } f_Y = 25,\ t = 0{,}37l\sqrt{fc}$$

$$f_Y = 30,\ t = 0{,}33l\sqrt{fc}$$

$$f_Y = 35,\ t = 0{,}31l\sqrt{fc}$$

Observação: medidas em cm, fc e f_Y em kN/cm² e l o maior valor de m, n e n'.

iii) Placas de base com reforços

A solução mais econômica para placas de perfis grandes é a colocação de reforços, como os indicados na Fig. 12.28. Para o dimensionamento dessa placa, deve-se considerar:

- setor 1: como console;
- setor 2: como engastada em um lado, apoiada em dois lados e com um lado livre;
- setor 3: como engastada em quatro lados.

Para os setores 2 e 3, é necessário recorrer a formulários específicos. O setor 2 é calculado em função de b e β (Tab. 12.2), e o setor 3, em função de b e β_1 (Tab. 12.3).

$$t = b\sqrt{\frac{\beta \cdot fc}{0{,}9f_Y}}$$

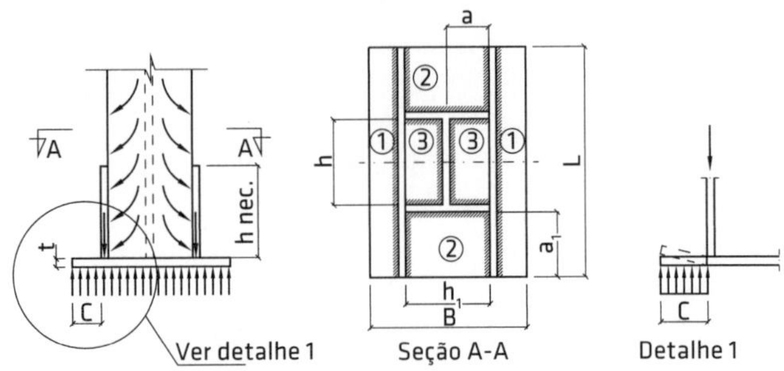

Fig. 12.28 Placas de base com reforços

Tab. 12.2 Valores para o cálculo do setor 2

a/b	0,25	0,50	0,75	1,0	1,50	2,0	≥ 3,0
β	0,05	0,19	0,39	0,67	1,28	1,8	2,5

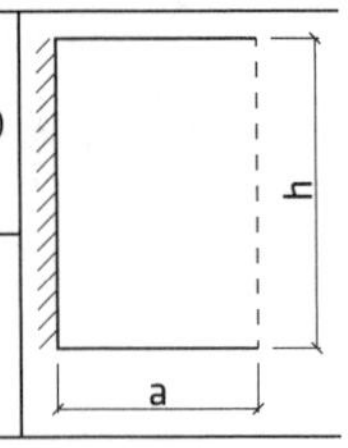

Fonte: Roark (1975).

Tab. 12.3 Valores para o cálculo do setor 3

a/b	1,0	1,2	1,4	1,6	1,8	≥ 2,0
β	0,31	0,38	0,44	0,47	0,49	0,52

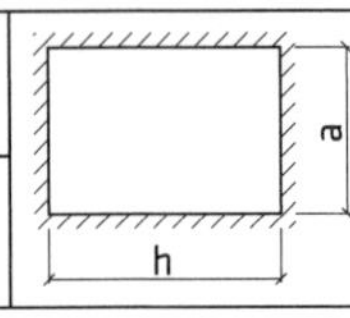

Fonte: Roark (1975).

Para tipos diferentes de reforço de placas de base, ver o manual *Interface aço-concreto* (CBCA, 2009).

Bases submetidas a compressão excêntrica

A placa de base de uma coluna submetida a compressão excêntrica exerce uma pressão irregular sobre a superfície do bloco de fundação. A placa comprime a fundação no sentido de ação do momento, enquanto do outro lado se verifica sua tendência de se desprender da superfície da fundação (Fig. 12.29), o que é impedido pelos chumbadores de ancoragem. É o caso típico de bases engastadas.

No processo de cálculo, adota-se em primeiro lugar a largura da placa de base. O comprimento L da placa de base é determinado de tal forma que a tensão máxima de concreto junto à extremidade (fc) seja inferior à tensão máxima admissível à compressão.

$$fc_{máx} = (N/Ap) + (M/W) = (N/BL) + (6M/BL^2) < Fc\ (= 0{,}35fck)$$

Nesse caso, a tensão de tração mínima que se verifica na extremidade oposta da placa é:

$$fc_{mín} = N/Ap - M/W = N/BL - 6M/BL^2$$

Caso já se tenha definido o comprimento da placa, por razões construtivas, verifica-se se as tensões máximas

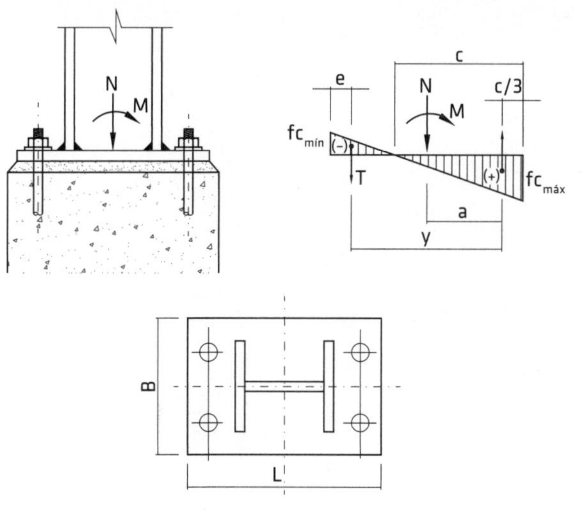

Fig. 12.29 Placa de base excêntrica

estão dentro do admissível. Caso contrário, determina-se o valor mínimo de L, igualando-se a primeira equação com *fc*.

$$L = (N / 2B \cdot fc) + \sqrt{(N / 2B \cdot fc)^2 + 6M / (B \cdot fc)}$$

De posse das dimensões finais da placa, determina-se sua espessura de acordo com o diagrama de tensões ou, de maneira mais simplificada, considerando a carga uniformemente distribuída para o setor que está sendo analisado (Exemplo 12.5).

No cálculo dos chumbadores, parte-se da suposição de que a força de tração T determinada pela zona tracionada do diagrama de tensões (Fig. 12.29) é suportada totalmente pelos chumbadores. Para isso, compõe-se a equação de equilíbrio em relação ao centro de gravidade da zona comprimida triangular do diagrama de tensões, obtendo-se:

$$M - N \cdot a - T \cdot y = 0$$

O esforço total T atuante em todos os chumbadores do lado da zona tracionada vem a ser:

$$T = (M - N \cdot a)/y$$

Da correlação geométrica, determinam-se:

$$a = (L/2) - (c/3)$$
$$y = L - c/3 - e$$

em que:

$c = fc_{máx} \cdot L/(fc_{máx} + fc_{mín})$, sendo *fc* em valor absoluto.

Para $N \cdot a > M$, não há tração no chumbador e, nesse caso, $c = L$.

Para o cálculo da espessura da placa de base e do chumbador, é preciso adotar as combinações de carga mais desfavorável para cada um, pois a pior para a placa pode não ser a pior para os chumbadores.

12.9.3 Chumbadores

Chumbadores são barras que têm a finalidade de fixar as bases das colunas às fundações. Em geral, são formados por barras redondas de aço SAE 1020, com limite de escoamento $f_Y = 24$ kN/cm² e limite de ruptura $f_U = 38{,}7$ kN/cm², e ASTM A36, com $f_Y = 25$ kN/cm² e $f_U = 40{,}0$ kN/cm².

Os chumbadores podem ser dimensionados somente a cisalhamento, caso de bases rotuladas comprimidas (Fig. 12.30A), à tração com cisalhamento, caso de bases rotuladas com arrancamento (Fig. 12.30B) ou bases engastadas (Fig. 12.30C), ou somente à tração, caso de bases com barra de cisalhamento (Fig. 12.30D). Os chumbadores sujeitos somente a esforços de cisalhamento, caso de colunas de tapamento (Fig. 12.30A,E), podem ter comprimento de ancoragem pequeno, ao contrário dos sujeitos à tração, que precisam ter comprimento de ancoragem proporcional aos esforços, para facilitar as verificações de cálculo.

Na Tab. 12.4 são apresentados vários tipos de chumbadores padronizados, organizados por ordem de custos, sendo o mais barato o tipo CC, em gancho reto, e o mais caro o tipo CAM. O comprimento de ancoragem dos chumbadores a arrancamento foi determinado pela resistência do cone de arrancamento do concreto e por sua resistência à tração.

Os tipos CAL, CAC e CAR são fixados durante a concretagem por meio de gabaritos e conferidos por meio de topografia milimétrica. Os tipos CAG e CAM são usados quando não existe boa precisão dos blocos ou quando se deseja maior flexibilidade na montagem, embora sejam mais caros que os outros.

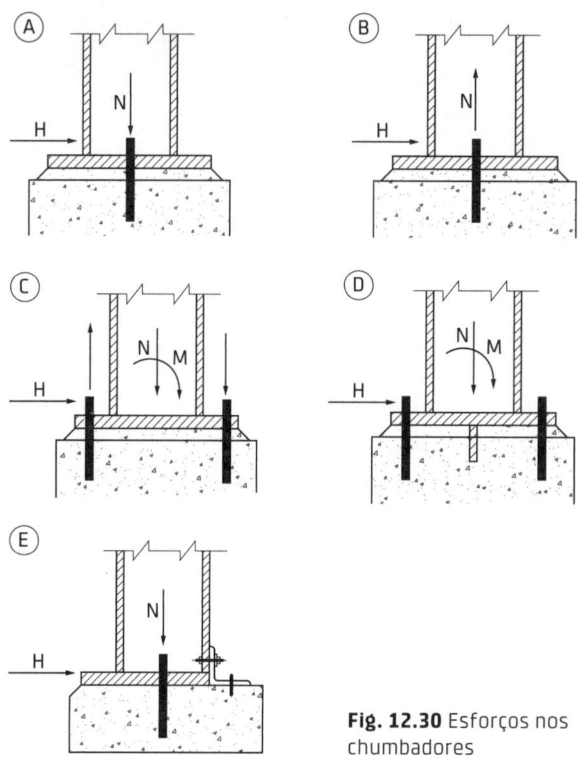

Fig. 12.30 Esforços nos chumbadores

Tab. 12.4 Força admissível e comprimento de arrancamento dos chumbadores

Ø	Área	Chumbadores a cortante		Chumbadores a arrancamento																
				Fixos									Com nichos							
		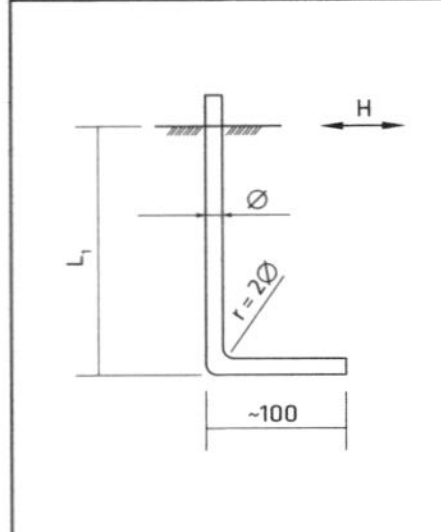		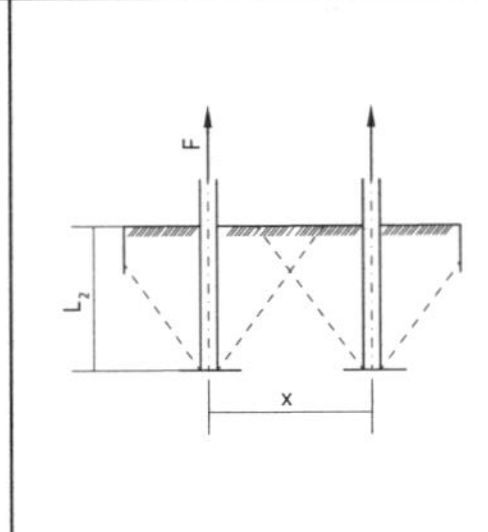		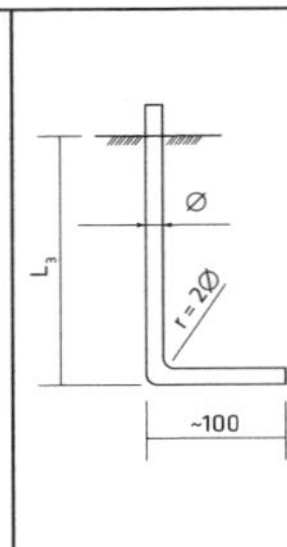	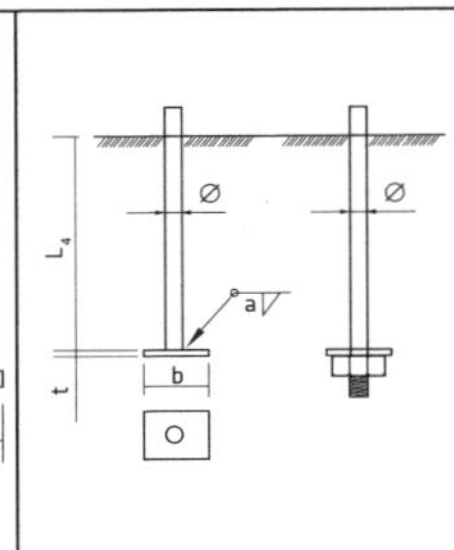			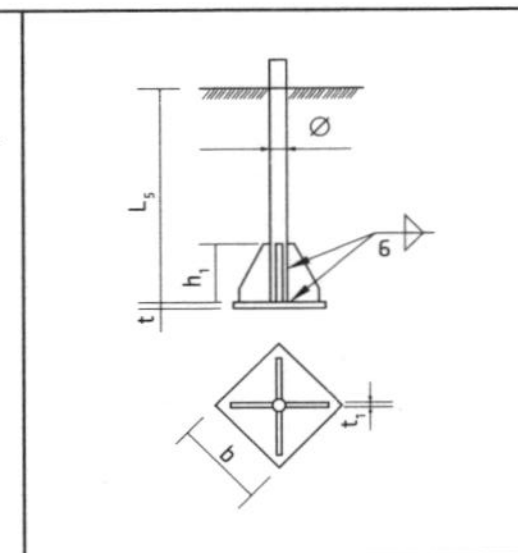			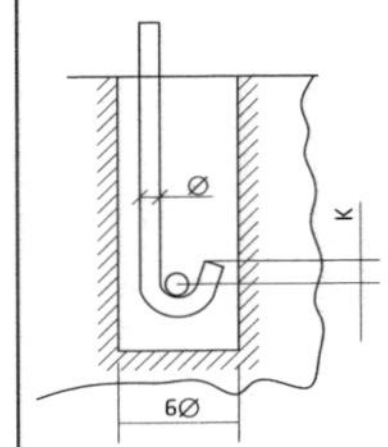 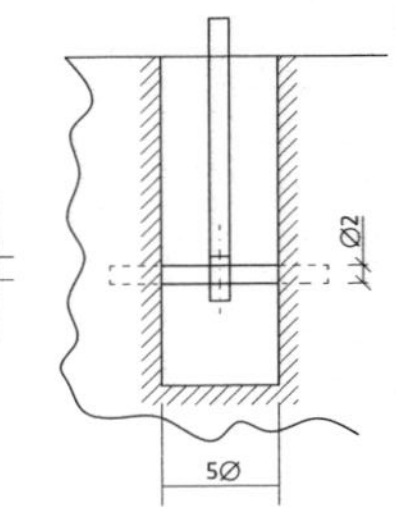				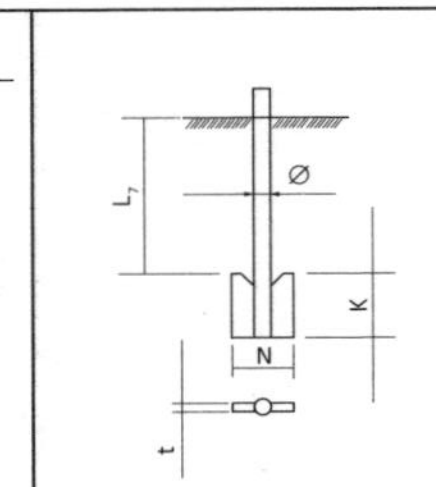			
	Área	*H* (admissível)	Tipo CC	*F* (admissível)	Altura mínima do cone	Tipo CAL	Tipo CAC			Tipo CAR			Tipo CAG				Tipo CAM			
	cm²	kN	L_1	kN	L_2	L_3	L_4	*q*	$t \cdot b$	L_5	$t \cdot b$	$t_1 h_1$	L_6	Ø2	*Y*	*K*	L_7	*t*	*N*	*K*
19	2,85	22	330																	
22	3,88	30	330																	
25	5,07	40	380	74	450	800	600	10	19 × 100				600	38	125	60				
32	7,92	62	380	116	450	1.000	600	10	19 × 100				600	44	150	75				
38	11,40	89	380	168	600	1.250	600	12	25 × 120				700	50	180	85				
44	15,20	119		223	600	1.250	800	12	32 × 150				800	57	210	100				
50	19,60	133		288	750	1.700	800	16	32 × 150	800	19 × 200	8 × 150	800	70	240	115	800	32	160	100
57	25,60			376	900					950	25 × 230	8 × 170					950	38	180	120
64	31,70			466	900					950	25 × 250	8 × 200					950	38	18	130
70	38,30			563	1.000					1.100	32 × 280	8 × 220					1.100	50	210	150
76	45,60			670	1.100					1.200	32 × 300	8 × 240					1.200	50	210	150
89	62,20			914	1.300					1.400	38 × 360	10 × 270					1.400	64	270	170
102	81,00			1.150	1.400					1.500	38 × 400	10 × 300					1.500	76	300	170

1) Aço SAE 1020, com $Fv = 0{,}20f_u = 7{,}8$ kN/cm² e $Ft = 0{,}38f_u = 14{,}7$ kN/cm².

2) Dimensões em milímetro.

3) A resistência dos cones de arrancamento foi reduzida de 50% para compensar as perdas de áreas nas extremidades das fundações.

4) Para chumbadores sujeitos a esforços de tração e cisalhamento, fazer a verificação pela fórmula $f = \sqrt{ft^2 + 3fv^2}$.

O tipo CC é para chumbadores que suportam apenas força de cisalhamento, e os demais, para chumbadores sujeitos a cisalhamento e tração.

Na Tab. 12.5 são indicadas as dimensões mínimas e usuais para as placas de base e os chumbadores de colunas de tapamento.

Na Tab. 12.6 são listadas, para os vários tipos de chumbadores, as distâncias mínimas entre eles (y_1) e as distâncias deles à extremidade do bloco (x_1).

Para o dimensionamento dos chumbadores, são utilizados os seguintes critérios:

- Chumbadores à tração

Tab. 12.5 Dimensões mínimas e usuais para placas de base e chumbadores de colunas de tapamento

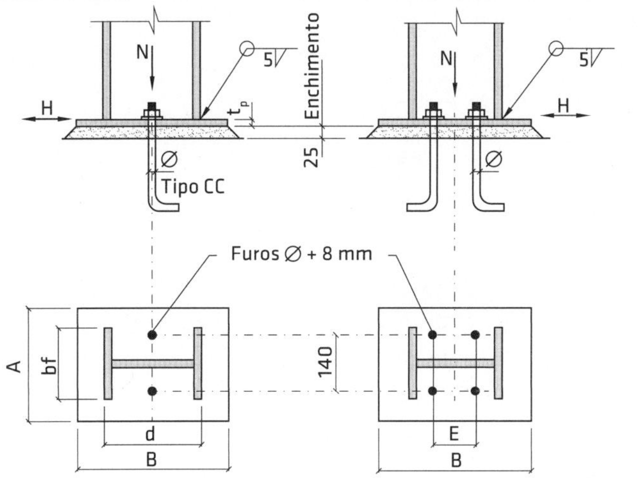

Resistência dos chumbadores:
Ø 25 → H = 5,06 × 7,80 = 40 kN
Ø 19 → H = 2,84 × 7,80 = 22 kN
$fc = N/A \cdot B$
$fck = 2{,}0\ kN/cm^2$
Chumbadores SAE 1020 – $f_U = 38{,}7\ kN/cm^2$
Aço da placa – $fy = 25\ kN/cm^2$

Perfil	Ø	*A*	*B*	t_p	*E*	Peso da placa de base	*N* máximo na placa de base	*H* máximo no chumbador
mm	mm	mm	mm	mm	mm	kg	kN	kN
W 150	19	200	240	16	–	6,0	200	44
W 200	19	200	250	16	–	6,3	210	44
W 250	25	240	300	19	–	10,7	350	80
W 310	25	240	350	19	–	12,5	380	80
W 360	25	250	400	19	–	14,9	420	80
W 410	25	250	450	19	150	16,8	490	160
CE 150	19	200	200	16	–	5,0	260	44
CE 200	19	240	250	16	–	7,5	350	44
CE 250	25	300	300	19	–	13,4	480	80
CE 300	25	350	350	19	–	18,3	450	80
VS 400	25	260	450	19	150	17,4	560	160

Tab. 12.6 Dimensões mínimas entre chumbadores e entre chumbadores e extremidade

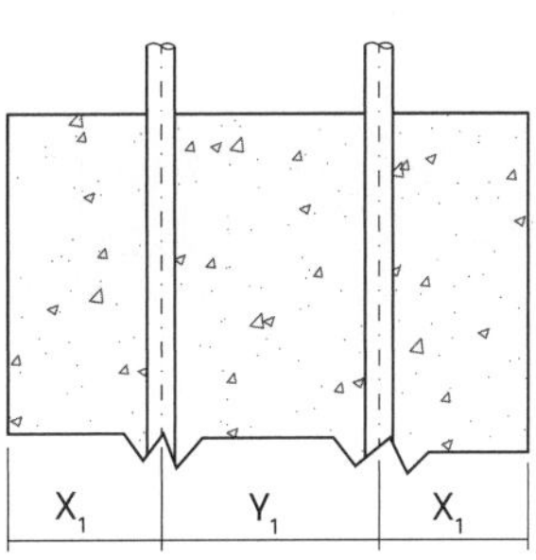

Tipo	Ø	25 (1")	32 (1 ¼")	38 (1 ½")	44 (1 ¾")	50 (2")	57 (2 ¼")	64 (2 ¼")	70 (2 ¾")	76 (3")
CC	X1	130	160	190	–					
CAL	Y1	130	160	190	–					
CAC	X1	150	160	180	220	250				
CAP	Y1	150	160	180	220	250				
CAG	X1 face do buraco	150	160	200	200	250				
	Y1	Analisar cada caso								
CAR	X1	-				300	340	370	420	450
	Y1	-				300	340	370	420	450
CAM	X1	-				400	460	490	570	580
	Y1	-				Analisar cada caso				

$A_{nec} = T/0,38f_U = T/14,7$ para aço SAE 1020 → $D = 0,30\sqrt{T/n_t}$

$= T/15,2$ para aço ASTM A36 → $D = 0,29\sqrt{T/n_t}$

- Chumbadores a cisalhamento

$A_{nec} = H/0,2f_U = H/7,74$ para aço SAE 1020 → $D = 0,40\sqrt{H/n_c}$

$= H/8,0$ para aço ASTM A36 → $D = 0,39\sqrt{H/n_c}$

- Chumbadores à tração com cisalhamento

$f_t = T/A_{chut}$ $f_h = H/A_{chuc}$

$$f = \sqrt{f_t^2 + 3f_h^2} \leq F_t = 0,38f_U \rightarrow \text{aço SAE 1020} \leq 14,7\ \text{kN/cm}^2$$
$$\rightarrow \text{aço ASTM A36} \leq 15,2\ \text{kN/cm}^2$$

em que:

A_{nec} = área necessária dos chumbadores;
A_{chut} = área total dos chumbadores à tração;
A_{chuc} = área total dos chumbadores a cisalhamento;
n_t = número de chumbadores à tração;
n_c = número de chumbadores a cisalhamento;
D = diâmetro do chumbador;
T = carga axial (kN);
H = carga horizontal (kN).

É fundamental uma boa topografia no momento da concretagem dos chumbadores.

Exemplo 12.3

Para uma coluna W 20 × 19,3 kg/m (d = 20,3 cm, h = 19 cm, b_f = 10 cm e a = 5,8 cm) sujeita a carga vertical de compressão de 300 kN e carga horizontal de 40 kN, determinar as dimensões da placa de base e o diâmetro dos chumbadores. A pressão admissível do concreto da fundação é fc < 0,7 kN/cm². As dimensões mínimas da placa de base são dadas na figura a seguir.

Chapa ASTM A36 f_Y = 25 kN/cm²
Chumbadores aço SAE 1020 f_Y = 24,0 kN/cm²
Concreto fck = 2,0 kN/cm² Fc = 0,35 × 2 = 0,70 kN/cm²

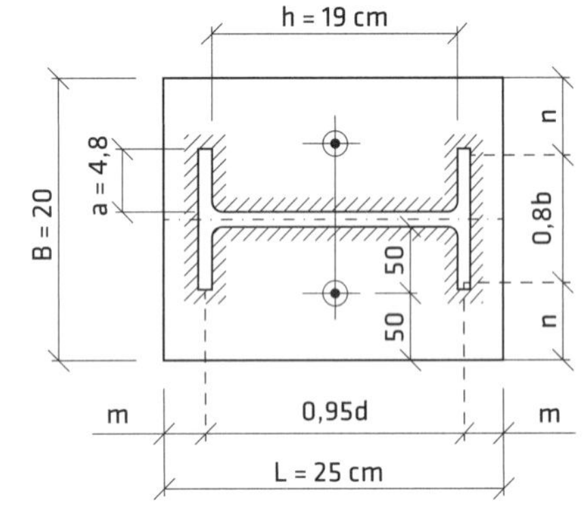

Cálculo da placa de base

A_{nec} = 300/0,7 = 429 cm² (área mínima)
Área mínima = 25 × 20 = 500 cm²
fc = 300/500 = 0,60 kN/cm² < 0,70 OK
m = (25 – 0,95 × 20,3)/2 = 2,80 cm
n = (20 – 0,80 × 10)/2 = 6,0 cm (governa)
n' = $\sqrt{20,3 \times 10}$ /4 = 3,58 cm
t = 1,83 × 6,0 $\sqrt{0,6/25}$ = 1,70 cm – usar chapa de 19 mm

Cálculo dos chumbadores – aço SAE 1020

$$D = 0,30\sqrt{H/nc} = 0,40\sqrt{40/2} = 1,79\ \text{cm}$$
= 17,9 + 3 – 20,9 mm – usar Ø 22 mm

Exemplo 12.4

Para uma coluna CVS 300 × 47 kgf/m (d = 30 cm, h = 28,1 cm, b = 20 cm e a = 9,6) sujeita a carga vertical de compressão de 400 kN e carga horizontal de 70 kN, determinar as dimensões da placa de base e o diâmetro dos chumbadores.

Chumbadores aço ASTM A36 Chapa ASTM A36
Concreto fck = 2,0 kN/cm² Fc > 0,35 × 2,0 = 0,70 kN/cm²

Cálculo da placa de base

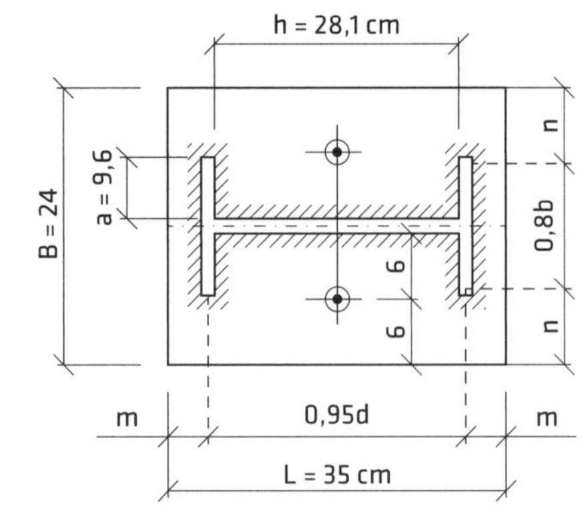

Área mínima = 35 × 24 = 840 cm²
fc = 400/840 = 0,48 kN/cm² < 0,70 OK
m = (35 – 0,95 × 30)/2 = 3,25 cm
n = (24 – 0,80 × 20)/2 = 4,0 cm
n' = $\sqrt{30 \times 20}$ / 4 = 6,12 cm (governa)
t = 0,37 × 6,12 $\sqrt{0,48}$ = 1,55 cm – usar chapa de 16 mm

Cálculo dos chumbadores – aço ASTM A36
D = 0,39 $\sqrt{70/2}$ = 2,30 cm = 23 + 3 = 26 mm – usar Ø 25

Exemplo 12.5

Dimensionar a mesma placa do exemplo anterior, mas reforçada e com os chumbadores colocados em outra posição.

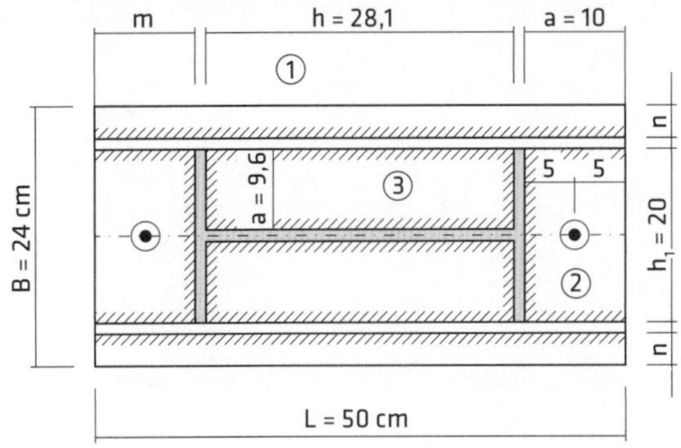

$$fc = 400/24 \times 50 = 0{,}33 < 0{,}70 \text{ kN/cm}^2$$

1) $n = 2{,}0$ cm

2) $b = 10$ cm $h = a = 20$ cm $a/b = 2{,}0$ (Tab. 12.2) → $\beta = 1{,}8$

$$t = 10\sqrt{\frac{\beta \cdot fc}{0{,}9 f_Y}} = \sqrt{\frac{1{,}8 \times 0{,}33}{0{,}9 \times 25}} = 1{,}63 \text{ cm}$$

3) $a = 20$ $b = 10$ $a/b = 20/10 = 2{,}0$ (Tab. 12.3) → $\beta = 0{,}52$

$$t = 10\sqrt{\frac{0{,}52 \times 0{,}33}{0{,}9 \times 25}} = 0{,}87 \text{ cm} = 8{,}7 \text{ mm – usar no}$$

mínimo chapa de 16,0 mm

Exemplo 12.6

Para a coluna dada na figura a seguir, determinar as dimensões da placa de base e o diâmetro dos chumbadores.

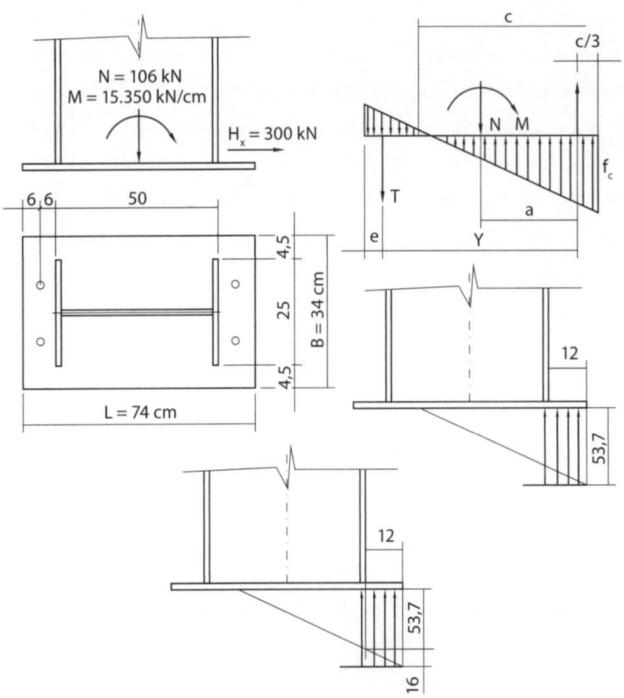

$$Fc = 0{,}35 fck = 0{,}35 \times 2{,}0 = 0{,}70 \text{ kN/cm}^2$$

Cálculo da placa de base

$$L_{nec} = \frac{N}{2B \cdot fc} + \sqrt{\left(\frac{N}{2B \cdot fc}\right)^2 + \frac{6M}{B \cdot fc}}$$

Fazendo $fc = Fc$:

$$L_{nec} = \frac{106}{2 \times 34 \times 0{,}7} + \sqrt{\left(\frac{106}{2 \times 34 \times 0{,}7}\right)^2 + \frac{6 \times 15.350}{34 \times 0{,}7}}$$

$L_{nec} = 64{,}47$ cm < 74 cm (por razões construtivas)

$$fc_{máx} = \frac{N}{A_p} + \frac{M}{W} = \frac{N}{B \cdot L} + \frac{6M}{B \cdot L^2}$$

$$fc_{máx} = \frac{106}{34 \times 74} + \frac{6 \times 15.350}{34 \times 74^2}$$

$$= 0{,}042 + 0{,}495 = 0{,}54 \text{ kN / cm}^2$$

$$fc_{mín} = 0{,}042 - 0{,}495 = -0{,}453$$

$$c = fc_{máx} \cdot L / (fc_{máx} + fc_{mín})$$

$$= 0{,}54 \times 74 / (0{,}54 + 0{,}453) = 40{,}4$$

Considerando $fc = 0{,}54$ uniforme:

$$t^2 = \frac{6M_1}{0{,}9 f_y} = \frac{6 \times 0{,}54 \times 12^2 / 2}{0{,}9 \times 25} = 10{,}3 \therefore t = 3{,}2 \text{ cm}$$

ou $t = 0{,}37 \times 12\sqrt{0{,}54} = 3{,}2$ cm = 32 mm

Considerando fc não uniforme (real):

40,2 – 0,54

28,2 – X X = 0,38

$$M_1 = \frac{0{,}38 \times 12^2}{2} + 0{,}16 \times \frac{12}{2} \times \frac{12 \times 2}{3} = 34{,}82 \text{ kNcm}$$

$t^2 = 34{,}82/3{,}75 = 9{,}28 \therefore t = 3{,}1$ cm – usar 32 mm

Como se vê, a diferença é muito pequena, não se justificando o dimensionamento exato.

Cálculo dos chumbadores – aço SAE 1020

Parâmetros

$c/3 = 40{,}4/3 = 13{,}4$ cm

$Y = L - c/3 - e = 74 - 13{,}4 - 6 = 54{,}6$ cm

$a = L/2 - c/3 = 37 - 13{,}4 = 23{,}6$ cm

Força *T* no chumbador

$T = (M - N \cdot a)/Y = (15.350 - 10{,}6 \times 2{,}3{,}6)/54{,}6 = 235$ kN

Seja Ø 38 A = 11,40 cm²

$ft = 235/2 \times 11{,}4 = 10{,}3 \text{ kN/cm}^2$

$fv = 30/2 \times 11{,}4 = 1{,}30 \text{ kN/cm}^2$

$$f = \sqrt{10{,}3^2 + 3 \times 1{,}3^2} = 10{,}5 < 14{,}7 \text{ kN/cm}^2 \text{ OK}$$

*Considera-se apenas 2 para efeito de cisalhamento, pois há a possibilidade de a placa estar encostada somente na metade dos chumbadores.

12.10 Recomendações

12.10.1 Usinagem

As placas de base de espessura inferior ou igual a 50 mm não necessitam ser usinadas, podendo ser perfeitamente desempenadas para garantir o contato perfeito com a coluna. Placas com espessura entre 50 mm e 100 mm devem ser usinadas de um só lado (lado do contato com a coluna). Para isso, deve ser previsto um acréscimo de 5 mm. Para placas maiores que 100 mm, devem ser previstos usinagem dos dois lados e acréscimo de espessura de 10 mm (Fig. 12.31).

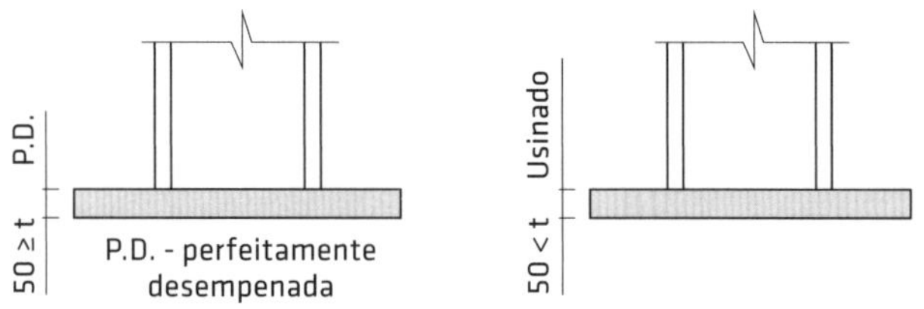

Fig. 12.31 Preparação das placas de base

12.10.2 Nivelamento

Para efeito de nivelamento, deve-se prever argamassa de enchimento nas alturas de 25 mm (mínimo) a 50 mm. O enchimento mínimo é previsto para colunas de tapamento ou colunas de edifício com $d \leq 300$ mm. Antes de colocar a argamassa de enchimento, é necessário fazer o nivelamento da placa com calços ou parafusos calantes. Para placas até 1.500 kg, devem ser previstos calços para os quatro cantos da placa, com altura correspondente ao enchimento teórico (Fig. 12.32A). Acima disso, são utilizados mais calços (de seis a oito), dependendo da resistência do concreto, pois a placa pode estar soldada à coluna e o nivelamento final pode ocorrer com muito peso próprio concentrado em poucos pontos. Normalmente, para cada conjunto de quatro calços até 25 mm de espessura, usa-se a seguinte distribuição:

- quatro calços de 12,5 × 75 × 75 mm;
- quatro calços de 6,3 × 75 × 75 mm;
- oito calços de 3,2 × 75 × 75 mm.

Para enchimentos superiores a 25 mm, são usados calços adicionais, de preferência de 12,5 mm.

Outro artifício a ser adotado, quando a placa tem peso superior a 150 kg e vai solta, é a colocação de três parafusos colantes, como mostrado na Fig. 12.32B.

Uma maneira muito comum utilizada hoje em dia é a colocação de uma porca na face inferior (Fig. 12.32C).

Para facilitar o enchimento posterior com argamassa, deve-se prever um furo central ou próximo do centro, com diâmetro mínimo de 75 mm, quando a menor dimensão da placa é superior a 750 mm (Fig. 12.32A,B).

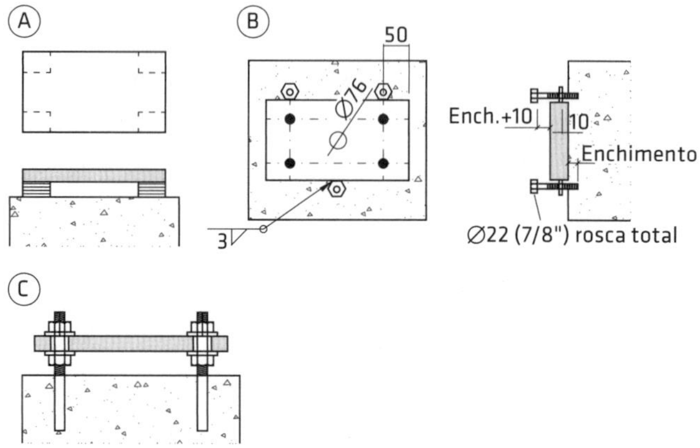

Fig. 12.32 Esquema para nivelamento

12.10.3 Interligação placa-chumbadores

Há duas maneiras de fazer a interligação da placa com os chumbadores: por meio de solda ou de porcas e arruelas. Se a placa for solta, as duas hipóteses serão possíveis (Fig. 12.33). Mas, se for soldada à coluna durante a fabricação, somente a segunda será possível (Fig. 12.33B).

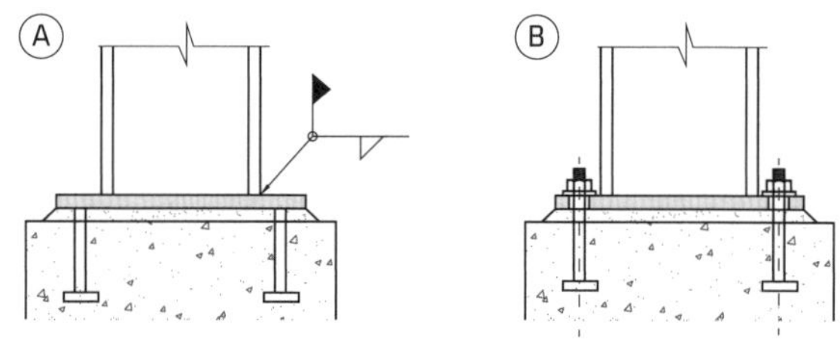

Fig. 12.33 Fixação dos chumbadores às placas

Para a segunda hipótese, é necessário deixar uma folga nos furos da placa proporcional ao diâmetro dos chumbadores, para permitir melhor alinhamento das colunas, de acordo com o indicado na Tab. 12.7.

12.10.4 Sobrediâmetro

Quando o chumbador for colocado em uma região que não permite reparos fáceis, o calculista deverá prever uma sobre-espessura no diâmetro de cálculo de no mínimo 3 mm. A experiência indica que esse procedimento deve ser normal.

12.10.5 Chumbadores à tração

Caso o cálculo indique que o chumbador vá trabalhar à tração, é prudente colocar duas porcas para aumentar a resistência dos filetes de rosca (Fig. 12.34).

12.10.6 Chumbadores situados em zona de corrosão

Os chumbadores situados próximo a zonas com alto grau de corrosão devem ser zincados a fogo (parte externa).

Tab. 12.7 Dimensões e furos em arruelas (mm)

Ø chumbador mm	Ø furo na placa d_1	Espessura da arruela t	Ø furo na arruela d_2	Ø arruela d_3
16 a 22	Ø chumbador + 8	6	Ø chumbador + 1,5	≅ 2,2 × Ø chumbador
25 a 44	Ø chumbador + 10	8	Ø chumbador + 1,5	≅ 2,0 × Ø chumbador
50 a 76	Ø chumbador + 15	12	Ø chumbador + 1,5	≅ 2,0 × Ø chumbador

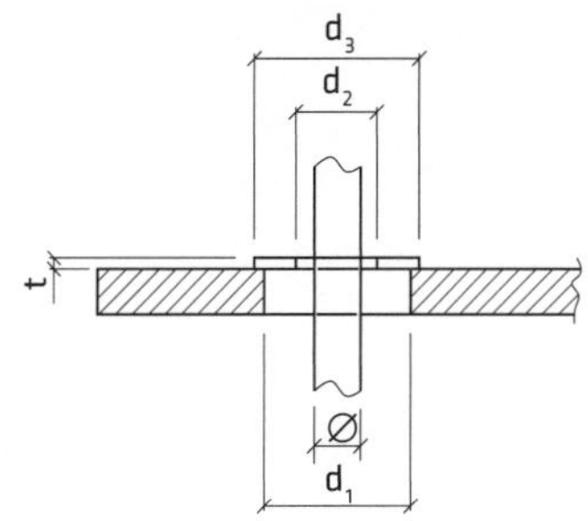

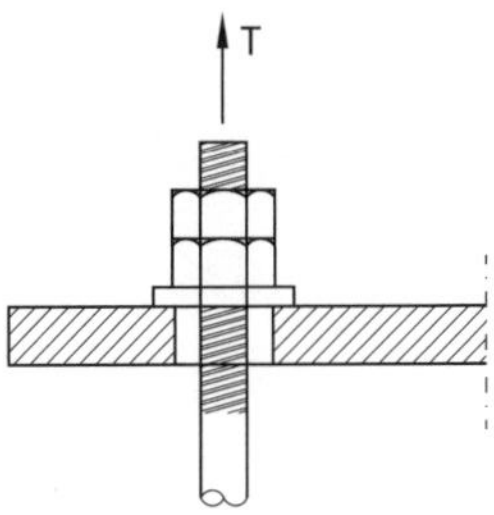

$Ø_1$	25	32	38	44	50
$Ø_2$	38	44	50	57	70
X	80	95	105	120	135
Y_1	110	130	140	150	190
Y_2	40	40	50	60	60
Z	120	140	170	190	220
L_2	125	155	180	210	240

Fig. 12.34 Chumbadores com duas porcas

12.10.7 Nichos

A folga dos nichos para a colocação dos chumbadores deve ser tal que permita uma colocação fácil, sem folgas exageradas. Nas Figs. 12.35 e 12.36 são dadas algumas indicações mínimas.

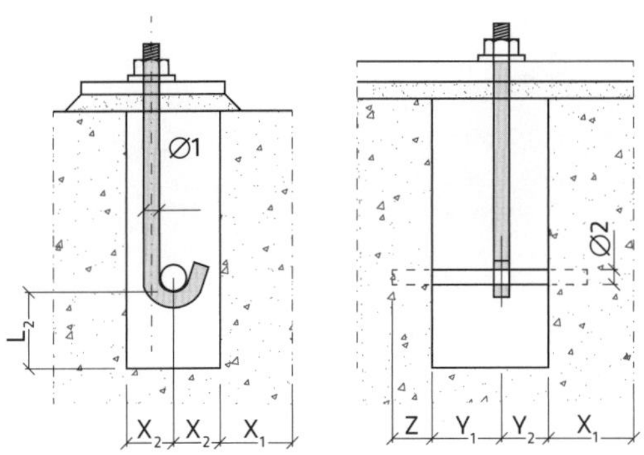

Fig. 12.35 Nichos para chumbadores com gancho

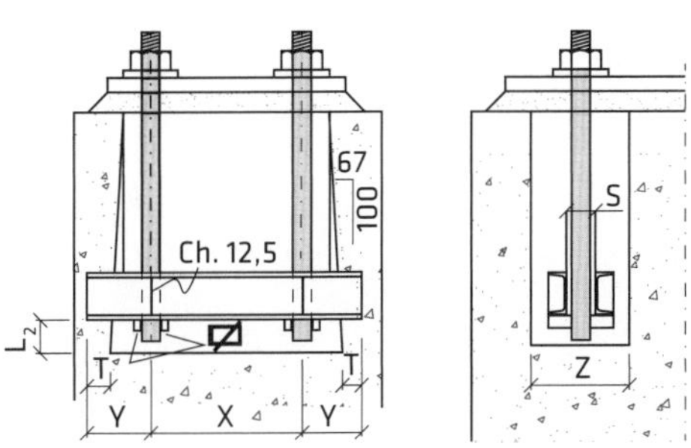

Ø	50	57	64	70	75
$X_{mínimo}$	220	260	280	300	320
$Y_{mínimo}$	350	410	440	520	530
T	250	300	320	400	400
Z	250	350	350	380	380
Barra trav. U	152	203	203	254	254
L_2	150	170	180	200	200
S	62	70	76	84	90

Fig. 12.36 Nichos para chumbadores tipo CAM

ESCADAS, CORRIMÃOS E PASSADIÇOS

13

13.1 Escadas

O acesso às partes mais altas das estruturas normalmente exige o emprego de escadas. Existem dois tipos de escada: as inclinadas ou de lances, cujo ângulo varia de 20° a 45°, sendo o ideal entre 23° e 30°, e as paralelas à estrutura, chamadas de escadas de marinheiro. A faixa de ângulo para cada tipo de escada é indicada na Fig. 13.1.

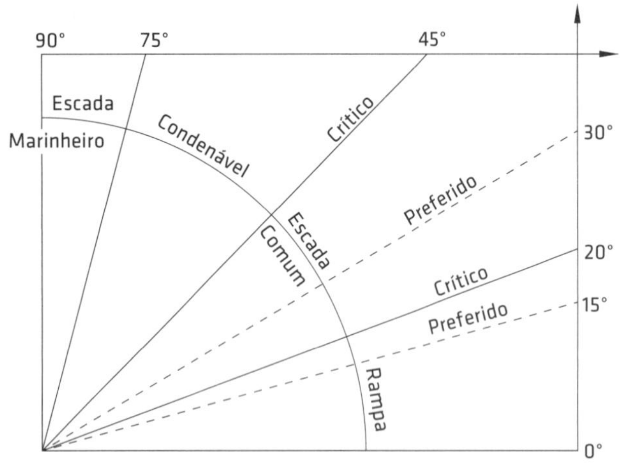

Fig. 13.1 Quadro para determinação do tipo de escada de acordo com a inclinação

13.1.1 Escadas de lance

O pé-direito para o cálculo dos degraus é considerado pela diferença de nível entre o topo do piso acabado superior e o inferior. A inclinação desejada tem como referência a linha de trabalho (de um ponto de trabalho a outro) paralela à viga-suporte da escada, distante 25 mm do bordo superior desta e coincidente com o topo do degrau (Fig. 13.2).

A largura da escada deve ser determinada em função da quantidade de pessoas que podem ter acesso a ela: uma, duas, três etc. (Fig. 13.3).

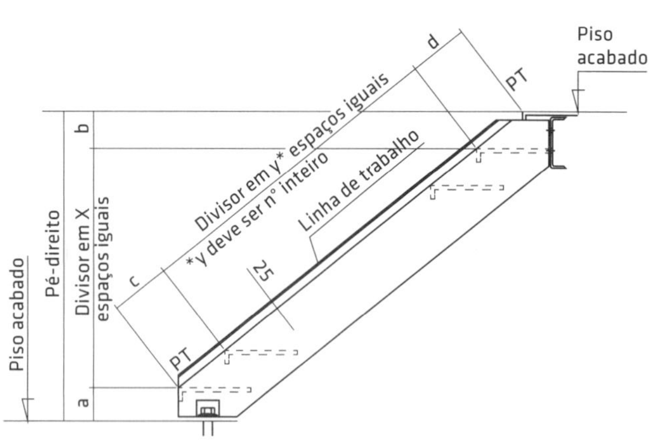

Fig. 13.2 Locação dos pontos de trabalho (PTs) e definição do ângulo

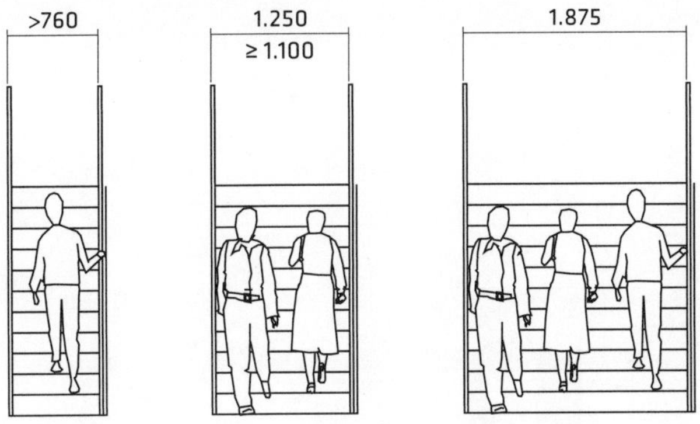

Fig. 13.3 Largura da escada de acordo com o acesso

Conforme as normas vigentes de arquitetura e segurança, é aconselhável a colocação de um patamar sempre que o número de degraus ultrapasse 17-20 (Fig. 13.4).

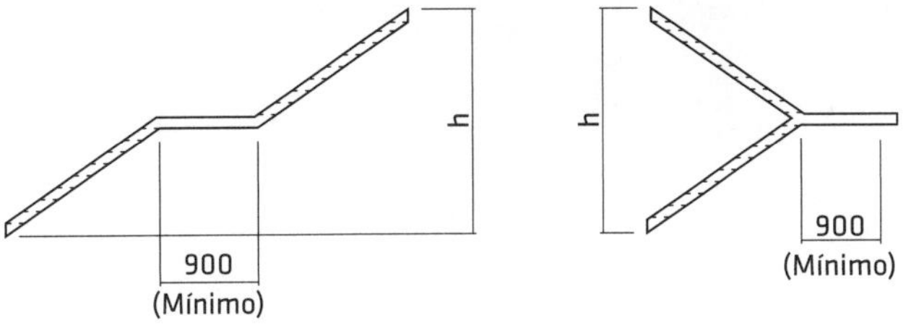

Fig. 13.4 Inclusão de patamar em escadas

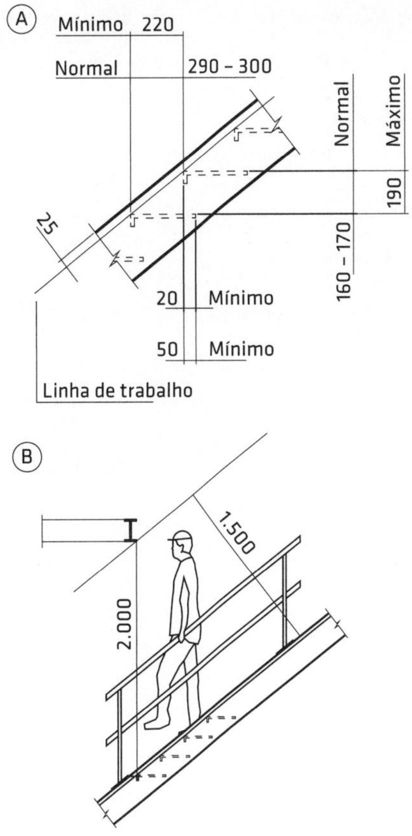

Fig. 13.5 Dimensões úteis para construção

Com relação ao espelho e ao piso do degrau, as normas recomendam a relação $2h + p = 63$, sendo h o espelho (altura do degrau) e p o piso. A Fig. 13.5A mostra a maneira ideal de posicionar os degraus. O projetista deve levar em conta, na determinação do ângulo da escada e de seu posicionamento, os limites úteis para acesso das pessoas (Fig. 13.5B).

Tipos de degrau

A escolha do tipo de degrau está mais ligada à finalidade de uso da estrutura do que à sua função estrutural. Os tipos variam dos perfis em U voltados para cima e cheios de concreto (Fig. 13.6A) aos formados por chapas xadrez dobradas (Fig. 13.6B,C) e por grelhas padronizadas (Fig. 13.6D). A Fig. 13.7 dá uma ideia geral sobre conexão de apoio, cotas, emendas etc.

Se as escadas forem muito estreitas e altas, poderão sofrer vibrações laterais desagradáveis. Nesses casos, é aconselhável a colocação de contraventamentos na parte inferior (Fig. 13.7C).

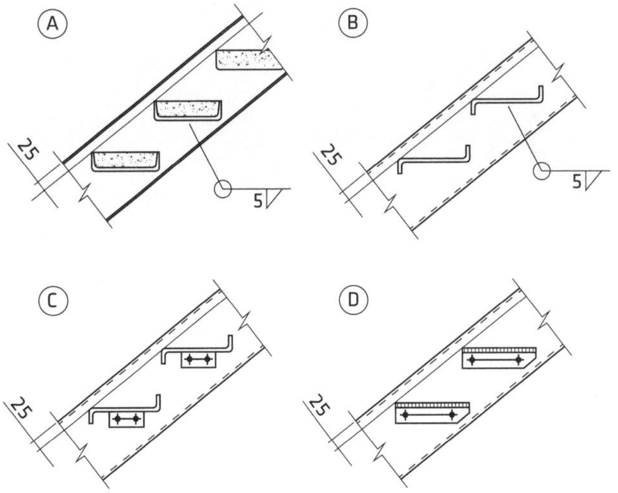

Fig. 13.6 Tipos de degrau

13.1.2 Escadas tipo marinheiro

Sua aplicação se prende mais a acessos nos locais em que a área não permite a instalação de escadas com lances, tais como poços de visita, alguns acessos às pontes rolantes, torres de resfriamento etc. As normas de segurança recomendam que escadas com altura maior que 2.300 mm devem ter proteção. A Fig. 13.8 mostra uma escada típica com suas dimensões, materiais usuais e principais detalhes.

O guarda-corpo pode ser dispensado quando o comprimento for de até 3.000 mm. O comprimento máximo de cada lance de escada deve ser de 6.000 mm. Acima disso, é necessário usar patamar de descanso.

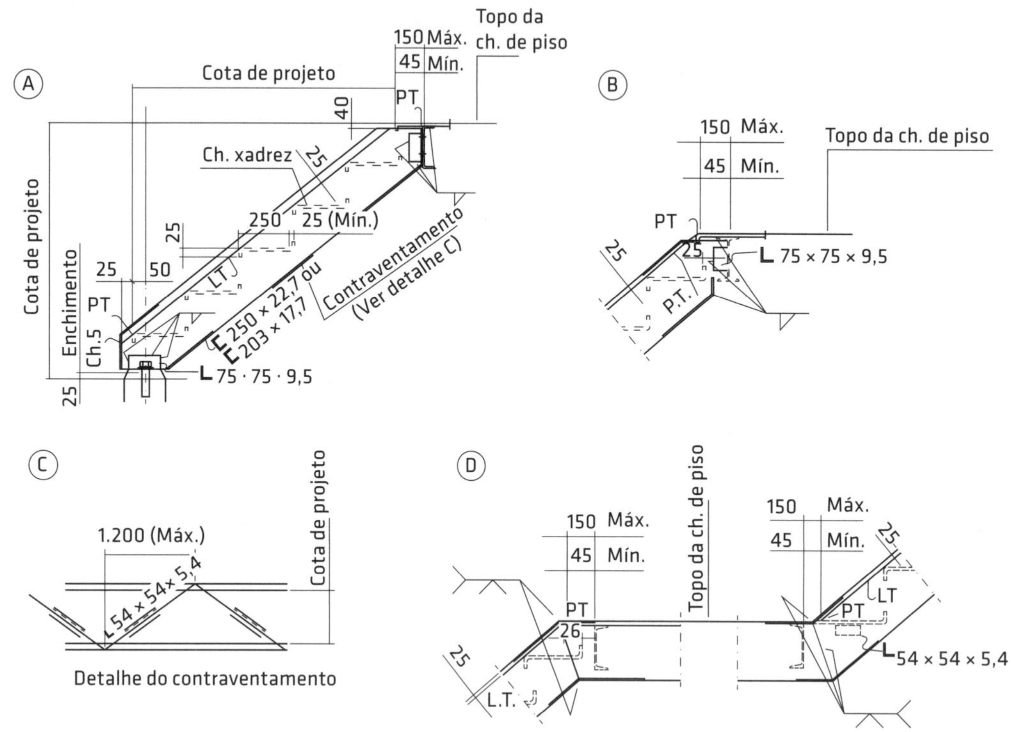

Fig. 13.7 Detalhes típicos de escada

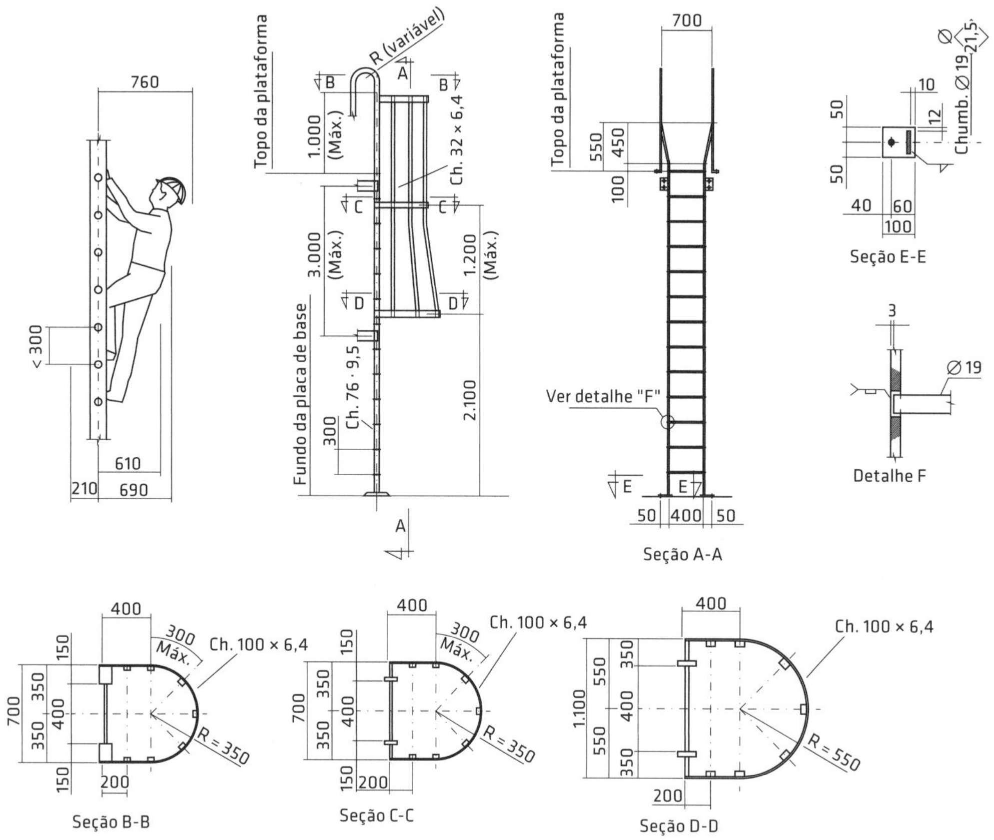

Fig. 13.8 Escada de marinheiro típica (em mm)

13.2 Corrimãos

Como proteção lateral para as escadas e os passadiços, normalmente são usados corrimãos. A proteção-padrão consiste de um corrimão superior, um intermediário, montantes e chapas de rodapé. A altura total entre o piso acabado e o topo do corrimão superior varia de 1.000 mm a 1.100 mm, e o espaçamento entre montantes não deve ultrapassar 2.100 mm, para o caso de corrimãos de cantoneira, e 1.500 mm, para os de tubo ou de barra redonda (Fig. 13.9). Nos corrimãos inclinados, dispensa-se a chapa de rodapé.

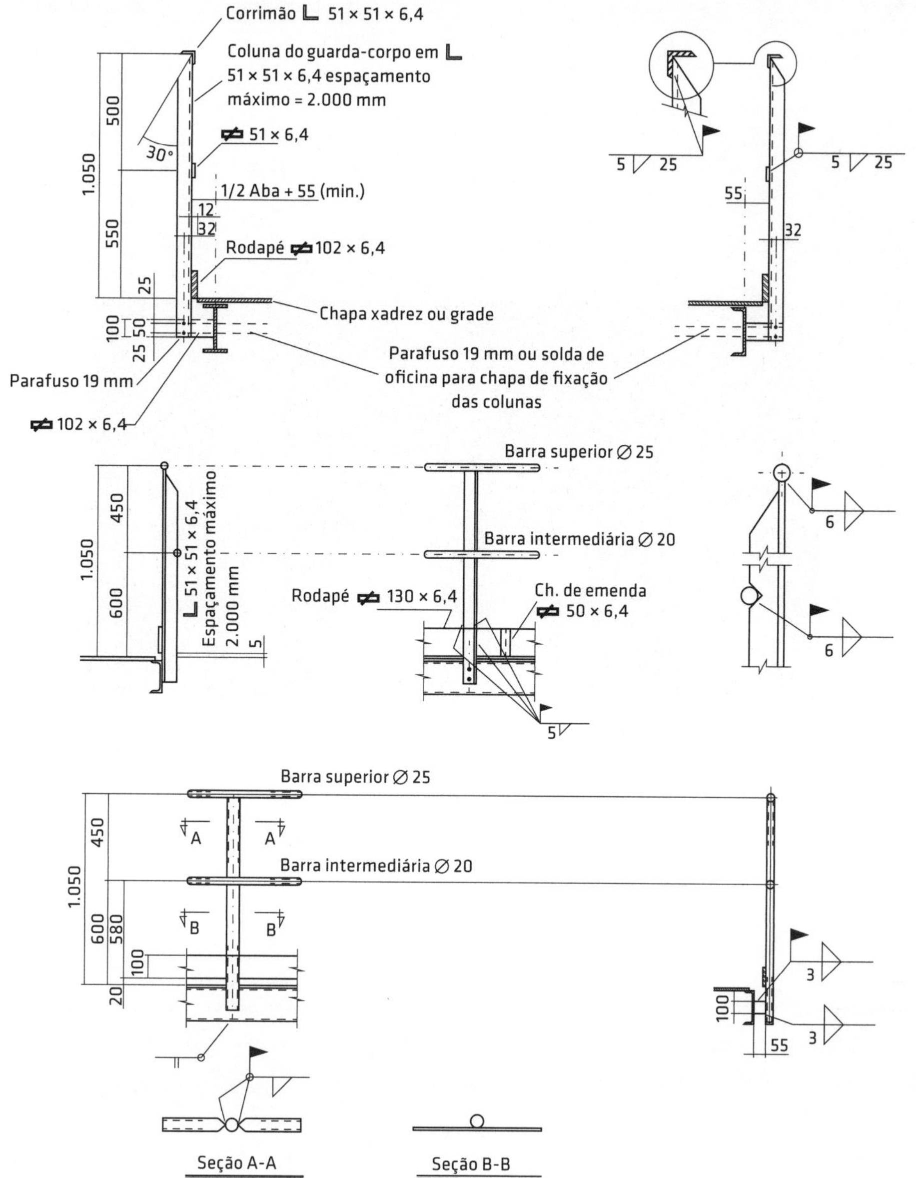

Fig. 13.9 Tipos de corrimão

Os corrimãos são construídos de duas maneiras. A mais comum é enviar todo o material para o campo e montá-lo de acordo com o andamento da obra. A outra é construí-los em painéis na fábrica e enviá-los para a montagem.

13.3 Passadiço

Os passadiços podem ser usados sobre a estrutura existente como forma de acesso a outras partes ou em estruturas independentes. Os materiais empregados são chapa xadrez, chapa estirada e grelha com largura mínima de 600 mm (Fig. 13.10). Devem ser fixados por parafusos ou, o mais comum, por solda intermitente ou contínua (esta última, em locais de alto índice de corrosão).

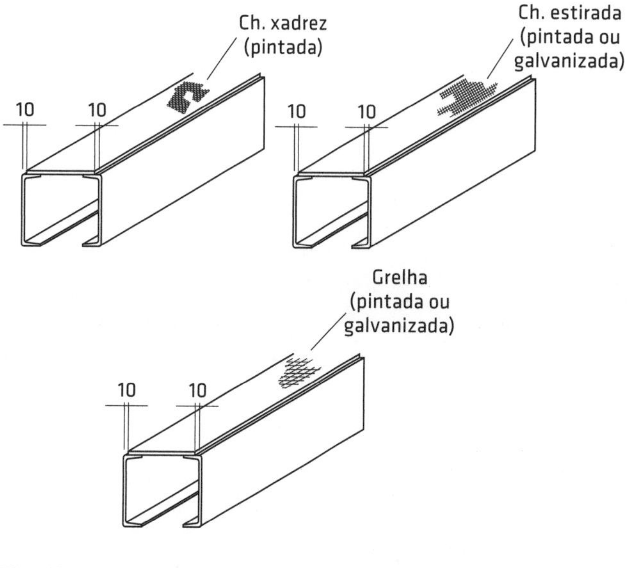

Fig. 13.10 Tipos de passadiço

14 VENTILAÇÃO NATURAL

14.1 Considerações gerais

Nos galpões em geral, principalmente os que sofrem com fontes irradiantes de calor, caso dos galpões siderúrgicos, há a necessidade de ventilação natural ou forçada para regular o calor e a umidade, eliminar a poeira, os vapores e os gases provenientes do funcionamento dos equipamentos e renovar o ar dentro da edificação.

Para atingir esses objetivos, é preciso fazer aberturas na parte inferior do galpão para a entrada de ar e aberturas na parte superior, que são os *lanternins*, para a saída do ar quente (Fig. 14.1).

Entende-se como ventilação natural a renovação de ar provocada pelo vento ou pelo movimento ascendente do ar quente. Essa ventilação funciona mesmo no caso de não haver vento, devido ao *efeito de lareira*, cuja influência é mais acentuada que a do vento.

Caso o vento seja insuficiente ou inadequado para construções em locais onde é liberada grande quantidade de calor, como em edifícios de aciaria, deve-se proceder a um estudo básico por um especialista no assunto, podendo ser necessário o uso de ventilação forçada.

Para melhor realçar a importância das aberturas de entrada e saída de ar, são considerados dois casos-limites, ambos levando em conta a ausência do vento. O primeiro caso considera um galpão sem tomada de ar, e o segundo, um galpão com tomada de ar na parte inferior, porém sem saída na parte superior. As Figs. 14.2 e 14.3 esclarecem o comportamento do ar dentro do galpão nas duas situações.

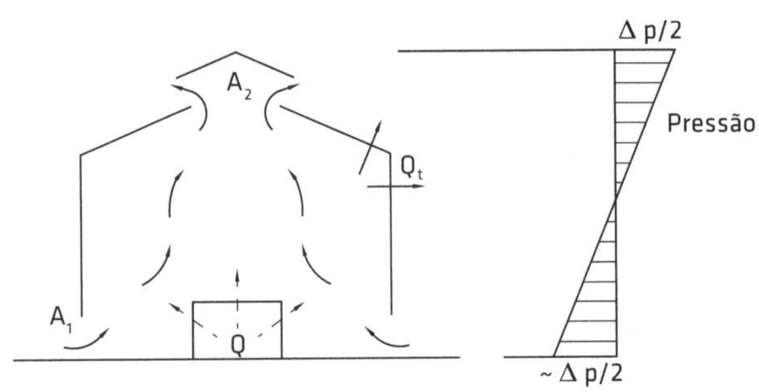

A_1 - Seção de entrada do ar $\geq A_2$
A_2 - Seção e saída do ar
Q - Calor liberado pelo equipamento
Q_t - Calor transmitido pelas paredes e cobertura
Δp - Variação de pressão em relação ao exterior
—→- Circulação
- -→- Calor

Fig. 14.1 Galpão com tomada e saída de ar

Deve-se lembrar que o sistema de tiragem, ou melhor, troca de ar, só será eficiente se as aberturas de entrada de ar forem iguais ou maiores do que as de saída.

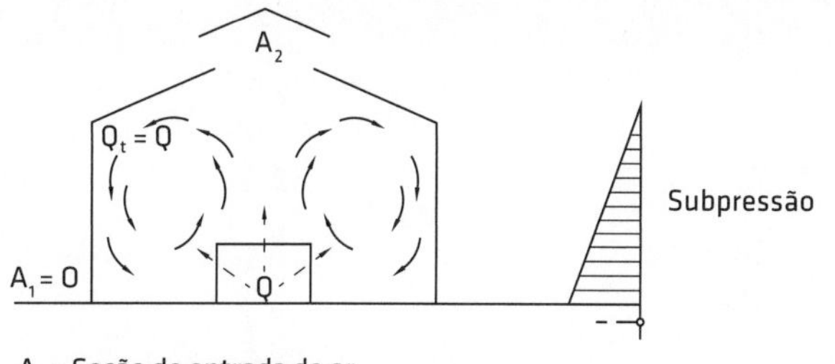

A_1 - Seção de entrada do ar
A_2 - Seção e saída do ar
Q - Calor liberado pelo equipamento
Q_t - Calor transmitido pelas paredes e cobertura
—— - Circulação
- — - Calor

Fig. 14.2 Galpão sem tomada de ar

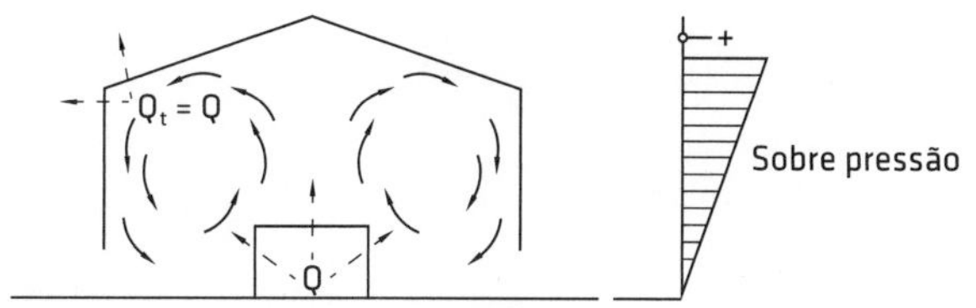

Q - Calor liberado pelo equipamento
Q_t - Calor transmitido pelas paredes e cobertura
—— - Circulação
- — - Calor

Fig. 14.3 Galpão sem saída de ar

14.2 Entradas de ar

As entradas de ar naturais nos galpões podem ser conseguidas por meio de aberturas sem nenhuma proteção contra a chuva (Fig. 14.4A), por meio de aberturas com proteção (Fig. 14.4B) ou pela alternativa mais comum: o uso de venezianas (Fig. 14.4C) estrategicamente colocadas na parte mais baixa possível do tapamento. Normalmente, as venezianas são aproveitadas para melhorar a iluminação natural e a estética dos galpões e, em sua confecção, são usadas chapas translúcidas de PVC ou *fiberglass* em várias cores, proporcionando um aspecto mais agradável às fachadas.

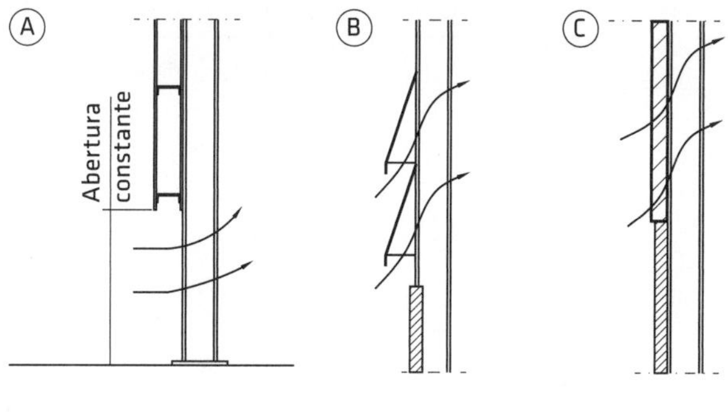

Fig. 14.4 Entradas de ar

14.3 Saídas de ar

As saídas de ar, para serem eficientes, devem estar localizadas na parte mais alta do galpão. O sistema mais eficiente usado em galpões é o de lanternim, que pode ser construído de várias maneiras e tamanhos, de acordo com a necessidade de cada caso. O lanternim mostrado na Fig. 14.5A, constituído de simples aberturas, é o mais simples, mas apresenta como desvantagem, na ocorrência de ventos mais fortes, a possibilidade de entrada de chuva e de retorno do ar quente. O mesmo pode ocorrer com um lanternim com venezianas mal projetadas (Fig. 14.5B). O sistema de lanternim empregado na Fig. 14.5C impede a entrada de chuva e é um dos mais eficientes. Como evolução deste, foram criados lanternins curvos (Fig. 14.5D), os mais eficientes na tiragem de ar.

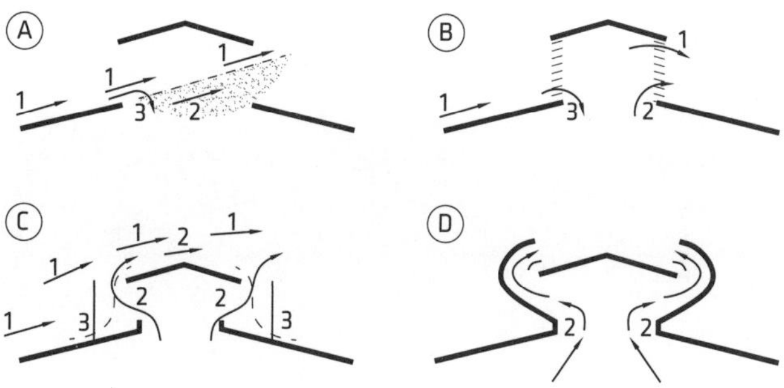

Fig. 14.5 Tipos de lanternim, em que 1 = vento, 2 = saída de ar e 3 = chuva

14.4 Detalhes construtivos

Na sequência são apresentadas algumas maneiras práticas de construção de lanternins (Fig. 14.6), abertura para galpão tipo *shed* (Fig. 14.7) e alguns detalhes típicos de construção de venezianas (Fig. 14.8).

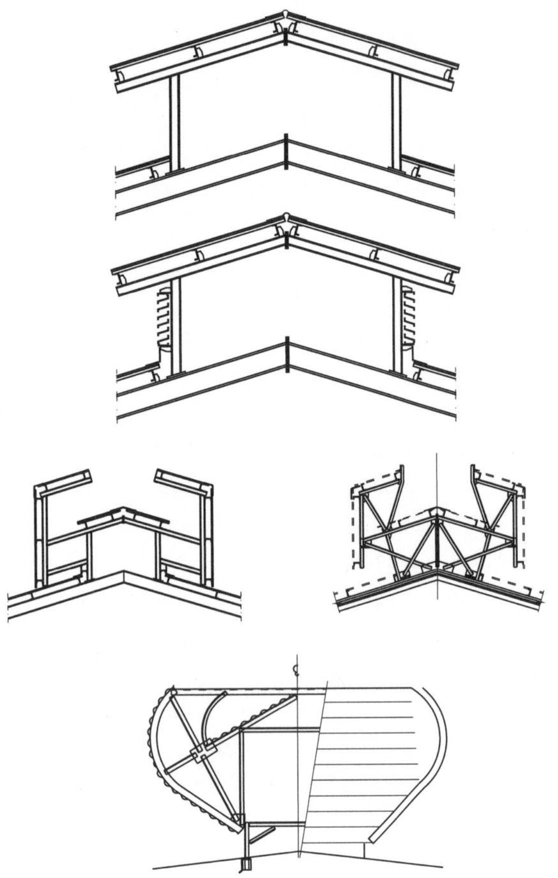

Fig. 14.6 Maneiras de construção de lanternins

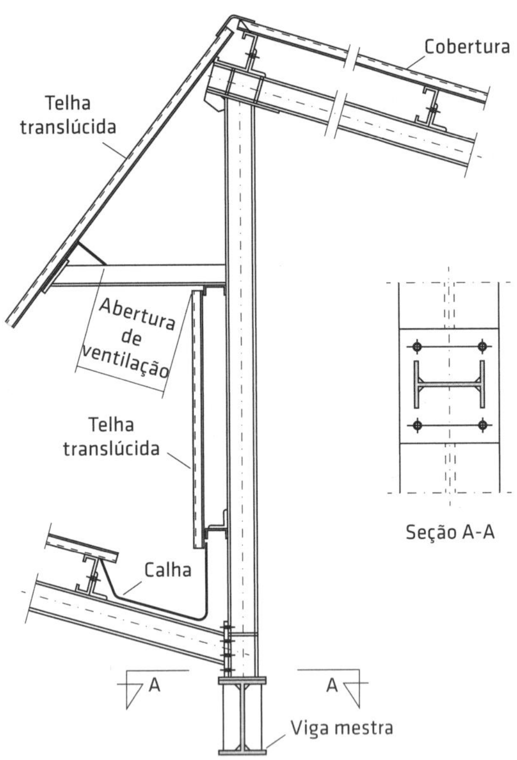

Fig. 14.7 Abertura para galpão tipo *shed*

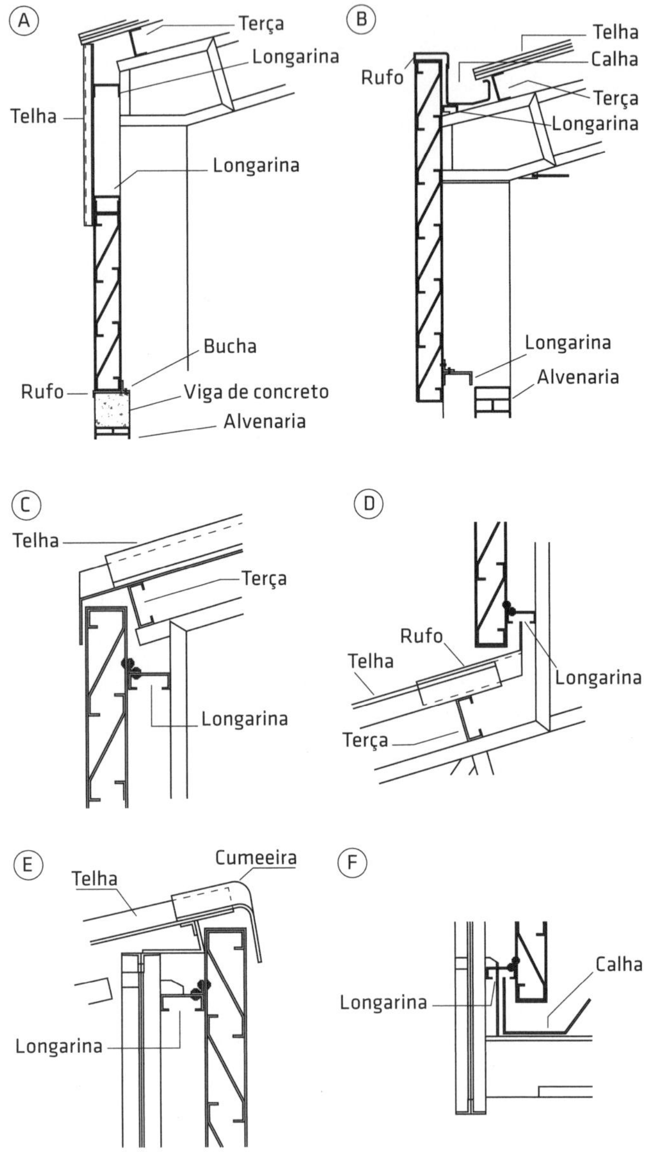

Fig. 14.8 Detalhes de fixação de venezianas: (A) fechamento de viga e tela; (B) fechamento em platibanda; (C) detalhe superior de lanternim duplo; (D) detalhe inferior de lanternim duplo; (E) detalhe superior de *shed*; (F) detalhe inferior de *shed*

CALHAS E TUBOS DE DESCIDA

15

As calhas e os tubos de descida têm como finalidade o escoamento das águas da chuva que caem sobre o telhado (cobertura) (Fig. 15.1).

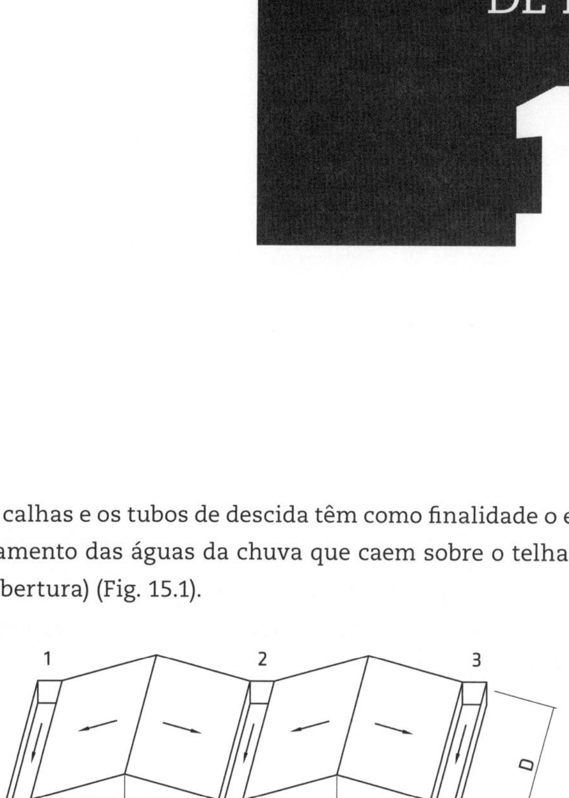

Fig. 15.1 Telhado típico

15.1 Calhas

Os principais materiais empregados na fabricação das calhas são chapa zincada e chapa preta, dobradas em formas diversas, de acordo com a necessidade do projeto. São também utilizadas calhas em PVC, *fiberglass*, fibrocimento e alumínio.

A espessura mínima das calhas em chapa zincada e preta deve ser de 0,95 mm e 1,5 mm, respectivamente, podendo chegar a 8 mm em construções com grandes áreas de cobertura. Nestes casos, procura-se ter uma calha com bastante largura (no mínimo, de 600 mm) para funcionar também como passadiço.

A inclinação das calhas deve ser de pelo menos 0,5%, podendo chegar a 0,2% em casos excepcionais. As principais seções de calha são mostradas na Fig. 15.2.

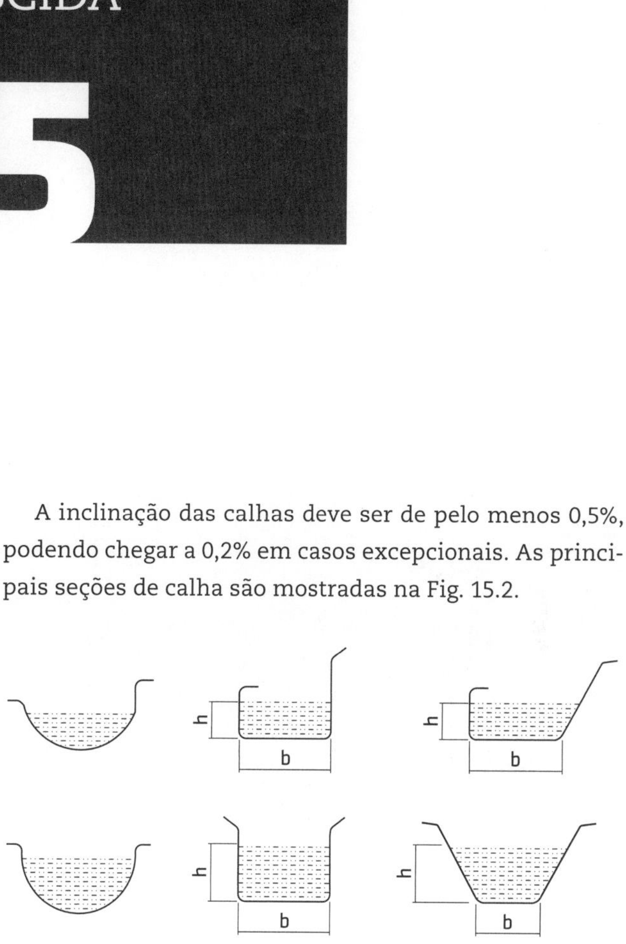

Fig. 15.2 Seções de calha

As calhas são ligadas aos tubos de descida por meio de peças de transição para facilitar o escoamento das águas (Fig. 15.3).

O projetista deve verificar a necessidade ou não de apoios intermediários, ilustrados na Fig. 15.4.

15.2 Tubos de descida

Os principais materiais utilizados na construção dos tubos de descida são PVC, chapa zincada, ferro fundido, fibrocimento e aço com costura (Fig. 15.5). Os diâmetros

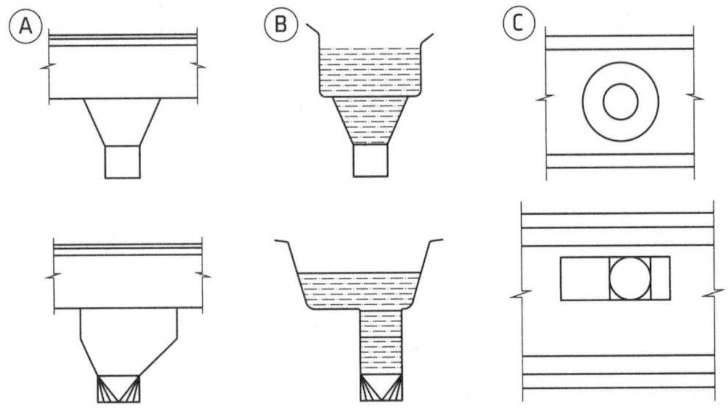

Fig. 15.3 Tipos de transição: (A) vista lateral; (B) vista de frente; (C) vista superior

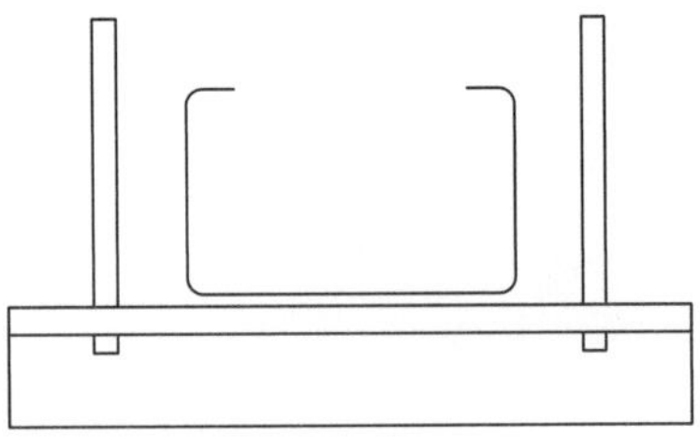
Fig. 15.4 Suportes para apoios intermediários

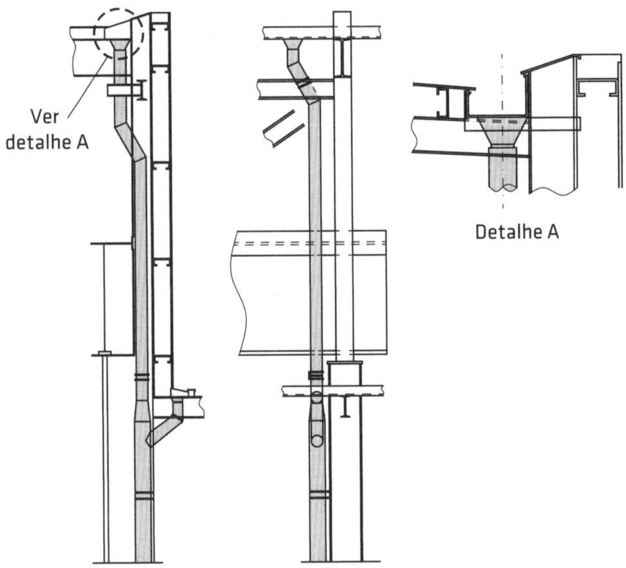

Fig. 15.5 Tubos de descida

mais comuns encontrados no mercado são 75 mm, 90 mm, 100 mm, 125 mm, 150 mm, 200 mm, 250 mm e 300 mm.

15.3 Dimensionamento

Existem vários métodos, teóricos e práticos, para o dimensionamento das calhas e dos tubos de descida. Na sequência serão apresentados um método teórico, baseado nas leis da Hidráulica, e outro prático, que, na percepção do autor, atende às necessidades com mais segurança.

15.3.1 Método teórico

Para dimensionar calhas e tubos de descida, são necessários os dados a seguir.

Calhas

A velocidade de escoamento é dada em função da declividade d. Em geral, $d = 0{,}5\% = 0{,}005$ m/m.

A vazão Q através da calha depende da área A da cobertura em planta e da intensidade I das chuvas. A intensidade média brasileira é de $I = 100$ mm/h, mas, para chuvas críticas, de grande intensidade e curta duração, adota-se $I = 150$ mm/h para A até 100 m². Para A acima desse valor, deve-se consultar os índices da NBR 10844.

$$Q = \frac{A \cdot I}{3.600} \text{ (L/s)}$$

Para A = 1 m²:

$$Q = \frac{150}{3.600} = 0{,}042 \text{ L/s}$$

Pela fórmula de Manning, tem-se:

$$Q = \frac{1}{n} \cdot S \cdot (Rh)^{2/3} \cdot \sqrt{d} = m^3/s$$

em que:

n = coeficiente que depende da superfície da calha e é igual a 0,011 para superfícies lisas metálicas;

S = área de seção transversal da calha (m);

Rh = raio hidráulico (m), dado por S/P, sendo P o perímetro molhado da calha (m).

Para uma calha retangular cuja base é igual a duas vezes sua altura, obtém-se:

$$Rh = S/P = 2h \cdot h / 4h = h/2$$

sendo h a altura da lâmina d'água sobre o condutor (m).

Admitindo-se $n = 0{,}011$ e $d = 0{,}005$ m/m, as dimensões da calha são calculadas pela fórmula simplificada:

$$h = \sqrt[3]{Q \cdot 0{,}12} \text{ (m)}$$

ou

$$h = \sqrt[3]{5A} \text{ (cm)}$$

sendo A em metros quadrados.

A seção da calha indicada pela fórmula é a seção final. Caso haja grandes comprimentos, é mais econômico, devido à posição preestabelecida dos tubos de descida, fazer a calha com seção variável, fixando-se a largura e variando-se a altura (Fig. 15.6).

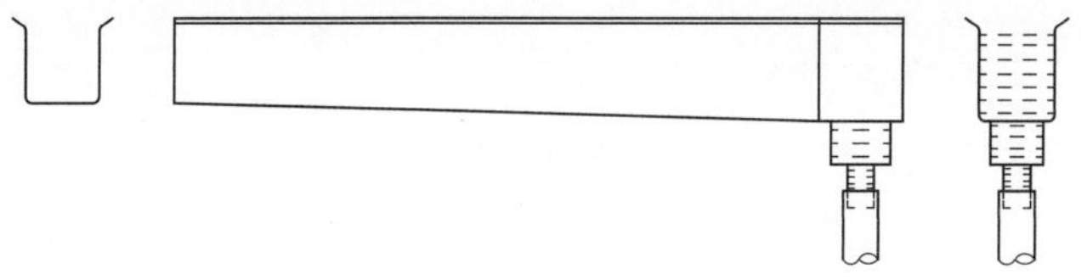

Fig. 15.6 Calha com seção variável

Tubos de descida

Para o cálculo dos tubos de descida, adota-se para a vazão a fórmula:

$$Q = C \cdot S \cdot H^n$$

em que:

Q = vazão (m^3/s);

C = coeficiente variável igual a 0,3 a 0,7, com o emprego do menor valor por precaução;

S = área do condutor (m^2);

H^n = carga hidráulica, dada por $\sqrt{2g \cdot h}$

Portanto,

$$Q = 0,3S\sqrt{2g \cdot h}$$

Partindo dessa equação e sabendo que $Q = A \cdot I/3.600$ e $S = \Pi \cdot D^2/4$, ao fazer as transformações chega-se a:

$$D = 2\sqrt{A/\sqrt{h}}$$

sendo A em metros quadrados e *h* e *D* em centímetros.

Para auxiliar os projetistas, na Tab. 15.1 é dada a vazão permitida para vários diâmetros de tubo e alturas de lâmina d'água.

15.3.2 Método prático

Calhas

Considera-se que a seção útil de cada calha (S_c) tenha 2 cm^2 por metro quadrado de telhado em planta, com inclinação de 0,5% a 1%.

$$S_c\left(cm^2\right) = 2A\left(m^2\right)$$

Tubos de descida

Considera-se que a seção do tubo de descida (S_t) tenha 1 cm^2 por metro quadrado de telhado em planta.

$$S_t\left(cm^2\right) = A\left(m^2\right) \text{ (sem caixa de pressão)}$$

$$D = \sqrt{4A/\Pi} \therefore 2\sqrt{A/\Pi} = 1,13\sqrt{A}$$

Para o bom funcionamento dos tubos de descida, é importante que eles tenham caixa de pressão. Nesse caso, os tubos devem ser dimensionados pela fórmula teórica, mas com *h*, no máximo, igual a 50 mm (Fig. 15.7).

$$D = 2\sqrt{A/\sqrt{h}}$$

Tab. 15.1 Vazão permitida de acordo com o diâmetro do tubo e a altura da lâmina d'água

D (mm)	*S* (m^2)	*Q* (L/s) — Altura (*h*) 10 cm	20 cm	30 cm	40 cm	50 cm
75	0,0044	1,85	2,62	3,20	3,70	4,13
90	0,0063	2,69	3,80	4,66	5,35	5,96
100	0,0078	3,30	4,67	5,72	6,64	7,42
125	0,0123	5,17	7,31	8,95	10,34	11,56
150	0,0177	7,44	10,52	12,88	14,88	16,63
200	0,0314	13,20	18,67	22,86	26,40	29,51
250	0,0491	20,63	29,18	35,74	41,27	46,14
300	0,0707	29,71	42,00	51,46	59,45	66,44

$$Q = 0,3S\sqrt{2g \cdot h}$$

$$Q = 1,329 \times \frac{\pi \cdot D^2}{4}\sqrt{h} = 1,044D^2 \cdot \sqrt{h} \text{ m}^3/\text{s}$$

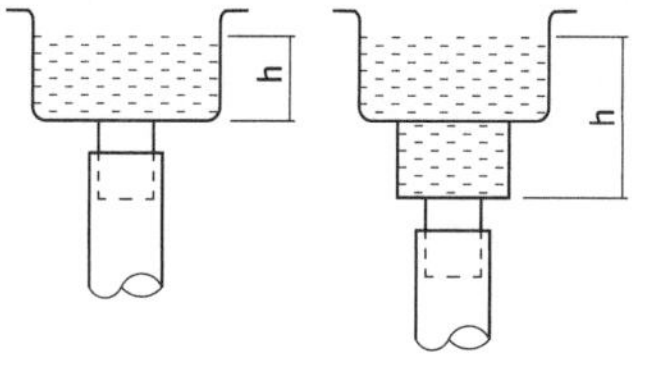

h (cm)	*D* (m)
20	$0,95\sqrt{A}$
30	$0,85\sqrt{A}$
40	$0,80\sqrt{A}$
50	$0,75\sqrt{A}$

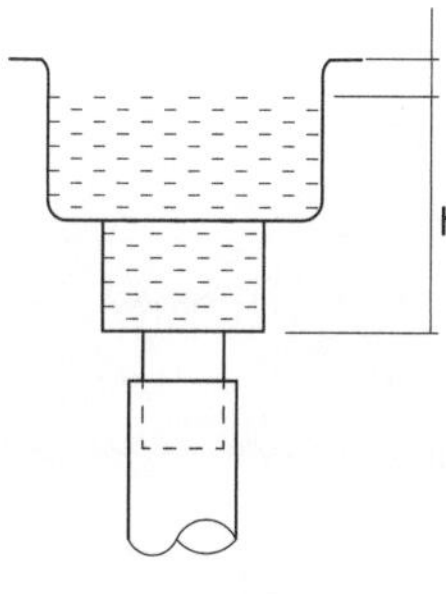

Fig. 15.7 Tubo de descida com caixa de pressão

Exemplo 15.1

Dimensionar as calhas e os tubos de descida para a cobertura dada a seguir.

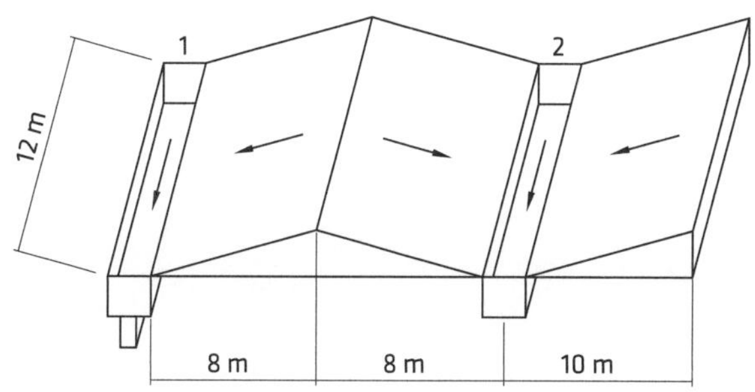

Método teórico

Calha externa

$A = 12 \times 8 = 96 \text{ m}^2$

$I = 150 \text{ mm/h}$

$$d = 0{,}5\%$$

$$h = \sqrt[3]{Q \cdot 0{,}12}\ \text{(m)}$$

$$h = \sqrt[3]{5A}\ \text{(m)}$$

$$h = \sqrt[3]{5 \times 96} = 7{,}8\ \text{cm} \cong 7{,}5\ \text{cm}$$

$$S_c = 7{,}5 \times 15 = 112{,}5 > 96\ \text{cm}^2\ \text{OK}$$

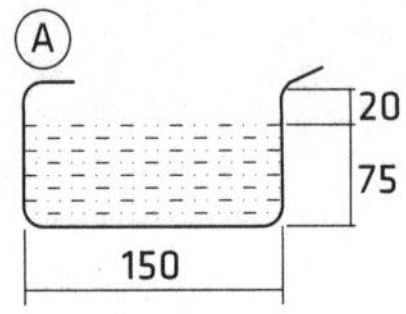

Para os tubos de descida:

$$D = 2\sqrt{A / \sqrt{h}} = 2\sqrt{96 / \sqrt{7{,}5}} = 11{,}84\ \text{cm}$$

Usar D = 125 mm sem caixa.

Com caixa de 22,5 cm:

$$h = 22{,}5 + 7{,}5 = 30\ \text{cm}$$

$$D = 2\sqrt{96 / \sqrt{30}} = 8{,}4\ \text{cm}$$

Nesse caso, empregar tubo de D = 90 mm.

Calha central

$$A = 12(8 + 10) = 216\ \text{m}$$

$$H = \sqrt[3]{5 \times 216} = 10{,}2\ \text{cm}$$

$$S_c = 20 \times 11 = 220 > 216\ \text{cm}^2\ \text{OK}$$

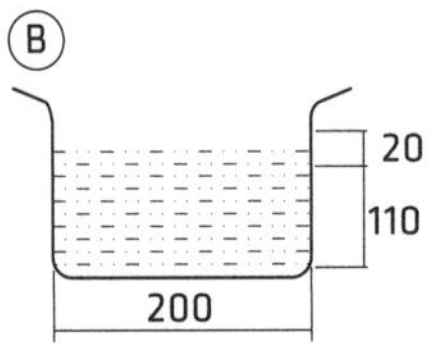

Para os tubos de descida:

$$D = 2\sqrt{216 / \sqrt{11}} = 16{,}1\ \text{cm}$$

Usar D = 200 mm sem caixa.

Com caixa de 20 cm, h = 31:

$$D = 2\sqrt{216 / \sqrt{31}} = 12{,}4\ \text{cm}$$

Nesse caso, adotar D = 125 mm.

Método prático

Calha externa

$$S_c = \left(1\ \text{cm}^2\right) = 2\left(\text{m}^2\right)$$

$$S_c = 2 \times 96 = 192\ \text{cm}^2$$

$$S_c = 19 \times 10 = 190\ \text{cm}^2 \cong 192\ \text{cm}^2$$

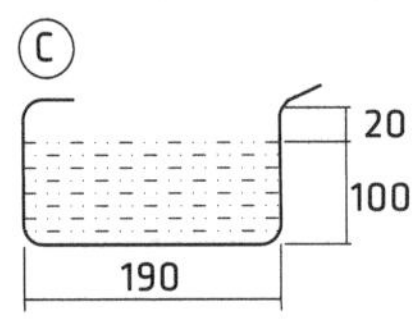

Para os tubos de descida:

$$S_t\left(\text{cm}^2\right) = A\left(\text{m}^2\right)$$

$$D = 2\sqrt{A / \pi} = 2\sqrt{96 / \pi} = 11\ \text{cm}$$

Usar D = 125 mm sem caixa.

Com caixa de 22,5 cm, h = 30 cm:

$$D = 0{,}85\sqrt{A} = 8{,}3\ \text{cm}$$

Nesse caso, utilizar tubo de D = 90 mm.

Calha central

$$S_c = 2 \times 216 = 432\ \text{cm}^2$$

$$S_c = 15 \times 30 = 450 > 432\ \text{cm}^2\ \text{OK}$$

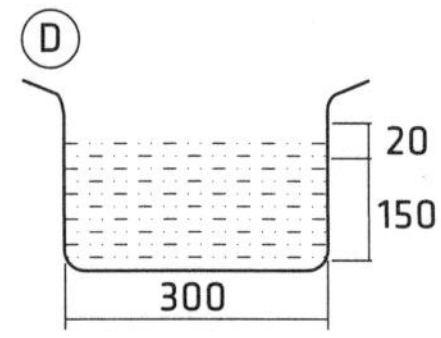

Para os tubos de descida:

$$S_t = A\left(\text{cm}^2\right)$$

$$D = 1{,}13\sqrt{A}$$

$$D = 1{,}13\sqrt{216} = 16{,}6\ \text{cm}$$

Usar D = 200 mm sem caixa.

Com caixa de 20 cm:

$$h = (20 + 15) = 35\ \text{cm}$$

$$D \cong 0{,}85\sqrt{A}$$

$$D \cong 0{,}85\sqrt{216} = 12{,}5\ \text{cm}$$

Assim, empregar D = 125 mm.

FADIGA

16

Se um elemento estrutural ou uma conexão estão sujeitos a uma variação cíclica de cargas, eles podem falhar após um certo número de aplicações, mesmo se a máxima tensão em um simples ciclo for menor que a tensão de escoamento do material, da solda ou do parafuso.

A Fig. 16.1 apresenta elementos estruturais sujeitos a um ciclo de cargas, indicando a variação de tensão ao longo do tempo e os limites máximo ($\sigma_{máx}$) e mínimo ($\sigma_{mín}$).

Uma fissura será iniciada por meio de descontinuidade mecânica ou metalúrgica e se propagará pelo material com sucessivas repetições de carga até que a parte afetada perca sua capacidade de suportar a carga. Esse fenômeno de fratura é conhecido como *fadiga*.

A curva da Fig. 16.2 representa as tensões que provocam fadiga (com R = 1 entre a mínima e a máxima) em função do número de ciclos e foi obtida em ensaios de vigas em rotação (curva de Wohler).

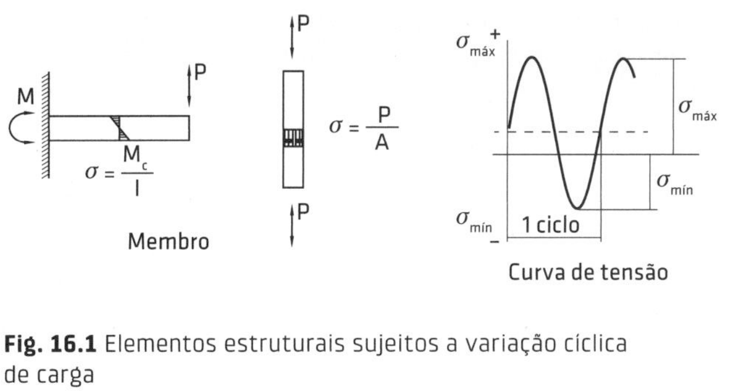

Fig. 16.1 Elementos estruturais sujeitos a variação cíclica de carga

Fig. 16.2 Curva de ensaio de vigas em rotação

Na Fig. 16.3 são mostrados ciclos com diferentes relações de R entre tensão mínima e máxima.

As especificações mais completas e atualizadas, de mais fácil entendimento e que serão seguidas são as do AISC, da AWS D.1.1 e da NBR 8800, que dizem que:

- Nenhuma verificação de resistência à fadiga é necessária se o número de ciclos de aplicação da carga em uma determinada peça é inferior a 20.000 durante sua vida útil, caso contrário tal verificação é requerida.
- A tensão máxima de fadiga é igual a $0{,}66F_y$.

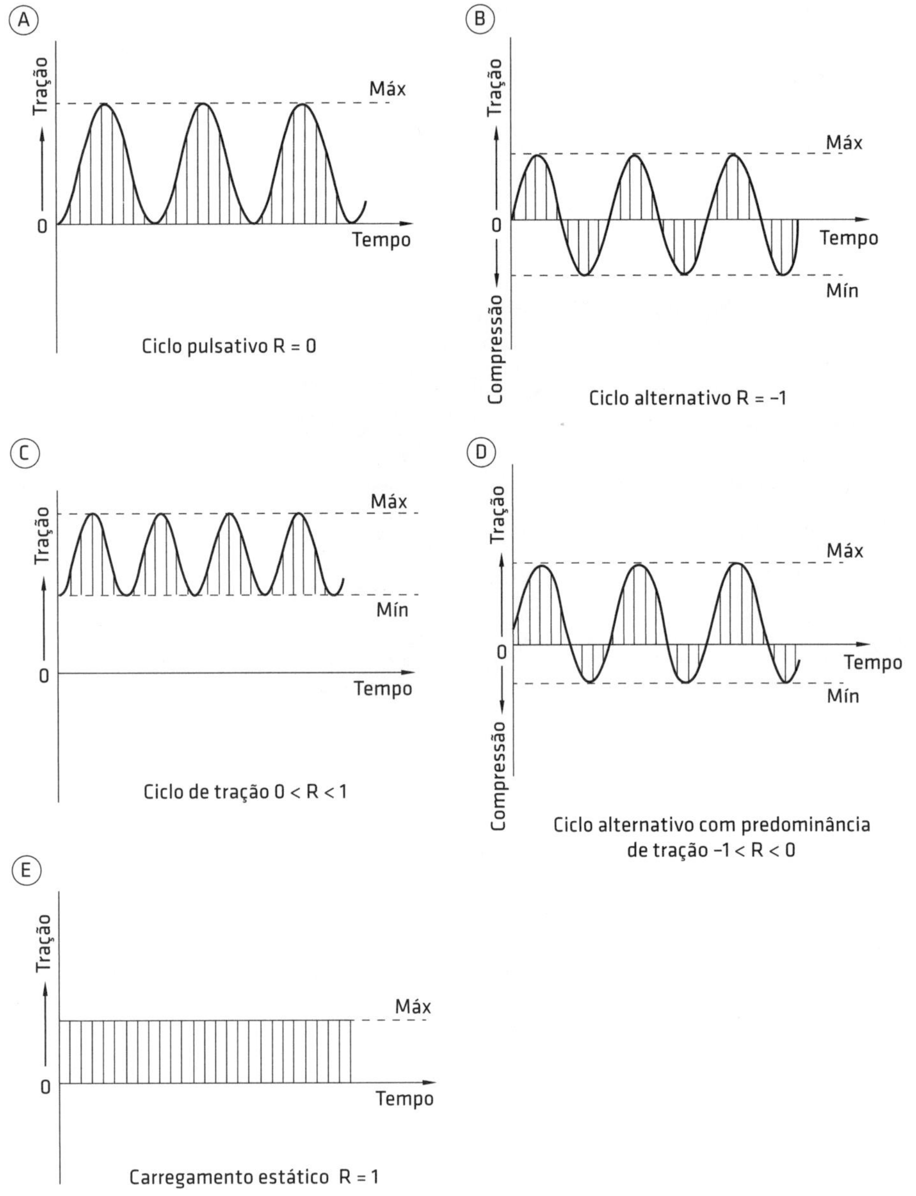

Fig. 16.3 Esquemas ilustrativos de variação de carga: (A) ciclo pulsativo $R = 0$; (B) ciclo alternativo $R = -1$; (C) ciclo de tração $0 < R < 1$; (D) ciclo alternativo com predominância de tração $-1 < R < 0$; (E) carregamento estático $R = 1$

- Nenhuma verificação de resistência à fadiga é necessária se a faixa de variação de tensões é inferior ao limite de σ_{TH} dado na Tab. 16.2.
- Toda estrutura deve ser projetada, detalhada e fabricada de forma a minimizar as concentrações de tensões e as mudanças abruptas de seção transversal, embora as tensões de cálculo estejam abaixo das de fadiga.
- A faixa de variação de tensões (normais ou de cisalhamento) atuantes num ponto qualquer deve ser determinada pela diferença algébrica dos valores máximo e mínimo da tensão considerada nesse ponto.
- A determinação das tensões atuantes deve ser feita por meio de análise elástica, com o uso de propriedades elásticas das seções transversais.
- A resistência a ações cíclicas é aplicável somente a estruturas:
  - » com proteção adequada à corrosão ou sujeitas apenas a atmosferas levemente corrosivas, tais como condições atmosféricas normais;
  - » sujeitas a temperaturas inferiores a 150 °C.
- No caso de junta de topo com solda de entalhe de penetração total, o limite admissível para a faixa de variação de tensões (σ_{SR}) aplica-se apenas a soldas com controle de qualidade interna obedecendo aos requisitos das seções 6.12.2 ou 6.13.2 da AWS D.1.1.

16.1 Cálculo da tensão máxima e da máxima faixa de variação de tensões

O cálculo de tensões deve ser baseado em análise elástica. As tensões não devem ser amplificadas pelos fatores de concentração de tensão devidos a descontinuidades geométricas.

Para parafusos e barras redondas rosqueadas sujeitos à tração, as tensões calculadas devem incluir o efeito de alavanca, se existir.

No caso de força normal combinada com momento fletor, as máximas tensões de cada tipo devem ser determinadas pelas combinações adequadas das ações aplicadas.

Para barras com seções transversais simétricas, os parafusos e as soldas devem ser distribuídos simetricamente em relação ao eixo da barra, ou as tensões consideradas no cálculo da faixa de variação de tensões devem incluir os efeitos da excentricidade.

Para cantoneiras sujeitas à força normal, onde o centro de gravidade das soldas de ligação fica entre as linhas que passam pelo centro de gravidade da seção transversal da cantoneira e pelo centro da aba conectada, os efeitos da excentricidade podem ser ignorados. Se o centro de gravidade das soldas situar-se fora dessa zona, as tensões totais, incluindo aquelas devidas à excentricidade, devem ser incluídas no cálculo da faixa de variação de tensões.

16.2 Faixa admissível de variação de tensões

16.2.1 Condições de carregamento e número de ciclos

O calculista deve determinar o número de ciclos a que a peça estará sujeita do seguinte modo:

$$N = \text{número de aplicações diárias} \times 360 \text{ dias} \times \text{número de anos}$$

sendo N o número de ciclos de variação de tensões durante a vida útil da estrutura.

Como exemplo, indica-se, para um período de 50 anos, o número aproximado de ciclos em função da quantidade de aplicações por dia:

- 20.000 ciclos a 1 aplicação diária;
- 100.000 ciclos a 5 aplicações diárias;
- 500.000 ciclos a 25 aplicações diárias;
- 1.000.000 ciclos a 50 aplicações diárias;
- 2.000.000 ciclos a 100 aplicações diárias.

16.2.2 Categorias de detalhe

A faixa de variação de tensões é função das categorias de detalhe e não deve exceder os valores dados a seguir.

Para as categorias de detalhe A, B, B', C, D, E e E', a faixa admissível de variação de tensões (σ_{SR}, em MPa) deve ser determinada por:

$$\sigma_{SR} = \left(\frac{327C_f}{N}\right)^{0,333} \geq \sigma_{TH}$$

em que:

C_f = constante dada na Tab. 16.2 para a categoria correspondente;

σ_{TH} = limite admissível da faixa de variação de tensões para um número infinito de ciclos de solicitação, dado na Tab. 16.2 (MPa).

Para a categoria de detalhe F, σ_{SR} deve ser definida por:

$$\sigma_{SR} = \left(\frac{11 \times 10^4 C_f}{N}\right)^{0,167} \geq \sigma_{TH}$$

Já para elementos de chapa tracionados, ligados na extremidade por soldas de entalhe de penetração total, soldas de entalhe de penetração parcial, soldas de filete ou combinações das anteriores, dispostas transversalmente à direção das tensões, o valor de σ_{SR} na seção transversal da chapa tracionada, na linha de transição entre o metal-base e a solda, deve ser determinado como indicado a seguir.

- Com base em início de fissuração a partir da linha de transição entre o metal-base e a solda, para a categoria de detalhe C, pela equação a seguir:

$$\sigma_{SR} = \left(\frac{14,4 \times 10^{11}}{N}\right)^{0,333} \geq 68,9 \text{ MPa}$$

- Com base em início de fissuração a partir da raiz da solda, no caso de soldas de entalhe de penetração parcial, com ou sem soldas de filete de reforço ou de contorno, para a categoria de detalhe C', pela equação a seguir:

$$\sigma_{SR} = 1,72 R_{PJP} \left(\frac{14,4 \times 10^{11}}{N}\right)^{0,333}$$

sendo R_{PJP} o fator de redução para soldas de entalhe de penetração parcial, com ou sem filete de reforço (se R_{PJP} = 1,0, usar a categoria de detalhe C), dado por:

$$R_{PJP} = \left(\frac{0,65 - 0,59\left(\frac{2a}{t_p}\right) + 0,72\left(\frac{w}{t_p}\right)}{t_p^{0,167}}\right) \leq 1,0$$

em que:

$2a$ = comprimento da face não soldada da raiz na direção da espessura da chapa tracionada (mm);

w = dimensão da perna do filete de reforço ou de contorno, se existir, na direção da espessura da chapa tracionada (mm);

t_p = espessura da chapa tracionada (mm).

- Com base em início de fissuração a partir das raízes de um par de filetes de solda transversais, em lados opostos da chapa tracionada, para a categoria de detalhe C", pela equação a seguir:

$$\sigma_{SR} = 1,72 R_{FIL}\left(\frac{14,4\times10^{11}}{N}\right)^{0,333}$$

sendo R_{FIL} o fator de redução para juntas constituídas apenas de um par de filetes de solda transversais (se R_{FIL} = 1,0, usar a categoria de detalhe C), dado por:

$$R_{FIL} = \left(\frac{0,06+0,72\dfrac{w}{t_p}}{t_p^{0,167}}\right) \leq 1,0$$

16.2.3 Parafusos e barras redondas rosqueadas

Em parafusos e barras redondas rosqueadas, a variação de tensões não deve exceder a faixa admissível calculada conforme segue:

- Para ligações parafusadas sujeitas a corte nos parafusos, a faixa admissível de variação de tensões no material do elemento ligado é dada pela seguinte equação, em que C_f e σ_{TH} são fornecidos na seção 2 da Tab. 16.2:

$$\sigma_{SR} = \left(\frac{327C_f}{N}\right)^{0,333} \geq \sigma_{TH}$$

- Para parafusos de alta resistência, parafusos comuns e barras redondas rosqueadas com rosca laminada, cortada ou usinada, a variação de tensões de tração na área líquida do parafuso ou da barra redonda rosqueada, proveniente de força normal e momento fletor, incluindo efeito de alavanca, não deve exceder a faixa admissível dada pela seguinte equação:

$$\sigma_{SR} = \left(\frac{327C_f}{N}\right)^{0,333} \geq \sigma_{TH}$$

O fator C_f deve ser tomado igual a 3,9 × 10^8 (como para a categoria E'), e o limite σ_{TH}, igual a 48 MPa (como para a categoria D).

Para juntas nas quais o material no interior da pega não seja limitado a aço ou juntas que não sejam pré-tensionadas conforme os requisitos da Tab. 21.1, a força normal e o momento, incluindo efeito de alavanca (se existir), devem ser considerados como transmitidos exclusivamente pelos parafusos ou pelas barras redondas rosqueadas.

Para juntas nas quais o material no interior da pega seja limitado a aço ou juntas pré-tensionadas conforme os requisitos da Tab. 21.1, permite-se uma análise da rigidez relativa das partes conectadas e dos parafusos para determinar a faixa de variação de tensões de tração nos parafusos pré-tensionados devida à força normal e ao momento fletor, incluindo efeito de alavanca. Alternativamente, a faixa de variação de tensões nos parafusos pode ser considerada igual a 20% da tensão na área líquida devida à força normal e ao momento fletor provenientes de todas as ações, permanentes e variáveis.

16.3 Requisitos especiais de fabricação e montagem

Permite-se que chapas de espera longitudinais sejam deixadas no local, e, se usadas, devem ser contínuas. Se forem necessárias emendas nas chapas de espera em juntas longas, tais emendas deverão ser feitas com solda de entalhe de penetração total, e o excesso de solda deverá ser esmerilhado longitudinalmente antes do posicionamento da barra na junta.

Em juntas transversais sujeitas à tração, as chapas de espera, se usadas, devem ser removidas e é necessário fazer a extração de raiz e contra-solda na junta.

Em juntas em T ou de canto, feitas com solda de entalhe de penetração total, um filete de reforço não menor que 6 mm deve ser adicionado nos cantos reentrantes.

A rugosidade superficial de bordas cortadas a maçarico, sujeitas a faixas de variação de tensões significativas, não deve exceder 25 μm, usando-se como norma de referência a ASME B46.1.

Cantos reentrantes em regiões de cortes e de recortes e em aberturas para acesso de soldagem devem formar um raio não menor que 10 mm. Para isso, deve ser feito um furo sub-broqueado ou subpuncionado com raio menor, usinado posteriormente até o raio final. Alternativamente, o raio pode ser obtido por corte a maçarico, devendo-se, nesse caso, esmerilhar a superfície do corte até o estado de metal brilhante.

Para juntas transversais com soldas de entalhe de penetração total, em regiões de tensões de tração elevadas, devem ser usados prolongadores para garantir que o término da solda ocorra fora da junta acabada. Os prolongadores devem ser removidos e a extremidade da solda deve ser esmerilhada até facear com a borda das peças ligadas. Limitadores nas extremidades da junta não devem ser usados.

A Tab. 16.1 apresenta as tensões para uma determinada faixa de ciclos levando em conta as categorias de detalhe. Ela é apenas ilustrativa, devendo o calculista determinar a real faixa de tensões conforme a seção 16.2.1, respeitando os limites da Tab. 16.2.

Tab. 16.1 Faixa admissível de variação de tensão (em kN/cm²)[1]

Categoria de tensão	100.000 ciclos			500.000 ciclos			2.000.000 ciclos	> 2.000.000 ciclos (limite)
	f_y			f_y			f_y	f_y
	25	30	35	25	30	35	≤ 35	≤ 35
A	16,5	19,8	23,1	16,5	19,8	23,1	16,5	16,5
B	16,5	19,8	23,1	16,5	19,8	20,2	12,7	11,2
B'	16,5	19,8	23,1	16,1			10,2	8,5
C	16,5	19,8	23,1	14,5			9,1	7,0
D	16,5	19,8	23,1	11,4			7,2	4,9
E	15,5			9,1			5,7	3,2
E'	11,0			6,4			4,1	1,8
F	11,2			8,6			6,8	5,6

[1]Tensão σ_{TH} limitada a $0,66f_y$.

Tab. 16.2 Parâmetros de fadiga (para transformação, considerar tf/cm² = MPa/100)

Seção 1 – Material-base afastado de qualquer solda					
Descrição	**Categoria de tensão**	**Constante C_f**	**Limite σ_{TH} (MPa)**	**Ponto de início potencial de fissura**	**Exemplos**
1.1 Metal-base, exceto aços resistentes à corrosão atmosférica não pintados, com superfícies laminadas, sujeitas ou não a limpeza superficial. Bordas cortadas a maçarico com rugosidade superficial não superior a 25 µm, mas sem cantos reentrantes	A	250×10^8	165	Afastado de qualquer solda ou ligação estrutural	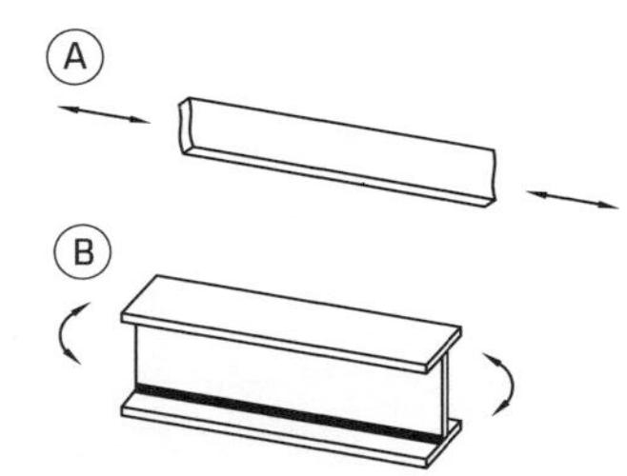
1.2 Metal-base de aço resistente à corrosão atmosférica não pintado, com superfícies laminadas, sujeitas ou não a limpeza superficial. Bordas cortadas a maçarico com rugosidade superficial não superior a 25 µm, mas sem cantos reentrantes	B	120×10^8	110	Afastado de qualquer solda ou ligação estrutural	
1.3 Peças com furos broqueados ou alargados. Peças com cantos reentrantes em recortes ou outras descontinuidades geométricas obedecendo aos requisitos da seção 16.3, exceto aberturas para acesso de soldagem	B	120×10^8	110	Em qualquer borda externa ou perímetro de abertura	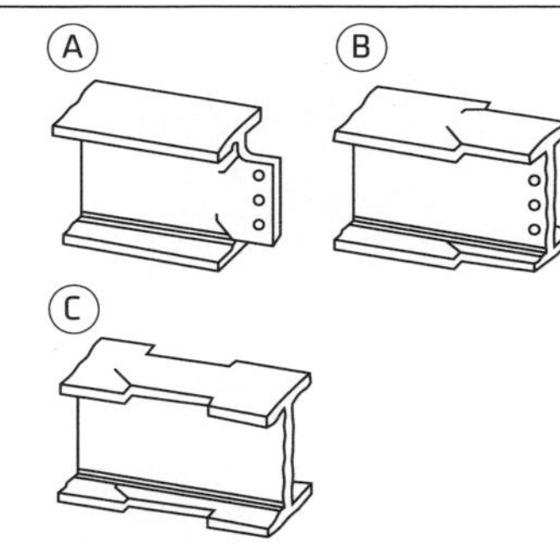

Tab. 16.2 (continuação)

1.4 Seções transversais laminadas com aberturas para acesso de soldagem obedecendo aos requisitos da seção 6.1.14 da NBR 8800 e da seção 16.3 deste livro. Peças com furos broqueados ou alargados contendo parafusos para ligação de contraventamentos leves, com pequena solicitação	C	44 × 10⁸	69	Em cantos reentrantes de aberturas para acesso de soldagem ou qualquer furo pequeno (podendo conter parafusos para ligações pouco importantes)	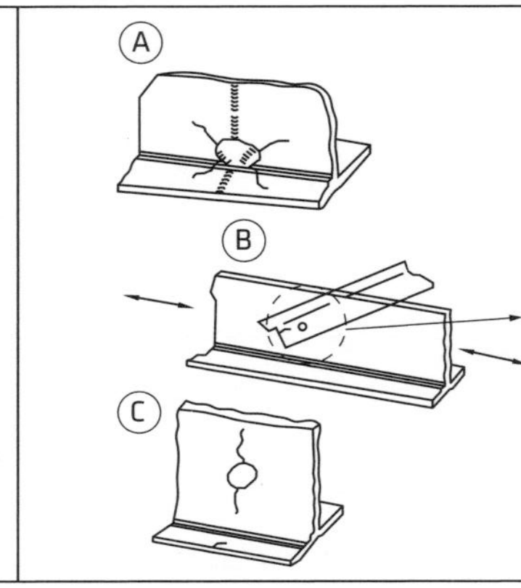

Seção 2 – Materiais ligados em ligações parafusadas

Descrição	Categoria de tensão	Constante C_f	Limite σ_{TH} (MPa)	Ponto de início potencial de fissura	Exemplos
2.1 Seção bruta do metal-base em juntas por sobreposição com parafusos de alta resistência satisfazendo todos os requisitos aplicáveis a ligações por atrito	B	120×10^8	110	Através da seção bruta próxima ao furo	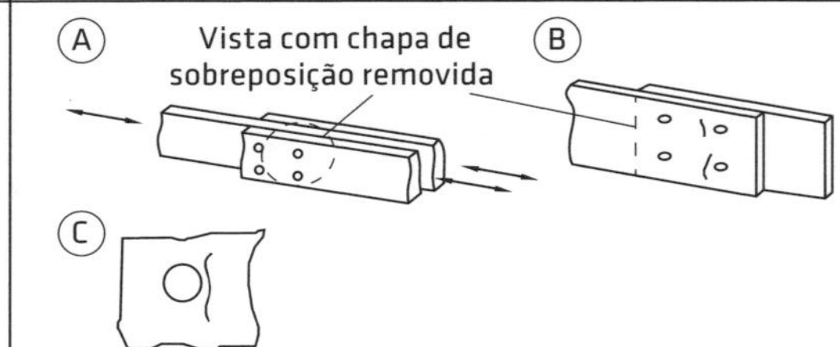
2.2 Metal-base na seção líquida em juntas com parafusos de alta resistência calculados com base em resistência por contato, porém com fabricação e instalação atendendo a todos os requisitos aplicáveis a ligações por atrito	B	120×10^8	110	Na seção líquida com origem na borda do furo	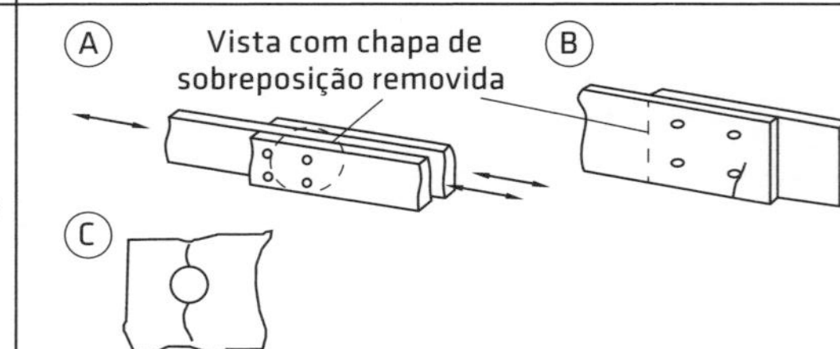
2.3 Metal-base na seção líquida de outras ligações parafusadas, exceto em olhais e chapas ligadas por pino	D	22×10^8	48	Na seção líquida com origem na borda do furo	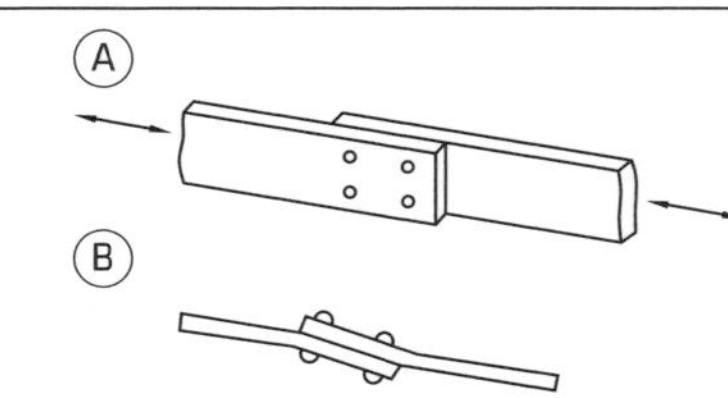

Tab. 16.2 (continuação)

<table>
<tr><td>2.4 Metal-base na seção líquida de olhais e chapas ligadas por pino</td><td>E</td><td>11 × 10⁸</td><td>31</td><td>Na seção líquida com origem na borda do furo</td><td>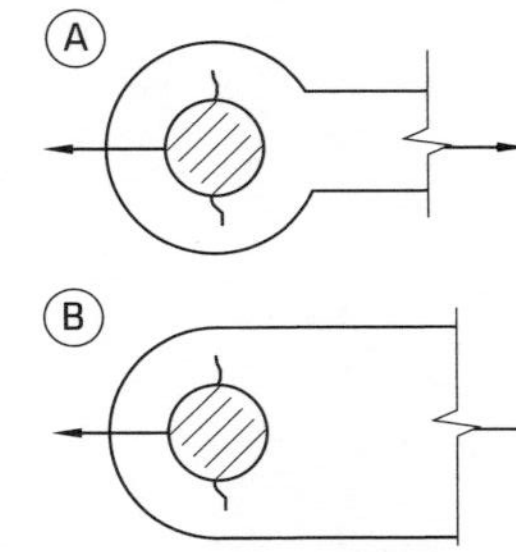</td></tr>
<tr><td colspan="6">Seção 3 – Ligações soldadas dos componentes de barras compostas de chapas ou perfis</td></tr>
<tr><th>Descrição</th><th>Categoria de tensão</th><th>Constante C_f</th><th>Limite σ_{TH} (MPa)</th><th>Ponto de início potencial de fissura</th><th>Exemplos</th></tr>
<tr><td>3.1 Metal-base e metal da solda em barras sem acessórios, compostas de chapas ou perfis ligados por soldas longitudinais contínuas de entalhe de penetração total, com extração de raiz e contra-solda, ou por soldas contínuas de filete</td><td>B</td><td>120×10^8</td><td>110</td><td>A partir da superfície ou de descontinuidades internas da solda, em pontos afastados da extremidade da solda</td><td>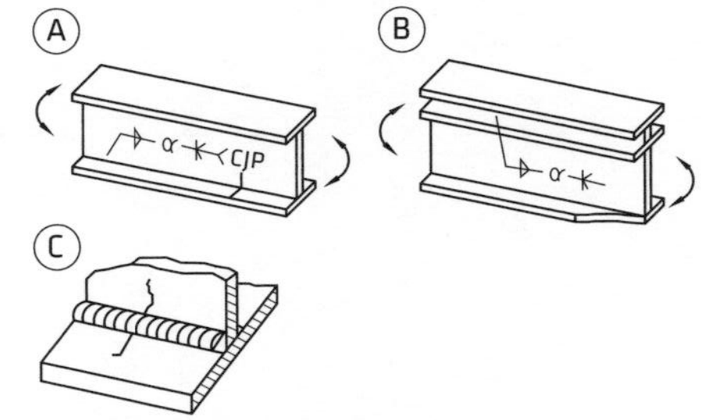</td></tr>
<tr><td>3.2 Metal-base e metal da solda em barras sem acessórios, compostas de chapas ou perfis ligados por soldas longitudinais contínuas de entalhe de penetração total, com chapas de espera não removidas, ou por soldas contínuas de filete</td><td>B'</td><td>61×10^8</td><td>83</td><td>A partir da superfície ou de descontinuidades internas da solda, incluindo a solda de ligação da chapa de espera</td><td>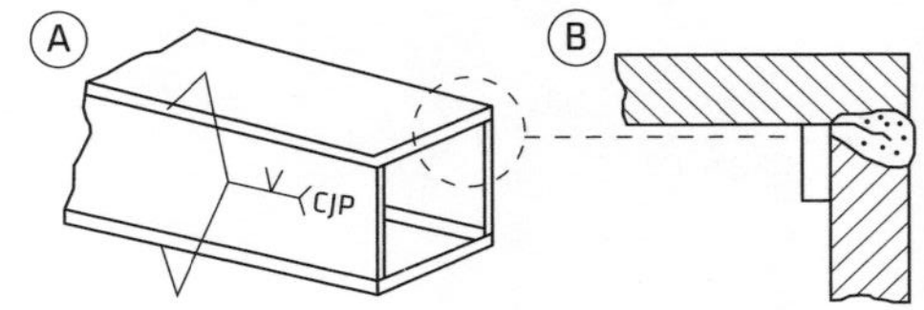
Solda de entalhe de penetração total</td></tr>
<tr><td>3.3 Metal-base e metal da solda nas extremidades de soldas longitudinais das aberturas de acesso para soldagem em barras compostas</td><td>D</td><td>22×10^8</td><td>48</td><td>A partir da extremidade da solda, penetrando na alma ou na mesa</td><td>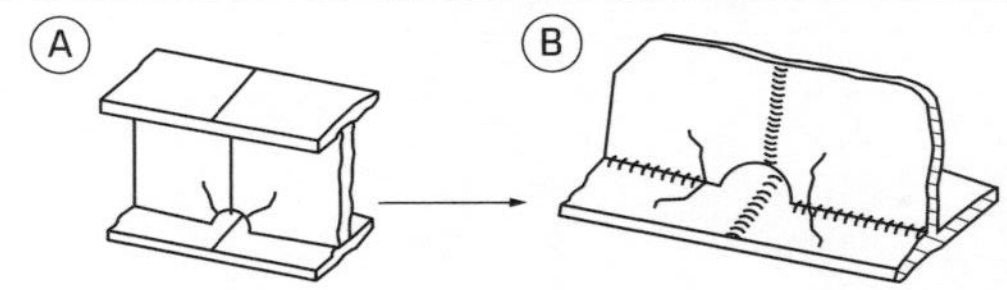</td></tr>
<tr><td>3.4 Metal-base nas extremidades de segmentos longitudinais de soldas intermitentes de filete</td><td>E</td><td>11×10^8</td><td>31</td><td>No material ligado, em locais de começo e fim de deposição de solda</td><td>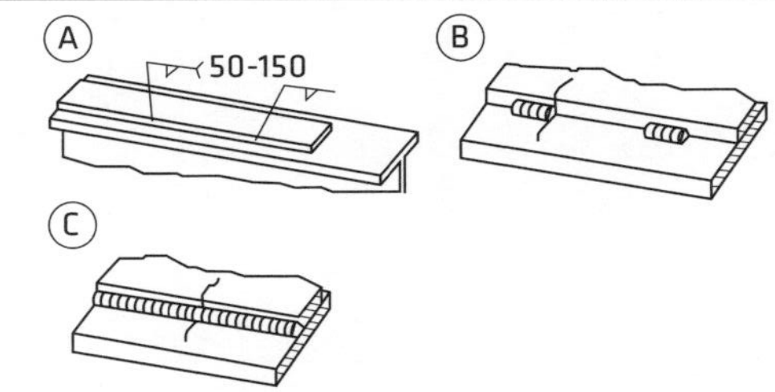</td></tr>
</table>

Tab. 16.2 (continuação)

3.5 Metal-base nas extremidades de lamelas soldadas de comprimento parcial, mais estreitas que a mesa, tendo extremidades esquadrejadas ou com redução gradual de largura, com ou sem soldas transversais nas extremidades, ou lamelas mais largas que a mesa com soldas transversais nas extremidades				Na mesa junto ao pé da solda transversal da extremidade, na mesa junto ao término da solda longitudinal, ou ainda na borda da mesa com lamela mais larga	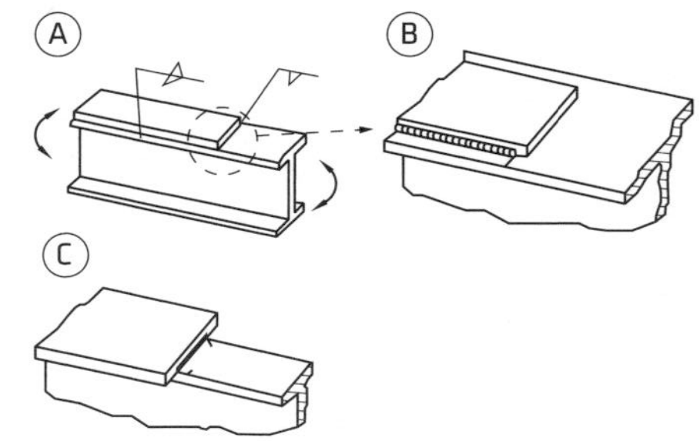
Espessura da mesa ≤ 20 mm	E	11×10^8	31		
Espessura da mesa > 20 mm	E'	$3{,}9 \times 10^8$	18		
3.6 Metal-base nas extremidades de lamelas soldadas de comprimento parcial, mais largas que a mesa, sem soldas transversais nas extremidades	E'	$3{,}9 \times 10^8$	18	Na borda da mesa junto à extremidade da solda da lamela	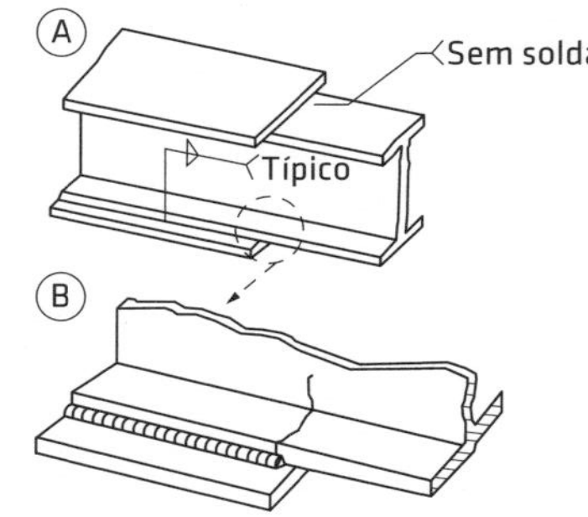

Seção 4 – Ligações de extremidade com soldas de filete longitudinais

Descrição	Categoria de tensão	Constante C_f	Limite σ_{TH} (MPa)	Ponto de início potencial de fissura	Exemplos
4.1 Metal-base na junção de barras solicitadas axialmente com ligações de extremidade soldadas longitudinalmente. As soldas devem ficar de cada lado do eixo da barra, de forma a equilibrar as tensões na solda				Iniciando a partir de qualquer extremidade de solda, estendendo-se no metal-base	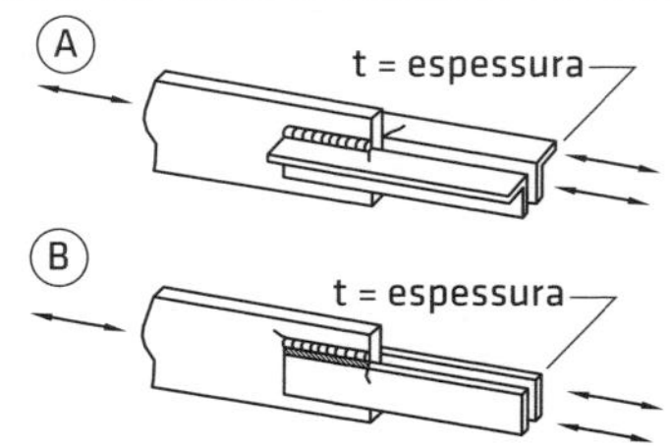
t ≤ 13 mm	E	11×10^8	31		
t > 13 mm	E'	$3{,}9 \times 10^8$	18		

Tab. 16.2 (continuação)

Seção 5 – Ligações soldadas transversais à direção das tensões					
Descrição	**Categoria de tensão**	**Constante C_f**	**Limite σ_{TH} (MPa)**	**Ponto de início potencial de fissura**	**Exemplos**
5.1 Metal-base e metal da solda em emendas de perfis laminados ou soldados de seção transversal similar, feitas com soldas de entalhe de penetração total, devendo essas soldas ser niveladas com o metal-base por meio de esmerilhamento na direção das tensões aplicadas	B	120×10^8	110	A partir de descontinuidades internas no metal da solda ou ao longo da face de fusão	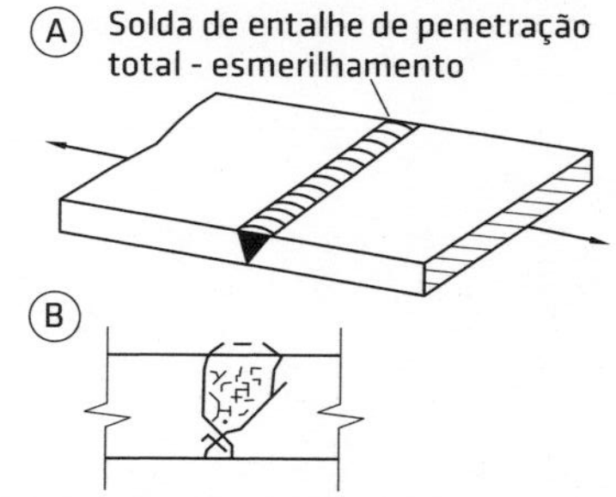
5.2 Metal-base e metal da solda em emendas com soldas de entalhe de penetração total, havendo transições de largura ou de espessura com inclinação entre 8% e 20%; as soldas devem ser niveladas com o metal-base por meio de esmerilhamento na direção das tensões aplicadas	B	120×10^8	110	A partir de descontinuidades internas no metal da solda ou ao longo da face de fusão	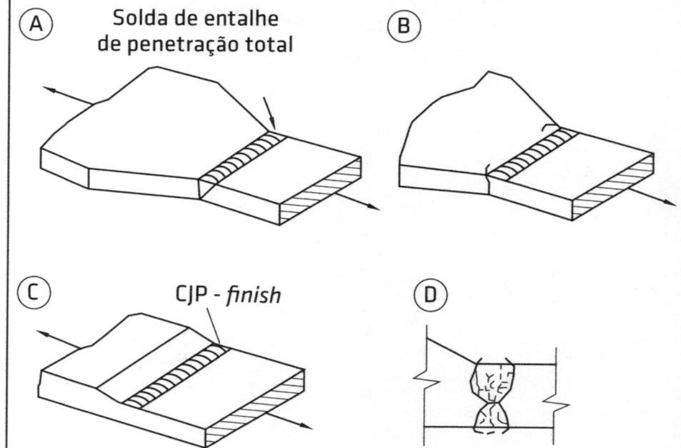
5.3 Metal-base com $f_y \geq 620$ MPa e metal da solda em emendas com soldas de entalhe de penetração total, havendo transição de largura feita com raio igual ou superior a 600 mm, com o ponto de tangência na extremidade da solda de penetração; as soldas devem ser niveladas com o metal-base por meio de esmerilhamento na direção das tensões aplicadas	B	120×10^8	110	A partir de descontinuidades internas no metal da solda ou ao longo da face de fusão	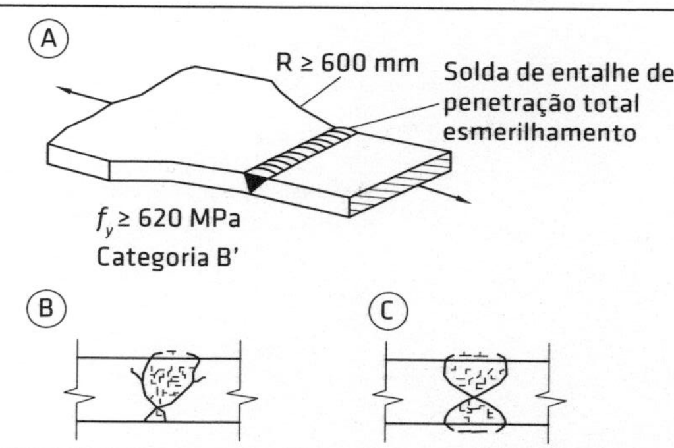

Tab. 16.2 (continuação)

5.4 Metal-base e metal da solda em emendas, juntas em T ou juntas de canto, com soldas de entalhe de penetração total, havendo transição de espessura com inclinação entre 8% e 20%, ou sem transição de espessura, quando o excesso de solda não for removido	C	44×10^8	69	A partir de descontinuidades superficiais na transição entre a solda e o metal-base, estendendo-se no metal-base, ou ao longo da face de fusão	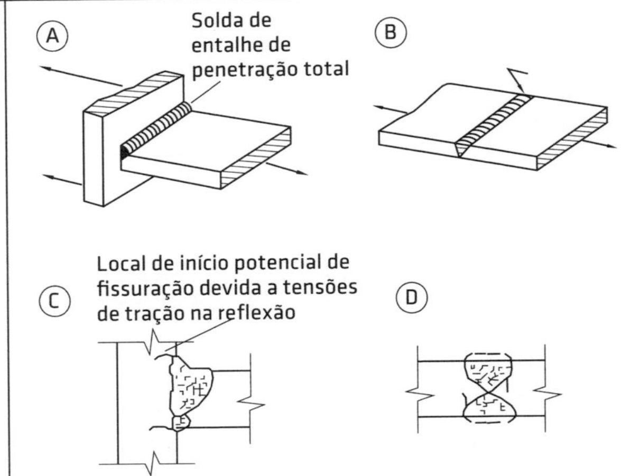
5.5 Metal-base e metal da solda em ligações transversais de topo ou em T ou de canto, nas extremidades de elementos de chapa tracionados, feitas com soldas de entalhe de penetração parcial, complementadas com solda de filete de reforço ou contorno; F_{SR} deve ser o menor dos dois valores a seguir: Início de fissura a partir da transição entre a solda e o metal-base	C	44×10^8	69	A partir de descontinuidades geométricas na transição entre a solda e o metal-base, estendendo-se no metal-base, ou a partir da raiz da solda sujeita a tração, estendendo-se através da solda	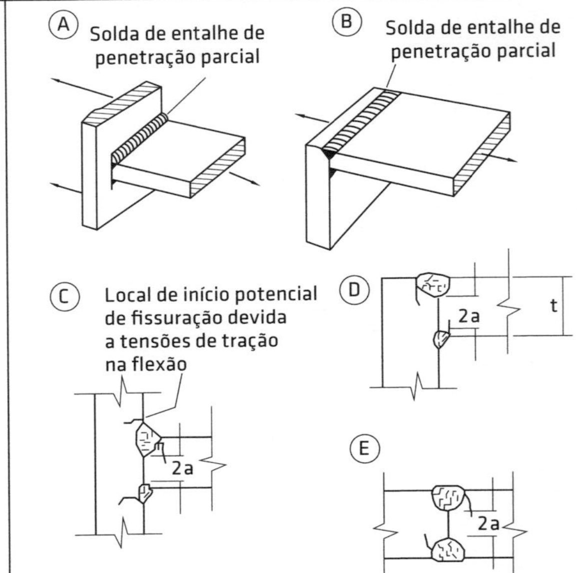
Início de fissura na raiz da solda	C'	$\sigma_{SR} = 1{,}72 R_{PJP} \left(\frac{14{,}4 \times 10^{11}}{N} \right)^{0{,}333}$	Não previsto		

Tab. 16.2 (continuação)

5.6 Metal-base e metal da solda em ligações transversais nas extremidades de elementos de chapa tracionados, feitas com dois filetes de solda em lados opostos da chapa; F_{SR} deve ser o menor dos dois valores a seguir:				A partir de descontinuidades geométricas na transição entre a solda e o metal-base, estendendo-se no metal-base, ou a partir da raiz da solda sujeita à tração, estendendo-se através da solda	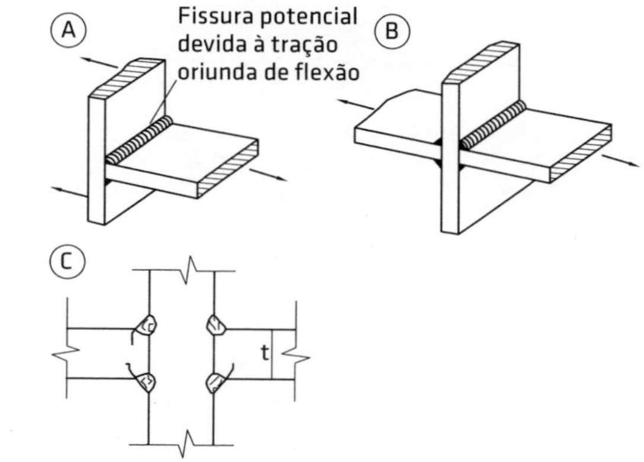
Início de fissura a partir da transição entre a solda e o metal-base	C	44 × 10^8	69		
Início de fissura na raiz da solda	C''	$\sigma_{SR} = 1{,}72R_{FIL}\left(\frac{14{,}4\times10^{11}}{N}\right)^{0{,}333}$	Não previsto		
5.7 Metal-base em elementos de chapa tracionados e metal-base em almas ou mesas de vigas, no pé de filetes de solda adjacentes a enrijecedores transversais soldados	C	44 × 10^8	69	A partir de descontinuidades geométricas no pé do filete de solda, estendendo-se no metal-base	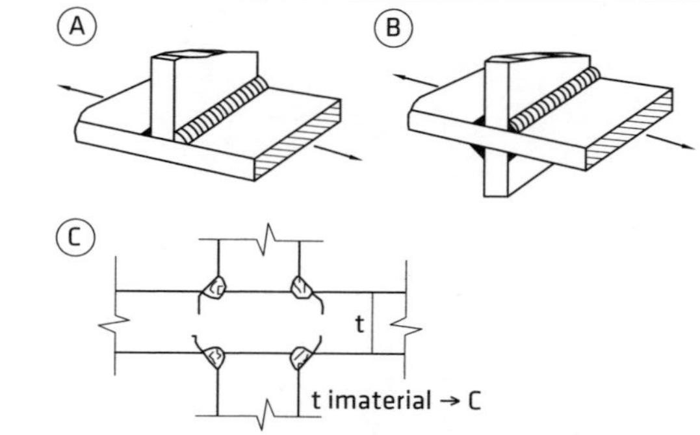

Seção 6 – Metal-base em ligações transversais soldadas de barras

Descrição	Categoria de tensão	Constante C_f	Limite σ_{TH} (MPa)	Ponto de início potencial de fissura	Exemplos
6.1 Metal-base na ligação de um acessório feita com solda longitudinal de entalhe de penetração total, sujeito a solicitação longitudinal, quando o detalhe de transição do acessório for feito com um raio R e a solda esmerilhada nos pontos terminais para obter concordância:				Próximo ao ponto de tangência na extremidade do acessório	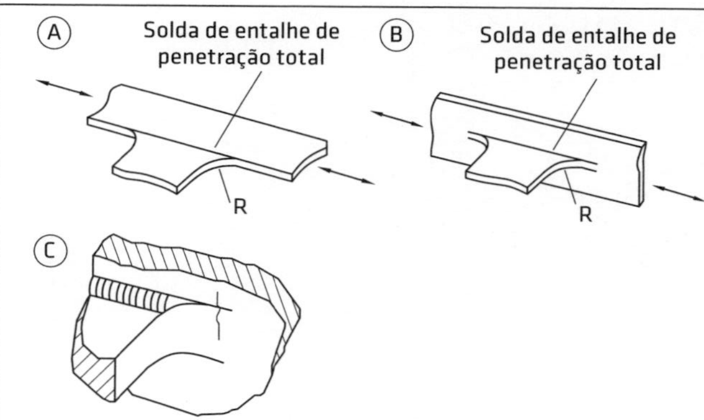
R ≥ 600 mm	B	120 × 10^8	110		
600 mm > R ≥ 150 mm	C	44 × 10^8	69		
150 mm > R ≥ 50 mm	D	22 × 10^8	48		
50 mm > R	E	11 × 10^8	31		

Tab. 16.2 (continuação)

6.2 Metal-base na ligação de um acessório coplanar de mesma espessura feita com solda longitudinal de entalhe de penetração total sujeita a solicitação transversal, com ou sem solicitação longitudinal, quando o detalhe de transição do acessório for feito com um raio R e a solda esmerilhada nos pontos terminais para obter concordância:					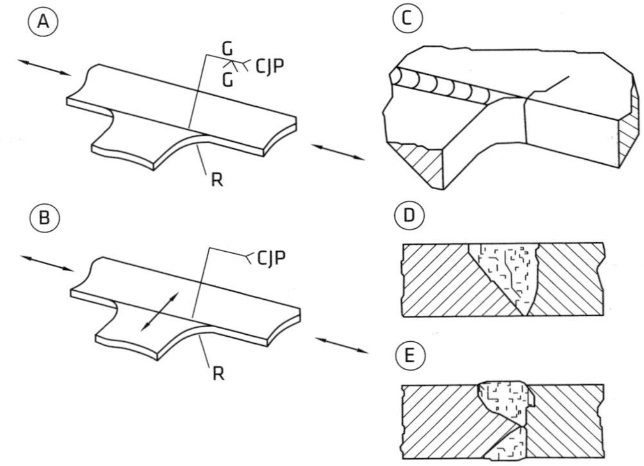
Quando o excesso de solda for removido:					
R ≥ 600 mm	B	120 × 10^8	110	Próximo ao ponto de tangência na extremidade do acessório, ou ainda na solda, na face de fusão, no elemento principal ou no acessório	
600 mm > R ≥ 150 mm	C	44 × 10^8	69		
150 mm > R ≥ 50 mm	D	22 × 10^8	48		
50 mm > R	E	11 × 10^8	31		
Quando o excesso de solda não for removido:					
R ≥ 600 mm	C	120 × 10^8	110	Na transição entre a solda e o metal--base, podendo ser na borda da peça principal ou no acessório	
600 mm > R ≥ 150 mm	C	44 × 10^8	69		
150 mm > R ≥ 50 mm	D	22 × 10^8	48		
50 mm > R	E	11 × 10^8	31		
6.3 Metal-base na ligação de um acessório coplanar de espessura diferente feita com solda longitudinal de entalhe de penetração total sujeita a solicitação transversal, com ou sem solicitação longitudinal, quando o detalhe de transição do acessório for feito com um raio R e a solda esmerilhada nos pontos terminais para obter concordância:					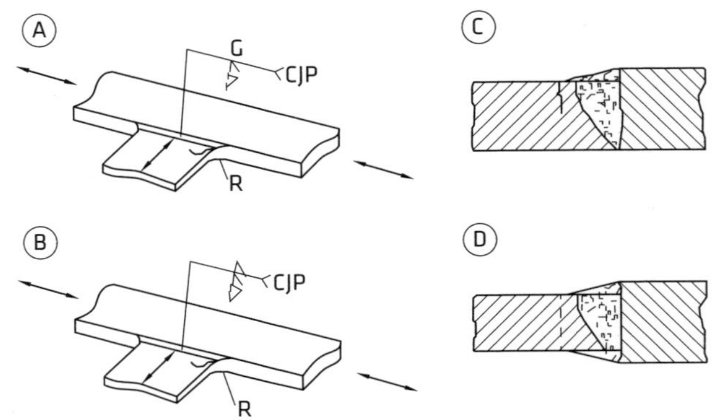
Quando o excesso de solda for removido:					
R > 50 mm	D	22 × 10^8	48	Na transição entre a solda e o metal-base na borda do material menos espesso	
R ≤ 50 mm	E	11 × 10^8	31	A partir da extremidade da solda	
Quando o excesso de solda não for removido:					
Qualquer raio	E	11 × 10^8	31	Na transição entre a solda e o metal-base na borda do material menos espesso	

Tab. 16.2 (continuação)

Descrição	Categoria de tensão	Constante C_f	Limite σ_{TH} (MPa)	Ponto de início potencial de fissura	Exemplos
6.4 Metal-base sujeito a tensões longitudinais junto a ligações de barras transversais, com ou sem tensões transversais, ligadas por soldas longitudinais de filete ou de entalhe de penetração parcial, quando o detalhe de transição do acessório for feito com um raio R e a solda esmerilhada nos pontos terminais para obter concordância:				Na extremidade da solda ou a partir da transição entre a solda e o metal-base, estendendo-se no metal-base ou no acessório	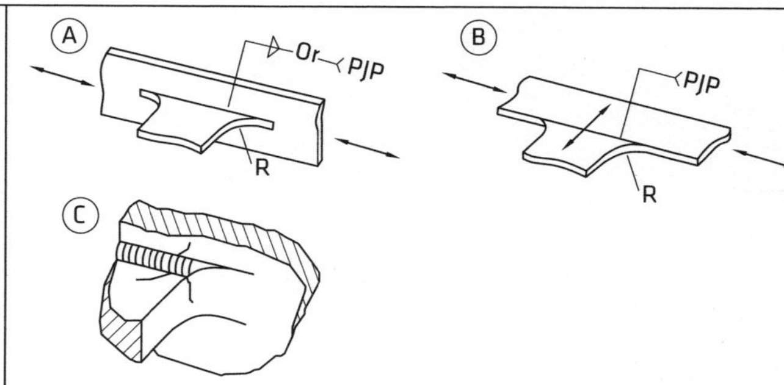
R > 50 mm	D	22 × 10^8	48		
R ≤ 50 mm	E	11 × 10^8	31		

Seção 7 – Metal-base junto a acessórios curtos

Descrição	Categoria de tensão	Constante C_f	Limite σ_{TH} (MPa)	Ponto de início potencial de fissura	Exemplos
7.1 Metal-base sujeito a solicitação longitudinal, junto a acessórios ligados por soldas longitudinais de entalhe de penetração total, quando o detalhe de transição do acessório for feito com um raio R menor que 50 mm, com comprimento do acessório na direção longitudinal igual a *a* e altura normal à superfície da barra igual a *b*:				No metal-base junto à extremidade da solda	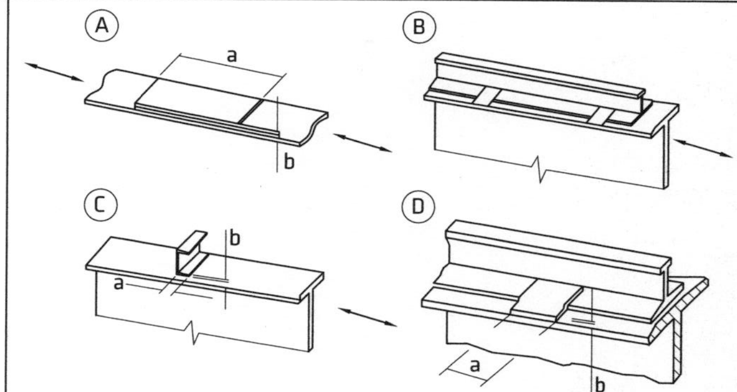
a < 50 mm	C	44 × 10^8	69		
50 mm ≤ 12b ou 100 mm	D	22 × 10^8	48		
a > 12b ou 100 mm quando b ≤ 25 mm	E	11 × 10^8	31		
a > 12b ou 100 mm quando b > 25 mm	E'	3,9 × 10^8	18		
7.2 Metal-base sujeito a tensões longitudinais junto a acessórios, com ou sem tensões transversais, ligados por soldas longitudinais de filete ou de entalhe de penetração parcial, quando o detalhe de transição do acessório for feito com um raio R e a solda esmerilhada nos pontos terminais para obter concordância:				Na extremidade da solda, estendendo-se no metal-base	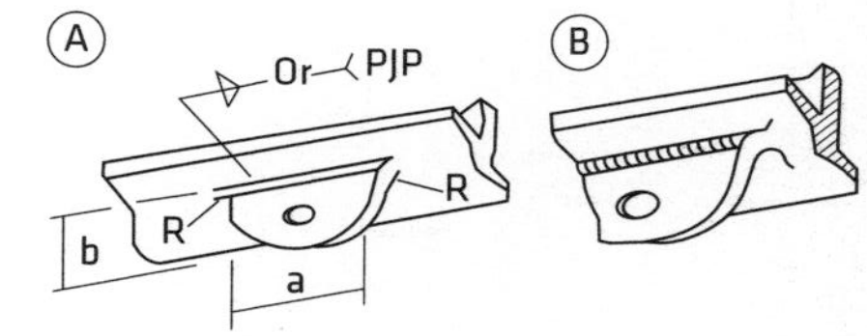
R > 50 mm	D	22 × 10^8	48		
R ≤ 50 mm	E	11 × 10^8	31		

Tab. 16.2 (continuação)

Descrição	Categoria de tensão	Constante C_f	Limite σ_{TH} (MPa)	Ponto de início potencial de fissura	Exemplos
Seção 8 – Miscelânea					
8.1 Metal-base junto a conectores de cisalhamento tipo pino com cabeça ligados por solda de filete ou eletrofusão	C	44 × 10⁸ → 44×10^8	69	Na transição entre a solda e o metal-base	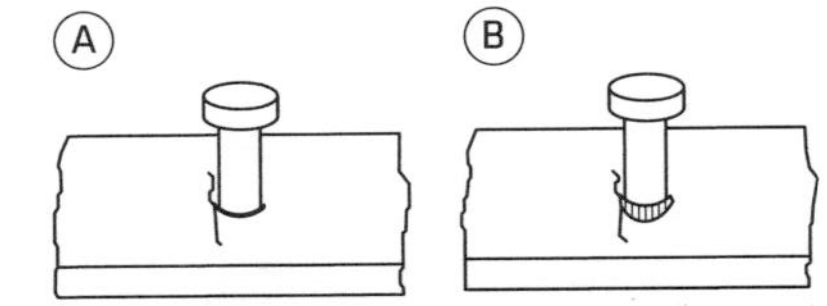
8.2 Cisalhamento na garganta de filetes de soldas transversais ou longitudinais contínuos ou intermitentes	F	150×10^{10} $\sigma_{SR} = \left(\frac{11 \times 10^4 C_f}{N}\right)^{0,167} \geq \sigma_{TH}$	55	Na garganta da solda	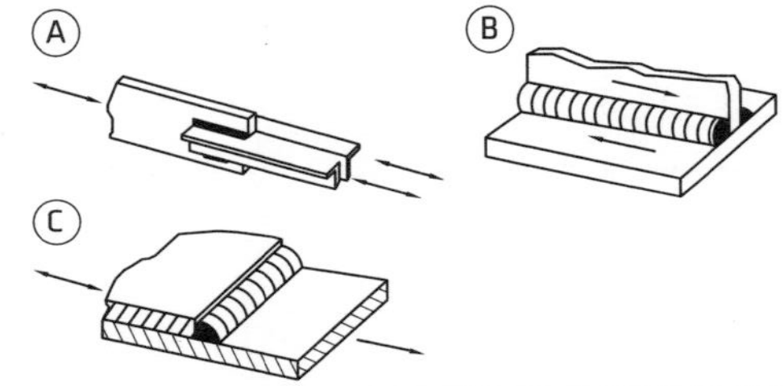
8.3 Metal-base junto a soldas de tampão em furos ou rasgos	E	11×10^8	31	Na extremidade da solda no metal-base	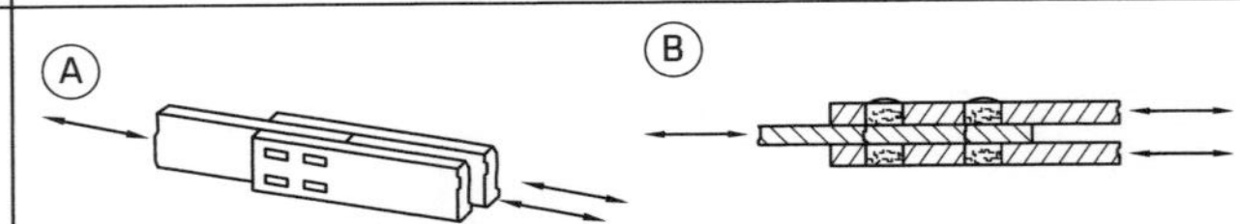
8.4 Cisalhamento em soldas de tampão em furos ou rasgos	F	150×10^{10} $\sigma_{SR} = \left(\frac{11 \times 10^4 C_f}{N}\right)^{0,167} \geq \sigma_{TH}$	55	Na transição plana entre a solda e o metal-base	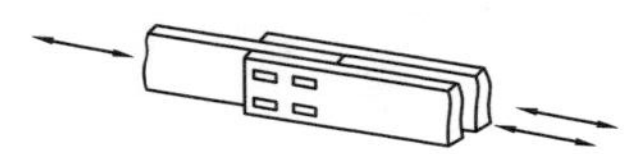
8.5 Parafusos de alta resistência instalados sem protensão total, parafusos comuns e barras redondas rosqueadas com rosca laminada, cortada ou usinada. Faixa de variação das tensões de tração calculadas com base na área líquida, incluindo efeito de alavanca, quando aplicável	E'	$3,9 \times 10^8$	48	Na raiz da rosca, estendendo-se pela seção líquida	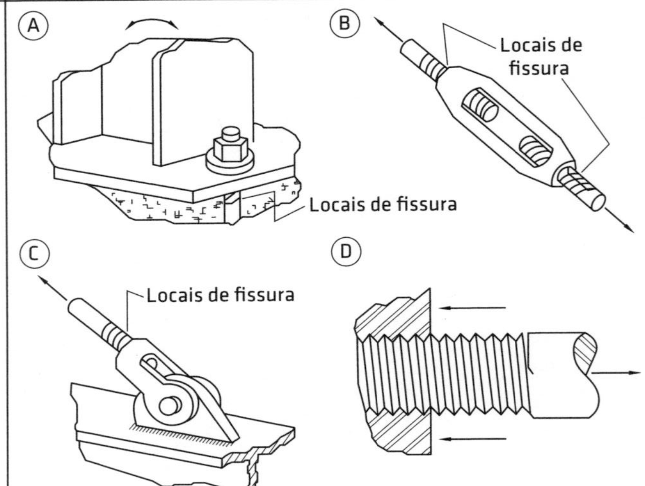

17 DETALHAMENTO DE ESTRUTURAS DE AÇO

A estrutura de aço como um todo é realizada por processos industriais, sendo necessário que as partes e suas ligações, que vão formar um determinado conjunto estrutural, sejam detalhadas isoladamente ou em grupos para que possam ser fabricadas e montadas tal como foram previstas no projeto estrutural.

Essa é uma das etapas mais importantes no processo da construção, pois o bom desempenho da fabricação e da montagem depende de um projeto e de um detalhamento criteriosamente desenvolvidos. E, para que isso aconteça, os profissionais envolvidos precisam ter conhecimento amplo das recomendações contidas nas normas.

Os responsáveis pelo projeto estrutural também devem definir as ligações onde ocorrem os esforços combinados, indicar os esforços simples nas demais juntas, fornecendo condições para seu dimensionamento, através do detalhamento, e apresentar sugestões, desde que não mudem a essência da ligação, levando-as à aprovação do responsável pelo projeto (Fig. 17.1).

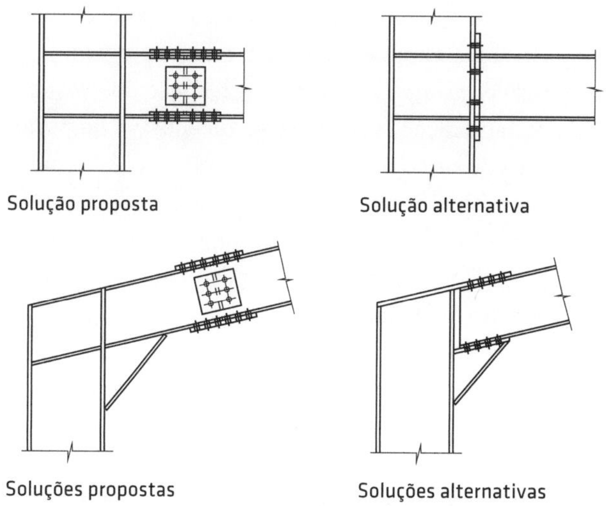

Fig. 17.1 Sugestões de alternativas de detalhamento

Por apresentar dificuldades, o estudo das ligações deve ser feito com critério e buscar, acima de tudo, tanto a segurança das ligações como a facilidade durante a fase de montagem.

O detalhamento, por seus diversos aspectos, mereceria um livro à parte. Neste capítulo, serão referenciadas apenas as partes essenciais do projeto e apresentados alguns exemplos.

17.1 Sistemas e etapas de detalhamento

Existem não mais de duas ou três técnicas utilizadas na execução de desenhos destinados à fabricação e à montagem. Cada fabricante adota o sistema que lhe é mais conveniente, sendo os mais usados o de traçagem e o recomendado pelas especificações do AISC, conhecido como *shop drawings*.

O detalhamento da estrutura metálica é basicamente constituído das seguintes etapas:

- *Lista de material*: ao receber o projeto, os responsáveis por esse segmento providenciam uma relação avançada de todos os perfis indicados, enviando-a para o setor de abastecimento da fábrica. Essa relação se chama, na prática, lista preliminar ou avançada.
- *Lista de perfil soldado*: consiste em reunir todos os perfis soldados indicados no projeto, em impresso apropriado, para ser encaminhado à fabricação antecipadamente.
- *Desenho de fabricação*: após um planejamento adequado, é iniciado o detalhamento das peças e de suas ligações. Para maior confiabilidade, todo desenho deve ser verificado por um projetista experiente antes de ser enviado para aprovação ou fabricação. Nessa etapa, toda peça recebe uma determinada marca, que aparecerá também no diagrama de montagem, para que possa ser identificada pelo montador.
- *Diagrama de montagem*: à medida que as peças vão sendo identificadas no detalhamento, elas são posicionadas nos diagramas de montagem de tal modo que seja possível localizá-las com facilidade. O montador faz seu planejamento baseado nesses desenhos, que são enviados somente para o setor de montagem.
- *Lista de parafusos*: durante a execução dos desenhos de fabricação, são preparadas as listas de parafusos que serão utilizados na montagem. É preparada uma relação detalhada, ligando-se peça por peça e conexão por conexão. Uma lista-resumo também é preparada e enviada ao abastecimento para as devidas providências.
- *Lista de eletrodos*: caso haja estruturas com ligações soldadas no campo, tal qual na lista de parafusos, são preparadas listas de eletrodos que serão consumidos durante a montagem.
- *Lista de chapas de cobertura e tapamento*: se o fornecimento das chapas que vão compor a cobertura e o tapamento é de responsabilidade do fabricante, este deve fornecer a lista quantitativa com o tamanho das chapas e a lista dos acessórios de fixação.
- *Lista de material complementar*: o fabricante pode apresentar, além das listas anteriormente citadas, outras listas com materiais necessários à obra, como tirantes, pinos, grades, corrimãos etc.

Na Fig. 17.2 é exibido o projeto típico de uma treliça que deve ser detalhada. Na Fig. 17.3 são ilustrados dois nós devidamente detalhados usando-se parafusos. A Fig. 17.4 apresenta o detalhe típico de uma ligação treliça-coluna com parafusos e solda, e a Fig. 17.5, outro detalhe de uma treliça em que foram empregados somente parafusos. Na Fig. 17.6 é mostrado um esquema para detalhe de tirantes para terças, vigas de tapamento, cumeeira e escora do beiral.

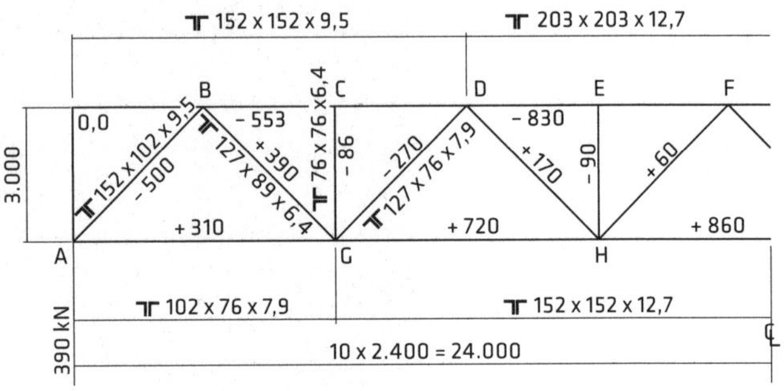

Notas: 1 - Material ASTM A-36
2 - Parafuso A-325-F ∅22 (7/8")
3 - Furos ∅24 (15/16")
4 - Material não indicado = 89 x 64 x 6,4
5 - Distâncias entre furos = 75 mm (exceto anotado)

Fig. 17.2 Projeto de uma treliça

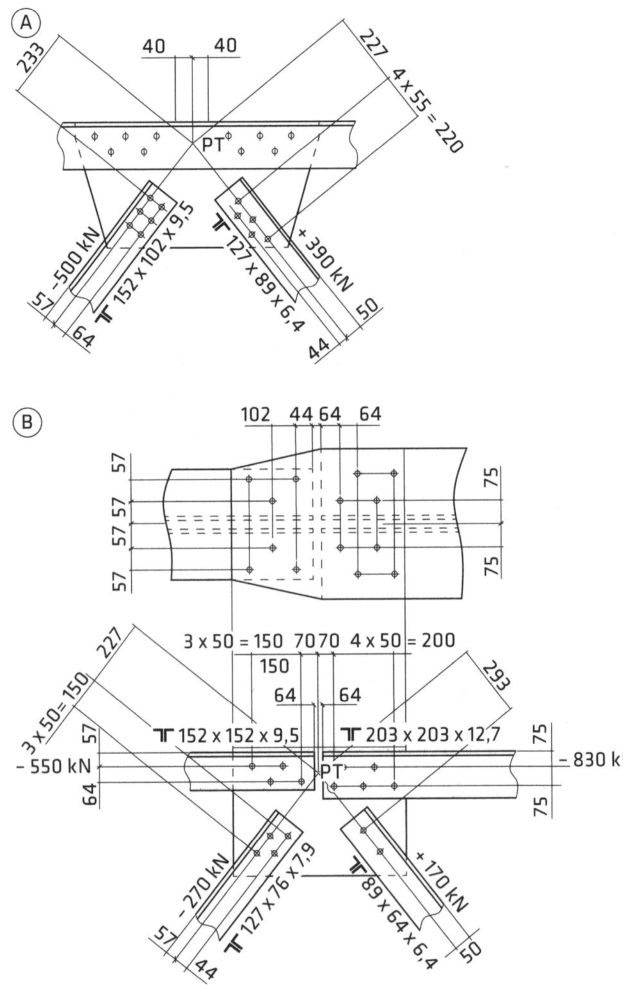

Fig. 17.3 (A) Nó B detalhado e (B) nó D detalhado

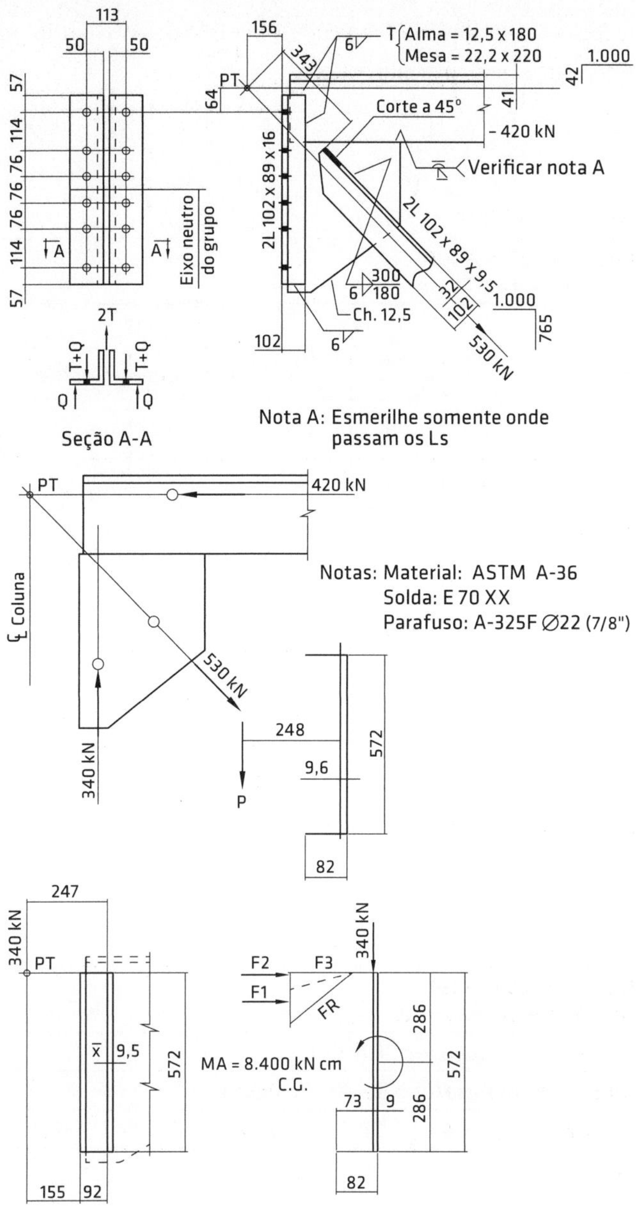

Fig. 17.4 Ligação treliça-coluna, solução mista

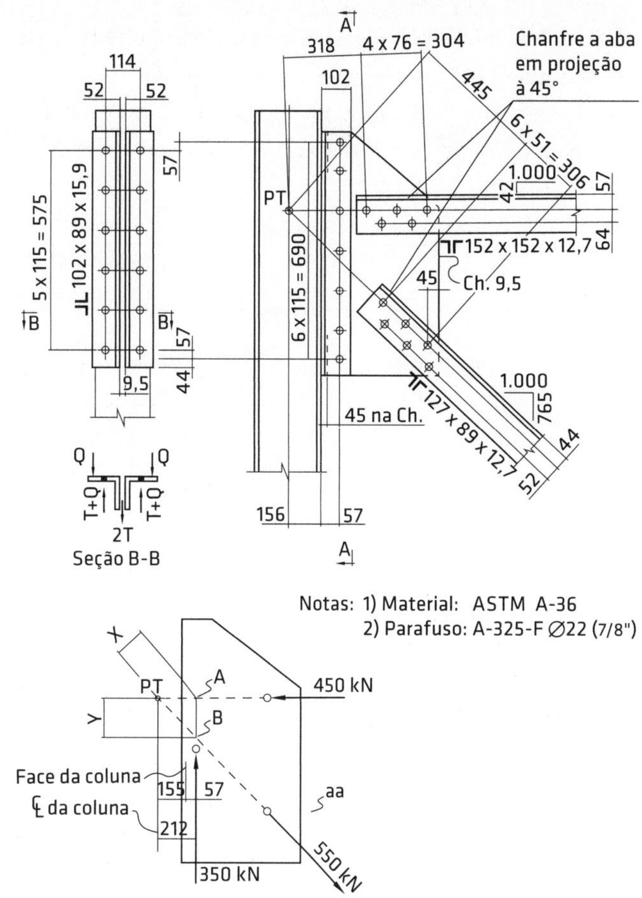

Fig. 17.5 Ligação treliça-coluna, solução parafusada

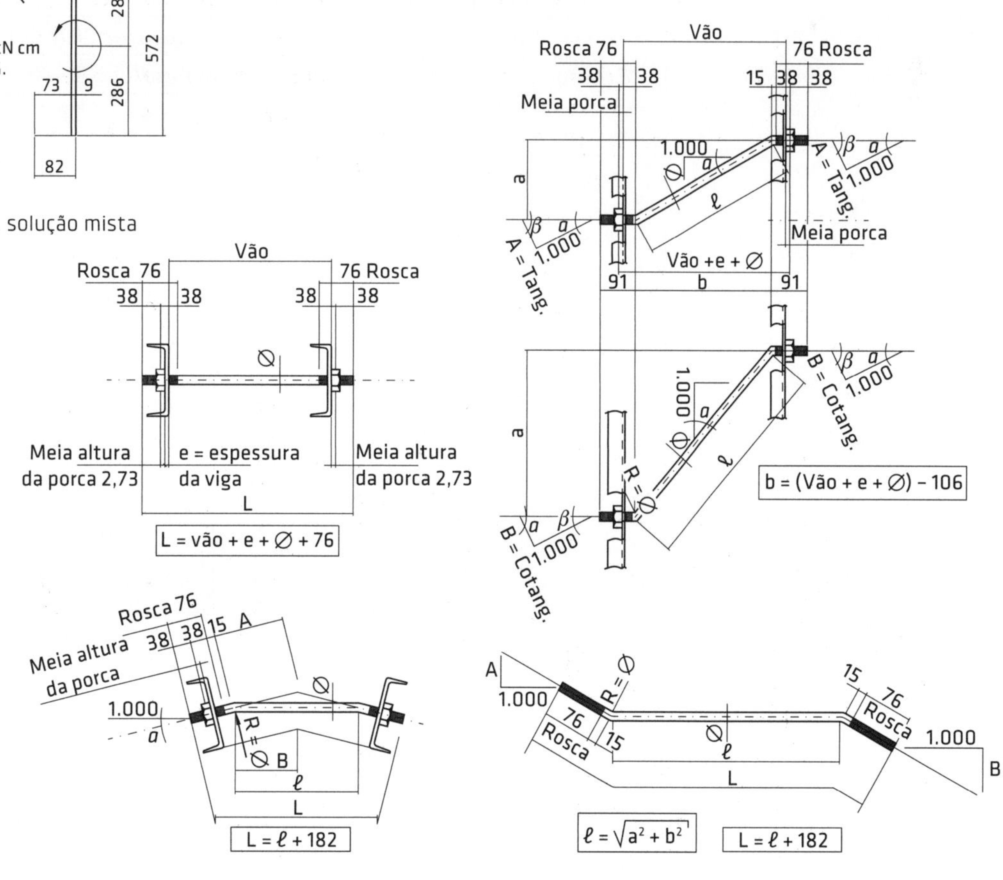

Fig. 17.6 Esquema para detalhe de tirantes para terças, vigas de tapamento, cumeeira e escora do beiral

Nas Tabs. 17.1 e 17.2 são listadas as folgas adotadas para os parafusos A325 e A490.

Os exemplos indicados na Fig. 17.7 estão de acordo com o sistema de detalhamento recomendado pelo AISC e foram executados com base no projeto desenvolvido no Apêndice D, 1ª alternativa.

Tab. 17.1 Folgas para colocação e aperto de parafusos de alta resistência A325 e A490

Parafusos de alta resistência A325 e A490
Folgas para colocação e aperto

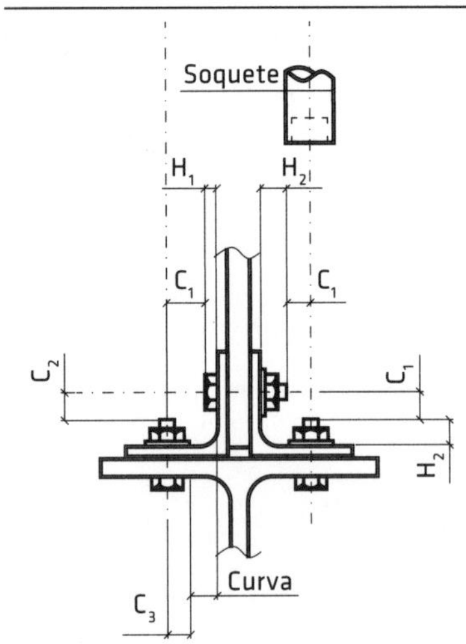

∅ parafuso	Soquete-padrão	H_1	H_2	C_1	C_2	C_3 Redonda	C_3 Cortada
15,9	44	10	32	25	17	17	14
19,0	57	12	35	32	19	19	17
22,2	64	14	38	35	22	22	21
25,4	67	15	41	37	24	25	22
28,6	73	17	48	40	27	29	25
31,7	79	20	51	43	29	32	29
34,9	83	21	54	44	32	35	32
38,1	89	24	57	48	33	38	33

em que H_1 = altura da cabeça; H_2 = extensão máxima do corpo, baseada numa arruela plana; C_1 = folga para aperto; C_2 = folga para colocação; C_3 = folga para abaulamento do canto, baseada numa arruela endurecida padrão.

Tab. 17.2 Folgas para aperto de parafusos defasados A325 e A490 com chave de impacto

Parafusos de alta resistência A325 e A490
Defasagem para aperto com chave de impacto

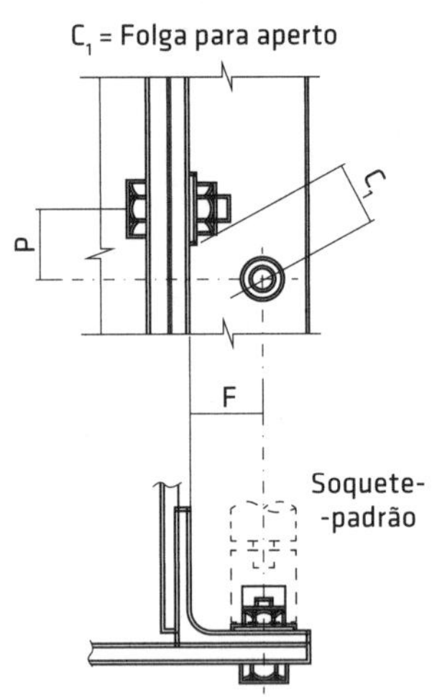

F (mm)	Defasagem P (mm) – Diâmetro do parafuso de alta resistência: 15,9	19,0	22,2	25,4	28,6	31,7	34,9	38,1
25								
29								
32								
35								
38								
41								
44								
48					65	71	76	83
51	41	49	56	59	65	70	76	83
54	38	48	54	59	64	70	75	81
57	38	46	52	57	62	68	75	81
60	37	44	51	56	60	67	73	79
64	32	43	49	54	57	64	71	78
67	32	40	46	51	54	62	70	76
70	30	38	43	48	51	59	67	73
73	29	35	40	44	49	54	64	71
76	25	32	38	41	48	52	60	68
79	21	29	35	38	44	51	57	64
83		22	30	35	41	48	54	60
86			24	30	38	44	51	57
89				22	32	41	49	54
92					24	35	44	51
95						27	40	48
98							33	43
102								35

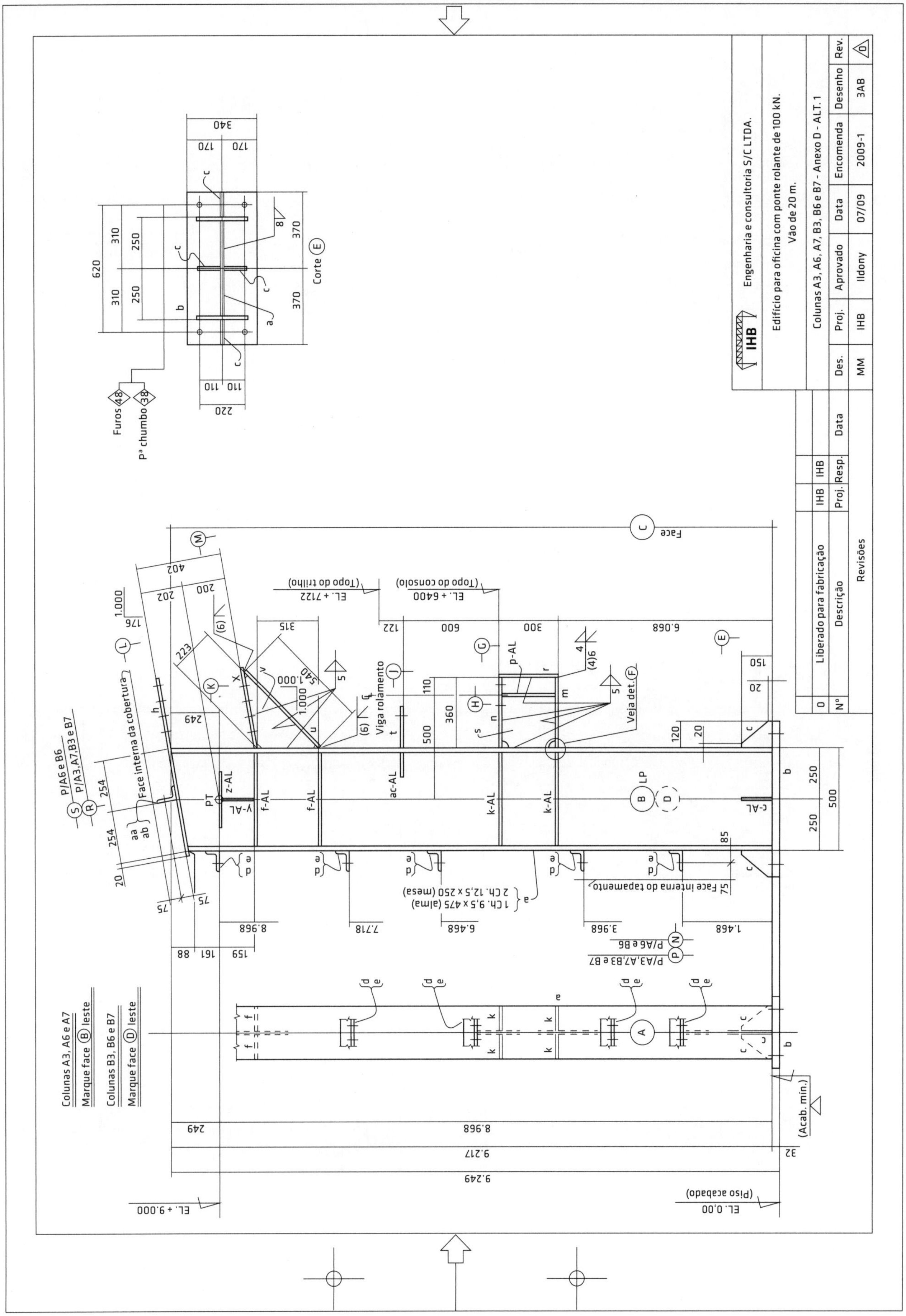

Fig. 17.7 Exemplos de detalhamento

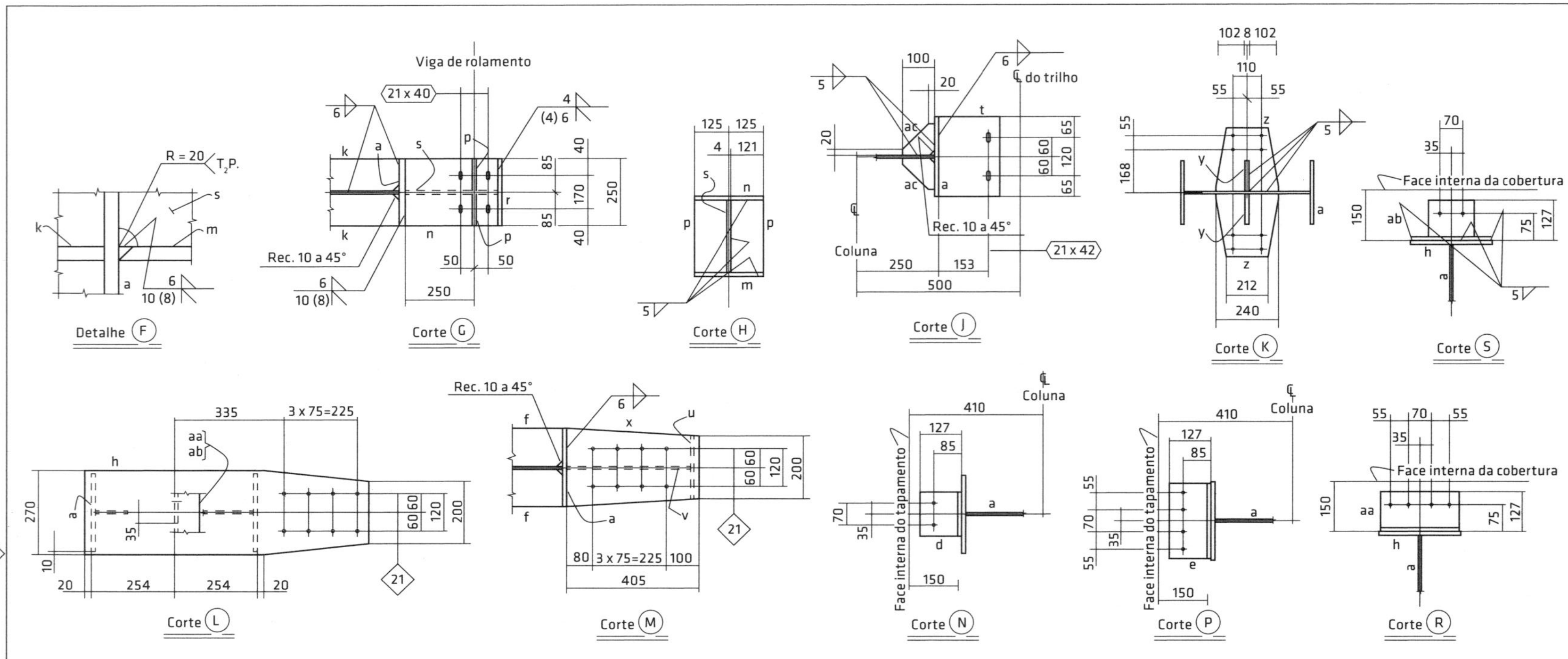

Linha	Peça de conjunto	Quant.	Perfil	Dimensões finais	Observações	Massa calc. de uma peça de montagem kg
1		1		COLUNA A3		994
2		1		COLUNA A6		986
3		1		COLUNA A7		994
4		1		COLUNA B3		994
5		1		COLUNA B6		986
6		1		COLUNA B7		994
7	3a	6	PS	500 x 85 x 9217	Extremidade usinada	4.700,7
8	3b	6	CH	32,0 x 340 x 740	Perfeitamente desempenada	379,2
9	3c	24	CH	12,5 x 120 x 150	Rec.	27,1
10	3d	10	L	127 x 76 x 8 x 130	P/A6 E B6	15,8
11	3e	20	L	127 x 76 x 8 x 240	P/A3, A7, B3 E B7	58,6
12	3f	24	CH	9,5 x 120 x 472		101,4
13	3h	6	CH	9,5 x 270 x 869	Rec.	100,0
14	3k	24	CH	12,5 x 120 x 472	Rec.	133,4
15	3m	6	CH	12,5 x 250 x 360	Chanf.	53,0
16	3n	6	CH	12,5 x 250 x 360	Chanf.	53,0
17	3p	12	CH	9,5 x 120 x 273	Rec.	29,3

Linha	Peça de conjunto	Quant.	Perfil	Dimensões finais	Observações	Massa calc. de uma peça de montagme kg
18	3r	6	CH	9,5 x 250 x 300		33,6
19	3s	6	CH	9,5 x 275 x 360	Rec.	44,3
20	3t	6	CH	16,0 x 188 x 250		35,4
21	3u	6	CH	9,5 x 200 x 540		48,3
22	3v	6	CH	6,3 x 223 x 530	Rec.	17,1
23	3x	6	CH	9,5 x 250 x 405	Rec.	45,3
24	3y	12	CH	6,3 x 120 x 150		10,7
25	3z	12	CH	8,0 x 240 x 248	Rec.	42,3
26	3aa	4	L	127 x 76 x 8 x 240	P/A3, A7, B3 e B7	11,7
27	3ab	2	L	127 x 76 x 8 x 130	P/A6 e B6	3,2
28	3ac	12	CH	9,5 x 100 x 100	Rec.	4,4
29						
30						
31						
32						
33						
34						Massa total: 5,948t

Para notas gerais veja o desenho N° 1

N°	Descrição	Proj.	Resp.	Data
		IHB	IHB	
0	Liberado para fabricação	Proj.	Resp.	

Revisões

Furos ø 18 E.A. — Pintura de fabricação: Sim ☒ Não ☐ (Veja nota) ☐

IHB Engenharia e consultoria S/C LTDA.

Edifício para oficina com ponte rolante de 100 kN. Vão de 20 m.

Colunas A3, A6, A7, B3, B6 e B7 - Anexo D - Alt. 1

Des.	Proj.	Aprovado	Data	Encomenda	Desenho	Rev.
RSG	IHB	Ildony	07/09	2009-1	3B	0

Fig. 17.7 (continuação)

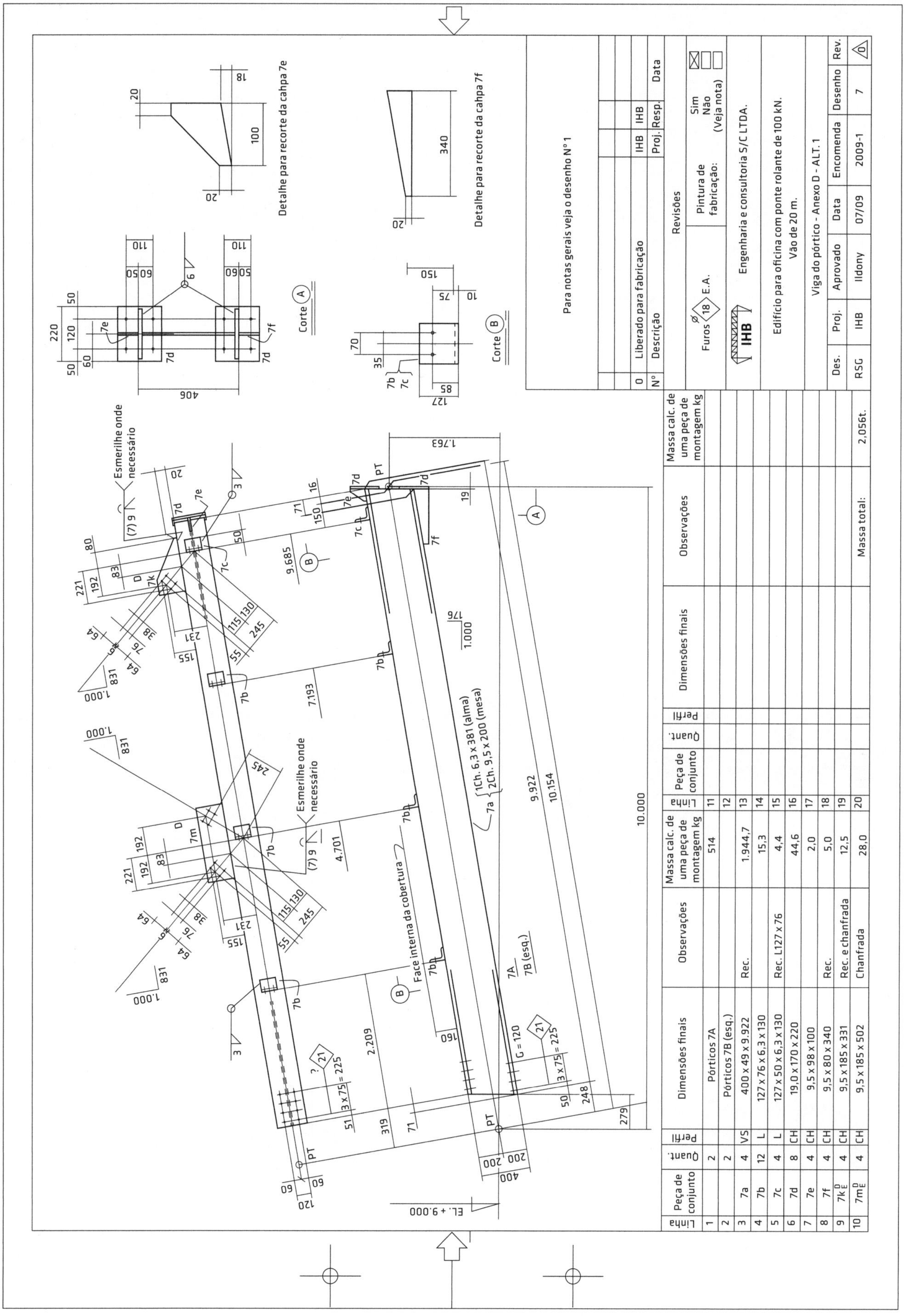

Fig. 17.7 (continuação)

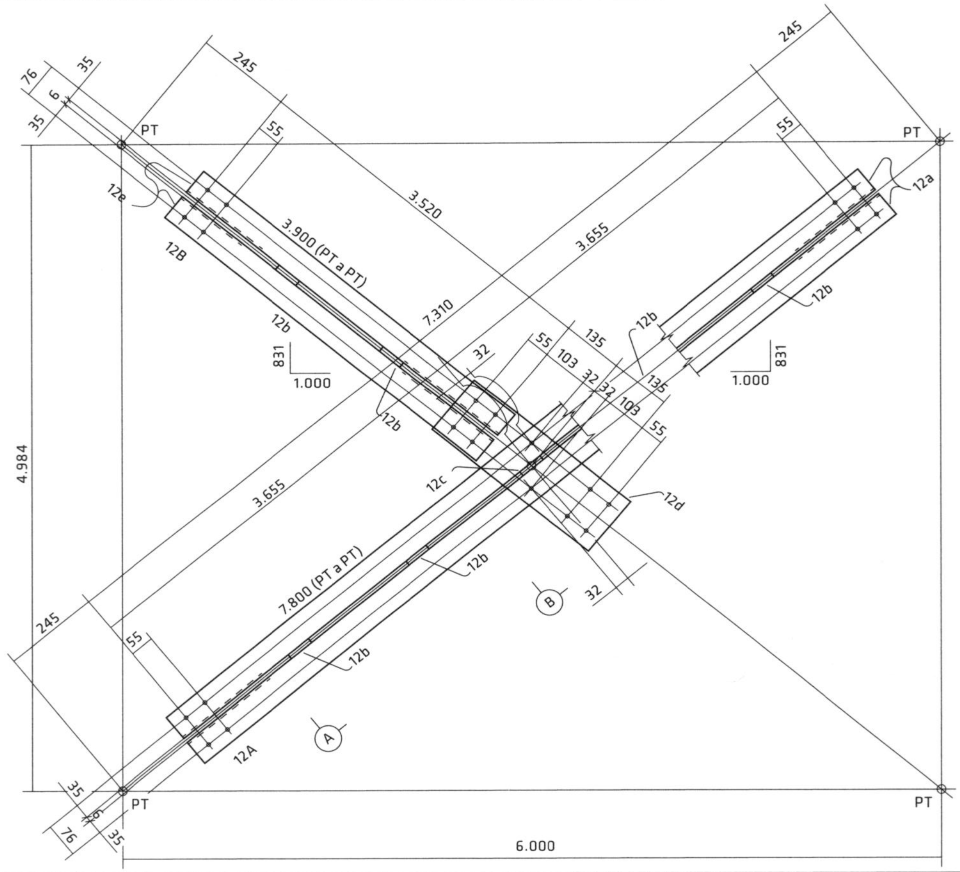

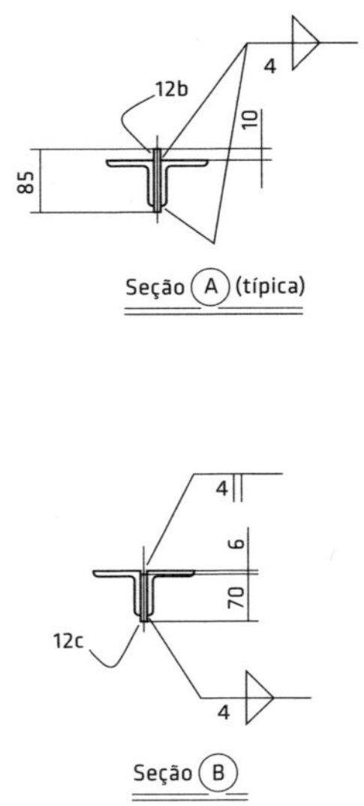

Linha	Peça de conjunto	Quant.	Perfil	Dimensões finais	Observações	Massa calc. de uma peça de montagem kg	Linha	Peça de conjunto	Quant.	Perfil	Dimensões finais	Observações	Massa calc. de uma peça de montagem kg
1		8		Diagonais 12A		74	11						
2	12a	16	L	64 x 64 x 4,8 x 7.370		539,0	12						
3	12b	32	CH	9,5 x 60 x 85		12,2	13						
4	12c	8	CH	9,5 x 60 x 70		2,5	14						
5	12d	8	CH	8 x 136 x 440		35,7	15						
6		16	PE	? 16 x 32			16						
7							17						
8		16		Diagonais 12B		33	18						
9	12e	32	L	64 x 64 x 4,8 x 3.580		523,5	19						
10	12b	32				12,2	20					Massa total:	1,125t.

Para notas gerais veja o desenho N° 1

N°	Descrição	Proj.	Resp.	Data
0	Liberado para fabricação	IHB	IHB	

Revisões

Furos Ø 18 — Pintura de fabricação: Sim ☒ Não ☐ (Veja nota) ☐

IHB Engenharia e consultoria S/C LTDA.

Edifício para oficina com ponte rolante de 100 kN.
Vão de 20 m.

Contraventamentos horizontal - Anexo D

Des.	Proj.	Aprovado	Data	Encomenda	Desenho	Rev.
MM	IHB	Ildony	07/09	2009-1	12	0

Fig. 17.7 (continuação)

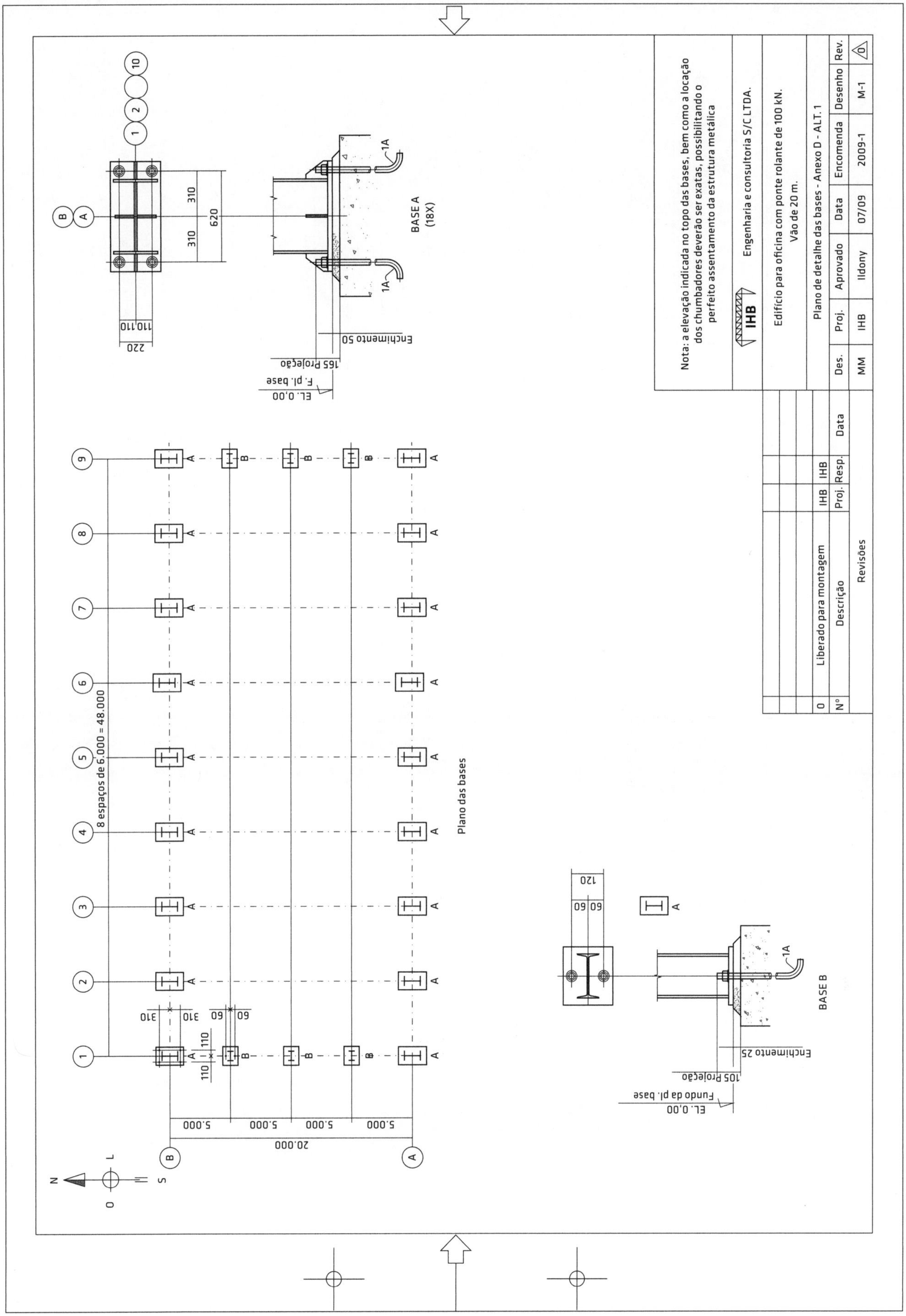

Fig. 17.7 (continuação)

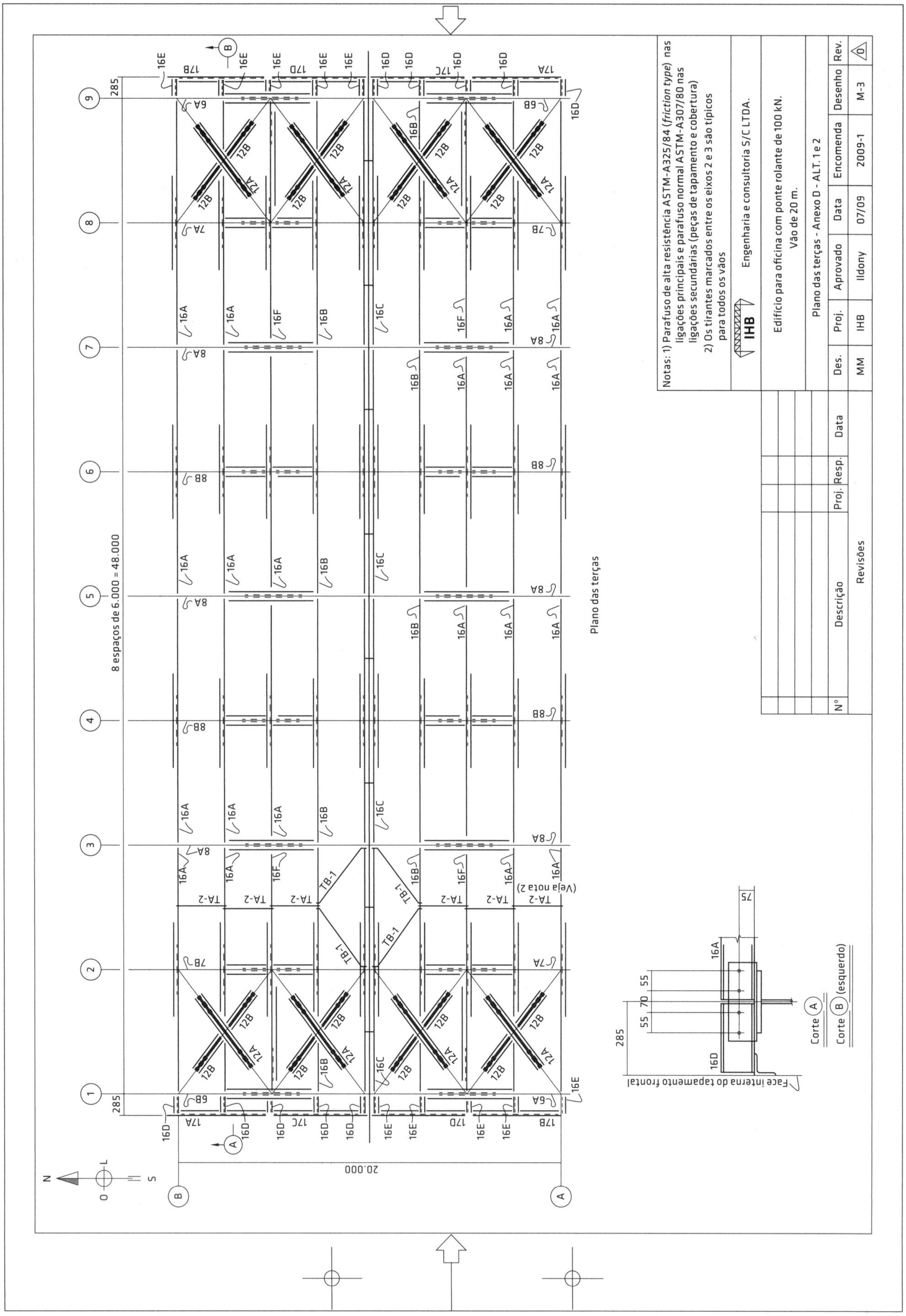

Fig. 17.7 (continuação)

NOÇÕES SOBRE FABRICAÇÃO

18

18.1 Considerações gerais

Para que se possa compreender melhor o processo de fabricação de uma estrutura de aço, são indispensáveis algumas noções sobre a execução das várias etapas que compõem a fabricação final das peças.

Uma fábrica de médio a grande porte, bem equipada, pode executar simultaneamente um ou mais tipos de obra, como edifício industrial, edifício de múltiplos andares, pontes, torres, estruturas especiais etc.

Ao dimensionar e projetar uma determinada obra, o projetista deve fazê-lo com base em uma determinada norma, devendo explicitá-la para que as demais etapas da fabricação sigam suas recomendações quanto aos aspectos de execução, tolerância e controle de qualidade.

18.2 Principais etapas na fabricação

Com pequenas variações dependendo do fabricante, as principais etapas que compõem a produção de uma estrutura dentro de uma fábrica são as descritas a seguir.

18.2.1 Suprimento

Com base em dados estatísticos, o órgão responsável pelo suprimento mantém um estoque mínimo de materiais (chapas e perfilados) considerados padrão.

As listas preliminares, elaboradas em função dos desenhos de projeto, permitem providenciar com antecedência a quantidade de material necessário, seja pela verificação do estoque disponível, seja por sua aquisição junto aos fornecedores.

Com o mesmo objetivo, são elaboradas as listas avançadas de perfis soldados, para que sua fabricação ou aquisição antecipada não venha a ocasionar nenhum atraso na fabricação das peças estruturais. Nesse caso, os perfis são encomendados com ≅10 mm a mais no comprimento e recortados para a dimensão final após o recebimento dos desenhos de detalhe.

Para materiais diversos como parafusos, porcas, arruelas, tintas, eletrodos, arame para solda, fluxos etc., deve-se manter um estoque mínimo ou agilizar as compras.

Os materiais devem ser recebidos e inspecionados de acordo com as normas vigentes, para a verificação de sua qualidade e tolerâncias. Os perfis laminados e as chapas devem ser recebidos com os respectivos certificados das usinas.

18.2.2 Preparação

Depois de aprovados, os desenhos de detalhe são enviados para a fábrica, para o início da fabricação dos componentes que vão formar a estrutura. Essa é a primeira grande operação da fábrica.

A preparação consiste de planejamento, programação e controle, executados na seguinte ordem:

a) *ordens de fabricação*: informações para a oficina com definições sobre quem, quando, como e onde deverá se processar a fabricação em suas várias fases sequenciais;

b) *fichas de controle*: arquivo que informa a posição de cada elemento estrutural no fluxograma de fabricação;

c) *gabaritos e croquis*: desenhos de peças em escala 1:1 executados em papelão (gabarito) ou sem escala (croquis), que facilitam a execução das operações de oficina, dinamizando os trabalhos e melhorando a garantia de qualidade;

d) *planejamento*: é executado por equipes experientes, que determinam os melhores procedimentos de fabricação para os elementos estruturais, acompanhando posteriormente sua evolução na oficina e fazendo as correções necessárias.

18.2.3 Desempeno e aplainamento

Nem sempre os materiais laminados se encontram em condições de serem usados na fabricação das peças estruturais, em face das deformações apresentadas. Quando essas deformações excedem as tolerâncias admissíveis, é necessário trabalho com aquecimento controlado, desempeno mecânico ou aplainamento do material.

Tanto o desempeno quanto o aplainamento podem ser executados com a aplicação de calor ou por prensas, calandras ou processos mecânicos que não venham a causar amassamento ou esmagamento localizados.

A temperatura das áreas aquecidas não deve ultrapassar 600 °C para o aço ASTM A514 e 650 °C para os demais aços, conforme especificado pelas normas.

18.2.4 Dobramento, calandragem e pré-deformação

Dobramento

O dobramento de peças pode ser realizado a frio ou a quente. Para os dobramentos de material a frio, devem ser considerados os seguintes dados: resistência do material ao dobramento, ângulo e raio do dobramento e seção reta do material.

Quando for necessária a aplicação de calor no material para a execução do dobramento, a temperatura não deverá ultrapassar os valores fornecidos na seção anterior.

Calandragem

Na calandragem, devem ser consideradas as mesmas recomendações feitas para o dobramento.

Pré-deformação

É a operação utilizada com o objetivo de evitar a deformação provocada pelo calor imposto à peça. Como exemplo, pode-se citar a pré-deformação dada às mesas dos perfis soldados antes da ligação com a alma (Fig. 18.1).

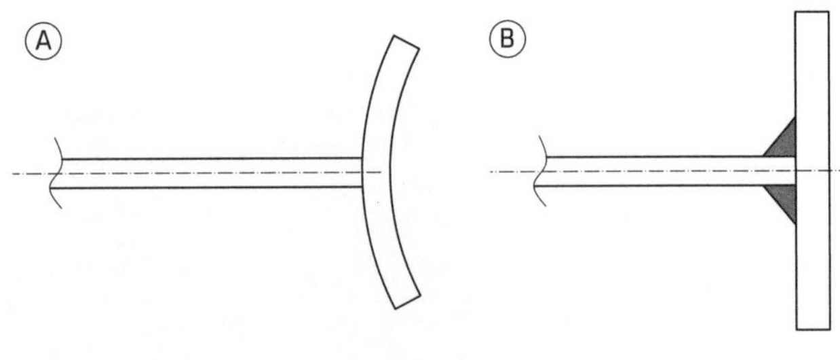

Fig. 18.1 Pré-deformação das mesas: (A) antes e (B) após

18.2.5 Cortes

Os cortes podem ser executados a calor ou por meio mecânico.

Corte a calor

Para a execução do corte a calor (Fig. 18.2), é possível utilizar chama oxi-GLP ou oxiacetileno, eletrodo de carvão ou eletrodo de chanfro.

Os cortes executados por chama oxi-GLP e oxiacetileno têm praticamente as mesmas características, podendo-se usar um sistema ou outro. Só podem ser cortados por esses materiais o ferro, o aço-carbono com até 0,7% de carbono e aços de liga pobre.

Fig. 18.2 Corte a maçarico

Corte mecânico

Para a execução de cortes mecânicos, podem ser utilizadas tesouras, tesouras-guilhotina e serras.

As tesouras aplicam-se a cortes de chapas de pequenas espessuras para calhas, tubos de descida, rufos etc. Já as tesouras-guilhotinas aplicam-se a cortes de chapas e pequenos perfis até a espessura de 12,5 mm, normalmente ocasionando pequenas deformações nas extremidades cortadas. Por fim, as serras são utilizadas em cortes de perfis em geral, apresentando bom acabamento nas extremidades (Fig. 18.3).

Fig. 18.3 Corte a serra

18.2.6 Usinagem

Utiliza-se a usinagem somente quando necessário, por se tratar de um processo caro de fabricação. É empregada quando se exige um perfeito contato entre duas superfícies, como nas bases e nas extremidades de colunas, nas emendas, nas extremidades de membros a compressão e nas ligações especiais, em que se pode transmitir parte da carga por contato direto, reduzindo-se assim a quantidade de parafusos. A usinagem também é aplicada na fabricação de chanfros para solda, existindo inclusive equipamentos exclusivos para essa finalidade.

18.2.7 Furação

Os aspectos normativos das ligações parafusadas e rebitadas podem ser encontrados no AISC e na NBR 8800.

Furos para juntas comuns

A furação pode ser executada com broca ou punção. Nos casos de furação puncionada, deve ser verificada a relação entre capacidade do equipamento, espessura da chapa, diâmetro do furo e folga entre punção e matriz.

Não há necessariamente limites rígidos para o uso da furação puncionada, mas normalmente a espessura do material (t) não deve ser superior ao diâmetro do parafuso (d) mais 3 mm (Fig. 18.4). Quando a peça é puncionada, nota-se uma diferença entre o diâmetro de entrada e o de saída do furo.

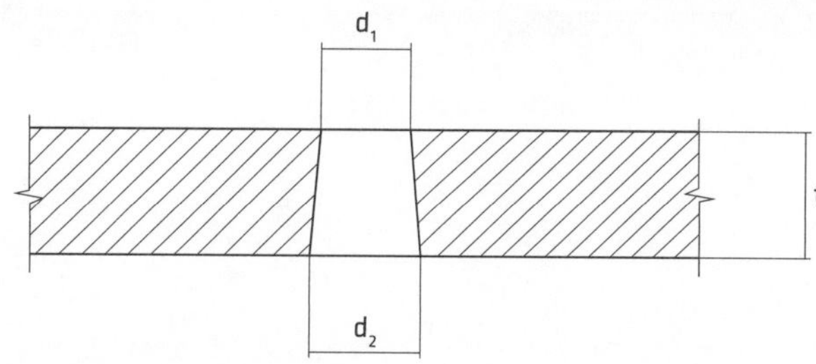

d = diâmetro do parafuso

d_1 = diâmetro do furo = d + 1,6 mm

$d_1 < d_2$

$t \leq d + 3$ mm

Fig. 18.4 Seção esquemática de furo puncionado

O subpuncionamento, quando exigido pelo projetista ou pelas condições da obra, é feito 3 mm a 6 mm menor que o diâmetro final (d_1) do furo, para posterior alargamento em conjunto.

Na furação para chumbadores, para bases de coluna, pode-se utilizar broca, punção ou ainda o corte por meio de oxi-GLP ou oxiacetileno (Figs. 18.5 e 18.6).

18.2.8 Montagem e pré-montagem de oficina

Montagem

A montagem de oficina deve ser executada de modo que as dimensões das peças fiquem rigorosamente de acordo com as medidas indicadas nos desenhos de fabricação, dentro das tolerâncias previstas em normas internas ou externas (Fig. 18.7). Cuidados especiais devem ser levados em conta com referência à execução de determinadas peças soldadas, em face de encurtamentos, empenos ou outras deformações das contrações de solda.

Pré-montagem

A pré-montagem é uma operação realizada na oficina e consiste na união das partes de um conjunto, objetivando a precisão exigida para sua montagem no campo.

Fig. 18.5 Puncionamento com o uso de gabarito

Fig. 18.6 Furação a broca

Fig. 18.7 Montagem na oficina

Essa operação eleva consideravelmente o custo da fabricação, razão pela qual deve ser executada em casos excepcionais ou por exigência de normas (pontes em treliça, estruturas muito repetidas etc.). Sua realização evita a ocorrência de erros que seriam desastrosos para a montagem de campo, como posicionamento incorreto de partes de um conjunto, verificação de contraflechas etc.

18.2.9 Alargamento em conjunto

O alargamento feito na fabricação tem por finalidade assegurar a perfeita coincidência dos furos em ligações especiais, proporcionando assim melhor rendimento na montagem de campo. Normalmente, os furos a serem alargados são subpuncionados ou sub-broqueados 3 mm a 6 mm menores que o diâmetro definitivo. Esse tipo de operação é comumente empregado em estruturas de pontes ferroviárias e rodoviárias, silos com chapas de desgaste, estruturas especiais de grande porte etc.

18.2.10 Rebitagem

Em praticamente todas as fábricas de estruturas metálicas, a rebitagem foi amplamente substituída pela soldagem e pela parafusagem, exceto em casos de reconstituição de obras antigas.

18.2.11 Parafusagem

A parafusagem das conexões estruturais na oficina, quando permanente ou definitiva, é feita com chaves manuais ou de impacto (Fig. 18.8). Em muitas conexões, são usados parafusos ASTM A307, normalmente chamados de parafusos comuns, quando permitidos pelas especificações. Esses parafusos podem ser apertados a mão, com chaves manuais, girando o parafuso ou a porca até que as partes conectadas estejam perfeitamente assentadas. Entretanto, o emprego de chaves de impacto operadas a ar comprimido é mais econômico.

Fig. 18.8 Parafusagem

Parafusos de alta resistência ASTM A325 ou A490 são amplamente utilizados em conexões em que as cargas são relativamente altas ou sujeitas a flutuações dinâmicas.

O aperto dos parafusos de alta resistência normalmente é feito por chaves de impacto com controle de torque ou pelo método de aperto pela rotação da porca (ver Cap. 4).

18.2.12 Soldagem

A responsabilidade sobre a qualidade da solda será sempre do fabricante, embora haja inspetor ou empresa credenciada pelo contratante para a fiscalização.

Os soldadores devem ser qualificados de acordo com as exigências das normas em vigor.

O fabricante deve fornecer um procedimento de soldagem (Fig. 18.9) indicando pelo menos os seguintes dados:

- processo de soldagem (manual, arco submerso etc.);
- tipo de junta e sua configuração;
- especificação e espessura do material-base;
- especificação e classe do material de deposição;
- temperatura de pré-aquecimento (mínima);
- temperatura entre passes (máxima);
- número aproximado de passes;
- parâmetros de soldagem (voltagem, amperagem, velocidade);
- controle do material de solda.

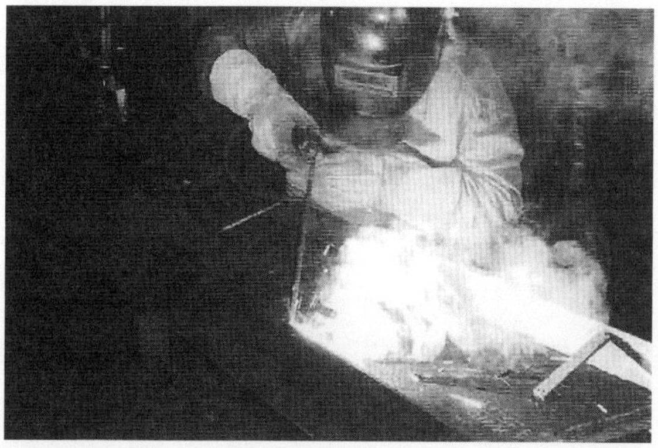

Fig. 18.9 Soldagem

O procedimento de soldagem deve ter como objetivo alcançar as propriedades mecânicas especificadas. Mesmo quando o procedimento é aprovado pela entidade competente, continua sendo unicamente do fabricante a responsabilidade pela qualidade da junta soldada.

Os cortes e os chanfros que receberão deposição de solda não devem ter estrias que permitam inclusão de impurezas. Caso excedam os valores definidos pelas normas, as estrias devem ser reparadas, executando-se a recomposição do material-base com solda e esmerilhamento (ver Cap. 3).

18.2.13 Contraflecha em vigas e treliças na oficina

As contraflechas podem ser executadas das seguintes formas:

- *Na preparação*: com a realização do corte da alma com a curvatura desejada. Nesse caso, o procedimento da solda é de máxima importância.
- *Mediante calor*: com a aplicação de calor localizado na alma antes da fabricação do perfil, para os casos em que a chapa não permita o corte na curvatura necessária em razão da largura. O procedimento de solda da alma é de máxima importância.
- *Na pré-montagem*: com a execução da montagem já com a curvatura desejada, para a posterior soldagem dos elementos estruturais.
- *Em vigas laminadas*: com a aplicação de esforços mecânicos e/ou calor localizado. Para a execução dos esforços mecânicos, pode-se utilizar calandras, prensas ou macacos.

18.2.14 Acabamento

De modo geral, o acabamento das peças deve obedecer às várias exigências normativas, ficando dentro das tolerâncias ou limitações admissíveis referentes às superfícies inacessíveis, em contato, adjacentes às soldas de campo etc.

Com referência ao acabamento operacional, é necessário eliminar as rebarbas em extremidades cortadas ou furadas, corrigir as ranhuras, limpar as soldas, retirar os respingos de solda e eliminar outros defeitos ou falhas ocasionais.

18.2.15 Controle de qualidade

Todo trabalho realizado numa fábrica de estruturas metálicas está sujeito a inspeção do próprio fabricante, que deve desenvolver procedimentos para o controle de qualidade de acordo com o que julgar necessário, de modo a garantir que a produção esteja em conformidade com a especificação prescrita. A inspeção é realizada por pessoas altamente treinadas e qualificadas para exercer a função e que atuam em todas as fases do processo de fabricação. Em muitos casos, o cliente pode contratar inspetores para atuarem como seus representantes junto aos do fabricante. Em geral, em uma fábrica são realizadas as seguintes inspeções:

- *do aço*: composição química, resistência mecânica e tolerâncias dimensionais, por meio de certificado do material fornecido pelas usinas;
- *dos perfis soldados e das estruturas*: tolerâncias dimensionais, conforme o padrão especificado ou com variações mediante acordo;
- *da solda (ver Cap. 3)*: exame visual, dimensões do cordão da solda, líquido penetrante, raios X ou gama, ultrassom e Magnaflux (partícula magnética);
- *outros materiais*: de acordo com as normas vigentes para cada tipo de material.

18.3 Tolerâncias de fabricação

As estruturas metálicas, como qualquer outro tipo de estrutura com outro tipo de fabricação, requerem padrões de tolerância que permitam ter uma estrutura de qualidade e durabilidade e que se comporte de acordo com o que foi calculado. Em decorrência da experiência do autor, fruto de diálogos constantes com os trabalhadores de fabricação e montagem da antiga FEM S/A, estabeleceu-se que, para obter uma fabricação mais racional e com custos compatíveis, é preciso respeitar os padrões de tolerância, a saber:

- *padrão I (rigoroso)*: para estruturas que requerem maior rigor dimensional, como colunas de edifícios de múltiplos andares, vigas de rolamento, estruturas-suporte de grandes cargas, pontes ferroviárias etc.;
- *padrão II (normal)*: para estruturas convencionais, como galpões industriais, exceto vigas de rolamento, vigas de edifícios etc.;
- *padrão III (comercial)*: para estruturas secundárias e complementares, como estacas, postes, escadas, corrimãos etc.

As estruturas podem estar enquadradas em um padrão, mas algumas de suas partes podem estar em outro. O objetivo do autor é que, com o tempo e com sugestões de outros fabricantes, tenha-se uma norma nacional de tolerâncias na fabricação de estruturas metálicas.

As tolerâncias dimensionais para os perfis soldados e as estruturas são apresentadas nas Tabs. 18.1 e 18.2.

Tab. 18.1 Tolerâncias dimensionais para os perfis soldados

Tipo	Variáveis	Parâmetros		Tolerâncias (mm) Padrão I	Padrão II	Padrão III
Dimensões transversais	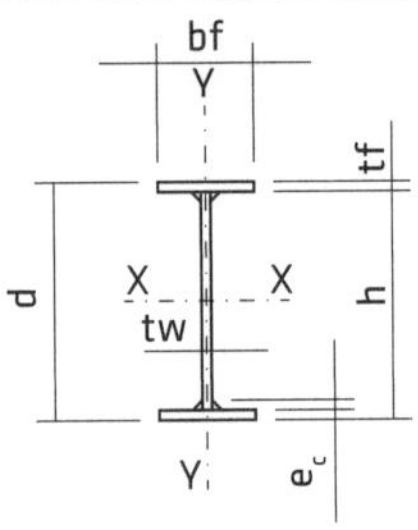	d	$d \leq 900$	±3,0	±3,0	±4,0
			$900 < d \leq 1.800$	±3,0	−4,0 +5,0	−5,0 +6,0
			$d > 1.800$	±4,0	−4,0 +7,0	−5,0 +8,0
		bf	$bf \leq 150$	±2,0	±2,0	±3,0
			$bf > 150$	±3,0	±3,0	±4,0
		tw e tf		NM 144-2 NM 144-3	NM 144-2 NM 144-3	NM 144-2 NM 144-3
Efeito combinado de desvio de paralelismo e transversal das mesas	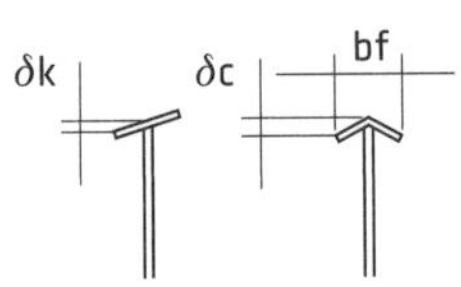	$\delta k + \delta c$		$bf/100$	2,0 ou $bf/100$, o que for maior	3,0 ou $bf/70$, o que for maior
Excentricidade da alma	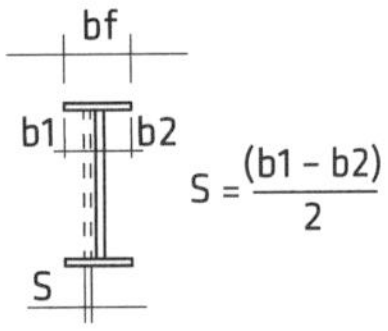	S	$bf \leq 150$	2,0	3,0	4,0
			$bf > 150$	3,0	4,0	5,0
Esquadro de extremidade aparada	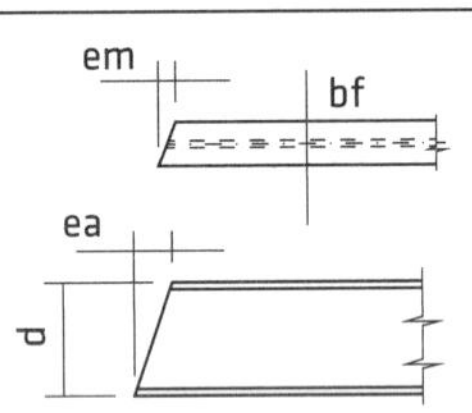	em	$bf \leq 300$	2,0	3,0	4,0
			$bf > 300$	3,0	3,0	4,0
		ea	$d \leq 600$	3,0	3,0	4,0
			$d > 600$	3,0	4,0	5,0
Extremidades não aparadas	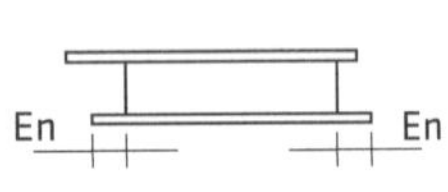	En		10,0	15,0	40,0

Tab. 18.1 (continuação)

<table>
<tr><td rowspan="2">Comprimento</td><td>Perfil com duas extremidades não aparadas</td><td>L</td><td colspan="2">±10,0</td><td colspan="2">±15,0</td><td colspan="2">±20,0</td></tr>
<tr><td>Perfil com duas extremidades aparadas</td><td>L</td><td colspan="2">±4,0</td><td colspan="2">+5,0
−3,0</td><td colspan="2">±7,0</td></tr>
<tr><td>Curvatura longitudinal</td><td>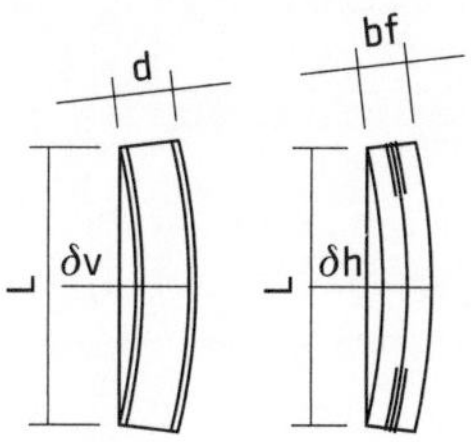</td><td>δv e δh (qualquer L)</td><td colspan="2">L/1.000 ou 8,0, o que for menor</td><td colspan="2">L/1.000 ou 10,0, o que for menor</td><td colspan="2">L/750 ou 15,0, o que for menor</td></tr>
<tr><td>Ondulações longitudinais na alma</td><td>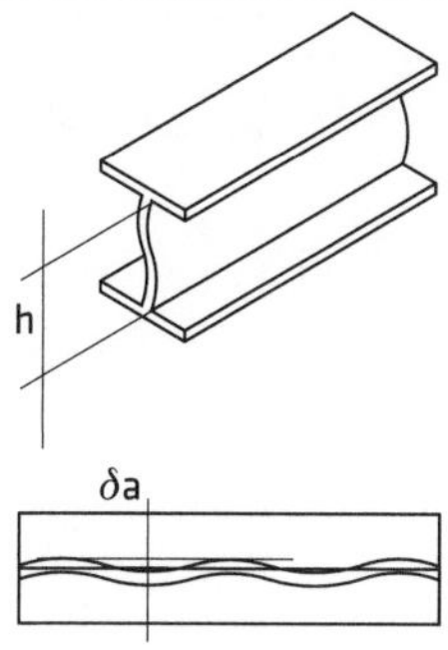</td><td>δa</td><td colspan="2">3,0 ou L/100, o que for maior, porém no máximo 12,0</td><td colspan="2">4,0 ou L/75, o que for maior, porém no máximo 16,0</td><td colspan="2">4,0 ou L/85, o que for maior, porém no máximo 18,0</td></tr>
<tr><td rowspan="2">Ondulações longitudinais na mesa</td><td rowspan="2">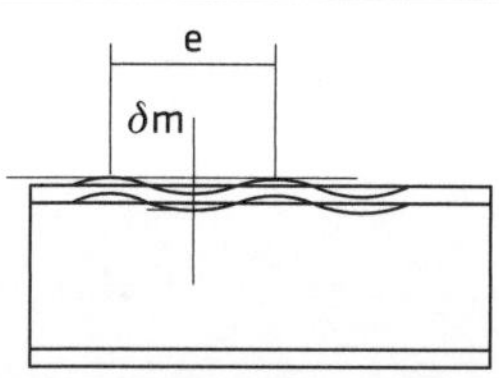</td><td rowspan="2">δm</td><td>$e \leq$ 300</td><td>3,0</td><td>$e \leq$ 400</td><td>4,0</td><td>$e \leq$ 500</td><td>5,0</td></tr>
<tr><td>$e >$ 300</td><td>e/100 $\leq$ 4,0</td><td>$e >$ 400</td><td>e/100 $\leq$ 5,0</td><td>$e >$ 500</td><td>e/100 $\leq$ 6,0</td></tr>
<tr><td>Curvatura da alma</td><td>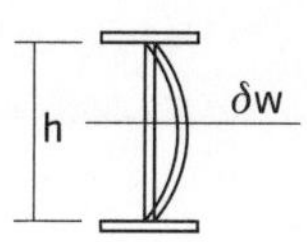</td><td>δw</td><td colspan="2">h/200 ou 2,0, o que for maior, porém no máximo 6,0</td><td colspan="2">h/150 ou 3,0, o que for maior, porém no máximo 8,0</td><td colspan="2">h/130 ou 3,0, o que for maior, porém no máximo 9,0</td></tr>
<tr><td>Massa</td><td></td><td>m</td><td colspan="6">−2,0% +6,0%</td></tr>
</table>

Tab. 18.2 Tolerâncias dimensionais para as estruturas

Variáveis		Parâmetros		Tolerâncias (mm) Padrão I	Tolerâncias (mm) Padrão II
Comprimento	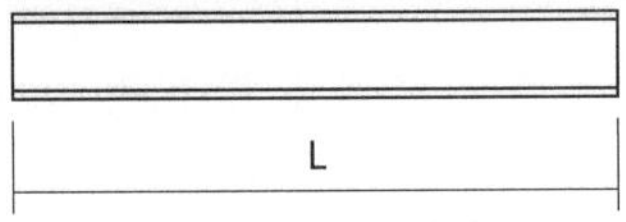	L		±2,0	±3,0
Posicionamento de chapas de reforço, enrijecedores etc.	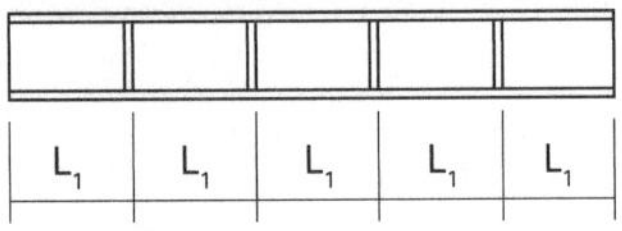	L_1		±3,0	±4,0
	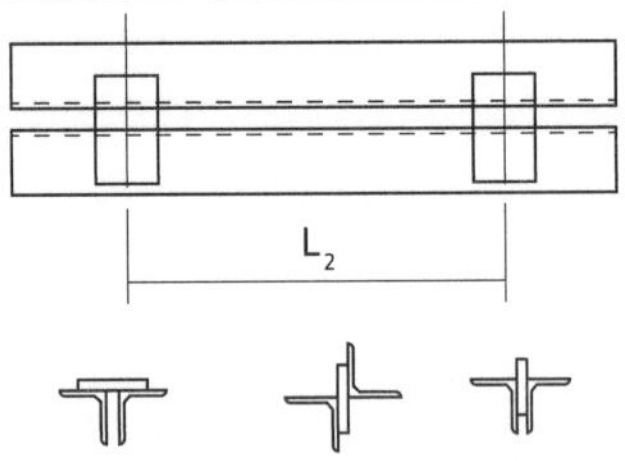	L_2		±4,0	±4,0
	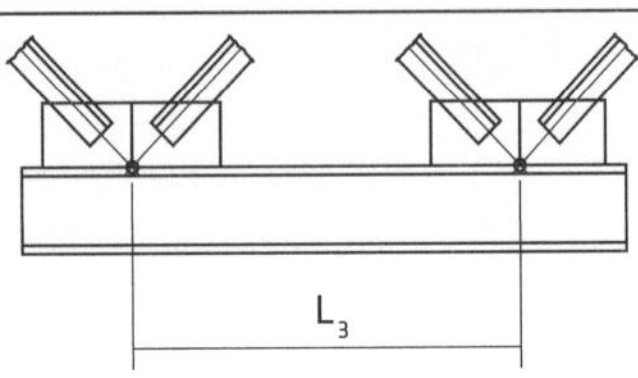	L_3		±3,0	±4,0
Colunas	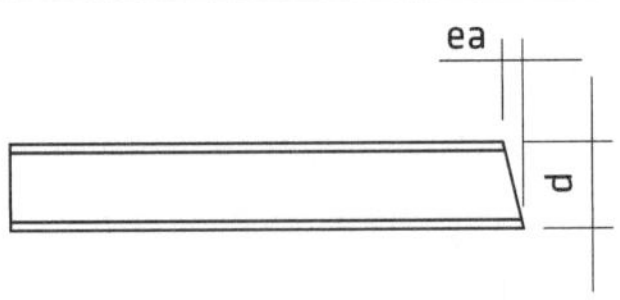	*ea*	$d \leq 600$	±2,0	±3,0
			$d > 600$	±3,0	±4,0
Vigas	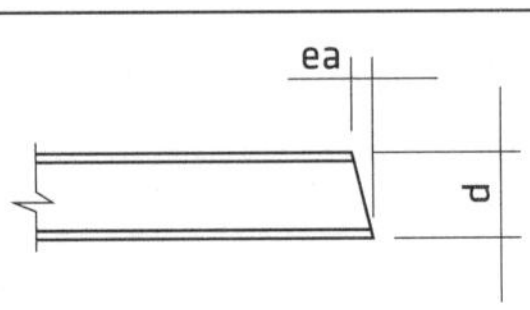	*ea*	$d \leq 1.000$	±2,0	±3,0
			$d > 1.000$	±3,0	±4,0
Planicidade (placa de base)	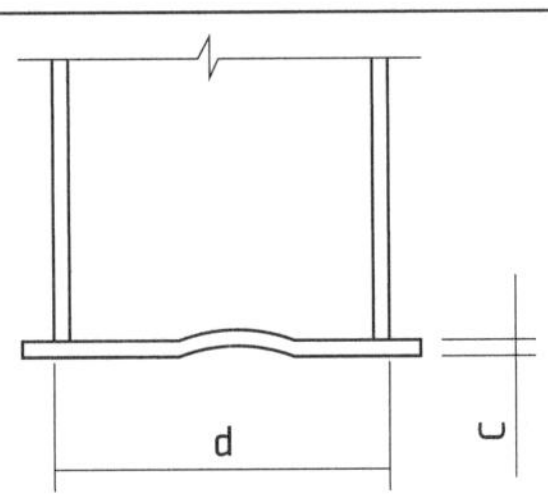	C		≤ 4 mm/m	≤ 5 mm/m
Perpendicularidade	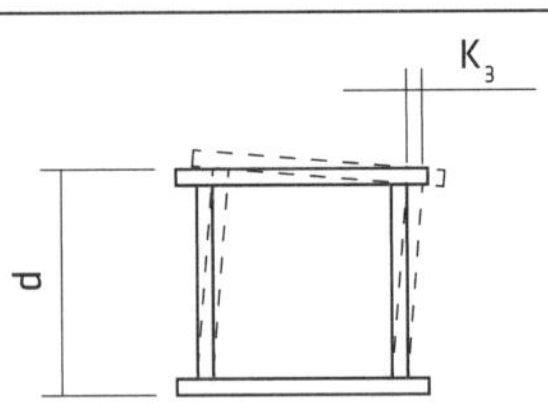	k_3	$d \leq 1.000$	≤ 3,0	≤ 4,0
			$1.000 < d \leq 2.000$	≤ 4,0	≤ 5,0
			$2.000 < d \leq 3.000$	≤ 6,0	≤ 6,0
			$d > 3.000$	$\leq 0{,}002d$	$\leq 0{,}002d$
Torção das vigas-caixão	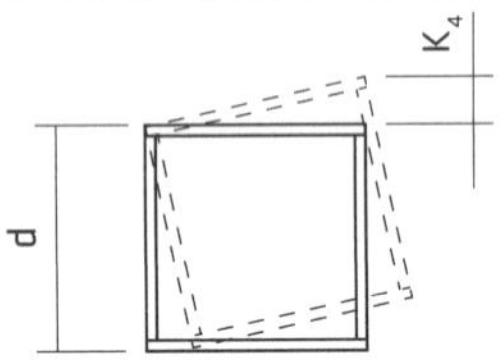	k_3	$L \leq 6.000$	≤ 3,0	≤ 4,0
			$6.000 < L \leq 12.000$	$\leq 0{,}005d$	$\leq 0{,}006d$
			$L > 12.000$	$\leq 0{,}0065d$	$\leq 0{,}008d$

Tab. 18.2 (continuação)

Perfil T soldado	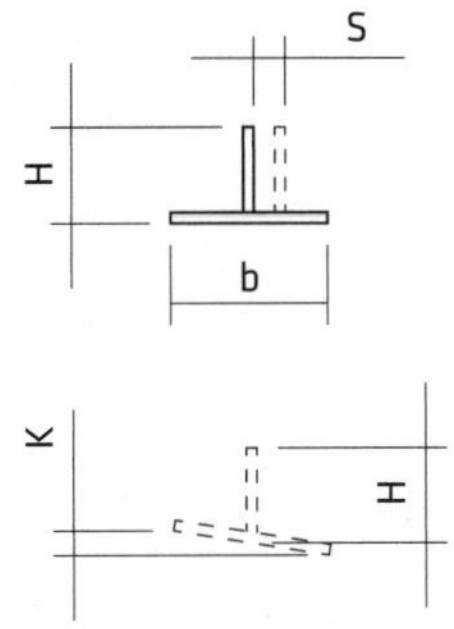	H		±3,0	±4,0
		b		±3,0	±4,0
		K		$\leq 0{,}02b$	$\leq 0{,}03b$
		s	$b \leq 200$	±3,0	±4,0
			$b > 200$	±3,0	±4,0
Perfil U soldado	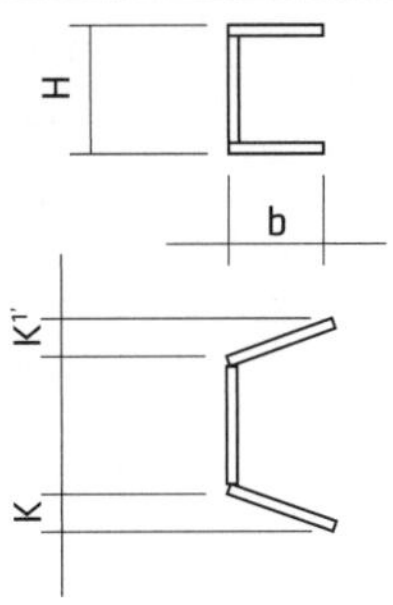	H		±3,0	±4,0
		b	$b \leq 200$	±3,0	±4,0
			$b > 200$	±3,0	±4,0
		$k + k'$	$b \leq 200$	$k + k' \leq 2{,}0 \leq 0{,}03b$	$\leq 0{,}04b$
			$b > 200$	$\leq 0{,}03b$	$\leq 0{,}04b$
Perpendicularidade	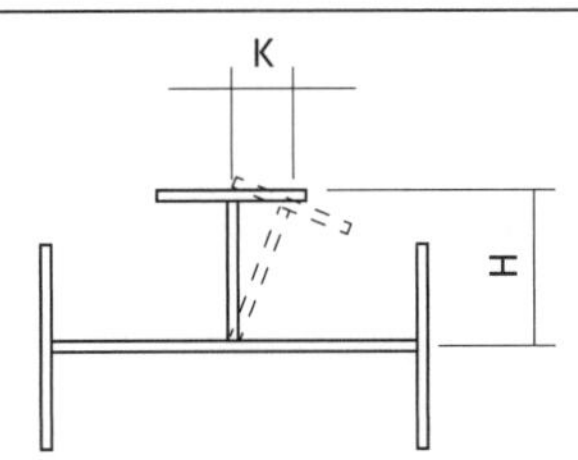	k		$\leq 0{,}01H \leq 3{,}0$	$\leq 0{,}01H \leq 4{,}0$
Excentricidade	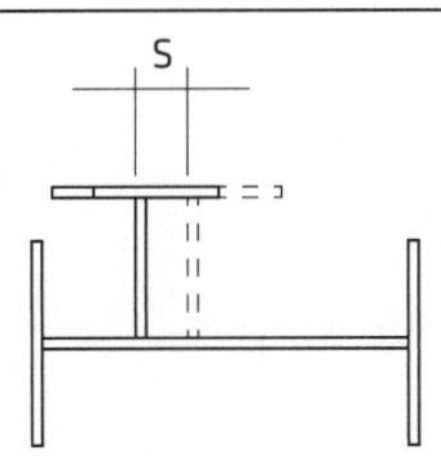	s		$\leq 3{,}0$	$\leq 3{,}0$
Altura e largura	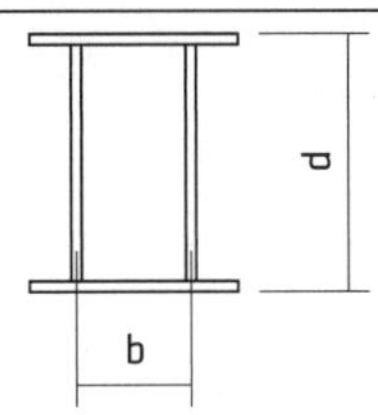	d		±3,0	±4,0
		b		±3,0	±4,0
Inclinação da conexão	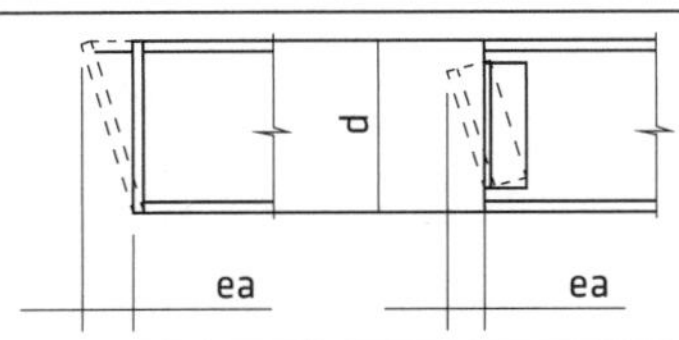	ea	$d \leq 600$	$\leq 2{,}0$	$\leq 2{,}0$
			$b > 600$	$\leq 2{,}0$	$\leq 3{,}0$
Curvatura da conexão	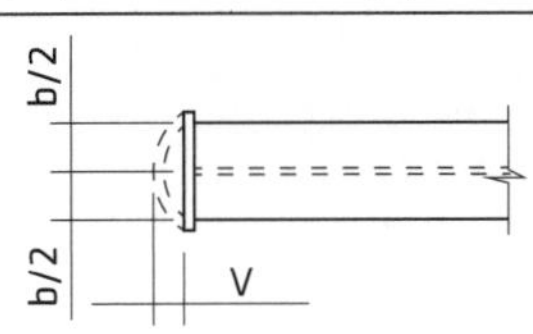	V	$d \leq 200$	$\leq 2{,}0$	$\leq 2{,}0$
			$b > 200$	$\leq 2{,}0$	$\leq 3{,}0$
	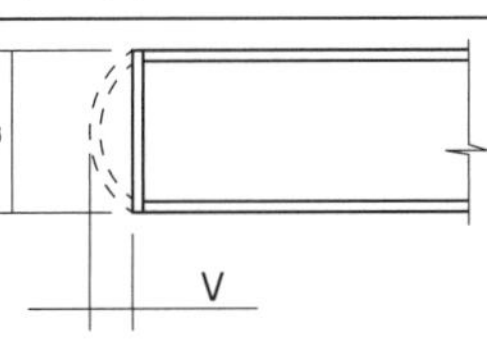	V		$0{,}002d \leq 2{,}0$	$0{,}003d \leq 3{,}0$

Tab. 18.2 (continuação)

Fora de centro	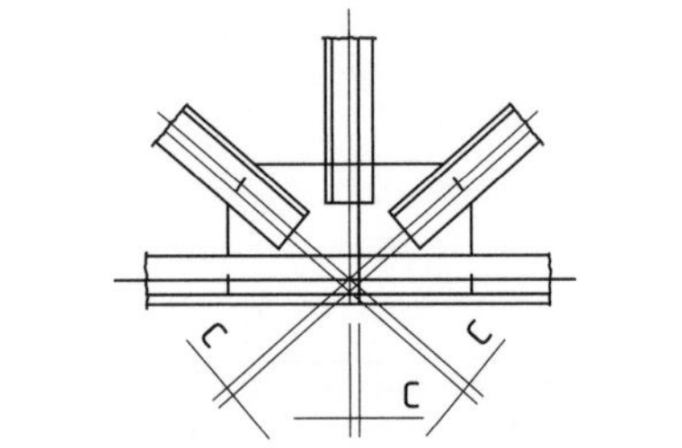	c	≤ 4,0	≤ 5,0
Curvatura de diagonais e montantes	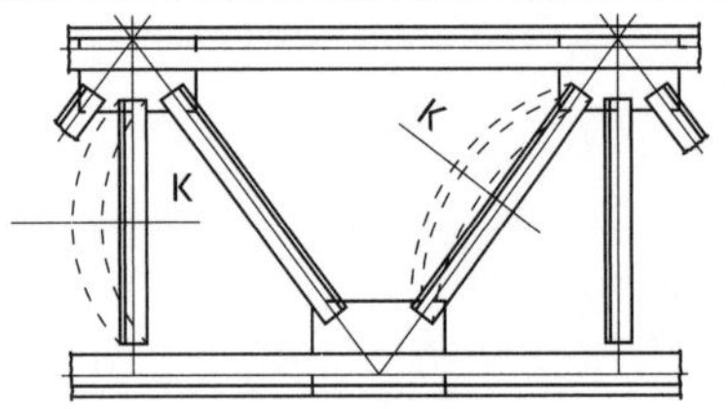	k	≤ $0{,}001L$ ≤ 10,0	≤ $0{,}0012L$ ≤ 12,0

Tolerância na furação

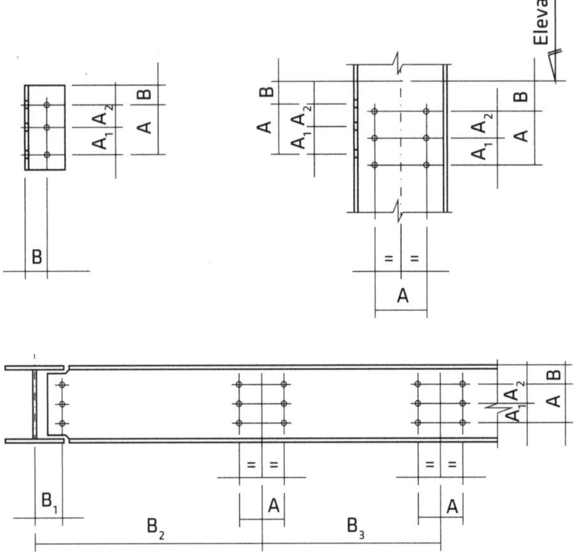

Variáveis		Parâmetros	Tolerâncias (mm) Padrão I	Tolerâncias (mm) Padrão II	
Diâmetro	À broca	∅	+1,0 −0	+1,0 −0	Tolerâncias aplicáveis às dimensões A e B não são acumulativas
Diâmetro	À punção	∅	+2,0 −0	+2,0 −0	
Espaçamento		A	±2,0	±2,0	
Posicionamento	B	B ≤ 4.000	±2,0	±2,0	
Posicionamento	B	4.000 < B ≤ 9.000	±3,0	±3,0	
Posicionamento	B	B > 9.000	±4,0	±4,0	

Tab. 18.2 (continuação)

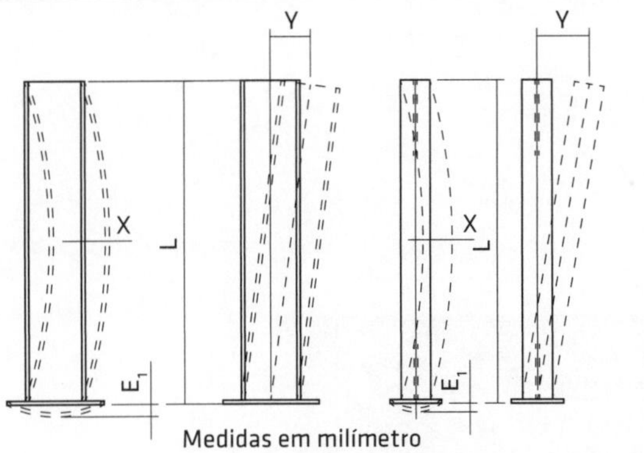

Deformações	$L \leq 12.000$		$L > 12.000$	
	Padrão I	Padrão II	Padrão I	Padrão II
X	*Veja f em perfil soldado			
Y	≤ 3,0	≤ 4,0	≤ 4,0	≤ 5,0
E_1	≤ 3,0	≤ 4,0	≤ 4,0	≤ 5,0

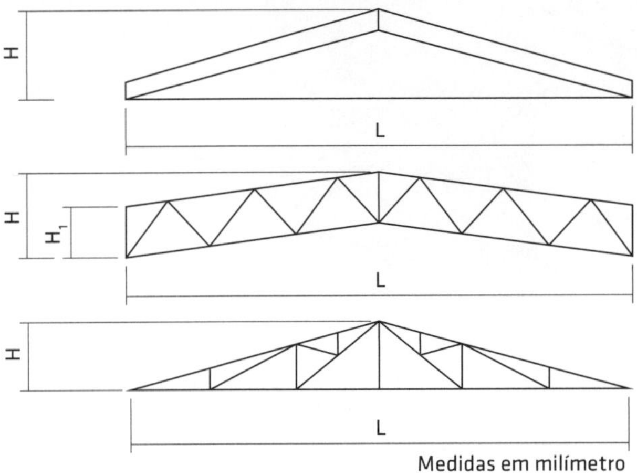

Tolerância para tesouras de edifícios

—	Padrão I	Padrão II
$L \leq 12.000$	$L \pm 3,0$	$L \pm 4,0$
$L > 12.000$	$\pm 0,00025L$	$\pm 0,00035L$
H e H_1	±3,0	±4,0

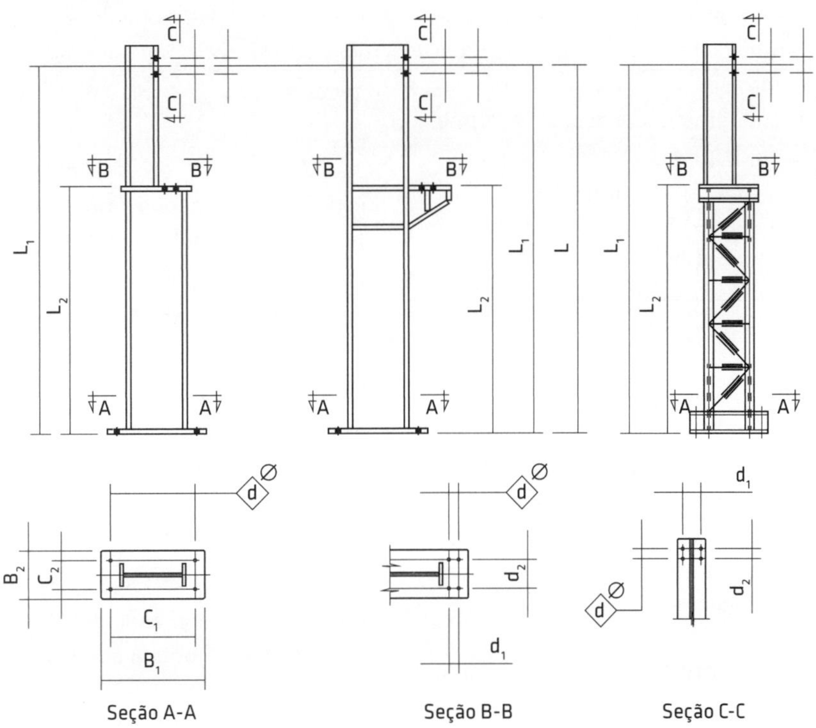

Tolerâncias para colunas de edifícios

	L_1 e L_2	B_1 e B_2	C_1 e C_2	d_1 e d_2	Diâmetro do furo (d)		
					$d \leq 20$	$20 < d \leq 50$	$d > 50$
$L > 12.000$	±4,0	±4,0	±3,0	±2,0	+2,0 −0	+3,0 −0	+4,0 −0
$L \leq 12.000$	±5,0						

LIMPEZA E PROTEÇÃO DAS ESTRUTURAS

19

As estruturas de aço executadas com aço-carbono (tipo A36 ou similares), normalmente usadas em galpões industriais, para serem protegidas contra os efeitos corrosivos do meio ambiente e apresentarem melhor aspecto estético, necessitam de um sistema de proteção adequado, o que exige também um sistema de limpeza compatível.

Neste capítulo, será dada uma ideia básica dos processos usuais de limpeza e proteção.

Recomenda-se também a leitura do manual do CBCA e do anexo de durabilidade da NBR 8800.

19.1 Limpeza

A limpeza em estruturas metálicas é o processo pelo qual as peças passam antes de receber qualquer tratamento de superfície. A limpeza em aço ou ferro visa à remoção de óleo, gordura, graxas, casca de laminação e partes oxidadas. Os processos de limpeza mais empregados são os apresentados a seguir.

19.1.1 Utilização de solventes

É feita com solventes isentos de óleos, aplicados sobre a superfície com panos. O uso de estopas deve ser evitado no preparo de superfície para receber pintura.

19.1.2 Desagregação natural

Consiste em deixar a estrutura exposta às intempéries por determinado período, até que haja formação abundante de ferrugem sob a casca de laminação. A retirada da casca torna-se bastante fácil por meios mecânicos. Esse processo é recomendado pelo SP-9 do SSPC.

19.1.3 Limpeza manual

Empregam-se raspadeiras, escovas manuais ou mecânicas (com fios de aço ou bronze), lixadeiras, pistolas de agulhas etc.

Antes dessa limpeza, são removidas as camadas grossas de ferrugem por martelagem e por meio de solventes, óleos e gorduras, entre outros.

Somente é admissível em pequenas peças, em que não seja possível utilizar outros meios.

19.1.4 Limpeza mecânica

Empregam-se as mesmas ferramentas de limpeza manual, porém a preparação da superfície é feita de modo mais completo para a obtenção de brilho metálico.

19.1.5 Limpeza com chamas

Consiste em rápida aplicação de um maçarico em chama sobre a superfície metálica. Por diferença de dilatação, há a desagregação da casca de laminação. É muito utilizada na remoção de pinturas antigas. A limpeza final é feita com escova mecânica.

19.1.6 Limpeza com jato abrasivo (granalha)

É o método mais empregado e de maior eficiência na preparação de superfícies para pintura. Para a execução desses serviços, os equipamentos mais utilizados são as máquinas de jato, que basicamente são compostas de um reservatório para o abrasivo granalha de aço, acoplado a uma tubulação de ar comprimido e a um tubo flexível com um bico na extremidade para a projeção do abrasivo na superfície metálica. Existem vários modelos dessas máquinas, cujo funcionamento em pouco difere, com variação somente na capacidade do reservatório e no número de saídas para a projeção do abrasivo.

Cabines de jato também são utilizadas com a mesma função, tendo como vantagens principais o reaproveitamento do material por sistema de sucção e a não contaminação do meio ambiente pelas partículas em suspensão, ao contrário do que ocorre no jateamento tradicional.

Como referência para o grau de limpeza, são adotadas a norma sueca SIS-05-5900-1988, a norma americana *Steel Structures Painting Manual*, v. 1 e 2 – 1989 (SSPC), e a norma ABNT.

19.1.7 Decapagem

Entende-se por decapagem a retirada de qualquer camada de impureza depositada sobre uma superfície metálica. Os processos utilizados para a realização da decapagem são diversos, dependendo do grau de limpeza desejada, do tipo de impureza depositada e do fim a que se destinam os materiais decapados.

Para atingir esses objetivos, são usados processos mecânicos ou químicos, sendo comum o emprego de ambos os processos na realização da decapagem.

Os processos mecânicos já foram comentados anteriormente. A decapagem química é um processo que consiste na remoção das camadas de impureza com o uso de ácidos. Os ácidos empregados nesse processo são o ácido clorídrico (muriático), o ácido sulfúrico e o ácido fosfórico.

O processamento consiste em submeter o material a uma sucessão de banhos em tanques ou cubas contendo ácido apropriado, obtendo-se normalmente a seguinte sequência de operações: desengraxamento, decapagem e neutralização. Entre cada operação, procede-se à devida lavagem do material.

As normas utilizadas na preparação de superfícies são apresentadas no Quadro 19.1.

19.2 Proteção

Os dois métodos mais usuais de proteção das estruturas de aço são a pintura e a galvanização.

19.2.1 Pintura

Em estruturas metálicas, pintura é toda composição aplicada à superfície do aço com a finalidade de protegê-la contra a corrosão causada pelo meio em que será exposta, de modo a garantir sua vida útil.

Se a estrutura não for adequadamente protegida, poderá sofrer danos por corrosão durante o transporte, a estocagem e a montagem de campo, antes mesmo de sua utilização.

Normalmente, as peças estruturais são pintadas com uma a duas demãos de tinta de fundo (*primer*), imediatamente após sua limpeza, na oficina, e em seguida recebem uma a duas demãos de tinta de acabamento.

Quadro 19.1 Normas para preparação de superfícies

Tipos de preparação de superfície	Graus de preparação	
	Normas SIS-05-5900-1988 e ISO 8501-1-88	Normas VIS 1 e SSPC-1989
Com ferramentas manuais ou mecânicas:		
Limpeza manual	St 2	SSPC-SP2
Limpeza mecânica	St 3	SSPC-SP3
Com jato abrasivo:		
Ligeiro (*brushoff*)	Sa 1	SSPC-SP7
Comercial	Sa 2	SSPC-SP6
Metal quase branco	Sa 2 ½	SSPC-SP10
Metal branco	Sa 3	SSPC-SP5
Outros tipos:		
Limpeza com solventes		SSPC-SP1
Limpeza a fogo		SSPC-SP4
Decapagem química		SSPC-SP8

Após a montagem de campo, todas as peças que ainda não receberam pintura (cabeças de rebites e parafusos, porcas, filetes de solda, áreas junto dos parafusos nas ligações por atrito etc.) devem ser retocadas com a mesma tinta de fundo, antes de receberem a tinta de acabamento.

Requisitos gerais

A limpeza de superfície é uma das etapas principais da pintura. O investimento feito com as melhores tintas e com a mão de obra para sua aplicação poderá ser completamente perdido se a superfície não for *adequadamente tratada*. Por isso, a superfície metálica, antes de receber qualquer película de tinta, deve estar completamente seca, limpa e isenta de impurezas como sais, produtos da corrosão, partículas higroscópicas ou gorduras, de acordo com os métodos e as normas de limpeza já referidos anteriormente.

Para obter uma vida útil máxima da estrutura, a aplicação é tão importante quanto a limpeza da superfície e a seleção correta da tinta. Todo sistema de pintura envolve diversas fases, que vão desde a preparação da superfície até a pintura de acabamento. Geralmente, a pintura propriamente dita se inicia com a homogeneização de cada componente da tinta e o ajuste de sua viscosidade ao processo de aplicação escolhido.

A maioria das tintas é fornecida na viscosidade conveniente para aplicação a pincel ou a rolo. Para aplicação com pincel a ar, é necessária uma viscosidade mais baixa.

Cada método de aplicação apresenta vantagens, desvantagens e limitações no emprego e nos resultados. Os mais usados são os seguintes:

- O de pulverização a ar comprimido é o mais versátil, sendo, por isso mesmo, o "convencional". Consiste na utilização de pistolas, encontradas no mercado em grande quantidade de modelos, o que permite um bom número de combinações, possibilitando a aplicação dos mais variados tipos de tinta e a obtenção de efeitos especiais. Esse é o mais rápido e econômico método de pintura, mas o que exige maiores conhecimentos especializados.
- O de aplicação por pulverização sem ar (*airless*) é particularmente indicado para pintura de chaparia e grandes estruturas; facilita a aplicação de tintas viscosas praticamente sem necessidade de solvente, alcançando grande espessura por demão.
- O de aplicação da primeira demão de tinta de fundo com pincel geralmente é considerado uma boa prática quando se pretende obter um contato mais íntimo da tinta com a superfície, principalmente na vedação.
- O de aplicação com rolos é uma alternativa recomendada para superfícies planas de grande extensão, sendo útil também na pintura de telas de arame.
- O método de aplicação por imersão é usado em determinados casos, proporcionando formação rápida, contínua e uniforme da película. Esse método é econômico, tanto em material quanto em trabalho, mas as peças a serem pintadas não devem ter ângulos agudos, recessos e outros acidentes que dificultem a penetração da tinta.

O sistema de pintura é elaborado tendo em vista a necessária e suficiente resistência ao ambiente, durante um tempo mínimo, adequado a tornar a pintura econômica.

O estudo do ambiente tem por objetivo o conhecimento de suas características químicas, isto é, não só quanto à sua agressividade, mas também quanto à existência de condições abrasivas, radiações, esforços mecânicos etc. Basicamente, há três ambientes definidos para os tipos de pintura: ambiente rural, ambiente industrial e orla marítima.

Superfícies inacessíveis

Após a montagem de oficina, algumas peças estruturais compostas de perfis simples apresentam superfícies internas inacessíveis a um tratamento anticorrosivo adequado. Para evitar que essas superfícies fiquem sem a devida proteção, alguns cuidados são recomendados na execução das peças compostas, em sua maioria constituídas de cantoneiras duplas.

Quando as superfícies são de grandes dimensões, como em cantoneiras de abas largas com pequenas separações entre elas, deve-se proceder ao tratamento de pintura adequado em cada componente isolado, nas partes internas, e, depois do conjunto pronto, completa-se a pintura aplicando-se o mesmo tratamento no restante da peça. Quando se trata de superfícies pequenas, com espaço suficiente, o acesso às partes internas pode ser feito depois do conjunto pronto. Nesse caso, a limpeza é realizada por meio de escovas rotativas e a aplicação da pintura de base é feita de acordo com o método adotado.

Superfícies em contato

As superfícies em contato nas ligações rebitadas ou parafusadas por contato podem ser pintadas sem restrição.

As superfícies em contato nas ligações por atrito, com parafusos de alta resistência, não devem receber pintura de oficina, exceto no que for permitido pela NBR 8800 ou pelo Apêndice E do AISC (ver Cap. 4), com aprovação do projetista. Essas superfícies que não receberam pintura devem ser jateadas e protegidas contra a oxidação por meio de vernizes de fácil remoção. Não se deve usar como proteção, nesses casos, nenhum material graxo.

Superfícies adjacentes às soldas de campo

Não devem receber pintura as áreas destinadas à solda de campo. Após a soldagem, essas áreas devem receber a devida limpeza com escova de aço até o padrão St 3, desde que o jateamento abrasivo não seja técnica e economicamente recomendado, e pintura idêntica à da oficina, com tinta de fundo, antes da pintura de acabamento.

19.2.2 Galvanização ou zincagem

Dá-se o nome de galvanização ao processo de proteção do aço contra a corrosão por meio de seu recobrimento com uma camada de zinco metálico. O termo é uma homenagem ao fisiologista Luigi Galvani, primeiro cientista a observar que pode ser gerada uma corrente elétrica no contato entre metais diferentes.

A galvanização funciona como um revestimento de grande resistência à corrosão, em decorrência das propriedades de proteção catódica do zinco.

A duração da proteção depende fundamentalmente da espessura da camada de zinco depositada, sendo que esta deve ser constante, uniforme ou com o mínimo de variações possível (Fig. 19.1).

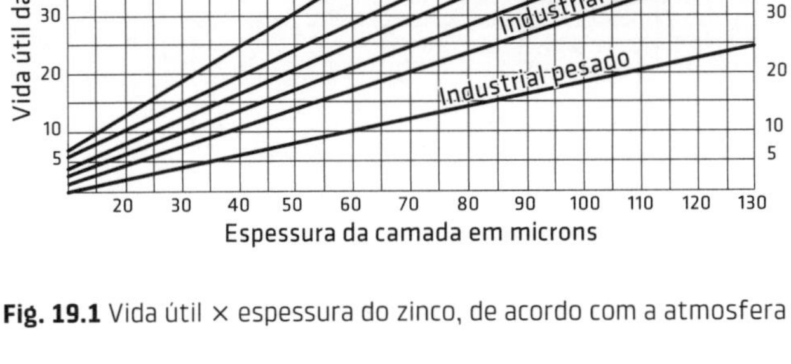

Fig. 19.1 Vida útil × espessura do zinco, de acordo com a atmosfera

Os princípios básicos da zincagem por imersão permanecem praticamente inalterados desde sua introdução na indústria, consistindo do seguinte: tratamento prévio (desengraxamento, decapagem), fluxagem, secagem em estufas, banho de zinco e resfriamento.

19.3 Especificação de pintura

Existem grandes variações de esquemas de pintura, dependendo da agressividade do meio onde a obra estará situada e do período em que se quer renovar a pintura de acabamento.

Os exemplos a seguir são para um período de renovação de pintura de aproximadamente cinco a oito anos (para mais informações, ver o manual *Tratamento de superfície e pintura*, do CBCA).

19.3.1 Ambiente rural, urbano e industrial leve

Edifícios de pequeno porte

- Limpeza: manual ou com solvente (SSPC-SP1 ou 2).
- Base: 1 × 50 mícrons de zarcão óxido de ferro.
- Acabamento: 2 × 40 mícrons de tinta acrílica.

Limpeza: jato comercial (SSPC-SP6)

- Base: 1 × 40 mícrons de zarcão alquídico de secagem rápida.
- Acabamento: 2 × 40 de tinta alquídica semibrilhante.

Limpeza: *idem* anterior

- Base mais acabamento: 1 × 120 mícrons de Epoximastic.

19.3.2 Ambiente industrial agressivo

Limpeza: jato ao metal quase branco (SSPC-SP10)

- Base: 1 × 75 mícrons de *primer* epoxídico.
- Acabamento: 2 × 100 mícrons de esmalte epóxi.

Limpeza: *idem* anterior

- Base: 1 × 120 mícrons de *primer* epoxídico.
- Acabamento: 2 × 40 mícrons de esmalte sintético epoxídico.

19.3.3 Ambiente marinho

Limpeza: jato ao metal quase branco (SSPC-SP10)

- Base: 1 × 120 mícrons de *primer* epoxídico.
- Acabamento: 1 × 120 mícrons de esmalte poliuretânico alifático.

Limpeza: *idem* anterior

- Base: 1 × 120 mícrons de *primer* epoxídico.
- Acabamento: 1 × 120 mícrons de esmalte sintético epoxídico.

A Fig. 19.2 mostra a aplicação de pintura a ar comprimido.

19.4 Informações adicionais

Durante a fase de elaboração do projeto, o projetista pode, através de sua concepção, minimizar os efeitos da corrosão em partes da estrutura, como: em relação à compo-

Fig. 19.2 Pintura a ar comprimido

sição de perfis; nas ligações soldadas; na previsão ou no fechamento de recortes, que podem reduzir em muito os pontos de corrosão; e em pequenos gastos adicionais com a estrutura, que podem ser totalmente compensados pela minimização dos custos de proteção e manutenção.

Cordões de solda contínuos são preferíveis aos intermitentes, pois não deixam nenhum ponto para início da corrosão. Caso se usem cordões intermitentes, a solução é empregar massa de vedação entre eles (Fig. 19.3).

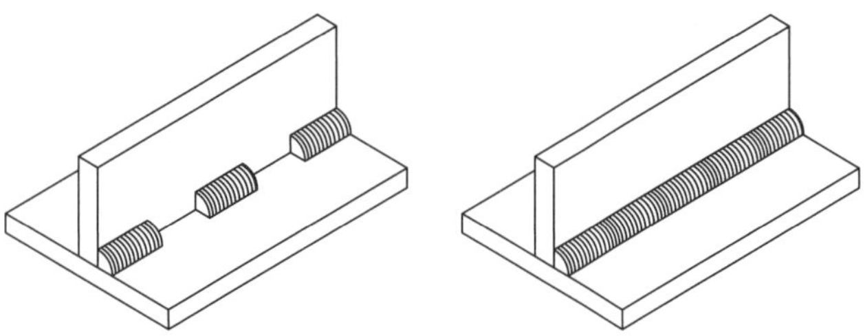

Fig. 19.3 Cordões de solda

Os pontos com dificuldade de acesso devem ser eliminados mediante uma melhor indicação de projeto. Os acessos da Fig. 19.4 são muito pequenos e dificultam o jateamento e a pintura. Nesse caso, a solução é o preenchimento com solda ou sua ampliação, para permitir melhor tratamento da região.

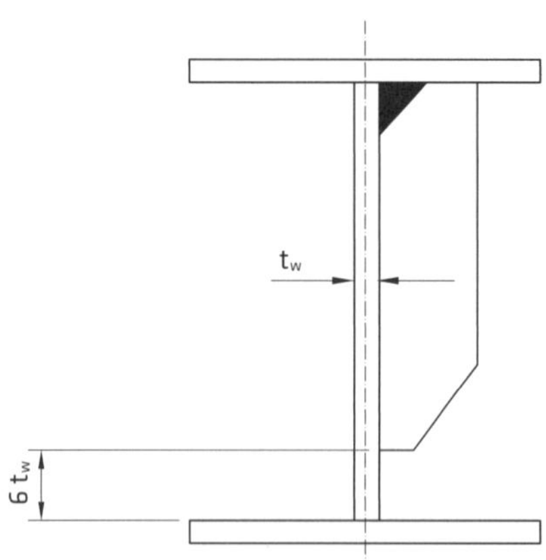

Fig. 19.4 Acessos para pintura

Na composição dos perfis pode-se, também, reduzir esses pontos. A solução da Fig. 19.5 permite eliminar os pontos iniciais de corrosão.

A solução ilustrada na Fig. 19.6A é a melhor, pois proporciona uma proteção inicial e futura sem problemas.

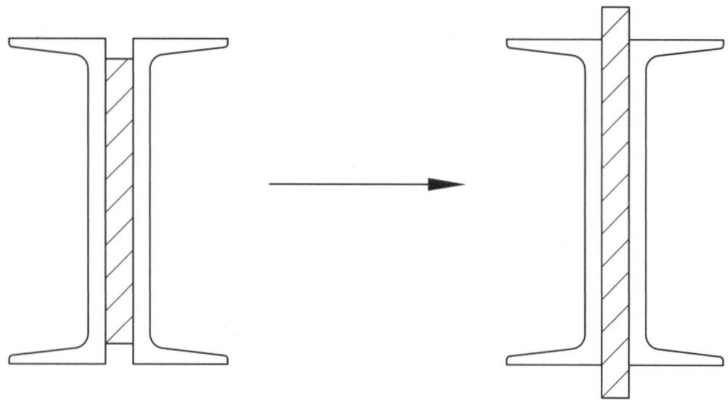

Fig. 19.5 Composição dos perfis U soldados

Por sua vez, a solução parafusada da Fig. 19.6B possibilita uma proteção inicial sem problemas, uma vez que permite o jateamento e a pintura das partes internas antes da composição.

No caso das ligações de partes da estrutura, as juntas por atrito normalmente não recebem pintura. O maior

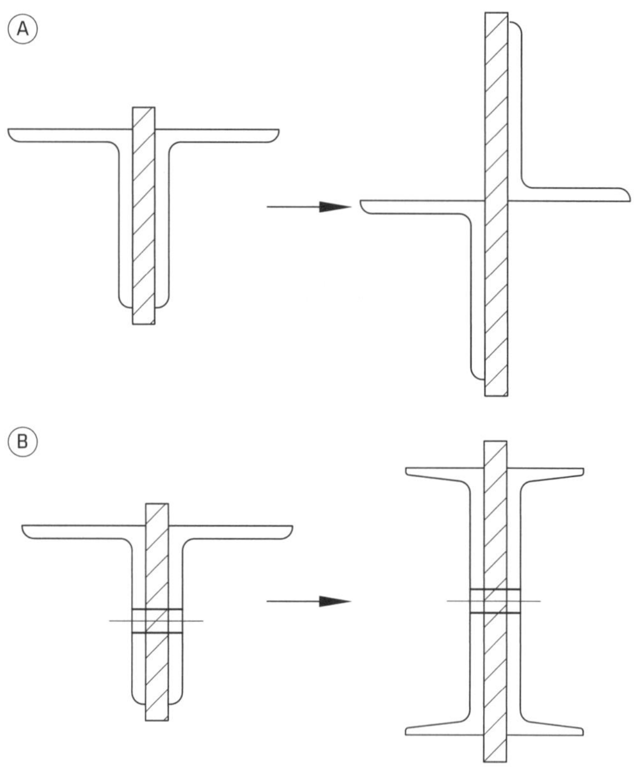

Fig. 19.6 Composição de perfis (A) L soldados e (B) L e U parafusados

problema é a corrosão por capilaridade em regiões muito úmidas. A saída é o uso de tintas à base de zinco, que, se aplicadas à superfície, apesar de não reduzirem o atrito das partes conectadas e, impedem o aparecimento de corrosão. A outra solução é colocar massa de vedação (Fig. 19.7).

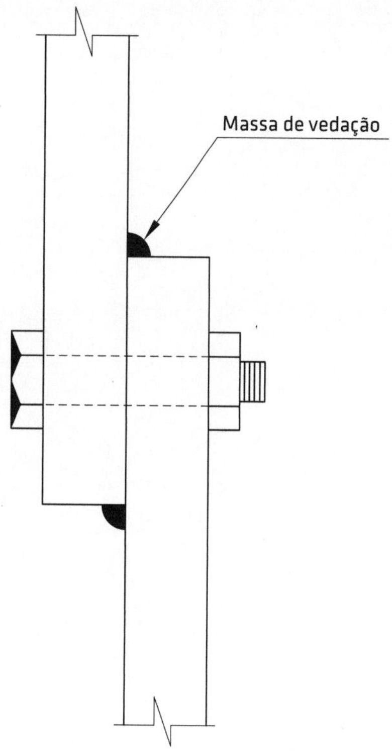

Fig. 19.7 Colocação de massa de vedação

TRANSPORTE

20

20.1 Meios de transporte

A estrutura metálica utiliza todos os meios de transporte (Quadro 20.1): rodoviário, ferroviário, marítimo, fluvial e aéreo, com predominância dos dois primeiros.

20.2 Arrumação para transporte

As cargas devem ser colocadas sobre o veículo, que as transportará de forma a não sofrerem danos durante o trajeto. São utilizados calços de madeira ou outro material como espaçadores entre as peças e como suportes para uma distribuição uniforme do peso sobre a superfície do veículo.

Devem ser devidamente amarradas e travadas, utilizando-se proteções nas quinas para evitar o rompimento dos cabos de amarração ou danos nas estruturas.

20.3 Gabaritos

Para os transportes mais usuais, devem ser obedecidos os gabaritos a seguir.

Quadro 20.1 Meios de transporte para estruturas metálicas

Meios de transporte	Vantagens	Desvantagens
Rodoviário	Porta a porta Pouco manuseio de carga Avaria praticamente nula Seguro por conta do transportador Regularidade – continuidade Rapidez no transporte	Percursos limitados Oscilações da oferta de veículos por parte dos carreteiros
Ferroviário	Grande capacidade de carga Fretes mais atraentes	Viagens mais demoradas Difícil controle
Marítimo e fluvial	Porto a porto Grande capacidade de carga Fretes mais baratos	Muito manuseio de carga Grandes avarias Saídas e chegadas irregulares
Aéreo	Maior rapidez Avarias praticamente nulas Regularidade de transporte	Fretes mais elevados Capacidade de carga limitada Número de aviões reduzido para transporte Atendimento setorial prejudicado

20.3.1 Gabaritos rodoviários (DNIT – abril/2012)

Para o transporte rodoviário, são consideradas normais as seguintes dimensões:

- largura máxima: 2,60 m;
- altura máxima: 4,4 m (a partir do solo);
- comprimento da carga: 14,00 m + 10%;
- comprimento total:
  - » veículo simples: 14,0 m;
  - » veículo articulado: 18,60 m;
  - » veículo com reboque: 19,80 m.

A Fig. 20.1 ilustra as dimensões de altura e largura normais.

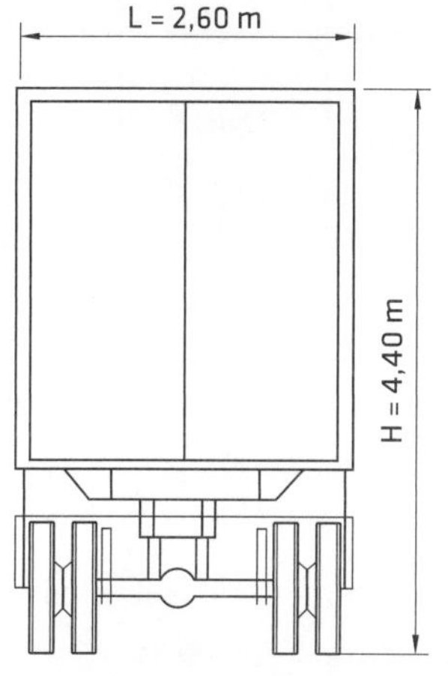

Fig. 20.1 Dimensões de altura e largura normais

Quanto ao peso transportado, as limitações dependem do tipo de veículo, conforme apresentado na Fig. 20.2.

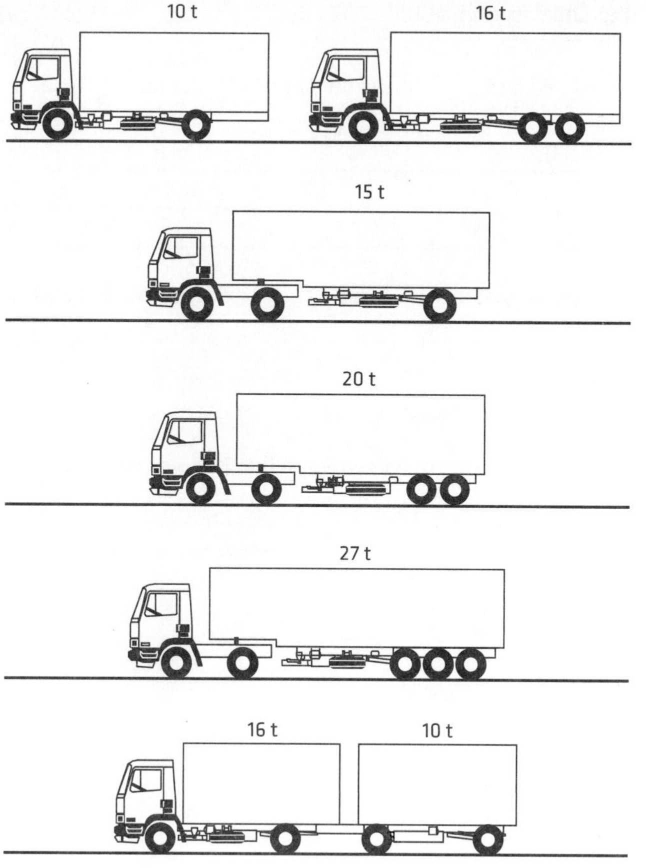

Fig. 20.2 Tipos de veículo e suas capacidades

Quando as dimensões ou as cargas excedem as indicadas, os transportes são considerados especiais e dependem de prévia autorização do Departamento Nacional de Infraestrutura de Transportes (DNIT) (Tab. 20.1).

Tab. 20.1 Dimensionamento e qualificação de escolta para transporte rodoviário – um veículo

Características do veículo	Características das rodovias							
	De pista simples				De pistas duplas			
Dimensões (m)	Número de veículos de escolta			Velocidade	Número de veículos de escolta			Velocidade
Largura	Credenciada	Polícia Rodoviária Federal	Total	km/h	Credenciada	Polícia Rodoviária Federal	Total	km/h
Até 3,20	–	–	–	60	–	–	–	60
De 3,21 a 3,80	1	–	1	50	1	–	1	60
De 3,81 a 5,00	2	–	2	50	1	–	1	60
Acima de 5,00	1	1	2	–	1	1	2	*
Comprimento	Credenciada	Polícia Rodoviária Federal	Total	km/h	Credenciada	Polícia Rodoviária Federal	Total	km/h
Até 30,00	–	–	–	60	–	–	–	60
De 30,01 a 35,00	1	–	1	50	1	–	1	60
De 35,01 a 55,00	2	–	1	50	1	–	1	50

Tab. 20.1 (continuação)

Altura	Credenciada	Polícia Rodoviária Federal	Total	km/h	Credenciada	Polícia Rodoviária Federal	Total	km/h
Até 5,00	–	–	–	60	–	–	–	60
De 5,01 a 5,50	1	–	1	40	1	–	1	50
Acima de 5,50	2	–	2	30	1	–	1	40
Excesso anterior	**Credenciada**	**Polícia Rodoviária Federal**	**Total**	**km/h**	**Credenciada**	**Polícia Rodoviária Federal**	**Total**	**km/h**
Até 3,00	–	–	–	60	–	–	–	60
Acima de 3,0	1	–	1	50	1	–	1	60
Excesso posterior	**Credenciada**	**Polícia Rodoviária Federal**	**Total**	**km/h**	**Credenciada**	**Polícia Rodoviária Federal**	**Total**	**km/h**
Até 3,00	–	–	–	60	–	–	–	60
Acima de 3,00	1	–	1	50	1	–	1	60
Peso (t)	**Credenciada**	**Polícia Rodoviária Federal**	**Total**	**km/h**	**Credenciada**	**Polícia Rodoviária Federal**	**Total**	**km/h**
Até 74	–	–	–	70	–	–	–	70
74 a 100	–	–	1	60	1	–	1	60
100 a 350	1	–	1	40	1	–	1	40
Acima de 350	2	1	3	30	2	1	3	40

20.3.2 Gabaritos ferroviários

Quanto ao gabarito ferroviário, são observadas as dimensões para o transporte listadas na Tab. 20.2.

Tab. 20.2 Dimensões de estruturas metálicas para transporteferroviário

Bitola	Largura	Altura da carga	Comprimento da carga	Peso máximo
Larga – 1,60 m	2,5 m a 2,80 m	2,85 m	16 m a 19 m	75 t
Estreita – 1,00 m	2,30 m	2,45 m	16 m a 19 m	60 t

É sempre conveniente, antes de planejar um transporte ferroviário, fazer uma consulta à rede ferroviária federal ou ao responsável pelo trecho para se inteirar de suas limitações, uma vez que túneis, raios de curva e pontes podem alterar as condições de transporte.

20.3.3 Gabaritos marítimos e fluviais

Deve-se consultar o porto de origem e obter informações do porto de destino, tendo em vista o calado para os navios, a capacidade e o volume de carga, a capacidade de carga e descarga dos portos e a frequência de navios naquela rota.

20.3.4 Gabaritos aéreos

Esse meio de transporte dificilmente é usado para estruturas metálicas, por suas limitações. Em casos excepcionais ou esporádicos, recorre-se ao transporte aéreo para o envio de peças pequenas, destinadas a obras muito distantes.

MONTAGEM

21

21.1 Considerações gerais

Entende-se como montagem o ato de unir as peças que vão compor uma estrutura final conforme especificado nos desenhos de projeto. É o coroamento de toda a obra, quando se saberá se houve ou não um bom projeto. Nessa fase, a estrutura, ou parte dela, pode sofrer danos ou queda por um mau planejamento de montagem ou por um projeto mal concebido ou mal detalhado.

Uma montagem bem elaborada necessita, acima de tudo, de um bom planejamento. As montagens de estruturas metálicas se caracterizam pela rapidez, precisão, adaptabilidade e confiabilidade.

Para mais informações, recomenda-se a leitura do manual de montagem do CBCA (ver https://www.cbca-acobrasil.org.br/site/biblioteca/).

21.2 Principais etapas na montagem

21.2.1 Planejamento

Para qualquer obra, existem vários fatores que podem interferir na escolha do processo de montagem. Muitas vezes, essa escolha fica limitada em face das dificuldades de montagem ou por seu alto custo, impondo condições que determinam ou influem na elaboração do projeto, como é típico no caso de pontes.

Em muitos casos, deve-se proceder a cuidadosos estudos para a definição do melhor processo de montagem, tendo-se em conta, também, os equipamentos que devem ser utilizados, o acesso à obra, as condições topográficas locais e o prazo, a fim de se conseguirem as soluções mais viáveis e econômicas.

Apesar desses cuidados, raramente duas estruturas idênticas são montadas da mesma maneira, com o mesmo custo ou ritmo de trabalho.

Desde o início, o plano de montagem deve merecer preparação cuidadosa e detalhada, de modo a tornar-se realmente seguro, eficiente e econômico, para facilitar ao máximo os trabalhos de campo, dentro dos limites de segurança, sem esquecer os custos adicionais que isso possa implicar em função do tempo disponível.

Em tese, o método de montagem selecionado depende do prazo estabelecido e dos equipamentos disponíveis, e, dentro desses princípios, deve-se escolher aquele que acarrete o menor risco para o pessoal e para os equipamentos.

O início da montagem está relacionado ao término das fundações e, em alguns casos, à locação dos chumbadores.

As considerações contidas no planejamento de montagem devem ser levadas ao conhecimento dos montadores, como orientação básica para o desenvolvimento de suas atividades.

Além dessas providências, o canteiro deve receber também diagramas de montagem e listas de parafusos, de eletrodos de solda e de outros acessórios que sejam indispensáveis à correta execução da montagem de campo. É igualmente importante que receba uma cópia dos desenhos de detalhe, para facilitar qualquer correção devida a erros de detalhe ou fabricação.

21.2.2 Estabilidade lateral

Deve-se proceder à verificação da estabilidade lateral das armações e das vigas quando içadas pelo centro, pelas extremidades (Fig. 21.1) ou por outros pontos.

Se lateralmente instáveis, providências devem ser tomadas quanto à necessidade de reforçar os membros, acrescentar alguma escora ou contraventamento horizontal provisório, usar cabos de aço estaiados na base etc.

Em montagem de edifícios industriais, a estabilidade longitudinal é feita por contraventamentos verticais, entre colunas, que é por onde se deve iniciar a montagem (Fig. 21.2A,B), ou pela colocação de um provisório. A estabilidade lateral é conseguida pela montagem dos contraventamentos nos planos das terças ou das cordas inferiores das tesouras.

Em montagem de colunas de grande altura, deve-se utilizar estais provisórios, compostos de cabos de aço e esticadores, devidamente ancorados na base ou na própria estrutura, até que sejam colocadas as estruturas definitivas (Fig. 21.3).

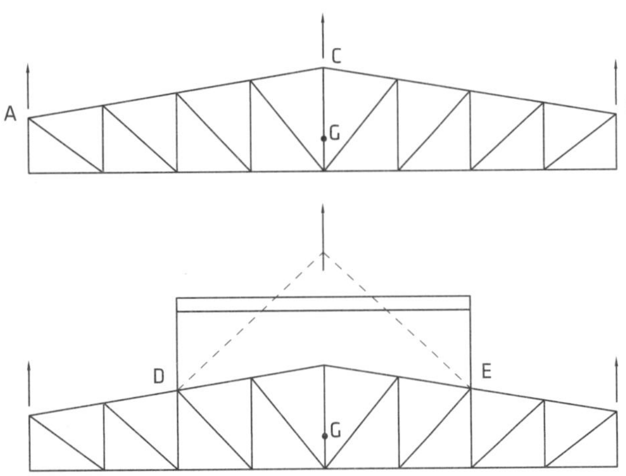

Fig. 21.1 Estabilidade lateral das armações

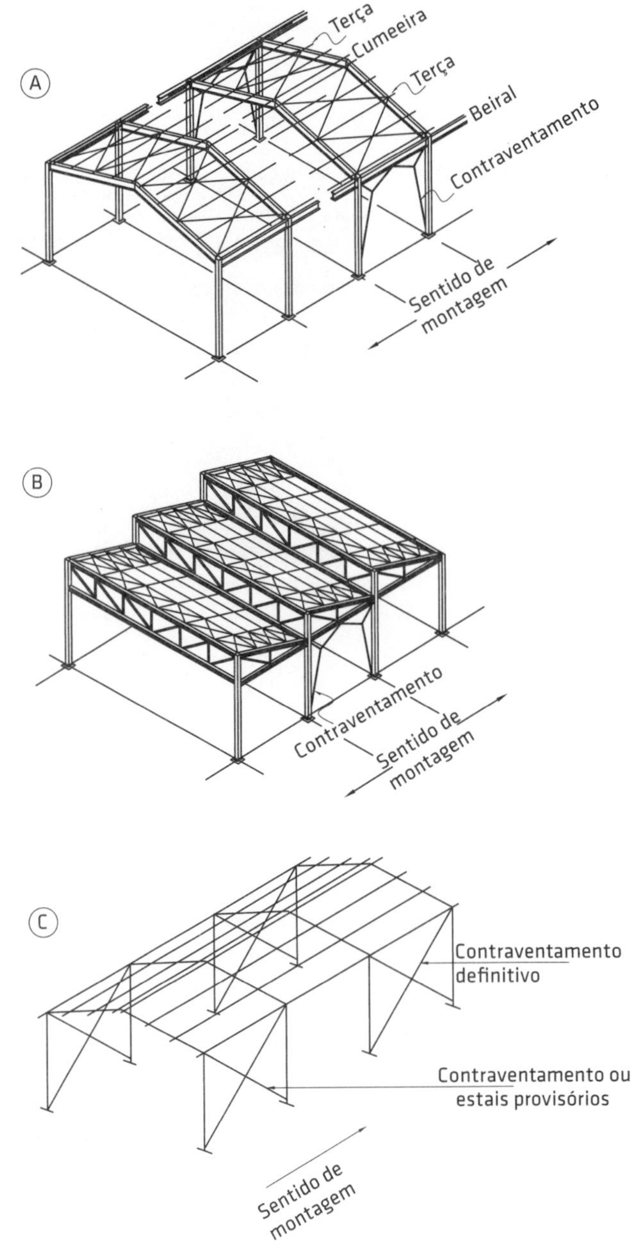

Fig. 21.2 Posição para início de montagem

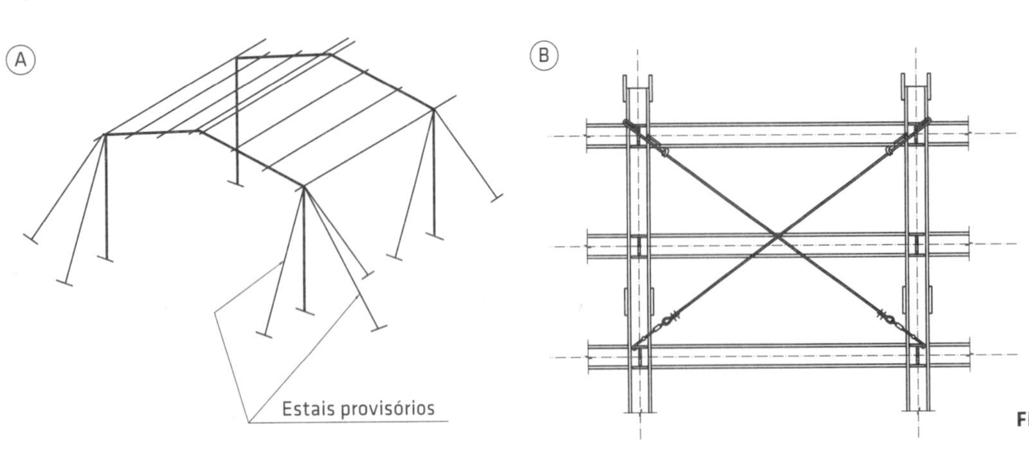

Fig. 21.3 Estais provisórios

O responsável pela execução da obra deve estar totalmente seguro de que os estais provisórios não fiquem sujeitos a choques de veículos ou equipamentos que possam eventualmente transitar na área de montagem, podendo ocasionar situações desagradáveis ou até mesmo o colapso da própria estrutura, com risco para a integridade física dos operários.

21.2.3 Contraflechas

Dependendo do tamanho das peças, pode ser preciso aplicar uma contraflecha na viga ou na treliça durante a montagem. Quando necessárias, as contraflechas são indicadas nos diagramas de montagem. Geralmente, a exigência de contraflecha se aplica a treliças e vigas de rolamento com vãos acima de 20 m ou a vigas mistas.

21.3 Ligações de campo

A facilidade de execução das emendas de campo depende basicamente de sua concepção durante a fase de detalhamento, pois é comum verificar ligações de campo mal estudadas, que oneram muito a montagem. As ligações de campo são feitas por meio de parafusos ou de solda e raramente por meio de rebites (casos especiais).

O emprego de espinas em furos destinados a parafusos, durante a montagem, não deve deformar o material ou alargar os furos. Devem ser rejeitados os furos com erros grosseiros de coincidência.

As superfícies de ligação, incluindo as adjacentes às cabeças de parafusos, porcas ou arruelas, devem estar isentas de escamas de laminação, rebarbas, protuberâncias, sujeiras ou qualquer outra matéria estranha que possa prejudicar o perfeito assentamento das partes. As superfícies em contato com ligações por atrito devem estar isentas de óleo, verniz ou outros revestimentos, exceto os indicados na Tab. 4.4.

21.3.1 Rebitagem

O processo de rebitagem, tanto na fabricação quanto na montagem de campo, está sendo totalmente substituído pela soldagem e pela parafusagem. O uso de rebites se restringe quase que exclusivamente aos serviços de reparo em antigas estruturas.

21.3.2 Parafusos (com base na NBR 8800)

O uso de parafusos é o processo mais empregado na montagem de campo, pela facilidade de sua execução. Os parafusos ASTM A307, também conhecidos como parafusos comuns, são geralmente utilizados em conexões de peças secundárias, não sujeitas a esforços dinâmicos, como terças e vigas de tapamento. As porcas correspondentes a esses parafusos devem ser apertadas de acordo com as especificações, de modo a evitar seu afrouxamento. Para tanto, quando necessário, pode-se usar arruelas de travamento, porcas de travamento, porcas de obstrução, amassamento da rosca, ponto de solda etc.

Os parafusos de alta resistência ASTM A325, A490 ou equivalentes são geralmente adotados em ligações muito solicitadas ou sujeitas a cargas dinâmicas. Podem ser empregados em conexões a esmagamento, em que o esforço se transmite pelo contato do corpo do parafuso com a parede do furo, ou em conexões tipo fricção, pelo atrito entre as peças. Em conexões a esmagamento, as roscas podem estar incluídas nos planos de cisalhamento ou fora deles (ver Cap. 4).

É importante que o montador conheça as considerações de utilização do parafuso, para que dê o aperto ou o torque adequado.

A NBR 8800 (2008, p. 93) diz:

> Os parafusos de alta resistência devem ser apertados de forma a se obter uma força mínima de protensão adequada a cada diâmetro e tipo de parafuso usado [como indicado na Tab. 21.1], independentemente de a ligação ser por atrito ou por contato. [...] O aperto deve ser aplicado pelo método da rotação da porca, da chave calibrada, ou do indicador direto de tração [abordados na sequência desta seção].

A Tab. 21.1 apresenta a força de protensão mínima nos parafusos e o valor de torque, estando de acordo com a NBR 8800 e também com o AISC.

Arruelas

Adicionalmente às exigências da seção 4.4 e do Quadro 4.2, devem ser usadas arruelas endurecidas nas seguintes situações:

- sob o elemento que gira (porca ou cabeça do parafuso) durante o aperto, no caso de parafusos A490 apertados pelo método da rotação da porca e no caso de parafusos A325 ou A490 apertados com chave calibrada (isto é, por controle de torque);
- sob o elemento que não gira durante o aperto, no caso de parafusos A490, quando esse elemento se assenta sobre um aço estrutural com limite de escoamento inferior a 28 kN/cm² (2,8 tf/cm²).

Aperto pelo método da rotação da porca

Quando é usado o método de aperto pela rotação da porca para aplicar a força de protensão mínima especificada na Tab. 21.1, deve haver número suficiente de parafusos na

Tab. 21.1 Força de protensão mínima nos parafusos e valor de torque[1]

Ø parafuso		A325 Tração mínima (*Tm*)		Tração recomendada para calibragem[2]		Torque[3] aproximado		A490 Tração mínima		Tração recomendada para calibragem[2]		Torque[3] aproximado	
pol.	mm	tf	kN	tf	kN	kgm	Nm	tf	kN	tf	kN	kgm	Nm
½	12,7	5,4	53	5,7	56	14	137	6,8	66	7,0	69	18,6	183
5/8	16	8,6	85	9,0	89	27	265	10,9	106	11,3	111	36,6	359
¾	19	12,7	125	13,3	131	48	471	15,9	156	16,7	164	63,4	622
7/8	22	17,7	173	18,6	182	79	775	22,2	216	23,1	227	102,6	1.007
1	25,4	23,1	227	24,2	238	118	1.157	28,8	283	30,2	297	152	1.494
1 1/8	28,6	25,4	250	26,7	262	145	1.422	36,4	357	38,2	375	213	2.089
1 ¼	32	32,2	317	33,8	333	205	2.011	46,2	453	48,5	476	310	3.047
1 3/8	35	38,5	380	40,4	399	270	2.648	54,8	538	57,5	564	403	3.952
1 ½	38	46,8	460	49,1	483	355	3.482	67,2	659	70,6	692	535	5.245

[1]Igual a 70% da resistência mínima à tração especificada para o parafuso = $0{,}7A_p \cdot f_u$ (A_p e f_u conforme Tabs. 4.2 e 4.4, respectivamente).

[2]~5% maior do que a tração mínima recomendada.

Se necessário, em função das condições de acesso ao parafuso e das folgas para o manuseio da ferramenta, o aperto pode ser dado girando a cabeça do parafuso e impedindo a porca de girar. Quando forem usadas chaves de impacto, sua capacidade deverá ser suficiente para obter-se o aperto desejado de cada parafuso em aproximadamente 10 s.

[3]~$2\ d_p$ (cm) · *Tm*.

condição de pré-torque, de forma a garantir que as partes estejam em pleno contato. A condição de pré-torque é definida como o aperto obtido após poucos impactos aplicados por uma chave de impacto, ou pelo esforço máximo aplicado por um indivíduo usando uma chave normal. Após essa operação inicial, devem ser colocados parafusos nos furos restantes. Esses parafusos também devem ser levados à condição de pré-torque.

Todos os parafusos de ligação devem então receber um aperto adicional através da rotação aplicável da porca, como indicado na Tab. 21.2. Essa operação deve começar na parte mais rígida da ligação e prosseguir em direção às bordas livres. Durante essa operação, a parte oposta àquela em que se aplica a rotação não pode girar.

Aperto com chave calibrada

Quando são usadas chaves calibradas, elas devem ser reguladas para fornecer uma protensão pelo menos 5% superior à protensão mínima dada na Tab. 21.1. As chaves devem ser calibradas pelo menos uma vez por dia de traba-

Tab. 21.2 Rotação da porca[1] a partir da posição de pré-torque

Comprimento do parafuso (medido da parte inferior da cabeça à extremidade)	Disposição das faces externas das partes parafusadas: Ambas as faces normais ao eixo do parafuso	Uma das faces normal ao eixo do parafuso e a outra face inclinada não mais que 1:20 (sem arruela biselada)	Ambas as faces inclinadas em relação ao plano normal ao eixo do parafuso não mais que 1:20 (sem arruelas biseladas)
Inferior ou igual a 4 diâmetros	1/3 de volta	1/2 volta	2/3 de volta
Acima de 4 diâmetros até no máximo 8 diâmetros, inclusive	1/2 volta	2/3 de volta	5/6 de volta
Acima de 8 diâmetros até no máximo 12 diâmetros[2]	2/3 de volta	5/6 de volta	1 volta

[1]A rotação da porca é considerada em relação ao parafuso, sem levar em conta o elemento que está sendo girado (porca ou parafuso). Para parafusos instalados com 1/2 volta ou menos, a tolerância na rotação é de mais ou menos 30°; para parafusos instalados com 2/3 de volta ou mais, a tolerância na rotação é de mais ou menos 45°.

[2]Nenhuma pesquisa foi feita para estabelecer o procedimento a ser usado para aperto pelo método da rotação da porca para comprimentos de parafusos superiores a 12 diâmetros. Portanto, a rotação necessária deverá ser determinada por ensaios em um dispositivo adequado, que meça a tração e simule as condições reais.

lho, para cada diâmetro de parafuso a instalar. Elas devem ser recalibradas quando forem feitas mudanças significativas no equipamento ou quando for notada uma diferença significativa nas condições de superfície de parafusos, porcas e arruelas. A calibragem deve ser realizada por meio do aperto de três parafusos típicos de cada diâmetro, retirados do lote de parafusos a serem instalados, em um dispositivo capaz de indicar a tração real no parafuso.

Na calibragem, deve ser verificado se, durante a instalação dos parafusos na estrutura, a calibragem escolhida não produzirá uma rotação da porca ou da cabeça do parafuso, a partir da posição de pré-torque, superior à indicada na Tab. 21.2. Caso sejam usadas chaves manuais com torquímetro, quando o torque for atingido as porcas deverão estar em movimento de aperto. Durante a instalação de vários parafusos na mesma ligação, aqueles já apertados previamente devem ser testados com a chave e reapertados caso tenham "folgado" durante o aperto de parafusos subsequentes, até que todos os parafusos atinjam o aperto desejado.

Aperto pelo uso de um indicador direto de tração

É permitido apertar parafusos por esse método, desde que fique demonstrado, por um método preciso de medida direta, que após o aperto o parafuso ficou sujeito à força mínima de protensão dada na Tab. 21.1.

Reutilização de parafusos

Os parafusos A490 e os parafusos A325 galvanizados não podem ser reutilizados. Os demais parafusos A325 podem ser reutilizados uma vez, se houver aprovação do engenheiro responsável. O reaperto de parafusos previamente apertados e que se afrouxarem durante o aperto de parafusos vizinhos não é considerado como reutilização.

Para evitar erros na colocação dos parafusos, o montador deve trabalhar com a lista de parafusos de campo elaborada pelo detalhamento, que indica, para cada junção, os diâmetros, os tipos e o comprimento que serão usados.

Inspeção

O inspetor deve se assegurar de que, para toda a obra, sejam atendidos os requisitos do Cap. 4.

Esse profissional deve ter livre acesso para acompanhar a calibragem de chaves, conforme prescrito na subseção "Aperto com chave calibrada". Além disso, ele deve observar a instalação dos parafusos para determinar se o procedimento de aperto escolhido está sendo seguido de forma adequada, devendo verificar se todos os parafusos estão apertados. Parafusos apertados pelo método da rotação da porca podem atingir protensões substancialmente mais altas que as recomendadas na Tab. 21.1, sem que isso constitua motivo para rejeição.

Quando for usado o método do indicador direto de tração, o inspetor deverá observar a instalação dos parafusos para definir se o procedimento de aperto aprovado está sendo empregado devidamente, assim como deverá verificar se foi atingida a protensão correta, conforme a Tab. 21.1.

Quando houver diferença de opinião quanto aos resultados de inspeção da força de protensão obtida pelo método da rotação da porca ou da chave calibrada, a seguinte inspeção de arbitragem deve ser utilizada, a menos que outro procedimento tenha sido especificado:

a) O inspetor deve usar uma chave de inspeção com torquímetro.
b) Três parafusos do mesmo tipo, diâmetro (com um comprimento que seja representativo dos parafusos usados na estrutura) e condições daqueles sob inspeção devem ser colocados individualmente em um dispositivo de calibragem capaz de indicar a tração no elemento. A superfície sob a parte a ser girada durante o aperto de cada parafuso deve ser igual à superfície correspondente da estrutura, isto é, deve existir uma arruela sob a parte que gira, caso sejam empregadas arruelas na estrutura, ou, se estas não forem usadas, o material adjacente à parte que gira deve ser da mesma especificação do material correspondente na estrutura.
c) Cada parafuso especificado na alínea b) deve ser apertado no dispositivo de calibragem por qualquer método conveniente, até atingir uma condição inicial com aproximadamente 15% do valor da protensão exigida para o parafuso na Tab. 21.1, e a seguir até atingir o valor daquela protensão. O aperto dado após a condição inicial não pode resultar em rotação da porca maior que a permitida na Tab. 21.2. A chave de inspeção deve então ser aplicada ao parafuso que foi apertado, devendo ser determinado o torque necessário para girar a porca ou a cabeça de 5°, no sentido de aperto. O torque médio obtido nos ensaios de três parafusos deve ser tomado como o torque de inspeção da obra, a ser usado da maneira especificada na alínea d) seguinte.
d) Os parafusos representados pela amostra obtida conforme indicado na alínea b), e que tenham sido apertados na estrutura, devem ser inspecionados pela aplicação, no sentido do aperto, da chave de inspeção e seu respectivo torque de inspeção da obra; isso deve ser feito em 10% dos parafusos, porém em não menos de dois, escolhidos aleatoriamente em

cada ligação. Se nenhuma porca ou cabeça de parafuso girar pela aplicação do torque de inspeção da obra, a ligação deve ser aceita como adequadamente apertada. Se alguma porca ou cabeça de parafuso girar pela aplicação do torque de inspeção, esse torque deve ser aplicado a todos os parafusos da ligação, e todos os parafusos cuja porca ou cabeça girarem pela aplicação do torque de inspeção da obra devem ser apertados e reinspecionados ou, alternativamente, o fabricante ou o montador, à sua escolha, poderá reapertar todos os parafusos na ligação, ressubmetendo-a à inspeção especificada.

21.3.3 Soldagem

A soldagem de campo é outro processo indicado como solução ideal para a ligação de algumas peças ou de toda uma obra, dependendo das circunstâncias favoráveis que envolvem esse processo.

Para a execução das conexões soldadas, o montador dispõe das informações contidas nos diagramas de montagem e nas listas de eletrodos referentes aos detalhes de solda, à localização das conexões soldadas, ao tamanho ou tipo de eletrodo e ao tipo de junta que pode ser executado em filete de topo, com penetração total ou parcial. Qualquer outro tipo de operação, como se há ou não a necessidade de pré-aquecimento, deve vir especificado para o montador no procedimento de solda.

Todas as partes de superfícies que recebem soldas devem ser totalmente limpas, de modo a ficarem isentas de matérias estranhas, como tintas e graxas.

A simbologia, as dimensões e os tipos de soldagem, entre outros tópicos correlatos, foram abordados no Cap. 3.

21.4 Tensões de montagem

As tolerâncias de fabricação e as de montagem de campo, embora admissíveis, introduzem esforços secundários à estrutura, ocasionando efeitos e deformações que são desprezíveis em face das considerações do cálculo estrutural.

Entretanto, precauções especiais devem ser levadas em conta com relação às solicitações que ocorrem durante a montagem, quase que exclusivamente provenientes do uso de equipamentos.

As peças assim solicitadas nem sempre são dimensionadas por ocasião da elaboração do projeto estrutural. Essa providência normalmente ocorre após a definição do sistema e a escolha dos equipamentos.

Cabe, pois, ao engenheiro montador a responsabilidade de verificar a resistência das vigas e de suas conexões para suportar as cargas dos equipamentos, reforçando-as quando necessário. Essa verificação deve ser aprovada pelo engenheiro projetista, que dispõe dos elementos de cálculo e pode, assim, melhor analisar a solução encontrada pelo montador.

Acresce, ainda, a circunstância de que nem sempre ocorre sobrecarga de tensões durante a montagem, podendo-se verificar também inversões de esforços em alguns membros, particularmente em treliças de ponte, quando a montagem é feita por lançamento sobre pilares ou rolos.

21.5 Estocagem no canteiro de obras

Nem sempre a fabricação de uma estrutura se processa de acordo com a sequência necessária para a montagem de campo.

Por medida de economia, todos os membros iguais ou semelhantes são normalmente fabricados numa mesma operação, havendo certa preferência na fabricação de vigas de alma cheia ou de outros membros simples.

À medida que as peças são fabricadas, são embarcadas para o campo e estocadas no canteiro de obras, onde se acumula grande quantidade de peças, antes mesmo do início da montagem. Essa estocagem é de fundamental importância para que os serviços de montagem se processem normalmente, sem descontinuidade das operações. Sempre que possível, o montador deve estocar o material recebido em áreas próprias, dispondo-o em ordem, de forma que não venham a ocorrer manuseios ou relocações desnecessárias.

Cuidados especiais devem ser tomados, ainda, para que não ocorram deformações, perda de peças de dimensões reduzidas e danos na pintura.

As peças de dimensões maiores, como vigas de rolamento e colunas, devem ficar perfeitamente apoiadas sobre peças de aço ou madeira, de modo que não venham a sofrer tensões ou empenos e não fiquem em contato com o solo, evitando, assim, a impregnação com barro, terra ou outros materiais que provoquem deterioração da pintura (Fig. 21.4A).

As peças de menores dimensões, como conexões, calços e parafusos, devem ser estocadas em caixas de madeira com dimensões que facilitem seu deslocamento (Fig. 21.4B).

21.6 Equipamentos

Ainda que não seja necessário ao projetista conhecer detalhadamente os equipamentos de montagem, ele deve, entretanto, ter conhecimento da utilização e das limitações dos mais usuais e estar bem-informado quanto aos gabaritos de transporte, a fim de que possa determinar, com segurança, a largura, o comprimento e o peso máximo das peças a serem fabricadas.

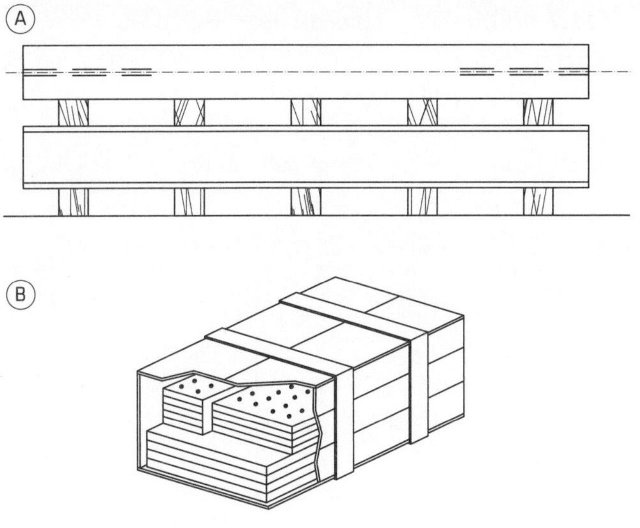

Fig. 21.4 Estocagem

Ao engenheiro residente cabe a responsabilidade da definição do sistema de montagem e da escolha dos equipamentos, objetivando as soluções mais viáveis e econômicas, dentro dos limites de segurança e em função do tempo disponível. Para isso, pode-se contar com uma série de opções de máquinas, cuja capacidade, manuseio etc. se obtêm nos catálogos dos fabricantes. Entre essas máquinas, é possível citar guindastes sobre pneus com lança fixa ou telescópica (Fig. 21.5), guindastes sobre esteiras (Fig. 21.6) e gruas com torre fixa ou móvel (Figs. 21.7 e 21.8).

21.7 Tolerâncias de montagem

21.7.1 Notas gerais

Os limites de tolerância especificados referem-se à estrutura metálica recém-montada, partindo-se do princípio de que as tolerâncias correspondentes nas partes adjacentes, como fundações e concreto, estejam satisfeitas.

Caso não seja especificado nada em desacordo com as especificações de projeto, a temperatura de referência será 20 °C. Portanto, todas as tolerâncias terão como referência essa temperatura.

Os requisitos de tolerância relacionam-se à estrutura metálica em seu estado sem carga.

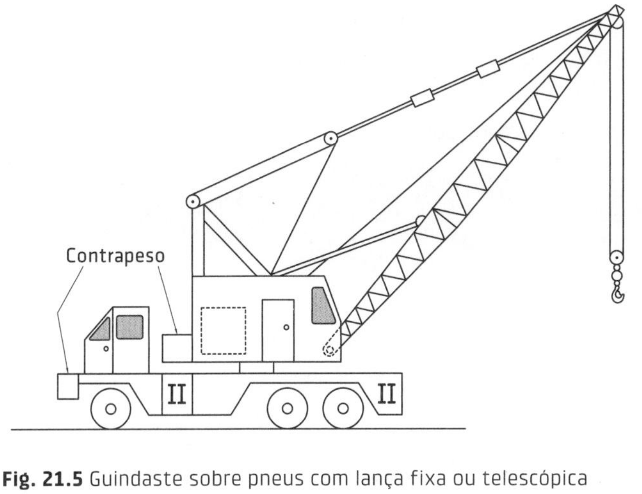

Fig. 21.5 Guindaste sobre pneus com lança fixa ou telescópica

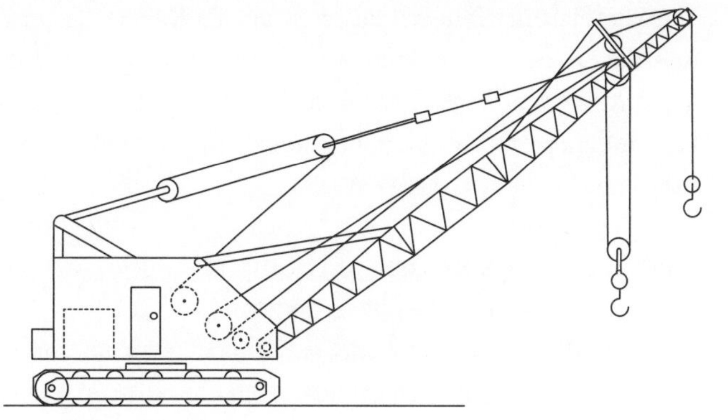

Fig. 21.6 Guindaste sobre esteiras

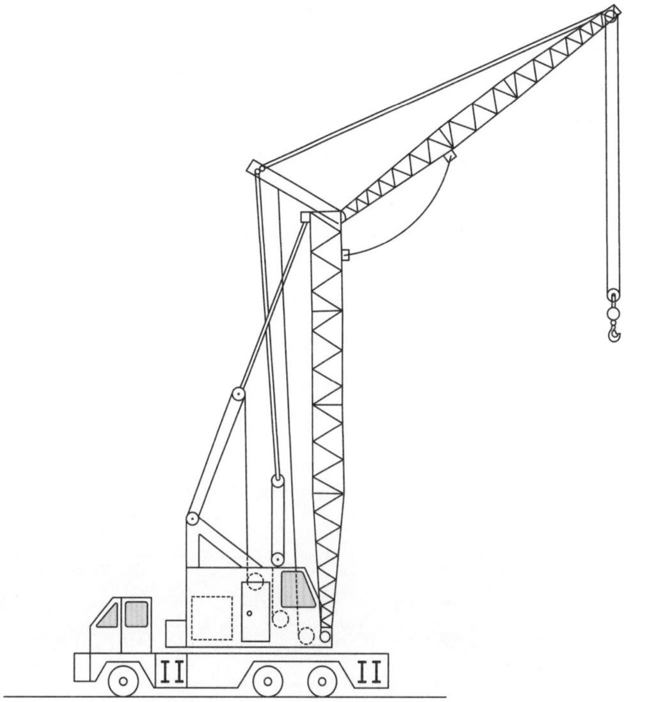

Fig. 21.7 Grua com torre sobre pneus

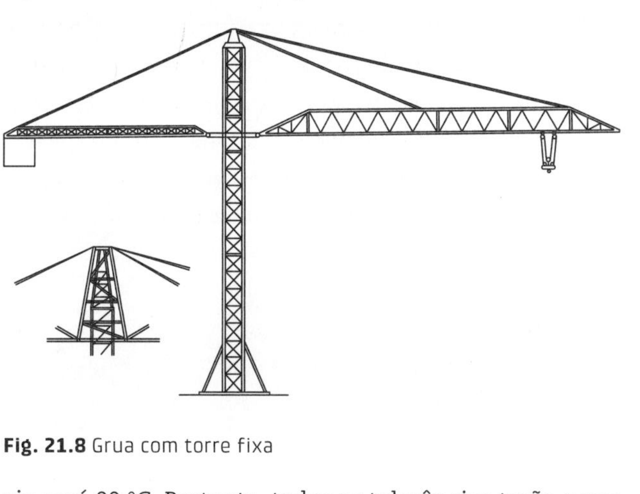

Fig. 21.8 Grua com torre fixa

Para tolerâncias de soldas, ver Cap. 3 e AWS D1.1. Para tolerâncias de fabricação de perfis estruturais laminados a quente, ver catálogos dos fabricantes e ASTM A6, e, para tolerâncias de fabricação de trilhos de ponte rolante, ver catálogos dos fabricantes e ASTM A1.

21.7.2 Placas de base e chumbadores

Alinhamento das placas de base

As linhas da base da coluna devem ser estabelecidas como paralelas, mantendo-se o gabarito com uma tolerância de no máximo ±3 mm.

Elevação das placas de base

A elevação das placas de base pode diferir, no máximo, 2 mm de sua elevação teórica. O nivelamento das placas deve ser tal que a diferença da elevação entre dois pontos quaisquer, longitudinal ou transversal, não exceda 0,25 mm. Quando duas placas isoladas servem de base para uma mesma coluna, a diferença entre elas não deve ser superior a 0,25 mm.

Locação de chumbadores

Os chumbadores e/ou os parafusos de ancoragem devem ser instalados de acordo com o prescrito nos diagramas de montagem.

As tolerâncias de locação devem respeitar os seguintes limites:

a) 3 mm de centro a centro de dois chumbadores quaisquer dentro de um grupo de chumbadores, sendo grupo de chumbadores definido como o conjunto que recebe uma peça única da estrutura;

b) 6 mm de centro a centro de grupos adjacentes de chumbadores;

c) valor máximo acumulado entre grupos igual a 6 mm para cada 30 m de comprimento medido ao longo da linha estabelecida para os pilares através de vários grupos de chumbadores, não podendo ultrapassar um total de 25 mm; a linha estabelecida para os pilares é a linha real de locação mais representativa dos centros dos grupos de chumbadores, como locados na obra, ao longo de uma linha de pilares;

d) 6 mm entre o centro de qualquer grupo de chumbadores e a linha estabelecida para os pilares que passa por esse grupo;

e) para pilares individuais, locados no projeto fora das linhas estabelecidas para pilares, aplicam-se as tolerâncias das alíneas b), c) e d), desde que as dimensões consideradas sejam medidas nas direções paralela e perpendicular à linha mais próxima estabelecida para pilares.

21.7.3 Colunas – tolerâncias de prumo

A tolerância para o prumo da coluna deve ser $\Delta \leq h/500$, sendo h a altura da coluna (Fig. 21.9).

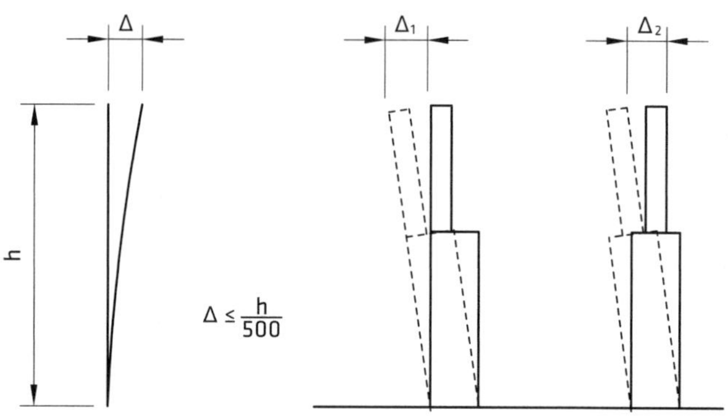

Fig. 21.9 Tolerância para prumo

21.7.4 Caminhos de rolamento

Deslocamento horizontal

Em relação ao eixo teórico, não deve ser superior a 6 mm para cada 15 m de comprimento de viga.

Contraflecha

Não deve ser superior a 6 mm para cada 15 m de vãos sobre aquele elemento indicado no desenho de projeto.

Distância de centro a centro de trilhos

Essa distância (A) deve ter uma diferença menor ou igual a ±6 mm das dimensões teóricas indicadas nos desenhos, sob temperatura de 20 °C (Fig. 21.10).

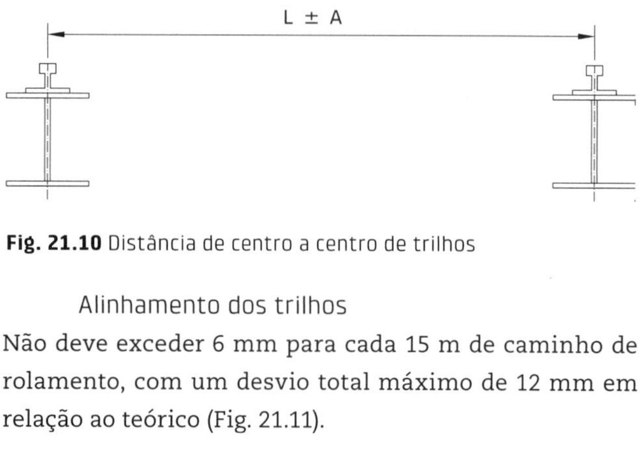

Fig. 21.10 Distância de centro a centro de trilhos

Alinhamento dos trilhos

Não deve exceder 6 mm para cada 15 m de caminho de rolamento, com um desvio total máximo de 12 mm em relação ao teórico (Fig. 21.11).

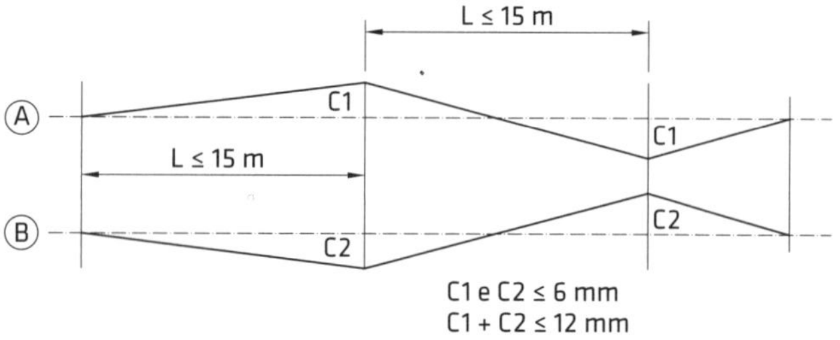

Fig. 21.11 Alinhamento dos trilhos

Nivelamento de um trilho

A Fig. 21.12 ilustra esse aspecto, sendo $h = L/1.000$.

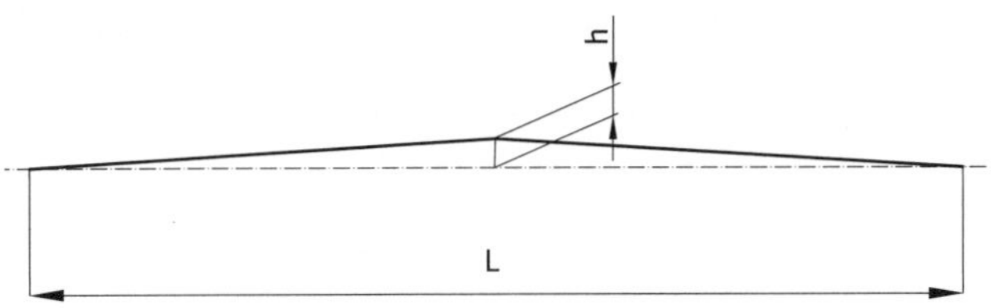

Fig. 21.12 Nivelamento de trilhos

Desnível entre trilhos

O desalinhamento vertical dos trilhos de ponte rolante medido nas linhas de centro das vigas não deve ser superior a 6 mm para cada 15 m de caminho de rolamento, com desvio máximo total de 12 mm em relação ao valor teórico (Fig. 21.13). Essas tolerâncias devem ser mantidas em todas as colunas por meio de calços na mesa inferior das vigas de rolamento.

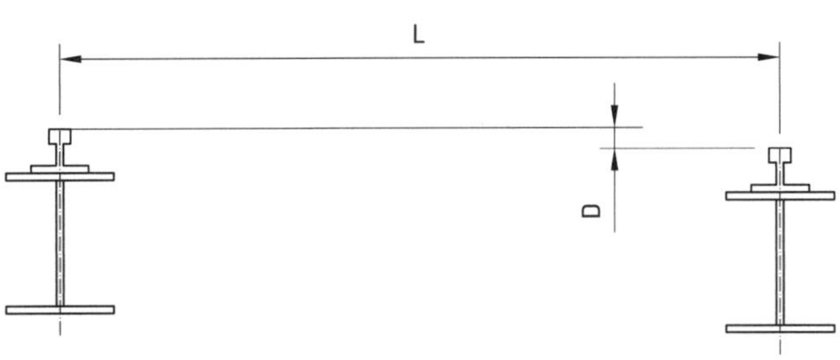

Fig. 21.13 Desnível entre trilhos

Excentricidade do trilho

Os trilhos devem estar centrados, sempre que possível, nas vigas de rolamento (Fig. 21.14). Em nenhuma hipótese a excentricidade do trilho deve ser maior que 0,75 da espessura da alma.

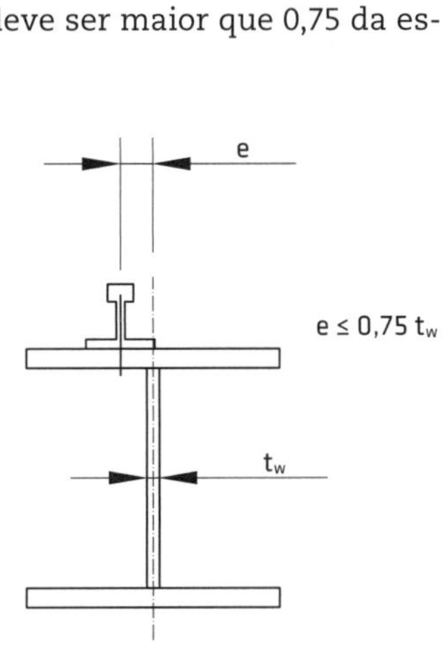

Fig. 21.14 Excentricidade do trilho

Diferença de declividade entre trilhos

A diferença de declividade entre trilhos (E) deve ser menor ou igual a 1,6%, tendo, porém, no máximo 10 mm, caso o fornecedor da ponte não especifique valores menores. Na Fig. 21.15, observa-se que E = inclinação A_1B_1 × inclinação A_2B_2.

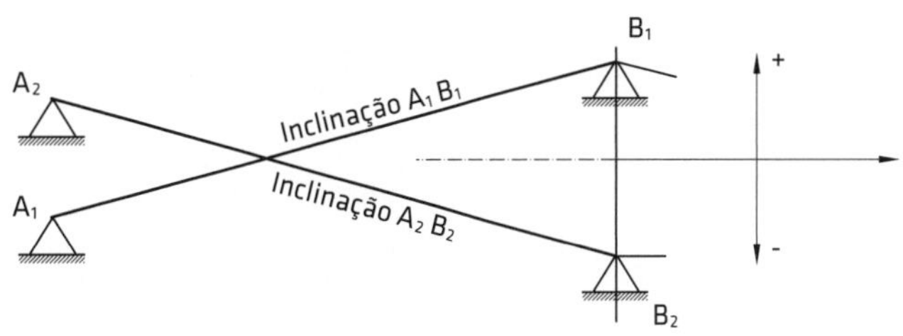

Fig. 21.15 Diferença de declividade

Desalinhamento dos batentes

O desalinhamento dos batentes não deve ser superior a 1% *L*, com um máximo de 20 mm (Fig. 21.16).

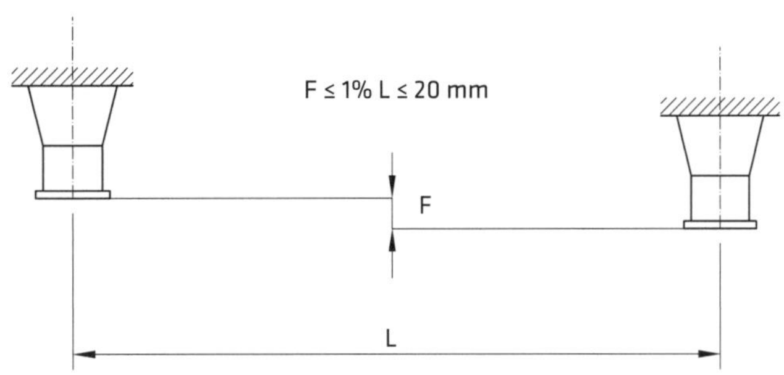

Fig. 21.16 Desalinhamento dos batentes

21.8 Recomendações gerais

Havendo nichos para receber os chumbadores, suas paredes devem ser ásperas e o concreto de enchimento deve ter $fck \geq 1{,}8$ kN/cm², ser vibrado e evitar a retração.

O nivelamento das bases deve ser feito por meio de calços, num mínimo de quatro, ou por meio de parafusos calantes presos às placas de base. Após o nivelamento, com a coluna montada e aprumada, o espaço entre o fundo da placa de base e o topo de concreto (25 mm a 50 mm) (Fig. 21.17A) deve ser preenchido por uma argamassa (*grout*) com traço areia-cimento 1:2 e possuir resistência igual ou maior que a do concreto da fundação.

Em casos de bases de grandes dimensões e sujeitas a grandes cargas, deve-se usar um agente expansor, Sika Grout ou similar, de forma a evitar os vazios e a retração, e deixar um furo próximo ao centro de base de aproximadamente 50 mm, para facilitar o enchimento e a saída de ar (Fig. 21.17B).

Todos os chumbadores devem ser pintados após a concretagem dos blocos, exceto roscas. Especial atenção deve ser dada à junção do chumbador com o concreto, que é o ponto provável de início de corrosão. Se o chumbador ficar sujeito a ataques de intempéries ou agentes químicos, deve-se usar mastique de asfalto na junção (Fig. 21.18).

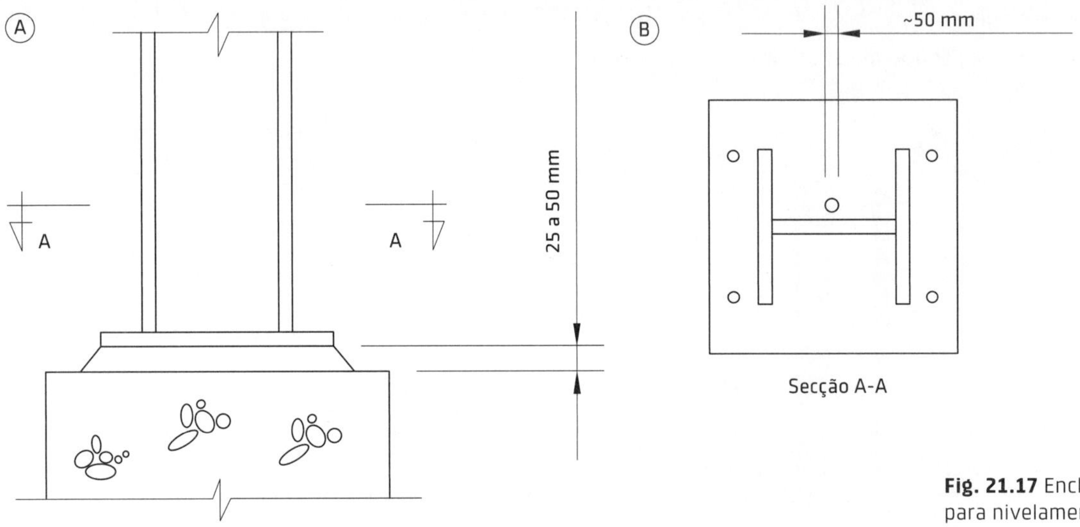

Fig. 21.17 Enchimento de argamassa para nivelamento das bases

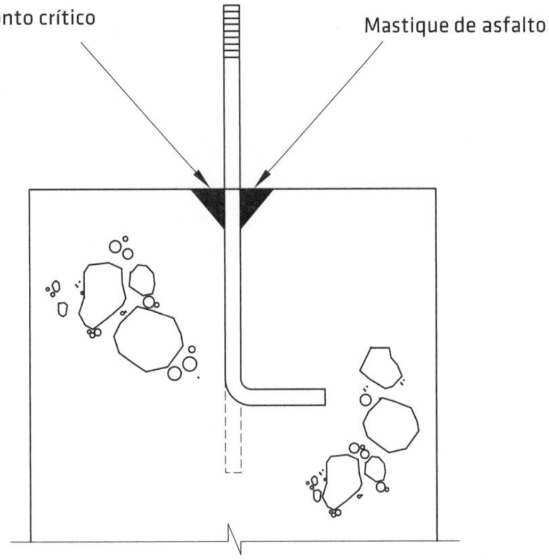

Fig. 21.18 Junção chumbador-concreto

REFERÊNCIAS BIBLIOGRÁFICAS

ABNT – ASSOCIAÇÃO BRASILEIRA DE NORMAS TÉCNICAS. *NBR 8800*: projeto de estruturas de aço e de estruturas mistas de aço e concreto de edifícios. Rio de Janeiro: ABNT, 2008.

AISC – AMERICAN INSTITUTE OF STEEL CONSTRUCTION. *Engineering Journal*, v. 19, n. 4, 1982.

AISE – ASSOCIATION OF IRON AND STEEL ENGINEERS. *AISE Technical Report nº 13*: Guide for the Design and Construction of Mill Buildings. Pittsburgh: AISE, 1991.

AISE – ASSOCIATION OF IRON AND STEEL ENGINEERS. *AISE Technical Report nº 13*: Guide for the Design and Construction of Mill Buildings. Pittsburgh: AISE, 2003.

CBCA – CENTRO BRASILEIRO DA CONSTRUÇÃO EM AÇO. *Interfaces aço-concreto*. 2. ed. Rio de Janeiro: Instituto Aço Brasil; CBCA, 2009.

FISHER, J. M. *Industrial Buildings*: Roofs to Column Anchorage. Steel Design Guide Series nº 7. AISC, 1993.

FISHER, J. W.; STRUIK, J. H. A. *Guide to Design Criteria for Bolted and Riveted Joints*. New York: Wiley, 1974.

GORENC, B. E.; TINYOU, R.; SYAM, A. A. *Steel Designers' Handbook*. 8th ed. Sydney: University of New South Wales Press, 2013.

MUKHANOV, K. *Estruturas metálicas*. Moscou: Mir, 1980.

ROARK, R. I. *Formulas for Stress and Strain*. 5th ed. McGraw-Hill, 1975.